AF771889

Ingenieurbauten 1

Theorie und Praxis

Herausgegeben von
Konrad Sattler, Graz
Peter Stein, Wien

1971

Springer-Verlag
Wien GmbH

Spannbetonbauten

Konstruktion und Herstellung

Fritz Bauer

1971

Springer-Verlag
Wien GmbH

Dipl.-Ing. Dr. techn. Fritz Bauer
o. Professor an der Technischen Hochschule in Graz

Das Werk ist urheberrechtlich geschützt.
Die dadurch begründeten Rechte, insbesondere die der Übersetzung, des Nachdruckes, der Entnahme von Abbildungen, der Funksendung, der Wiedergabe auf photomechanischem oder ähnlichem Wege und der Speicherung in Datenverarbeitungsanlagen, bleiben, auch bei nur auszugsweiser Verwertung, vorbehalten

© 1971 by Springer-Verlag Wien
Ursprünglich erschienen bei Springer-Verlag/Wien 1971
Softcover reprint of the hardcover 1st edition 1971

Library of Congress Catalog Card Number 71-166081

Mit 218 Abbildungen

ISBN 978-3-7091-4115-1 ISBN 978-3-7091-4114-4 (eBook)
DOI 10.1007/978-3-7091-4114-4

Vorwort der Herausgeber

Die Schriftenreihe „Ingenieurbauten — Theorie und Praxis" soll ein wichtiges Bindeglied zwischen Veröffentlichungen in technisch-wissenschaftlichen Zeitschriften, deren Umfang begrenzt sein muß, und umfassenden Werken, die ganze Fachgebiete umschließen, sein. Die einzelnen Schriften sind jeweils auf ein spezielles aktuelles Problem ausgerichtet, so daß das Thema eingehend behandelt werden kann.

Da Theorie, Konstruktion und Bauausführung untrennbar miteinander verbunden sind, wird allen diesen Teilgebieten gleiche Bedeutung zugemessen. Insbesondere soll den neueren Entwicklungen, bei denen die Lösung der anfallenden Probleme teilweise nur durch die Anwendung von elektronischen Datenverarbeitungsanlagen möglich geworden ist, weitgehend Rechnung getragen werden.

Die überaus große Vielfältigkeit des Bauingenieurwesens hinsichtlich der statischen Systeme in bezug auf die konstruktive Ausbildung und auf die Verwendung verschiedener Baustoffe soll ebenso Berücksichtigung finden wie die verschiedenen Fachgebiete: Grundbau, Wasserbau, Brücken- und Hochbau, Industriebau, Verkehrswesen, Bauwirtschaft, Betriebswirtschaft usw.

Ein besonderes Anliegen dieser Schriftenreihe ist es, dem mit der Erstellung von Bauwerken betrauten Ingenieur einen weitgehenden Einblick in jeweils ein wichtiges Gebiet und Problem der Ingenieurwissenschaft zu geben, um ihn einerseits bei seiner verantwortungsvollen Tätigkeit zu unterstützen und ihm andererseits Anregungen für weitere aktuelle Entwicklungen zu geben.

Möge diese Schriftenreihe, deren erster Band nun erscheint und deren weitere Bände in zwangloser Reihenfolge zur Veröffentlichung kommen werden, den aufgezeigten Zweck erfüllen, und möge ihr ein voller Erfolg beschieden sein.

Dem Springer-Verlag in Wien sei für seine großzügige Initiative, eine solche Buchreihe zu bringen, besonders gedankt.

Graz und Wien, im Sommer 1971

Konrad Sattler   Peter Stein

Vorwort

Die Spannbetonbauweise hat in den letzten 20 bis 25 Jahren einen ungeheuren Aufschwung genommen und fast in allen Bereichen des Bauschaffens Fuß gefaßt. Man kann sagen, daß mit diesem neuen Baustoff, dem Spannbeton, manche Aufgaben erst zweckmäßig gelöst werden konnten. Neue Möglichkeiten des Gestaltens boten sich an, und es zeigte sich plötzlich, daß man über den Weg des Vorspannens der im Beton verlegten Bewehrungen auch im Massivbau Baumethoden anwenden konnte, die bisher nur bei zug- und druckfesten Baustoffen, wie etwa dem Stahl oder dem Holz, möglich waren. Damit trat der Massivbau auch auf Gebieten mit der Stahlbauweise in einen Wettbewerb ein, in welchen der Stahl vorher als einziger Baustoff zur Lösung der gestellten Aufgaben in Betracht kam, wie z. B. im Großbrükken- und Behälterbau.

In dem vorliegenden Buch wird an Hand von typischen Beispielen ein Überblick über die Anwendungsmöglichkeiten der Spannbetonbauweise gegeben. Es wird dabei jeweils auf die besonderen Probleme in bezug auf die theoretische Behandlung, die konstruktive Gestaltung und Herstellung hingewiesen.

Einen Überblick über die wesentlichsten theoretischen Grundlagen des Spannbetons findet man in der Einleitung. Vom Leser wird jedoch angenommen, daß ihm grundlegende Kenntnisse auf dem Gebiet der Statik und der Materialeigenschaften nicht fremd sind. Auf theoretische Eigenheiten des Entwurfs und der Herstellung beschriebener Bauten wird in den folgenden Abschnitten besonders hingewiesen, wobei entsprechendes Schrifttum angeführt wird. Bei jedem Spannbetonbauwerk gilt es, den Zeitpunkt des Vorspannens und den Grad der Vorspannung in jeder Bauphase mit den einwirkenden Belastungen so abzustimmen, daß in jedem Bauzustand die geforderte Sicherheit vorhanden ist. Es wurde deshalb auf die Darstellung der konstruktiven Lösungen besonderer Wert gelegt. Die Vielseitigkeit der Anwendungsmöglichkeiten der Spannbetonbauweise hatte auch eine Vielfalt der Herstellungsverfahren zur Folge, deren Entwicklung zu ausgereiften Formen weitgehend dargestellt wird. Diese Beschreibung bezieht sich auf die Bauten, jedoch nicht auf die Einzelheiten der gebräuchlichsten Verfahren zum Vorspannen und Verankern der Stahlbewehrung.

Die Entwicklung der Spannbetonbauweise geht im Praktischen wie Theoretischen weiter, und es sei z. B. auf die 1971 in deutscher Übersetzung erschienenen CEB-FIP-Empfehlungen verwiesen, die sehr interessante Vorschläge zur besseren Fassung des Sicherheitsbegriffes bringen.

Den verschiedenen Bauherren, Bauunternehmungen und Ingenieurbüros, die mir Pläne, Berichte und Photos für die beschriebenen Bauten zur Verfügung stellten, danke ich bestens. Bei der Auswahl der Bilder, der Anfertigung von Zeichnungen und der Korrektur des Textes haben mich meine Assistenten Dipl.-Ing. Dr. techn. F. Fink und Dipl.-Ing. Dr. techn. W. Jeltsch tatkräftig unterstützt, wofür ich ihnen herzlich danke. Für die Möglichkeit, einen Beitrag zur Buchreihe „Ingenieurbauten — Theorie und Praxis" leisten zu können, bin ich den Herausgebern zu besonderem Dank verpflichtet. Dank zu sagen habe ich weiters dem Springer-Verlag in Wien, der meinen Wünschen stets das größte Verständnis entgegengebracht hat und um eine gute Ausstattung des Buches besorgt war. Ich hoffe, daß dieses Buch dem praktisch tätigen Konstrukteur einen Überblick über bisher beschrittene Wege des Konstruierens mit Spannbeton vermitteln und ihm damit auch Anregungen zur Lösung seiner Aufgaben geben kann.

Graz, im Juni 1971

F. Bauer

Inhaltsverzeichnis

Seite

1. Kurze Einführung in das Wesen der Spannbetonbauweise

1.1. Zweck des Vorspannens

Obwohl der Gedanke, den Beton vorzuspannen, schon sehr alt ist und der Spannbetonbau ein nicht viel jüngerer Bruder des schlaff bewehrten Betonbaues ist, setzte eine stürmische Entwicklung der Spannbetonbauweise erst gegen Ende des Zweiten Weltkrieges ein.

Sie war in dem Augenblick möglich, in welchem es gelang, Betone mit hoher Festigkeit zielsicher an der Baustelle herzustellen und in welchem auch für die Bewehrung der Konstruktionen hochwertige Stähle zur Verfügung standen. Vorspannen des Betons bedeutet gleichzeitig das Dehnen des Bewehrungsstahles gegenüber dem Beton. Diese Vordehnung, welche der Bewehrungsstahl, kurz Spannstahl genannt, gegenüber dem Beton beim Vorspannen erhält, wird durch die Schwind- und Kriechverformungen des Betons vermindert. Es treten Verluste der erzeugten Vorspannkräfte auf, und es ist klar, daß diese Verluste um so geringer sein werden, je größer die Vordehnung des Spannstahles gegenüber dem Beton gewählt werden konnte. Unter Schwinden faßt man meist alle zeitabhängigen Verformungen zusammen, die ein Betonkörper frei von jeglicher Krafteinwirkung erfährt, während man unter Kriechen jene bleibenden und zeitabhängigen Verformungen versteht, die unter dauernden Lasteinwirkungen auf den Beton entstehen. Leider sind dem Bestreben, die Festigkeit des Spannstahles und damit auch die Stahlspannung beim Vorspannen, die Vorspannspannung, sehr hoch zu wählen, Grenzen gesetzt, denn neben der Forderung nach hoher Festigkeit besteht auch jene nach genügender Verformbarkeit und möglichst geringer Anfälligkeit des Spannstahles auf Korrosionserscheinungen. Doch darüber soll etwas später berichtet werden.

Beton ist ein Kunststein und verhält sich als solcher nicht viel anders als seine natürlichen Verwandten. Er besitzt hohe Druckfestigkeit, jedoch nur eine sehr kleine Zugfestigkeit. Nur im Zusammenwirken mit dem Stahl, wie dies im Baustoff Stahlbeton verwirklicht ist, ist es technisch möglich, größere Zugkräfte oder Biegemomente aufzunehmen. Wie allgemein bekannt, werden im Baustoff Stahlbeton Druckkräfte dem Beton, Zugkräfte dem Stahl zugewiesen. Die im Stahl wirkenden Zugkräfte dehnen den Stahl, und diese Dehnung muß der den Stahl satt umhüllende Beton mitmachen. Er kann dies nur in beschränktem Maße, reißt im gezogenen Bereich, und es hängt von der Güte des Betons, der Größe der Spannungen in den Stahlbewehrungen, ihrem Querschnitt und ihrer Oberflächengestaltung ab, in welchem Verhältnis Rißweiten und Rißabstände zueinander stehen.

Die Vorspannung soll nun die Laststufe, bei welcher es zum Riß der Betonzugzone kommt, möglichst anheben. Dem Beton wird über das Vorspannen der Bewehrung, welche im gespannten Zustand gegen den Beton verankert wird, eine Druckspannung in jenen Bereichen aufgezwungen, in welchen er infolge der Gebrauchslasten Zugspannungen erhält. Diese Vorspannung des Betons muß erst einmal aufgezehrt werden, ehe es zu Zugspannungen und damit zu Rissen im Beton kommen kann. Aus diesem Bestreben, den Baustoff Beton mit einer Scheinzugfestigkeit auszustatten, folgt, daß der Belastungszustand „Vorspannung", für sich allein betrachtet, Schnittkräfte erzeugen soll, welche jenen aus der Belastung entgegenwirken (Abb. 1). Dieses Entgegenwirken von Vorspannung und Belastung gilt

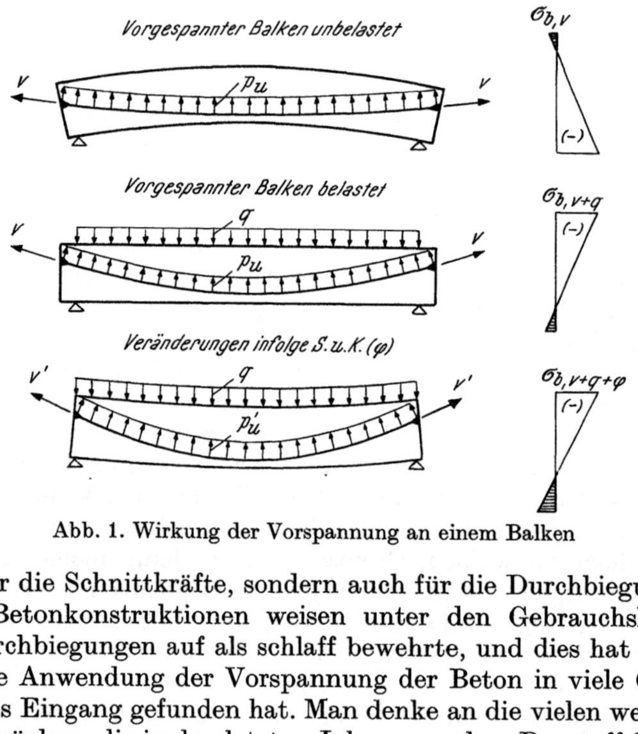

Abb. 1. Wirkung der Vorspannung an einem Balken

nicht nur für die Schnittkräfte, sondern auch für die Durchbiegungen. Vorgespannte Betonkonstruktionen weisen unter den Gebrauchslasten weit kleinere Durchbiegungen auf als schlaff bewehrte, und dies hat ermöglicht, daß über die Anwendung der Vorspannung der Beton in viele Gebiete des Bauschaffens Eingang gefunden hat. Man denke an die vielen weit gespannten Balkenbrücken, die in den letzten Jahren aus dem Baustoff Spannbeton gebaut wurden.

Weist ein Spannstrang eine Krümmung mit dem Radius ϱ auf und wird er mit der Kraft V gespannt, so will er sich geradestrecken, wird daran jedoch vom umgebenden Beton gehindert und übt auf diesen den Umlenkdruck $p_u = \frac{V}{\varrho}$ aus. Dieser Umlenkdruck ist jedoch nicht die einzige Einwirkung vom Spannstahl auf den Beton, denn an den Verankerungen wird die im Spannstahl wirkende Zugkraft V als Druckkraft auf den Beton übertragen. Die getrennte Behandlung dieser beiden Einwirkungen der Spannstränge auf die Betonkonstruktion, Wirkung der Umlenkkräfte und Wirkung der Verankerungskräfte, ist oft von Vorteil, wenn bei etwas undurchsichtigen Verhältnissen die Beanspruchungen infolge des Belastungszustandes „Vorspannung“ untersucht werden müssen. Den Umlenkkräften gleichwertig sind die Abtriebskräfte, die durch eine Krümmung der Schwerlinie des vorzuspannenden Balkens gegenüber der Richtung des Spannstahles zustande kommen.

Umlenkkräfte und Verankerungskräfte ergeben zusammen an einfachen Balken die gleiche Wirkung auf die Betonquerschnitte, wie sie aus der Wirkung der Vorspannkraft im Abstand y von der Schwerlinie der Querschnitte erhalten wird, somit also durch Einwirkung einer Normalkraft $N_v = -V \cdot \cos\gamma$ und eines Momentes $M_v = -Vy\cos\gamma$ (Abb. 2 a). Die lotrechte Komponente

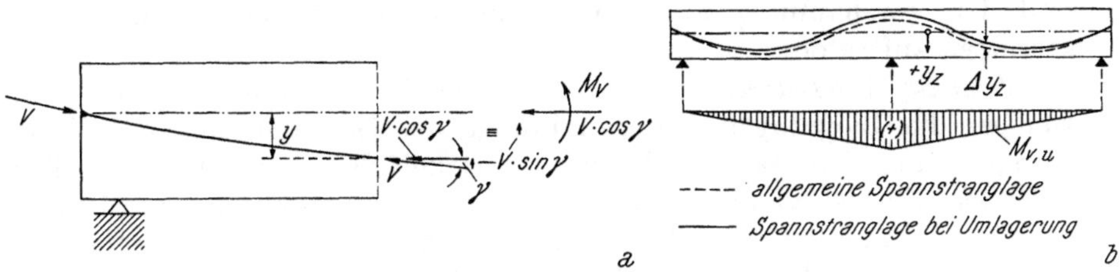

Abb. 2. *a* Schnittgrößen infolge der Vorspannung, *b* Umlagerungsmoment und Spanngliedlage

der Vorspannkraft $V\sin\gamma$ erzeugt Querkräfte, welche jenen aus der Belastung im allgemeinen entgegenwirken. Bei schlanken Balken ist der Winkel γ meist ein sehr kleiner Wert, und es wird $\cos\gamma \doteq 1$ und $\sin\gamma \doteq \gamma$. Der Spannstahl wird beim Vorspannen mit der Vorspannspannung σ_{zv} beansprucht. Abgesehen von den Spannungsverlusten infolge Schwindens und Kriechens des Betons bleibt diese Spannung im Stahl erhalten. Dieser Vorspannspannung entspricht eine Dehnung des Spannstahles gegenüber dem Beton, die als Vordehnung ε_{zv} bezeichnet wird. Wird die Spannbetonkonstruktion belastet, so wird sowohl der Beton als auch der Stahl zusätzliche Verformungen erleiden. Man spricht von den Lastdehnungen bzw. Laststauchungen. Die endgültigen Spannungen werden aus den Gesamtdehnungen und den Arbeitslinien der Baustoffe erhalten. So erhält man die Stahlspannung für jeden Belastungszustand aus der Gesamtdehnung, das ist die Summe der Vordehnung + der Lastdehnung $\varepsilon_z = \varepsilon_{zv} + \varepsilon_{zq}$. Man sieht, daß über den Weg der Vorspannung hochwertiger Bewehrungsstahl bei Ausnützung seiner Festigkeitseigenschaften verwendet werden kann, wenn darauf geachtet wird, daß die Lastdehnung ε_{zq} innerhalb jener Grenzen bleibt, die im Gebrauchszustand und auch im Bruch- bzw. Grenzlastzustand (Traglastzustand) auch bei schlaffer Bewehrung einzuhalten sind.

Nach diesen einfachen, jedoch wesentlichen Betrachtungen über die Wirkungsweise der Vorspannung will ich nochmals anführen, was durch das Prinzip des Vorspannens des Betons bzw. der Vordehnung des Spannstahles erreicht werden kann bzw. zu erreichen gewünscht wird.

1. Anhebung der Rißlast der Konstruktion, d. h. jener Laststufe, bei welcher die Betonzugzone versagt.

2. Verminderung der Durchbiegungen der Konstruktionen unter den Gebrauchslasten.
3. Ausnützung hochwertiger Bewehrungsstähle.

1.2. Arten der Vorspannung

Je nach dem Zweck, der mit dem Vorspannen erreicht werden soll, spricht man von verschiedenen Arten des Vorspannens. Eine Einteilung erfolgt nach den Spannungen am Zugrand der Konstruktionen. Man unterscheidet:

1. *Volle Vorspannung*, bei welcher infolge der Wirkung der Gebrauchslasten und der Vorspannung überhaupt keine Zugspannungen in den Querschnitten auftreten.
2. *Beschränkte Vorspannung*, auch teilweise Vorspannung genannt, bei welcher die Biegezugspannungen infolge der Gebrauchslasten und der Vorspannung unterhalb der Biegezugfestigkeit des Betons bleiben sollen.
3. *Schwache Vorspannung*, bei welcher keine Einschränkungen hinsichtlich der Zugspannungen gemacht werden. Der Beton wird im gezogenen Bereich reißen. Die Bemessung erfolgt nach den Regeln des Stahlbetonbaues unter Beachtung der Bedingungen über die Stauchung des Betons und der Lastdehnungen des Bewehrungsstahles.

Diese Art des Vorspannens wird heute noch sehr zögernd verwendet, doch glaube ich, daß ihr in Zukunft vor allem bei Konstruktionen mit großem Nutzlastanteil, wenn diese Nutzlasten in rechnungsmäßiger Größe nur selten auftreten, große Bedeutung zukommen wird. Je größer die Nutzlast im Verhältnis zur ständigen Belastung ist, desto schwieriger ist es, volle Vorspannung zu erzielen und mit anderen Bauweisen konkurrenzfähig zu bleiben. In diesen Fällen besteht aber auch ein sehr ungünstiger Spannungszustand unter den Dauerlasten. Die Konstruktionen zeigen große Kriechverformungen infolge großer Überdrückung der Zugzonen und heben sich. Wenn nur gelegentlich Zugspannungen im Beton auftreten, oder die rechnungsmäßige Nutzlast nur selten in voller Größe auftritt, sollte man aus den angeführten Gründen von einer vollen Vorspannung absehen, denn selbst dann, wenn die Biegezugfestigkeit des Betons überschritten werden sollte, so schließen sich die Haarrisse wieder, wenn die ungünstigste Belastungsanordnung nicht mehr vorhanden ist.

Eine andere Art der Einteilung der Vorspannarten bezieht sich auf die Herstellung. Man unterscheidet:

1. Vorspannung mit sofortigem Verbund,
2. Vorspannung mit nachträglichem Verbund,
3. Vorspannung ohne Verbund.

Der erste Fall ist bei der sogenannten Spannbettvorspannung verwirklicht, bei welcher die bereits vorgespannten, d. h. gedehnten Spannglieder einbetoniert werden. Nach ausreichender Erhärtung des Betons wird die Verbindung der Spannglieder mit dem Spannbett gelöst, und die Vorspannkräfte werden auf den Beton übertragen. Diese ursprüngliche Vorspannkraft $V_0^{(0)}$ wirkt auf den Verbundquerschnitt von Stahl und Beton, den ideellen Querschnitt. Mit der Steifigkeitszahl $\alpha = \frac{n F_z}{F_i}\left(1 + \frac{F_i}{I_i} y_{iz}^2\right)$ oder $\alpha = 1 - \frac{F_b \cdot I_b}{F_i I_i}$ erhält man bei einsträngiger Vorspannung nach der Übertragung der Vorspannkräfte auf den Beton zur Zeit $t = 0$ im Stahl die Vorspannspannung $\sigma_{zv,0} = (1 - \alpha)\, \sigma_{zv,0}^{(0)}$, die Betonspannung in der Faser des Spannstranges $\sigma_{bz,0} = -\frac{\alpha}{n} \sigma_{zv,0}^{(0)}$ und in der Höhenlage des ideellen Schwerpunktes $\sigma_{bs,0} = -\frac{V_0^{(0)}}{F_i} = -\sigma_{zv,0}^{(0)} \cdot \frac{F_z}{F_i}$. Spannbettvorspannung findet vorwiegend in der Fertigteilerzeugung Anwendung.

Im zweiten Fall spannt man den Stahl gegen den bereits erhärteten Beton und stellt den Verbund nachträglich her. Meist werden die Spannstränge in Kanälen (Hüllrohren) verlegt, welche nach dem Spannvorgang mit Zementleim oder Zementmörtel, in manchen Fällen auch mit Kunstharzen gefüllt werden. Die Vorspannkraft V_0 wirkt nun auf den Betonnettoquerschnitt, dies ist der Querschnitt abzüglich der Spannkanalquerschnitte. Diese Art des Vorspannens findet meist Anwendung bei Bauausführungen in Ort-

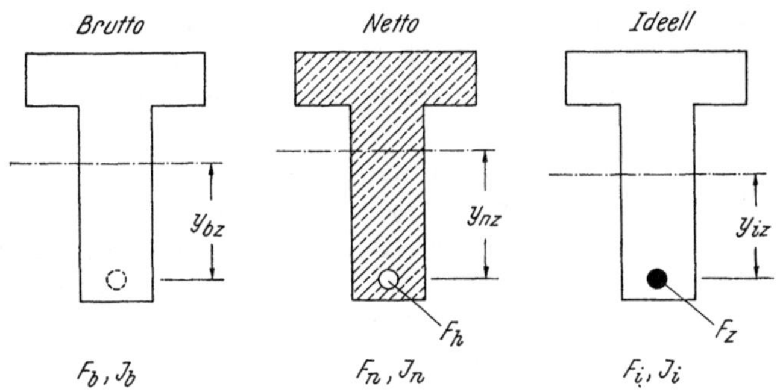

Abb. 3. Querschnittsbezeichnungen

beton. Man unterscheidet zwischen dem Bruttoquerschnitt (Betonquerschnitt ohne Abzüge), dem Nettoquerschnitt (reiner Betonquerschnitt mit Abzug der Kanäle) (Abb. 3) und dem ideellen Querschnitt. Zwischen den einzelnen Querschnitten bestehen folgende Beziehungen:

$$F_n = F_b - F_h; \qquad n = \frac{E_z}{E_b} = \frac{E\text{-Modul des Spannstahles}}{E\text{-Modul des Betons}}$$

$$F_i = F_n + F_h - F_z + n F_z = F_b + (n - 1) F_z$$

Bei einsträngiger Vorspannung oder dann, wenn man alle Spannstränge in einen zusammenfassen kann, gilt:

$$F_b \cdot y_{bz} = F_n \cdot y_{nz} = F_i y_{iz}$$
$$I_b + F_b \cdot y_{bz}^2 = I_n + F_n \cdot y_{nz}^2 = I_i + F_i \cdot y_{iz}^2$$
$$I_n = I_b - F_h \cdot y_{bz} \cdot y_{nz}$$
$$I_i = I_b + (n-1) F_z \cdot y_{bz} \cdot y_{iz}$$
$$I_i = I_n + [F_h + (n-1) F_z] y_{nz} \cdot y_{iz}$$

(bei Vernachlässigung der Eigenträgheitsmomente von F_h und F_z)

$$y_n - y_b = \frac{F_h}{F_n} \cdot y_{bz}$$
$$y_i - y_b = -\frac{(n-1) F_z}{F_i} \cdot y_{bz}$$
$$y_i - y_n = -\frac{F_h + (n-1) F_z}{F_i} y_{nz}$$

Gleichzeitig mit dem Vorspannen erfolgt meist das Freisetzen des Bauwerkes vom Gerüst bzw. es muß dafür gesorgt werden, daß dies gleichlaufend mit dem Vorspannen erfolgt. Ein Teil der ständigen Last, er wird g_1 genannt, wirkt gleichzeitig mit dem Zustand Vorspannung, und die an der Spannpresse gemessene Kraft entspricht der Stahlspannung infolge der Vorspannung und infolge des Lastanteiles g_1. Man rechnet in diesen Fällen für den Spannstahl weder die Beanspruchung für den Zustand Vorspannung v noch für die Belastung g_1, welche bereits beim Vorspannen vorhanden ist, sondern für beide zugleich und meint mit der Vorspannspannung σ_{zv} eigentlich die Spannung $\sigma_{z,\, v+g_1}$.

Alle Belastungszustände, welche schon im Zustand des Vorspannens wirken, und die Vorspannung selbst beanspruchen den Nettoquerschnitt. Alle Belastungszustände, welche nach Herstellung des Verbundes zwischen dem Spannstahl und dem Beton auftreten, wirken auf den ideellen Querschnitt.

Der dritte Fall, Vorspannung ohne Verbund, kommt sehr selten zur Ausführung, denn der Spannstahl beteiligt sich in diesem Fall an der Aufnahme der Belastungen, welche nach dem Vorspannen aufgebracht werden, nur unwesentlich. Außerdem macht die Herstellung des Korrosionsschutzes der Spannbewehrung besondere Maßnahmen notwendig.

Die Art der Vorspannung kann jedoch auch noch anders beurteilt werden.

Zu jedem dauernd vorhandenen Belastungszustand läßt sich eine Vorspannkraft und eine Führung der Spannstränge so finden, daß der vorgespannte Balken aus Vorspannung und Belastung keine Durchbiegung aufweist. Es tritt lediglich eine Stauchung in Richtung seiner Systemlinie ein. Aus Vorspannung und Belastung ist die Verteilung der Druckspannungen über den Betonquerschnitt konstant. Da nur Stauchungen, jedoch keine Durchbiegungen auftreten, wird eine solche Vorspannung „formtreu" genannt.

Die im Spannstahl als Zugkraft wirkende Vorspannkraft steht mit den Druckspannungen des Betonquerschnittes im Gleichgewicht. Die Krafteinwirkung auf den Gesamtquerschnitt Spannstahl + Beton ist Null. Daher sind die Auflagerkräfte einer statisch bestimmt gelagerten Konstruktion infolge der Vorspannung ebenfalls Null. Bei statisch unbestimmt gelagerten Konstruktionen treten jedoch Auflagerreaktionen infolge der Vorspannung auf, wenn die Kontinuitätsbedingungen an den Stützungen nicht von vornherein erfüllt sind.

Die Summe aller dieser Auflagerkräfte muß jedoch Null ergeben. Es tritt somit infolge der Vorspannung nur eine Umlagerung der Auflagerkräfte aus den Belastungszuständen ein. Die zu diesen durch die Vorspannung geweckten Auflagerkräften gehörenden Momente werden Umlagerungsmomente M_u oder auch induzierte Momente genannt. Ihr Verlauf entlang eines durchlaufenden Balkens gleicht jenem, der bei Stützensenkungen entsteht. Diese Umlagerungsmomente entstehen ja aus dem Zwang, die Auflagerbedingungen einzuhalten, und werden auch Zwängungsmomente infolge der Vorspannung genannt. Spannt man so vor, daß keine Umlagerungsmomente entstehen, so nennt man dies eine *zwängungsfreie Vorspannung.*

Hat man für einen bestimmten Verlauf der Vorspannkräfte und ihrer Lage die Umlagerungsmomente M_u ermittelt, so läßt sich die Korrektur der Spannstranglage für eine zwängungsfreie Vorspannung sofort aus der Beziehung $\Delta y_z = -\frac{M_u}{V}$ ermitteln (Abb. 2b).

1.3. Ansprüche an die Baustoffe

1.3.1. Der Spannstahl

Der Spannstahl muß eine hohe Festigkeit aufweisen, damit er mit genügend hoher Spannung vorgespannt werden kann. Als untere Grenze der Verwendbarkeit kann etwa Stahl mit den Festigkeitswerten St 60/90 ($\sigma_{0,2} = 60$ kp/mm^2) angesehen werden. Außerdem sollte die Elastizitätsgrenze, oder strenger bezeichnet die 0,01%-Dehngrenze, hoch liegen. Nicht mehr rückgängig zu machende Stahldehnungen treten dann erst bei hohen Laststufen auf.

Weiters soll für den Spannstahl das Kriechverhalten oder sein Relaxationsverhalten bekannt sein. Im Kriechversuch wird die Zunahme der Dehnung von der 6. Minute bis zur 1000. Stunde nach der Lastaufbringung bei konstanter Stahlspannung, beim Relaxationsversuch wird der Spannungsabfall bis zur 1000. Stunde bei gewählter Anfangsdehnung (= gewählter Anfangsspannung) bei gleichbleibender Probenlänge ermittelt. Beide Versuche beziehen sich auf die gleiche physikalische Erscheinung.

In den Vorschriften zur Bemessung der Spannbetonkonstruktionen der einzelnen Länder findet man daher entweder Ansprüche an das Kriech- oder an das Relaxationsverhalten des Spannstahles, und es wird eine technische Kriechgrenze festgesetzt. Je höher die Vorspannspannung im Vergleich zur Stahlfestigkeit gewählt wird, desto mehr werden die Kriecherscheinungen des Stahles in Erscheinung treten. Liegt die Vorspannspannung über der technischen Kriechgrenze, so ist der Abfall der Vorspannkraft infolge des Stahlkriechens zu berücksichtigen. Als technische Kriechgrenze gilt derzeit nach den deutschen und österreichischen Richtlinien jene dauernd vorhandene Spannung, bei welcher zwischen der 6. Minute und 1000. Stunde bei 20° C Raumtemperatur eine Dehnungszunahme von 3% der anfänglichen Dehnung auftritt. Im Falle, daß das Relaxationsverhalten des Stahles bekannt ist, kann der Abfall der Spannungen, welcher zu einer bestimmten Vorspannspannung gehört, einfach bestimmt werden. Das Stahlkriechen klingt, wenn die Kriechgrenze nicht oder nur unwesentlich überschritten wird, viel rascher ab als das Betonkriechen. Während dieses sich über Jahre erstreckt, bis es auf nicht mehr merkbare Anteile abgeklungen ist, dauert jenes nur wenige Stunden. Es bleibt in den Berechnungen der Spannbetonkonstruktion deshalb auch meist unberücksichtigt.

Der Spannstahl muß jedoch neben hoher Festigkeit auch genügend Verformbarkeit aufweisen, denn je nach den gewählten Verankerungen, über welche die im Stahl vorhandenen Kräfte auf den Beton übertragen werden, erfährt der Spannstahl vor oder während des Vorspannens an diesen Stellen zusätzliche Verformungen. Sei es, daß er zu Schlaufen gebogen wird, daß an seinen Enden Köpfchen aufgestaucht oder Gewinde aufgequetscht werden oder daß die harte und rauhe Oberfläche eines Verankerungskeiles an die Oberfläche des festzuhaltenden Drahtes gepreßt wird. Zur Gewährleistung der Verformbarkeit besitzen Spannstähle Bruchdehnungen δ_{10} von 5 bis 10%, wobei die niederen Dehnungswerte zu den hohen, die hohen Dehnungswerte zu den niederen Festigkeitswerten gehören. Die Verformbarkeit wird weiters je nach Durchmesser des Spanndrahtes durch Biege- und Hin- und Herbiegeversuche geprüft. Diese Prüfungen sind in den einschlägigen Richtlinien bzw. Vorschriften beschrieben und müssen vom Spannstahl bestanden werden.

Weiters ist erwünscht, die Ermüdungsfestigkeit des Spannstahles, etwa in der Darstellung eines Smith-Diagramms, zu kennen. Es interessiert die Schwingbreite der Spannung bei einer Grundspannung im Bereich der Vorspannspannung. Schwierigkeiten hinsichtlich zu geringer Ermüdungsfestigkeit treten meist nicht mit dem Spannstahl als solchen, sondern im Zusammenhang mit seiner Verankerung auf. Die Prüfung auf dynamische Beanspruchung muß für den Spannstahl samt seiner Verankerung erfolgen.

Der Spannstahl sollte gegen Korrosion möglichst unempfindlich sein. Leider ist es so, daß die Korrosionsanfälligkeit mit steigender Festigkeit zunimmt und bei Versand und Lagerung besondere Schutzmaßnahmen ergriffen werden müssen. Besonders gefürchtet ist die Erscheinung der Spannungsrißkorrosion, womit die Erscheinung bezeichnet wird, daß unter hoher Spannung stehende Stähle schon bei geringer Korrosion zum Sprödbruch neigen. Man prüft in besonderen Lösungen im Kurzzeitversuch die Anfälligkeit der Stähle auf Spannungsrißkorrosion. Die Versuchsergebnisse lassen sich nicht ohne weiteres mit den tatsächlichen Verhältnissen, wie sie im Bauwerk auftreten, vergleichen, doch ein Spannstahl, der den Laborversuch nicht bestanden hat, ist auf jeden Fall verdächtig. Werden Spannbetonbauten in feuchter und Industrieabgase enthaltender Luft erstellt, so ist besondere Vorsicht geboten. Die Lagerung des Spannstahles soll in trokkenen Räumen erfolgen, und am Bau selbst ist vor allem bei langer Zeitspanne vom Spannen bis zum Umhüllen der Spannglieder mit Beton,

Zementleim oder anderen, die Korrosion hemmenden Stoffen auf einen Schutz zu achten.

1.3.2. Der Beton

An den Beton sind ebenfalls besondere Forderungen zu stellen, denn nicht jeder Beton ist als Spannbeton geeignet. Er muß eine genügend hohe Festigkeit schon im jungen Alter aufweisen, denn man will im allgemeinen aus Gründen eines raschen Baufortschrittes die Vorspannkräfte bald nach dem Betonieren der Bauteile aufbringen. Da vor allem im Bereich der Verankerungskörper hohe Druckspannungen auftreten, werden Betone mit 28-Tage-Festigkeiten $W_{28} < 300$ kp/cm² nur selten verwendet. Wenn, dann muß im Bereich der Verankerung ein Beton höherer Festigkeit eingebaut werden oder es müssen die Verankerungskörper der niederen Betonfestigkeit angepaßt werden. Solche Verhältnisse kommen vor allem bei der Anwendung des Vorspannens auf Konstruktionen des Tief- und Wasserbaues vor. Im Brückenbau und Hochbau muß Spannbeton mindestens der Güte B 300 entsprechen. Weiters ist vom Beton zu fordern, daß er ein kleines Schwindmaß und auch ein geringes Kriechvermögen aufweist, denn Schwind- und Kriecherscheinungen des Betons führen zu einem empfindlichen Abbau der Vorspannkräfte. Dieser Verlust an Vorspannkraft beeinflußt zwar das Tragvermögen nicht wesentlich, doch führt er zu zusätzlichen Verformungen und zur Herabsetzung der Rißlast. Dies ist jener Belastungszustand, bei welchem die Zugzone des Betons versagt, der Querschnitt vom Stadium I ins Stadium II übergeht. Zum Erreichen geringer Schwind- und Kriechwerte soll der Beton mit möglichst niederem Wasserzementwert, aber auch nicht mit allzu großer Zementbeigabe hergestellt werden. Das Schwind- und Kriechmaß des Betons steigt mit dem Wasserzementwert, mit der Zementbeigabe und fällt mit steigender Festigkeit und dem Anwachsen der Körperabmessungen. Wesentlich ist das Schwind- und Kriechverhalten von der mittleren relativen Luftfeuchtigkeit abhängig. Steht das Bauwerk in einer Umgebung mit hoher Luftfeuchtigkeit, so bleiben die Schwind- und Kriecherscheinungen klein, während sie bei trockener Umgebung sehr deutlich in Erscheinung treten. Für das Kriechen ist auch entscheidend, in welchem Erhärtungszustand des Betons die dauernd wirkenden Belastungen aufgebracht werden. Je fester der Beton zum Zeitpunkt der Lastaufbringung bereits ist, desto kleiner fallen die Kriechverformungen aus. In den Vorschriften der verschiedenen Länder werden in irgendeiner Form alle diese Einflüsse bei der Festlegung der Schwind- und Kriechmaße berücksichtigt. Besonders sei auf die CEB/FIP-Empfehlungen hingewiesen.

Jedoch nicht nur Schwerbeton, sondern heute auch Leichtbeton erfüllen mit Raumgewichten von 1,6 bis 1,8 t/m³ die Anforderungen, die an einen zum Vorspannen geeigneten Beton gestellt werden. Die Verwendung dieses Konstruktionsleichtbetons verspricht noch entscheidende Fortschritte in der Spannbetonbauweise zu bringen, da seine Verwendung beträchtliche Einsparungen an toter Last ermöglicht. Gleichgültig, ob nun Schwerbeton oder Leichtbeton verwendet wird, der Beton muß sorgfältig bereitet, eingebracht, verdichtet und nachbehandelt werden, wenn er den Beanspruchungen durch das Vorspannen im jungen Alter gewachsen sein soll. Da in den meisten Fällen der Beton auch den Korrosionsschutz für die Spannbewehrung abgibt, soll der Beton auch dicht sein. Bei Verwendung von Leichtbetonen, die ja auf Grund ihres technologischen Aufbaues reicher an Poren als die Schwerbetone sind, muß die Betondeckung der Stahleinlagen gegenüber den bei Schwerbeton üblichen Werten etwas erhöht werden, um den gleichen Korrosionsschutz der Stahlbewehrungen zu erreichen. Weiters ist es nötig, bei Verwendung von Leichtbetonen die Schwind- und Kriechmaße, die hier auch sehr wesentlich von der Art des Kornaufbaues abhängen, rechtzeitig durch Versuche oder durch Vergleiche mit Ergebnissen, welche an Bauten aus dem gleichen Material gewonnen wurden, zu bestimmen bzw. zu schätzen.

1.4. Notwendige statische Nachweise

Wie jede andere Konstruktion, so ist auch eine Spannbetonkonstruktion nicht nur so zu bemessen, daß das Bauwerk jene Aufgaben erfüllen kann, für welche es erstellt ist, sondern es muß auch eine ausreichende Sicherheit vorhanden sein, daß erst bei einer gewissen Steigerung der Belastung ein Unbrauchbarwerden der Konstruktion eintritt. Diese Steigerung der Last auf den s-fachen Betrag ($s =$ Sicherheitskoeffizient), bis die Unbrauchbarkeit eintritt, soll nicht nur die Möglichkeit einer tatsächlichen Steigerung der Belastung erfassen, sondern auch alle Unsicherheiten, die sich aus Güteschwankungen der Baustoffe und Mängeln der Herstellung ergeben. Vielfach wird heute der Sicherheitswert s als Produkt einzelner Koeffizienten $s = s_1 \cdot s_2 \cdot s_3$ angesetzt, wobei die einzelnen Faktoren die verschiedenen Einflüsse auf die Sicherheit erfassen und je nach Bedeutung und voraussichtlicher Nutzungsdauer der Bauwerke, aber auch nach der Sorgfalt in der Herstellung der Baustoffe und des Bauwerkes verändert werden könnten.

Das Unbrauchbarwerden einer Konstruktion bzw. die Belastungsstufe, bei welcher dieses geschieht, kann verschieden beschrieben werden. Man kann darunter den Zusammenbruch der Konstruktion verstehen und spricht dann von der Bruchlast, oder man definiert die Unbrauchbarkeit mit dem Erreichen eines Grenzverformungszustandes, gekennzeichnet durch eine nicht zu überschreitende Stauchung der Betonrandfaser oder eine nicht zu überschreitende Dehnung im Spannstahl. In diesem Falle spricht man von einer Grenzlast oder auch von der Traglast.

Neben diesem Nachweis, die Sicherheit des Bauwerkes eine Überlastung betreffend, ist jedoch noch zu untersuchen, welche Beanspruchungen in den Querschnitten infolge der Gebrauchslasten bzw. deren ungünstigsten Kombinationen im Verein mit der Vorspannung auftreten. Dieser Spannungsnachweis unter den Gebrauchslasten dient zum Nachweis, daß im Beton keine Zugspannungen auftreten, wenn der Bauteil voll vorgespannt werden soll, zum Nachweis, daß die Gebrauchslast noch unterhalb der Rißlast liegt, wenn beschränkt vorgespannt wird, und zur Beurteilung des

Spannungszustandes und der Verformungen, wenn man es mit schwacher Vorspannung zu tun hat. Dieser Spannungsnachweis unter den Gebrauchslasten wird meist mit der Annahme des HOOKEschen Gesetzes geführt, da bei niederen Laststufen die Spannungsdehnungslinien sowohl des Stahles wie auch des Betons nur geringfügig von einer Geraden abweichen. Weiters muß bedacht werden, daß infolge des Belastungszustandes Vorspannung keine Proportionalität zwischen Belastung und Spannung vorhanden ist und es aus dieser Tatsache heraus von vornherein verständlich ist, daß neben dem Gebrauchslastnachweis auch der Trag- bzw. Bruchsicherheitsnachweis zu führen ist.

Verfolgt man z. B. die Spannungen des Spannstahles an einer im Spannbett hergestellten Konstruktion, so erhält man die in Abb. 4 dargestellte Abhängigkeit von der Größe der Laststufen.

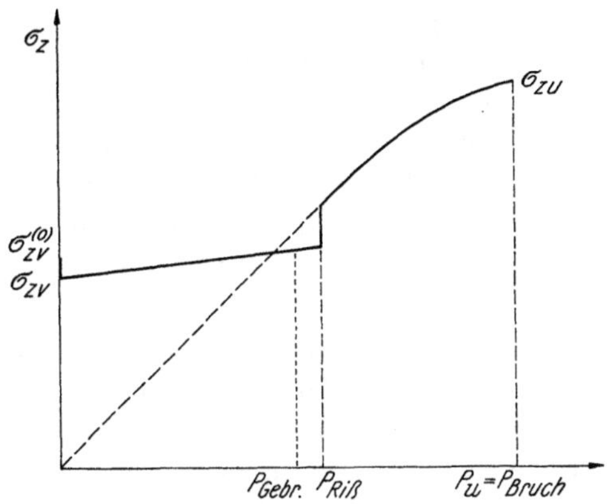

Abb. 4. Spannung im Spannstahl in Abhängigkeit von der Belastungsstufe

Wie für schlaff bewehrte Stahlbetonquerschnitte ist auch für die Spannbetonkonstruktionen ein Nachweis über die Größe der Hauptzugspannungen und deren Aufnahme durch Bewehrungen zu führen, wenn die Hauptzugspannungen Werte erreichen, welche dem Beton nicht mehr zugemutet werden können. Dieser Nachweis ist für den Gebrauchslastzustand und auch für den Grenzlastzustand bzw. Bruchzustand zu erbringen.

Man hat demnach für einen Spannbetonquerschnitt folgende statische Nachweise zu führen:

1. Gebrauchsspannungsnachweis,
2. Bruchsicherheitsnachweis bzw. Tragsicherheitsnachweis,
3. Hauptzugspannungsnachweis.

1.4.1. Gebrauchsspannungsnachweis

Im allgemeinen kommen folgende Belastungen und Lastkombinationen in Betracht:

v	Lastfall Vorspannung
g_1	ständige Lasten, welche im Zustand des Vorspannens vorhanden sind
g_2	ständige Lasten, welche nach dem Vorspannen und nach Herstellung des Verbundes zwischen Spannstahl und Beton wirken
$\max p$	Nutzlaststellung, welche die Spannungen in der Zugzone erhöht
$\min p$	Nutzlaststellung, welche die Spannungen in der Druckzone vermindert
sk	Schwind- und Kriecheinflüsse

Wichtige Lastkombinationen sind:

$v + g_1$	ergibt meist die größte Druckspannung in der vorgedrückten Zugzone und allenfalls Zugspannungen in der Druckzone
$v + g_1 + g_2$	Dauerbeanspruchung ohne Schwinden und Kriechen
$v + g_1 + g_2 + sk$	Dauerbeanspruchung mit Schwinden und Kriechen
$v + g_1 + g_2 + \max p$	ergibt die größte Spannung im Spannstahl
$v + g_1 + g_v + \max p + sk$	ergibt die größte Zugspannung in der Zugzone und die größte Druckspannung in der Druckzone
$v + g_1 + g_2 + \min p$	ergibt die kleinste Druckspannung (allenfalls größte Zugspannung) in der Druckzone

Vor allem dem Zustand $v + g_1$ muß Beachtung geschenkt werden, denn im Hinblick darauf, daß die großen Druckspannungen in der überdrückten Zugzone beim Aufbringen weiterer Belastungen kleiner werden, sind für den Lastfall $v + g_1$ sehr hohe Druckspannungen in der vorgedrückten Zugzone zugelassen. Es ist daher sehr wichtig, daß gleichzeitig mit der Vorspannung auch der Anteil g_1 der ständigen Belastung wirksam wird. Vor allem dann ist darauf zu achten, wenn gegen den bereits erhärteten Beton gespannt wird und die Konstruktion auf einem hohen bzw. sehr nachgiebigen Gerüst betoniert wurde.

Trägt man in einem Diagramm (Abb. 5) als Abszisse die jeweils vorhandene Spannkraft während des Spannvorganges kV mit $0 < k < 1$ auf und als Ordinate die Hebung δ des vorzuspannenden Tragwerkes, so erhält man je nach der Steifheit des Gerüstes, welche durch eine Federkonstante C gegeben sei, die in Abb. 5 dargestellte Abhängigkeit der Hebung δ vom Grad der Vorspannung k.

Ist das Gerüst unendlich starr, d. h. $C = \infty$, so bleibt zunächst während des Vorspannens die Konstruktion am Gerüst liegen, obwohl nach und nach mit dem Anwachsen der Vorspannkräfte das Gerüst entlastet wird und der vorgespannte Balken immer größere Anteile seines Eigengewichtes trägt. Erst wenn ein Vorspanngrad k_1 erreicht ist, bei welchem der beim Spannen vorhandene Eigengewichtsanteil g_1 vollständig vom Gerüst auf die vorgespannte Konstruktion übertragen wurde, beginnt sich der Balken vom Gerüst abzuheben. Dieser Zustand k_1 ist erreicht, wenn in den Querschnitten des Balkens aus Vorspannung und dem Lastanteil g_1 nur Druckspannungen, jedoch keine Biegespannungen entstehen. Es ist dies der Fall der formtreuen Vorspannung, bezogen auf die Belastung g_1. Man muß sich nicht streng an die formtreue Vorspannung halten, es genügt zu wissen, daß dann, wenn an den

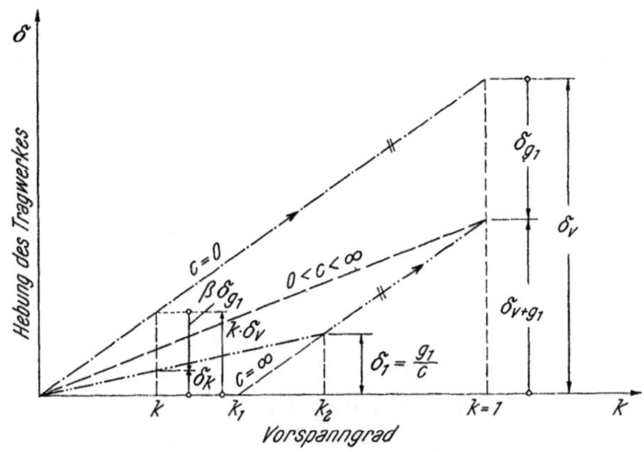

Abb. 5. Hebung des Tragwerkes in Abhängigkeit von der Größe der Vorspannkraft

Stellen der größten Verformungen die Durchbiegung aus der Vorspannung jener aus g_1 entgegengesetzt gleich ist, der Vorspanngrad k_1 erreicht ist. Wird nun weiter vorgespannt, so hebt sich das Tragwerk vom Gerüst ab. Betrachtet man die Verhältnisse im Falle eines sehr, sehr weichen Gerüstes mit $C = 0$ als Grenzfall, so wird schon bei Beginn des Vorspannens eine Hebung des Tragwerkes zu beobachten sein. Doch es gelingt nicht, die Belastung g_1, die vor dem Spannen am Gerüst liegt, durch das Vorspannen vom Gerüst aufs Tragwerk zu bringen. Das Gerüst federt nach und wenn $C = 0$ ist, drückt das Gerüst ständig die Konstruktion mit dem Lastanteil g_1 nach oben. Dem Spannungszustand Vorspannung wirkt keine Belastung entgegen, und es könnte in solchen Fällen zu Beanspruchungen aus den Vorspannkräften kommen, welchen der Beton nicht mehr standhält. Tatsächlich hat man es weder mit dem einen noch mit dem anderen Grenzfall zu tun, und das Lehrgerüst wird eine Federkonstante $0 < C < \infty$ aufweisen, welche teils aus Berechnungen, teils aus Beobachtungen der Gerüstdeformationen während des Betonierens der Tragwerke bestimmt werden kann. Es wird vom Beginn des Vorspannens an ein Anheben der Konstruktion festzustellen sein, jedoch wird sie kleiner sein als jene für den Grenzfall $C = 0$. Ist eine Hebung $\delta_1 = \frac{g_1}{C}$ erreicht, die bei einem Vorspanngrad $k_2 > k_1$ eintritt, so tritt bei weiterem Vorspannen ein Abheben vom Gerüst ein. Ist $\delta_1 = \frac{g_1}{C} > \delta_{v+g_1}$, so belastet am Ende des Vorspannvorganges das Tragwerk noch immer das Gerüst mit einem Anteil von g_1, der um so größer sein wird, je steifer das Tragwerk und je weicher das Gerüst ist. Aus diesen Betrachtungen folgt, daß man bei Erstellung eines Spannbetonbauwerkes die Gerüstverformungen während des Betonierens und die Hebungen der Konstruktion messend verfolgen sollte. Man kann dann jederzeit rasch entscheiden, ob und um wieviel das Gerüst nach Erreichen einer bestimmten Vorspannstufe abzusenken ist, um das vorzuspannende Tragwerk nicht durch Überbeanspruchungen zu gefährden. Um zu beurteilen, ob während des Vorspannvorganges das Gerüst nach und nach abgesenkt werden muß oder nicht, muß die Steifezahl C des Gerüstes nicht unbedingt bekannt sein. Es genügt, die Verformungswerte δ_v, δ_{g_1} und den Wert k_1 zu berechnen. Mit diesen drei Größen sind die beiden Grenzkurven für die Werte $C=0$ und $C=\infty$ gegeben. Zweckmäßig ist nun auch die Verbindungslinie vom Ursprung des Koordinatensystems zum Punkt δ_{v+g_1} bei $k=1$ zu ziehen. Stellt man nun beim Vorspannen messend eine Hebung des Tragwerkes fest, welche als Funktion von k flacher verläuft als die Linie Ursprung—δ_{v+g_1}, so wird während des Spannens das Tragwerk vom Gerüst freikommen, verläuft sie steiler, so wird man während des Spannvorganges auch das Gerüst fortschreitend absenken müssen, um das Tragwerk vor gefährlichen Beanspruchungen zu bewahren. Um welches Maß und wann abgesenkt werden soll, ist aus dem zu einem Vorspanngrad k gehörenden Spannungszustand zu bestimmen, welcher dem Belastungszustand $kv+\beta\cdot g_1$ entspricht. Der Wert β folgt aus der Neigung der beobachteten Linie der Hebung des Tragwerkes aus

$$\delta_k = k\delta_v + \beta\delta_{g_1} \text{ zu } \beta = \frac{\delta_k - k\delta_v}{\delta_{g_1}}, \text{ wenn } k < k_2 \text{ ist.}$$

Die Bettungsziffer des Gerüstes kann aus den Beobachtungen mit

$$C = \frac{g_1}{\delta_{g_1}}\left(1-k\frac{\delta_v}{\delta_k}\right) = \frac{g_1}{\delta_{g_1}}\left(1-\frac{k_2\delta_v}{\delta_{k_2}}\right)$$

für Werte von $k<k_2$ ermittelt werden.

Die genauere Berechnung des Spannungsabfalles im Spannstahl infolge Schwindens und Kriechens und die damit verbundene Änderung der Spannungen im Beton werden im Lastfall *sk* zusammengefaßt. Die genaue Ermittlung erfordert einigen mathematischen Aufwand, und ich verweise auf die einschlägige Literatur, z. B. [1], [2] und [3]. Ein einfaches und in den meisten Fällen auch ausreichendes Verfahren ist das von KUPFER [4]. Es beruht auf der Annahme, daß über die ganze Dauer des Kriechens mit einer mittleren Kriechzahl $\frac{\varphi}{2}$ gerechnet werden kann.

Nach KUPFER ist der Spannungsabfall im Spannstahl:

$$\sigma_{z,sk} \doteq \frac{-E_z\cdot\varepsilon_s + n\varphi\sigma_{bz,d+v}}{1-n\frac{\sigma_{bz,v}}{\sigma_{zv}}\left(1+\frac{\varphi}{2}\right)}.$$

Darin bedeuten:

E_z E-Modul des Spannstahles

ε_s Schwindmaß

φ Kriechmaß

$n=\frac{E_z}{E_b}$ Verhältnis des E-Moduls des Spannstahls zu dem des Betons

$\sigma_{bz,d+v}$ Betonspannung in der Faser des Spannstranges infolge Dauerlast und Vorspannung

$\sigma_{bz,v}$ Betonspannung in der Faser des Spannstranges infolge Vorspannung

σ_{zv} Vorspannspannung im Spannstahl

Die Spannungen sind bei Zug mit (+), bei Druck mit (—) einzusetzen.

Eine weitere sehr einfache Beziehung, welche von LEONHARDT angegeben wurde und von den Endspannungen nach Schwinden und Kriechen ausgeht, ist [5]:

$$\sigma_{z,sk} = -E_z \cdot \varepsilon_s + n\varphi\,\sigma_{bz,d+v+sk}.$$

Sie ist vor allem bei Aufstellung eines Entwurfes wegen ihrer Einfachheit von Vorteil. Ist die Größe des Spannungsabfalles im Spannstahl $\sigma_{z,sk}$ ermittelt worden, dann erhält man die zugehörigen Betonspannungen einfach zu $\sigma_{b,sk} = \frac{\sigma_{z,sk}}{\sigma_{zv}} \cdot \sigma_{bv}$, wenn es sich um einsträngige Vorspannung handelt. Sind die Vorspannstränge so über den Querschnitt verteilt, daß sie nicht mehr als ein einziger Strang bei der Berechnung betrachtet werden können, dann sind für die einzelnen Stränge $_j$ die Werte $\sigma_{z,sk,j}$ zu bestimmen. Aus diesen Werten und den Spannstrangflächen $F_{z,j}$ erhält man eine auf den Betonquerschnitt wirkende Normalkraft $N_{sk} = \sum_{j=1}^{n} F_{zj} \cdot \sigma_{z,sk,j}$ und ein Moment $M_{sk} = \sum_{j=1}^{n} F_{zj} \cdot \sigma_{z,sk,j} \cdot y_{zj}$. Mit N_{sk} und M_{sk} wird dann die Spannungsverteilung über den Querschnitt ermittelt.

Treten nun beim Spannungsnachweis unter den Gebrauchslasten bei ungünstigster Lastkombination Zugspannungen auf, die im Falle beschränkter Vorspannung noch unterhalb der Zugfestigkeit des Betons bleiben, so sollen doch infolge der Wirkung der Vorspannung, der gesamten ständigen Last und der Schwind- und Kriecherscheinungen keine Zugspannungen im Querschnitt auftreten. Die unter ungünstigster Kombination der Belastungszustände auftretende Zugkraft der Betonzugzone sollte jedoch von in diesen Bereichen verlegter schlaffer Bewehrung mit zulässigen Spannungen aufgenommen werden. Spannstähle, die gut verteilt in diesen Zugbereichen liegen, können ebenfalls zur Aufnahme dieser Zugkräfte herangezogen werden, jedoch nur mit der noch verbleibenden Spannungsreserve auf die zulässige Spannung. Die deutschen Richtlinien (DIN 4227) verschärfen dies noch, wenn der Verbund zwischen Spannstahl und Beton nicht oder erst nachträglich hergestellt wird. Nach DIN 4227 muß diese Zugkeildeckung für die Belastungen Vorspannung + Schwinden und Kriechen + 1,35fache Summe von ständiger Last, Verkehrslast und Temperaturwirkungen vorgenommen werden.

1.4.2. Bruchsicherheitsnachweis bzw. Grenzlastnachweis

Im Bruchsicherheitsnachweis oder Grenzlastnachweis (Traglastnachweis) wird das Bruchmoment M_U gegenübergestellt einem Moment, berechnet aus $s_g M_g + s_p M_p + s_z M_z + s_u M_u \leq M_U$.

M_g Moment infolge ständiger Last
M_p Moment infolge der Nutzlasten
M_z Momente infolge Zwängungen, wie Temperaturwirkungen, Stützensenkungen u. dgl.
M_u Umlagerungsmoment aus der Vorspannung
M_U Bruchmoment (Grenzmoment, Tragmoment)
s Sicherheitskoeffizient, versehen mit dem Index des zugehörigen Belastungszustandes

Die Auffassungen über die Größen der einzelnen Sicherheitskoeffizienten sowie die Definition der Grenzzustände gehen in den Vorschriften der einzelnen Länder ziemlich weit auseinander.

So sind die Koeffizienten	s_g	s_p	s_z
nach DIN 4227	1,75	1,75	1,75
nach österr. Richtlinien	1,7	1,7	1,0

Der Koeffizient s_u, der wie der Wert s_z nur bei statisch unbestimmten Systemen von Bedeutung ist, wird meist 1,0 gesetzt. LEONHARDT schlägt vor [5], $s_u = 0{,}9$ zu wählen, wenn M_u im günstigen Sinn wirkt, und $s_u = 1{,}1$, wenn die Wirkung von M_u ungünstig ist. Nach den Schweizer Normen wird das Bruchmoment errechnet nach $M_U = s_2 M'$ mit $s_2 = 1{,}3$ bis 1,5, je nach Qualität der Ausführung, und mit

$M' = 1{,}4\,(M_g + M_p) + 0{,}8\,M_u$ bei gleichem Vorzeichen von M_g und M_p bzw.

$M' = 1{,}0\,M_g + 1{,}4\,M_p + 0{,}8\,M_u$ bei ungleichem Vorzeichen von M_g und M_p

Die Gesamtsicherheit beträgt somit für die Laststeigerung mindestens $1{,}3 \cdot 1{,}4 = 1{,}8$. Bei Eintreten des Bruchzustandes ohne Lastdehnung der Bewehrung hat die Gesamtsicherheit jedoch $1{,}5 \cdot 1{,}4 = 2{,}1$ zu betragen. Zwischenwerte werden entsprechend der Lastdehnung des Stahles bestimmt. Diese Festsetzungen in den Schweizer Normen zur Ermittlung der Sicherheit entsprechen im wesentlichen den in Ausarbeitung begriffenen Empfehlungen der FIP/CEB-Kommission.

Die Ermittlung von M_U erfolgt grundsätzlich so wie für das Tragmoment eines Stahlbetonquerschnittes, wenn zwischen dem Spannstahl und dem Beton ein Verbund besteht. Es wird die Annahme vom Ebenbleiben der Querschnitte auch bei hohen Laststufen getroffen. Die Stauchung des Betons kann bis zur Bruchstauchung $\varepsilon_b = \varepsilon_p$ anwachsen, die Dehnung des Spannstahles, je nach der Definition des Grenzzustandes bis zum Bruch, bis zum Erreichen der Fließgrenze oder bis zu einer kritischen Dehnung, verursacht durch die mit den Sicherheitskoeffizienten vervielfachten Belastungszustände (Abb. 6). Die Gesamtdehnung des Spannstahles ε_z setzt sich aus dieser Lastdehnung ε_{zq} und aus der Vordehnung des Stahles gegenüber dem Beton $\varepsilon_{zv}^{(0)}$ zusammen; es gilt: $\varepsilon_z = \varepsilon_{zq} + \varepsilon_{zv}^{(0)}$. Die Spannungen im Beton bzw. im Spannstahl folgen aus den Arbeitslinien der beiden Baustoffe Beton und Spannstahl.

Ist neben der Spannbewehrung auch eine schlaffe Bewehrung vorhanden, so kann sie mit einer Stahlspannung entsprechend ihrer Dehnung ε_e zur Ermittlung des Trag- bzw. Bruchmomentes M_U herangezogen werden.

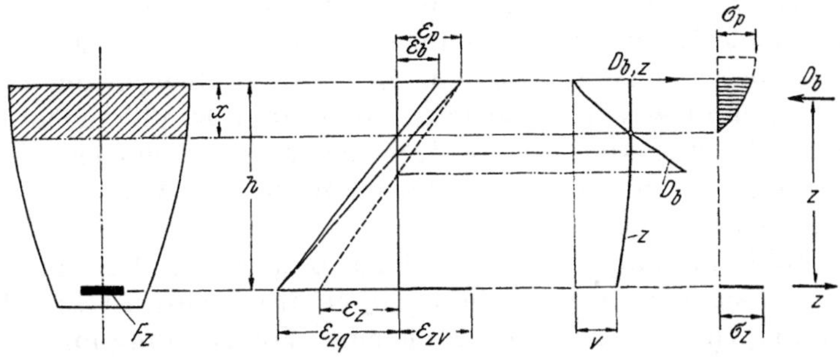

Abb. 6. Ermittlung des Bruchmomentes (Tragmomentes)

Die Lage der Nullinie folgt aus der Gleichgewichtsbedingung $D_b = Z$ und wird durch Probieren oder auf analytischem Wege gefunden. Folgende Fälle sind zu unterscheiden:

1. Die Betonrandstauchung erreicht die Bruchstauchung $\varepsilon_b = \varepsilon_p$ bzw. das Verhältnis $\frac{\varepsilon_b}{\varepsilon_p} = \varphi = 1$, und die Stahldehnung ε_z bleibt unterhalb der Grenzdehnung.

2. Die Grenzdehnung im Spannstahl $\varepsilon_{zq}{}^*$ ist erreicht, ehe $\varepsilon_b = \varepsilon_p$ wird. Dann wird im Grenzzustand $\varepsilon_b < \varepsilon_p$, $\varphi < 1$, und die Betondruckzone wird nicht ausgenützt.

3. Der Fall, daß sowohl im Beton als auch im Spannstahl die Grenzverformungen erreicht werden. $\varepsilon_b = \varepsilon_p$ bzw. $\varphi = 1$ und $\varepsilon_{zq} = \varepsilon_{zq}{}^*$.

Welcher von diesen Fällen eintreten wird, hängt vom Bewehrungsgrad und von der Größe der Vordehnung ab.

Die deutschen und auch die österreichischen Richtlinien schreiben derzeit nur eine Grenze hinsichtlich der Stauchung des Betons an der äußersten Druckfaser vor. Es darf ε_b gerade die Bruchstauchung ε_p erreichen, ohne Rücksicht darauf, wie groß die zugehörige Lastdehnung des Spannstahles wird. Dieser könnte bis zu seiner Zerreißgrenze beansprucht werden, doch überschreitet man die σ_{02}-Grenze im allgemeinen nicht. Liegt die Stahldehnung bereits im plastischen Bereich, so nimmt die Stahldehnung bei weiterer Laststeigerung sehr rasch zu. In zunehmendem Maße wird dann die Betondruckzone eingeschnürt, und die Grenzdehnung ε_p bzw. die zugehörige Betonspannung σ_p wird sehr bald erreicht werden. Diese Festsetzung einer Grenze nur im Druckbereich ist eine Bemessung auf Bruch.

Bei schwacher Bewehrung wird der Stahl in den plastischen Bereich geraten sein, wenn es zum Versagen der Druckzone kommt. Der Bruch wird sich durch große Verformungen und Risse in der Balkenzugzone ankündigen. Bei starker Bewehrung wird jedoch diese Vorwarnung ausbleiben und die Druckzone wird plötzlich versagen. Für die größte Randspannung beim Bruchsicherheitsnachweis gilt z. B.:

nach DIN 4227 $\sigma_p = 0{,}667\, W_{28}$
nach österr. Richtlinien $\sigma_p = 0{,}75\, W_{28}$
nach Schweizer Norm SIA $\sigma_p = 0{,}667\, W_{28}$

Bei schwacher Bewehrung ist es nicht ratsam, auf die Größe der Lastdehnung ε_{zq} keine Rücksicht zu nehmen. RÜSCH empfiehlt als Grenzlastdehnung $\varepsilon_{zq}{}^* = 5^0/_{00}$ [4] zu wählen. Bei starker Bewehrung des maßgebenden Querschnittes sollte man wegen der Gefahr des plötzlichen Bruches den Sicherheitskoeffizienten hinaufsetzen. RÜSCH empfiehlt eine Erhöhung um 14%, so daß der Sicherheitskoeffizient nach DIN 4227 2,0 statt 1,75 in solchen Fällen betragen würde.

Da die Stahlspannung, welche zu einem bestimmten Dehnungszustand ε_{zq} gehört, nur aus der Gesamtdehnung ε_z erhalten wird, ist es notwendig, die Vordehnung zu bestimmen. Im Falle einer Vorspannung mit sofortigem Verbund ist dies sehr einfach, denn $\varepsilon_{zv}{}^{(0)}$ ist jene Dehnung, welche aus der Arbeitslinie des Spannstahles, zugehörig zur Spannbettspannung $\sigma_{zv}{}^{(0)}$, erhalten wird. Wird gegen den erhärteten Beton vorgespannt, so ermittelt man die Vordehnung aus $\varepsilon_{zv}{}^{(0)} = \varepsilon_{zv} + \frac{1}{E_b} \cdot \sigma_{bz,\, g_1+v}$ (σ_b als Druckspannung positiv eingesetzt). ε_{zv} ist jene Dehnung, welche zur Vorspannspannung σ_{zv} (eigentlich $\sigma_{z,\, v+g_1}$) gehört. Durch Schwinden und Kriechen nimmt die Vorspannung ab und damit auch die Vordehnung des Spannstahles gegenüber dem Beton. Bei gleicher Zugkraft im Spannstahl führt dies zu einer Verminderung der Betondruckzone, und wenn ohne Berücksichtigung von Schwinden und Kriechen die Betondruckzone ausgenützt war, so kann mit Beachtung des Verlustes an Vorspannkraft durch Schwinden und Kriechen die Druckzone nicht mehr ausreichen. Im Fall des Versagens der Betondruckzone muß daher der Spannkraftverlust durch Schwinden und Kriechen berücksichtigt werden. Im Falle des Vorspannens mit sofortigem Verbund ist die Vordehnung $\varepsilon_{z,v,\infty}^{(0)}$ jene Dehnung, welche der Spannung $\sigma_{zv}^{(0)} + \sigma_{z,sk}^{(0)}$ entspricht. Bei Vorspannung mit nachträglichem Verbund ermittelt man sie aus der Beziehung

$$\varepsilon_{zv,\infty}^{(0)} = \varepsilon_{zv,\infty} + \frac{1}{E_b}\,\sigma_{bz,\, g_1+v+sk} = \frac{\sigma_{zv,\infty}}{E_z}\left(1 + \frac{n\,\sigma_{bz,\, g_1+v+sk}}{\sigma_{zv,\infty}}\right).$$

Die zweite Beziehung gilt nur, wenn σ_{zv} noch unterhalb der Proportionalitätsgrenze des Spannstahles liegt.

$\varepsilon_{zv,\infty}$ ist hiebei jene Stahldehnung, welche der Stahlspannung $\sigma_{zv,\infty} = \sigma_{zv} + \sigma_{z,sk}$ entspricht.

Da Schwinden und Kriechen die günstige Wirkung der Vorspannung auf die Größe der Betondruckzone mindern, andererseits die Tragfähigkeit der Stahleinlagen nicht geschmälert wird, werden Schwinden und Kriechen bei der Berechnung der Vordehnung zur Bestimmung des Tragmomentes M_U immer berücksichtigt.

Bei beliebigen Querschnitten geht man nun so vor, daß man erst einmal $\varepsilon_b = \varepsilon_p$ wählt und ε_{zq} so lange verändert, bis $D_b = Z$ wird. Sollte hiebei eine Grenzdehnung des Stahles überschritten werden, so muß nun $\varepsilon_{zq} = \varepsilon_{zq}{}^*$ festgehalten werden, und es wird $\varepsilon_b < \varepsilon_p$ so lange verändert, bis die Gleichgewichtsbedingung $D_b = Z$ erfüllt ist (Abb. 6). Der Abstand der Nullinie vom Druckrand ist $x = \xi h$ mit $\xi = \frac{\varepsilon_b}{\varepsilon_b + \varepsilon_{zq}} = \frac{\varphi}{\varphi + \frac{\varepsilon_{zq}}{\varepsilon_p}}$. Nach MÖRSCH trägt man die zu jeder Nullinienlage x ermittelten Größen der Druckkraft und Zugkraft auf. Der Schnittpunkt der so erhaltenen D-Linie mit der Z-Linie ergibt die Lage der Nullinie. Mit der Nullinie ist dann auch der Verformungszustand mit den Werten ε_b und ε_{zq} bekannt. Man sucht den Druckmittelpunkt und erhält den Hebelarm der inneren Kräfte z. Das Tragmoment ist dann $M_U = D_b \cdot z = Z \cdot z$.

Wird als Arbeitslinie des Betons eine Parabel gewählt (ÖN), so ist

$$\sigma_b = \sigma_p \varphi (2 - \varphi) \text{ mit } \varphi = \frac{\varepsilon_b}{\varepsilon_p}.$$

Im Falle eines Rechteckquerschnittes ist

$$D_b = \sigma_p \frac{bh}{3} \cdot \frac{\varphi^2 (3 - \varphi)}{\varphi + \frac{\varepsilon_{zq}}{\varepsilon_p}}$$

mit dem Abstand v vom Druckrand,

$$v = \eta h \text{ mit } \eta = \frac{\varphi (4 - \varphi)}{4 \left(\varphi + \frac{\varepsilon_{zq}}{\varepsilon_p}\right)(3 - \varphi)}$$

Der Hebelarm der inneren Kräfte ist $z = \xi h$ mit $\xi = 1 - \eta$. Das Moment der Druckkraft D_b um die Spannstahllage wird erhalten zu

$$M_U = D_b \cdot z = \sigma_p \frac{bh^2}{12} \cdot \frac{\varphi^2 \left[\varphi (8 - 3\varphi) + 4 \frac{\varepsilon_{zq}}{\varepsilon_p} (3 - \varphi)\right]}{\left(\varphi + \frac{\varepsilon_{zq}}{\varepsilon_p}\right)^2}.$$

Kann ein Querschnitt aus Rechtecken aufgebaut werden, so können die Lage der Nullinie und das Tragmoment durch Berechnung der einzelnen Teilgrößen $D_1, D_2, \ldots$ bzw. M_{U1}, M_{U2} gefunden werden.

Wenn man weiß, daß in einem Querschnitt der Spannstahl beim Bruchsicherheits- bzw. Tragsicherheitsnachweis bis zu seiner Fließgrenze $\sigma_{z,\,02}$ ausgenützt werden kann, da der Querschnitt schwach bewehrt ist, so kann die Spannstahlfläche, welche zur Aufnahme des Bruch- bzw. Tragmomentes M_U erforderlich ist, sehr einfach und rasch ermittelt werden, indem man den Hebelarm der inneren Kräfte schätzt. Für einen Rechteckquerschnitt kann der Hebelarm $z \doteq 0{,}8h$ bis $0{,}85h$ und für einen Plattenbalkenquerschnitt mit $z \doteq h - \frac{d}{2}$ angenommen werden. Die Spannstahlfläche erhält man zu $F_{z,\,\mathrm{erf}} = \frac{M_U}{z \cdot \sigma_{z,\,02}}$ bzw. das Tragmoment des Querschnittes zu

$$M_U = F_z \cdot \sigma_{z,\,02} \cdot z.$$

Eine Schätzung über das Ausreichen der Betondruckzone gelingt, wenn man bedenkt, daß die Lastdehnung $\varepsilon_{zq}{}^*$ die gleiche Größenordnung hat wie die Grenzdehnung $\varepsilon_e{}^*$ der Bewehrung für die Bemessung eines schlaff bewehrten Querschnittes nach dem Traglastverfahren (siehe z. B. die österr. Norm ÖN B 4200).

Von M. Wicke wurden Tafeln zur Bemessung des Tragmomentes für Rechteckquerschnitte und Plattenbalkenquerschnitte aufgestellt [6]. Wicke ging hiebei von folgenden Annahmen aus:

1. Die Grenzstauchung des Betons $\varepsilon_p = 2^0/_{00}$.
2. Die Grenzlastdehnung des Spannstahles $\varepsilon_{zq}{}^* = 5^0/_{00}$.
3. Die Arbeitslinie des Betons ist eine Parabel zweiter Ordnung

$$\sigma_b = \sigma_p \cdot \frac{\varepsilon_b}{\varepsilon_p}\left(2 - \frac{\varepsilon_b}{\varepsilon_p}\right).$$

4. Die Arbeitslinie des Stahles ist bis zum Erreichen der Fließgrenze $\sigma_{z,02}$ eine gerade Linie, und die Stahlspannung steigt über die Fließgrenze nicht mehr an.

Hat man es nicht mit reiner Biegebeanspruchung zu tun, sondern wirkt gleichzeitig noch eine Normalkraft auf den Querschnitt, dann wird das Moment auf die Spannstahllage bezogen: $M_{zU} = M_U \pm N_U \cdot e$. Die Gleichgewichtsbedingung zur Auffindung der Lage der Nullinie lautet dann: $D_b = Z_U + N_U$ und $M_{zU} = D_b \cdot z$ bzw. $Z_U = \dfrac{M_{zU}}{z} \mp N_U$ (die oben geschriebenen Vorzeichen gelten, wenn N_U eine Druckkraft ist).

Die Bruch- bzw. Tragsicherheit einer statisch unbestimmten Konstruktion ist im allgemeinen noch nicht erreicht, wenn in einem einzigen Querschnitt die Beanspruchung den kritischen Zustand erreicht hat. Durch große, plastische Verformungen in der Umgebung dieses Querschnittes, durch die Bildung eines plastischen Gelenkes wird es zu Umlagerungen der Schnittgrößen kommen. Das Versagen der Konstruktion wird erst dann eintreten, wenn entweder bei weiterer Laststeigerung, bei Beachtung der Schnittgrößenumlagerung, an so vielen weiteren Stellen sich plastische Gelenke gebildet haben, daß kein stabiles System mehr vorhanden ist, oder wenn in einem der sich bildenden plastischen Gelenke die Verformbarkeit erschöpft ist und es zum Bruch an dieser Stelle kommt, ohne daß eine vollständige Umlagerung der Schnittgrößen ausgenützt werden konnte. Der Frage nach der möglichen Gelenksrotation kommt bei der Beurteilung des tatsächlichen Tragverhaltens statisch unbestimmter Konstruktionen daher eine besondere Bedeutung zu.

Die Rotationsfähigkeit ist nicht nur von der Art der Beanspruchung, Moment allein oder Moment + Querkraft + Normalkraft, sondern auch von den Eigenschaften des Betons, vom Bewehrungsgrad und von der Güte des Verbundes zwischen Stahl und Beton abhängig. Hinweise über die Möglichkeiten der Berücksichtigung der Schnittkraftumlagerungen und Anhaltspunkte für die mögliche Gelenkrotation hat F. Leonhardt in [5] gegeben. Wertvolle Angaben, allerdings nur für schlaff bewehrte Konstruktionen, haben H. Bachmann [152] und W. Dilger [153] gemacht.

Weiters wäre noch zu sagen, daß die Bewehrung eines Spannbetonquerschnittes, abgesehen von den Ergebnissen des Bruchsicherheitsnachweises, so groß sein sollte, daß beim Übergang vom ungerissenen zum gerissenen Zustand kein Versagen der Bewehrung auftritt. Herrscht vor dem Reißen der Betonzugzone im Beton die Zugkraft Z_b, so soll bis zum Bruch der Bewehrung noch eine aufnehmbare Reserve zur Verfügung stehen. Es soll $F_z(\sigma_z - \sigma_{zu}') \geq Z_b$ sein, woraus die Mindestbewehrung erhalten wird zu $\min F_z = \frac{Z_b}{\sigma_z - \sigma_{zu}'}$.

Z_b Zugkraft im Beton knapp vor Auftreten des Risses
σ_z Bruchspannung des Vorspannstahles
σ_{zu}' Spannung im Spannstahl knapp vor Auftreten des Risses (Rißlast)

Leonhardt [5] gibt an:

$$\min \mu_{bz} = \frac{\min F_z}{F_{bz}} \approx 0{,}10 \frac{\sigma_p}{\sigma_z}.$$

F_{bz} Betonfläche der Zugzone
σ_p Prismenfestigkeit des Betons
σ_z Bruchspannung des Spannstahles

1.4.3. Hauptzugspannungsnachweis

Stahlbetonbalken sollen eine Bewehrung zur Aufnahme der Schubspannungen, besser gesagt der Hauptzugspannungen erhalten, die so festzulegen ist, daß der Balken seine Tragfähigkeit, bezogen auf das Biegemoment, behält und nicht vorher infolge mangelnder Schubbewehrung versagt. Bei einem Spannbetonbalken liegen die Verhältnisse ähnlich, doch müssen auch beim Nachweis der Hauptzugspannungen diese für den Gebrauchslastfall und den Bruchlastfall bzw. Grenzlastfall ermittelt werden. Hat man es mit voller oder beschränkter Vorspannung zu tun, so wirkt im Gebrauchslastfall der gesamte Betonquerschnitt mit, die Schubspannung kann für jede Faser des Querschnittes berechnet werden. Ist dieser entlang des Balkens konstant, gilt $\tau = \frac{QS}{bI}$, und die Hauptspannungen folgen bei gleichzeitiger Anwesenheit von Längsspannungen zu

$$\sigma_1 = \frac{\sigma_x + \sigma_y}{2} \pm \sqrt{\frac{(\sigma_x - \sigma_y)^2}{4} + \tau^2}.$$

σ_x Längsspannung in Richtung der Spannweite
σ_y Längsspannung in Richtung der Balkenhöhe
τ Schubspannung in den Schnitten parallel zur xz- und yz-Ebene

Längsdruckspannungen σ_y, welche die Hauptzugspannungswerte auf jeden Fall vermindern, können erzeugt werden durch eine Vorspannung quer zur Balkenlängsachse mit lotrechten oder schräg liegenden Spanngliedern. Druckspannungen σ_y entstehen jedoch auch durch die Umlenkkräfte bei gekrümmter Spanngliedlage.

Die Richtung der Hauptzugspannung zur x-Achse erhält man aus

$$\operatorname{tg} 2\varphi = \frac{2\tau}{\sigma_x - \sigma_y}.$$

Im Falle einachsiger Vorspannung und vernachlässigbarer Werte von σ_y vereinfachen sich die Beziehungen für die Hauptspannungen zu

$$\sigma_{1,2} = \frac{\sigma_x}{2} \pm \sqrt{\frac{\sigma_x^2}{4} + \tau^2} \quad \text{und} \quad \operatorname{tg} 2\varphi = \frac{2\tau}{\sigma_x}.$$

Im Falle voller Vorspannung ist im ganzen Querschnittsbereich infolge der Gebrauchslasten $\sigma_1 < \tau$. Die Neigung der Hauptzugspannung zur Balkenlängsachse ist überall steiler als 45° (Abb. 7). Im Falle be-

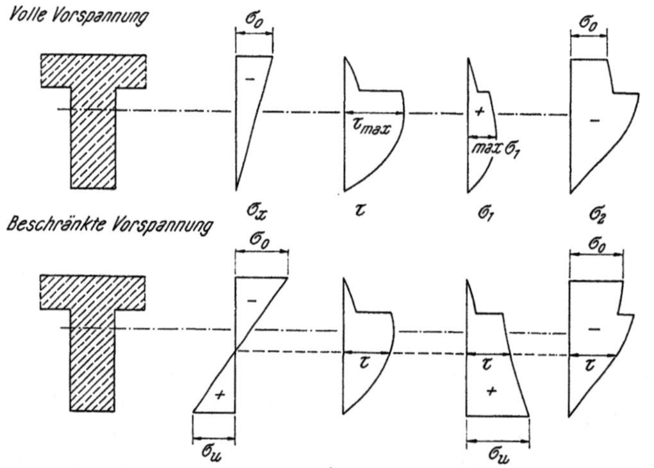

Abb. 7. Längs-, Schub- und Hauptspannungen infolge der Gebrauchslasten

schränkter Vorspannung ist die Hauptzugspannung am Druckrand Null, an der Stelle mit $\sigma_x = 0$ gleich τ und am Zugrand gleich der Längsspannung σ_x. An der Stelle $\sigma_x = 0$ beträgt die Neigung der Hauptzugspannung zur x-Achse 45°, im Druckbereich ist sie steiler, im Zugbereich flacher. Da im Bereich der flach verlaufenden Hauptzugspannungen, also im Zugbereich, ohnedies Bewehrung aus der sogenannten Zugkeildeckung vorhanden ist, sind die Hauptzugspannungen in der Druckzone für die Bemessung der Bewehrung maßgebend. Die Höhenlage der größten Hauptzugspannung liegt jedoch nicht von vornherein fest. Die größte Hauptzugspannung infolge der Gebrauchslasten soll zulässige Werte nicht überschreiten, die in der Größenordnung der Zugfestigkeit des Betons liegen. Schubspannungen können auch durch Torsionsmomente hervorgerufen sein. Die zulässigen Hauptzugspannungen, wenn sie nur aus der Torsionsbeanspruchung folgen, sind etwas kleiner als jene für reine Querkraftbeanspruchung. Treten Querkrafts- und Torsionsbeanspruchungen gleichzeitig auf, so werden in den verschiedenen Berechnungs- und Bemessungsvorschriften meist höhere Spannungen zugelassen. Es ergibt sich nun die Frage, welche Schnittkräfte auf den Betonquerschnitt wirken, für welche die Hauptzugspannungen ermittelt werden sollen (Abb. 8a). Ist Z_i die Zugkraft in einem der k-Spannstränge und hat dieser Spannstrang gegenüber der Balkenachse den Neigungswinkel γ_i, so sind die auf den Betonquerschnitt wirkenden Schnittkräfte:

$$Q_b = Q - \sum_{i=1}^{k} Z_i \sin\gamma_i,$$

$$M_b = M - \sum_{i=1}^{k} Z_i \cdot y_{bz,i} \cdot \cos\gamma_i \doteq M - \sum_{i=1}^{k} Z_i \cdot y_{bz,i}$$

$$N_b = N - \sum_{i=1}^{k} Z_i \cdot \cos\gamma_i \doteq N - \sum_{i=1}^{k} Z_i .$$

Bei Trägern mit veränderlicher Höhe ist die Schubspannung nicht nur von der Querkraft, sondern auch vom Moment und von der Normalkraft abhängig, wenn diese entlang des Trägers veränderlich ist. Es gilt:

$$b\tau = \frac{d}{ds}\left(M_b \cdot \frac{S_1}{I} + N_b \cdot \frac{F_1}{F}\right).$$

F_1 ist hiebei die Betonfläche vom Querschnittrand bis zur Faser, für welche die Schubspannung berechnet werden soll. S_1 ist das statische Moment dieser abgetrennten Fläche F_1 um die Schwerlinie des Querschnittes. Für F ist der gesamte Betonquerschnitt und für I das Trägheitsmoment des gesamten Betonquerschnittes um die Schwerlinie des Querschnittes einzusetzen. Eine sehr gute Darstellung über die Möglichkeiten der Ermittlung der Schubspannungen bei komplizierteren Verhältnissen findet man im 1. Teil des Betonkalenders im Abschnitt „Bemessung von Spannbetonbauteilen", bearbeitet von Rüsch und Kupfer [4], und im bekannten Werk von F. Leonhardt „Spannbeton für die Praxis" [5].

Die notwendige Schubbewehrung wird nun nicht für den Gebrauchslastzustand bemessen, sondern für den Bruchzustand. In diesem Zustand wirkt nun nicht mehr der gesamte Betonquerschnitt mit. Die Aufnahme der Hauptzugspannungen durch Bewehrung unterscheidet sich nicht mehr so wesentlich von jener bei schlaff bewehrten Konstruktionen, doch sind die Verhältnisse komplizierter.

In den Vorschriften der verschiedenen Länder findet man sehr unterschiedliche Anweisungen, wie nun dieser Nachweis zu führen ist. Die Frage, wie die Hauptzugspannungsbewehrung auf einfache Weise und dennoch richtig ermittelt werden soll, ist noch nicht restlos geklärt. Zu ermitteln sind vorerst jene Schnittkräfte, welche der Bruchlast (bzw. Grenzlast) entsprechen. Es müssen die Schnittkräfte für jene Lastkombination berechnet werden, welche die größten Hauptzugspannungen ergeben, diese Kombination fällt meist mit jener für die größte Querkraft zusammen.

Die Schnittkräfte, welche auf den Betonquerschnitt wirken, werden nun ähnlich wie für den Gebrauchslastzustand erhalten zu

$$Q_{bU} = Q_U - \sum Z_{iU} \sin\gamma_i ,$$
$$M_{bU} = M_U - \sum Z_{iU} y_{zi} \cos\gamma_i \doteq M_U - \sum Z_{iU} y_{zi} ,$$
$$N_{bU} = N_U - \sum Z_{iU} \cos\gamma_i \doteq N_U - \sum Z_{iU} ,$$

wobei der Zustand U (Bruchzustand) in gleicher Art wie für die Biegebeanspruchung berechnet wird.

$$U = s_g \cdot g + s_p \cdot p + s_z \cdot z + u$$

(z. B. nach den österr. Richtlinien mit $s_g = s_p = 1{,}7$, $s_z = 1{,}0$).

Nun werden die größten Hauptzugspannungen und ihre Richtung aus den Schnittgrößen Q_{bU}, $M_{b,U}$ und N_{bU} so ermittelt, als ob der ganze Betonquerschnitt voll mitwirke. Übersteigen im Bereich der Druckzone die Haupt-

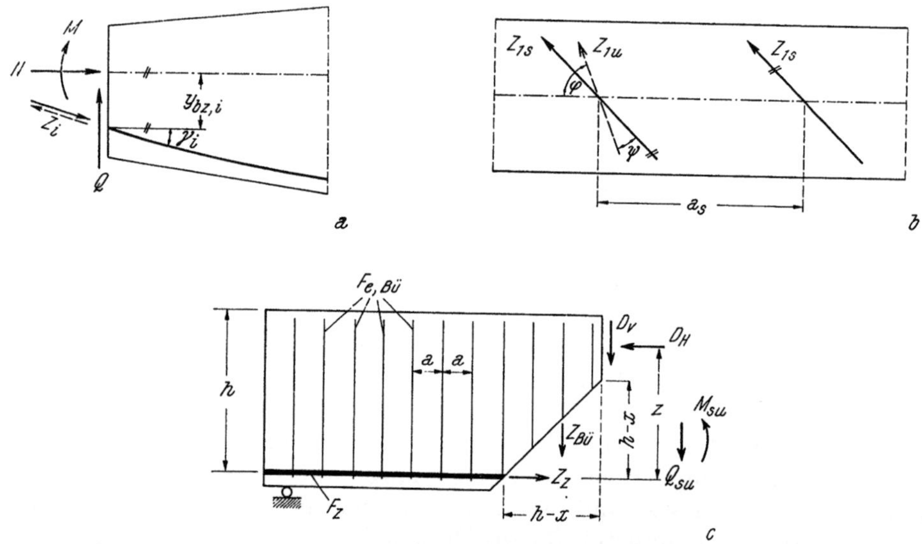

Abb. 8. *a* Schnittgrößen, welche auf den Betonquerschnitt wirken,
b Hauptzugspannungsaufnahme durch Schrägeisen,
c Beanspruchung eines Balkens durch Moment und Querkraft

zugspannungen eine Grenze welche man dem Beton im Verein mit einer stets geforderten Mindestverbügelung zur Aufnahme zutraut, so ist eine Bewehrung für die Bereiche der Überschreitung zu berechnen. Übersteigt die größte Hauptzugspannung im Bereich der Druckzone einen zulässigen Größtwert, so ist die Abmessung des Baugliedes zu ändern. Ist nun die größte Hauptzugspannung so, daß ein Nachweis geführt werden muß, dann ist nach DIN 4227 die auf die Längsrichtung des Balkens bezogene und durch Bewehrung zu deckende schräge Zugkraft in der Richtung φ

$$Z_{1U} = \text{red}\,\sigma_{1U} \cdot b \cdot \sin\varphi \quad \text{mit}$$
$$\text{red}\,\sigma_{1U} = \frac{\sigma_{1U}^2}{\text{zul}\,\sigma_{1U}} ;$$

diese Zugkraft Z_{1U} kann nun aufgenommen werden (Abb. 8b) mit Bügeln $Z_{1\,Bü} = \frac{F_{e,\,Bü}}{a_{Bü}} \cdot \sigma_{es} \cdot \sin\varphi,$

mit Schrägeisen $Z_{1\,S} = \frac{F_{eS}}{a_S} \cdot \sigma_{es} \cdot \cos\psi,$

durch Spannstähle $Z_{1Z} = \frac{F_z}{a_z} \cdot \Delta\sigma_z \cdot \cos(\varphi - \gamma),$

wenn eine Spannungsreserve zwischen der Fließgrenze und der tatsächlichen Beanspruchung des Spannstahles $\Delta\sigma_z$ vorhanden ist. Bei wenigen Spanngliedern setzt man $a_z = d_0 \cdot \mathrm{ctg}\,\gamma$, wobei d_0 die Höhe des Spannbetonbalkens ist.

Alle drei Anteile zusammen müssen größer oder gleich $Z_{1\,U}$ sein:

$$Z_{1\,Bü} + Z_{1\,S} + Z_{1z} \geq Z_{1\,U}.$$

Dieser Nachweis ist auf die Balkenbereiche zu erstrecken, in welchen der 0,75fache Wert der Nachweisgrenze überschritten wird. Die Ermittlung der Hauptzugspannungen kann auch am gerissenen Querschnitt vorgenommen werden, doch ist dieses Verfahren noch langwieriger, da die Lage der Nulllinie von Querschnitt zu Querschnitt erst mühsam ermittelt werden muß. Diese Art der Ermittlung der Bewehrung zur Aufnahme der Hauptzugspannungen ist nicht frei von Widersprüchen und sie führt wahrscheinlich teils zu einer zu geringen, teils zu einer zu starken Schubbewehrung. R. Walther hat eine Theorie über das Zusammenwirken der Momenten- und Querkraftsbeanspruchung aufgestellt und benützt den Begriff des Schubbruchmomentes. Nach R. Walther [5] und [7] liegen die ungünstigsten Querschnitte, in welchen bei zu geringer Bewehrung zur Aufnahme der Hauptzugspannungen ein Schubbruch zu erwarten ist, in unmittelbarer Nähe des Angriffspunktes von großen Einzellasten oder in Bereichen, in welchen das Verhältnis $\frac{M}{Qh}$ zwischen 2,5 und 4 liegt. An den Zwischenstützen durchlaufender Träger fällt das größte Moment mit der größten Querkraft zusammen. An diesen Stellen treten jedoch infolge der Einleitung der Auflagerkräfte Druckspannungen in lotrechter Richtung σ_y auf, welche zu einer Verminderung der schrägen Hauptzugspannungen führen. Es wird deshalb empfohlen, den Nachweis in einer Entfernung $0{,}5\,h$ von der Unterstützung zu führen. Wirkt auf einen Querschnitt ein Moment M_U und die zugehörige Querkraft Q_U, so wird dieser Querschnitt, wenn keine Bewehrung zur Aufnahme der Hauptzugspannungen vorhanden ist, früher versagen, als wenn er nur mit dem Moment M_U allein beansprucht wäre (Abb. 8c). Die Spannung in der Betonrandfaser wird beim Bruch nicht den Wert σ_p, sondern einen kleineren $\sigma_{p\tau} < \sigma_p$ erreichen können. Bezeichnet man die resultierende waagrechte Kraft der Betondruckzone für diesen Bruchzustand mit $D_{b\tau}$, so ist das vom Querschnitt aufnehmbare Moment, wenn keine Schubbewehrung vorhanden ist, das Schubbruchmoment

$$M_{Su,0} = D_{b\tau} \cdot \zeta h = \psi D_b \cdot \zeta h,$$

wobei ψ das Verhältnis der Schubdruckfestigkeit $\sigma_{p\tau}$ zur Prismenfestigkeit des Betons bedeutet.

Nach R. WALTHER [5] ist

$$\psi = \frac{\sigma_{p\tau}}{\sigma_p} = \frac{1}{1+3{,}2\left(\frac{Qh}{M}\right)_U^2}$$

mit

$$\left(\frac{M}{Qh}\right)_U = \frac{sM_{g+p}}{(sQ_{g+p}+Q_v)h}.$$

$$\xi = \frac{x}{h} = \frac{\text{Nullinienabstand}}{\text{Höhe}}; \qquad \zeta = \frac{\text{Hebelarm der inneren Kräfte}}{\text{Höhe}}.$$

ψ ist abhängig vom Verhältnis $\frac{Qh}{M}$ und fällt mit steigender Querkraft.

Ist nun $M_U > M_{Su,0}$, so muß die Differenz der Momente $M_U - M_{Su,0}$ durch eine Schubbewehrung gedeckt werden. Besteht diese Bewehrung z. B. aus lotrechten Bügeln mit der Querschnittsfläche $F_{Bü}$ (zwei- bis n-schnittig) und dem Bügelabstand a, so ist der Beitrag der Bügel zur Momentenaufnahme, wenn der Stahl der Bügel die Fließgrenze σ_s erreicht,

$$M_{Su,Bü} = \frac{F_{Bü}\cdot\sigma_s}{a}\cdot\frac{(h-x)^2}{2} = \frac{F_{Bü}\cdot h^2\sigma_s}{2a}(1-\xi)^2.$$

Tafeln und Nomogramme in [5] erleichtern die Bemessung.

Eine andere, sehr einfache Vorschrift zur Ermittlung der Schubbewehrung ist in der Technischen Norm 162, Ausgabe 1968 des SIA (Schweizer Ingenieur- und Architekten-Verein) enthalten. Als Maß wird die nominelle Schubspannung $\tau^* = \frac{Q^*}{b_0 h}$ verwendet. Q^* ist die Querkraft unter der Bruchlast (Grenzlast) und entspricht Q_U, b_0 ist die kleinste Stegdicke und h ist die statische Nutzhöhe. Überschreitet τ^* in einem Bereich einen von der Betongüte abhängigen Wert τ_1^* nicht, dann braucht kein Nachweis über die Aufnahme der Schubspannungen erbracht zu werden, sonst muß nachgewiesen werden, ob die Summe der Schubwiderstände eines Querschnittes Q^* aufzunehmen vermag.

Nach dieser Schweizer Norm Nr. 162 bestehen die Schubwiderstände aus folgenden Anteilen:

1. Schubwiderstand der Biegedruckzone

$$Q_C^* = \left(1+\frac{V_\infty}{Z_S}\right)\tau_1^* b_0 h,$$

jedoch nicht größer als

$$Q_C^* = 1{,}5\,\tau_1^* b_0 h.$$

V_∞ ist die Vorspannkraft nach Schwinden und Kriechen,
Z_S die Summe der Kräfte in sämtlichen Stahleinlagen der Biegezugzone beim Erreichen der Streckgrenze.

2. Zusätzlicher Schubwiderstand infolge Wirkung von Normalspannungen in Balkenbereichen, wo unter rechnerischer Bruchlast die Randzugspannungen den Wert $\beta_w/20$ nicht überschreiten (β_w = Würfelfestigkeit des Betons).

$$Q_N{}^* = 0{,}2\,\sigma_N b_0 h.$$

σ_N ist die Spannung im Schwerpunkt des Querschnittes infolge der Vorspannkraft.

3. Widerstand der Schubbewehrung

$$Q_D{}^* = \varrho_D \cdot \sigma_{S,D} \cdot bh(\sin\beta + \cos\beta)$$

mit

$\varrho_D = \dfrac{F_D}{b_0\, s_D}$ Schubbewehrungsgehalt

F_D Querschnittsfläche eines Bewehrungsgliedes
s_D Abstand der Bewehrungsstangen in Richtung der Balkenachse
β Winkel zwischen den Bewehrungsstangen und der Trägerachse
σ_{sD} Streckgrenzen (Grenzspannungen) der Bewehrung

4. Für eine Bügelbewehrung ist $\beta = \pi/2$. Demnach gilt für eine Bügelbewehrung mit $\varrho_B = \dfrac{F_B}{b_0 s_B}$:

$$Q_B{}^* = \varrho_B \cdot \sigma_{sB} \cdot b_0 h.$$

Die Bewehrung ist nun ausreichend, wenn

$$Q_C{}^* + Q_N{}^* + Q_D{}^* + Q_B{}^* \geq Q^* \quad \text{ist.}$$

Der minimale Schubbewehrungsgehalt muß so gewählt werden, daß

$$Q_B{}^* + Q_D{}^* \geq \frac{1}{2}\,\tau_1{}^* b_0 h \quad \text{ist.}$$

Da diese Festsetzungen in den Schweizer Normen nicht nur für Stahlbetonbalken, sondern auch für schlaff bewehrte Balken gelten, für welche im allgemeinen $Q_N{}^* = 0$ ist, ist ein steter Übergang vom schlaff bewehrten Beton zum Spannbeton geschaffen und es können Balken der verschiedensten Vorspanngrade danach bewehrt werden. Werden Größtwerte der nominellen Schubspannung τ^* überschritten, so ist der Querschnitt zu ändern. Dieser Größtwert beträgt je nach den Abständen der verlegten Schubbewehrung $4\tau_1{}^*$ bzw. $5\tau_1{}^*$. So einfach diese Richtlinien zur Berechnung der Schubbewehrung sind, so haben sie den Nachteil, daß auf die Gefahr zu hoher Hauptdruckspannungen nicht eingegangen wird. Der dünne Steg eines Plattenbalkenquerschnittes kann durch zu große Hauptdruckkräfte versagen, die um so größer sein werden, je größer die Vorspannkräfte gewählt werden. Man muß jedoch auch bedenken, daß die schrägen Hauptdruckspannungen gegenüber jenen Werten, welche unter der Annahme des Mitwirkens des gesamten Betonquerschnittes berechnet wurden, durch das Versagen der Betonzugzone noch wesentlich ansteigen können.

Die Begrenzung der Schubspannung τ allein mit einem oberen Grenzwert erscheint daher ungenügend, es müßte in eine solche Bedingung auch der

Vorspanngrad eingehen, wie dies von LEONHARDT [5] und [8] vorgeschlagen wurde.

Ein Balkensteg, in welchem genügend Bewehrung zur Aufnahme der Hauptzugspannungen vorhanden ist, kann durch zu hohe Hauptdruckspannungen versagen. Sie sollen deshalb auch berechnet werden, und zwar vor allem auch dort, wo durch Druckspannungen quer zur Balkenachse, z. B. im Bereich von vorgespannten Schubnadeln und in den Auflagerbereichen, die Hauptdruckspannungen größer als sonst sind. Wenn jedoch die Belastung zu höheren Laststufen gesteigert wird und sich Risse im Steg einstellen, steigen die Hauptdruckspannungen über die rechnerischen Werte an, da die Dehnung in der Hauptzugrichtung des geringeren Querschnittes wegen stärker zunimmt als die Stauchung in der Hauptdruckrichtung. Dieser Anstieg ist um so höher zu erwarten, je mehr die Richtung der Schubbewehrung von der Hauptzugrichtung abweicht. Diesen Erscheinungen Rechnung tragend, die auch durch Versuche bestätigt wurden, empfiehlt F. LEONHARDT [5] die Stegbreiten so zu wählen, daß für Gebrauchslast die Hauptdruckspannung $\sigma_{II} \leq \frac{1}{5} \sigma_p$ bleibt, wenn die Richtung der Schubbewehrung von der Hauptzugrichtung im Stadium II große Abweichungen aufweist, und $\sigma_{II} \leq \frac{1}{4} \sigma_p$, wenn die Schubbewehrung etwa in Richtung der Hauptzugspannungen liegt.

In den österreichischen Richtlinien wird wahrscheinlich folgender Weg zur Berechnung der notwendigen Bewehrung zur Aufnahme der schrägen, durch Querkräfte verursachten Zugkräfte beschritten werden. Die auf die Längeneinheit der Stabachse bezogene und von der Bewehrung aufzunehmende Zugkraft wird ermittelt nach der Formel $n_\alpha = \frac{\operatorname{red} Q}{d(\sin\alpha + \cos\alpha)}$, wobei

$$\operatorname{red} Q = Q - \sum Z \operatorname{tg} \gamma_z - D_b \operatorname{tg} \gamma_D - 1{,}4\, \tau_1 b d \quad \text{ist.}$$

Es bedeuten:

α Winkel zwischen der Stegbewehrung und der Stabachse mit $\frac{\pi}{4} < \alpha < \frac{\pi}{2}$
d Querschnittshöhe
b Querschnittsbreite
Q Querkraft unter rechnerischer Traglast
Z Zugkraft der Spannbewehrung unter Gebrauchslast
D_b resultierende Betondruckkraft unter rechnerischer Traglast
γ_z Winkel der Spannbewehrung zur Stabachse
γ_b Winkel der resultierenden Betondruckkraft zur Stabachse
τ_1 Schubspannungswert, welcher dem Beton zugewiesen wird, $\tau_1 \approx \frac{W_{28}}{80}$.

Dieser Nachweis ist zu führen, wenn unter den Gebrauchslasten im Stadium I niedrig festgelegte Grenzwerte der Hauptzugspannungen überschritten werden. Auch obere Grenzwerte, welche beim Gebrauchsspannungsnachweis nicht überschritten werden dürfen, sind festgesetzt. In

Bereichen, in welchen das Momentenschubverhältnis $\frac{M}{Qd} < 7$ ist, sind auch die Hauptdruckspannungen im Gebrauchslastzustand nachzuweisen. Die Größe der zulässigen Hauptdruckspannung ist in Abhängigkeit gebracht von der Neigung der Hauptzugbewehrung zur Stabachse und von der Güte des Betons. Die größten Werte für die Hauptdruckspannungen sind zugelassen, wenn die Neigung der Hauptzugbewehrung zur Stabachse 45° beträgt, die kleinsten Werte, wenn die Bewehrung senkrecht zur Stabachse steht.

Wird ein Spannbetonquerschnitt außer durch Biegemoment, Längskraft und Querkraft auch durch ein Torsionsmoment beansprucht, so werden für den Gebrauchslastfall die Schubspannungen aus der Torsion für den ungerissenen Querschnitt ermittelt. Im Bruchzustand (Traglastzustand) rechnet man auch mit dem ungerissenen Querschnitt. Übersteigt die Hauptzugspannung aus der Torsions- und Querkraftbeanspruchung die Nachweisgrenze, so wird die für die Aufnahme des Torsionsmomentes notwendige Netzbewehrung für sich berechnet, und zwar so, daß das Netz imstande ist, die schrägen Zugkräfte aus der Torsion aufzunehmen, wie dies auch für schlaff bewehrte Konstruktionen üblich ist. Diese Bewehrung muß zusätzlich verlegt werden. Zu erwähnen wäre noch, daß durch eine einsträngige Vorspannung keine Gegentorsionsmomente erzeugt werden können, wenn das Tragwerk statisch bestimmt gelagert ist und wenn die Umlenkkräfte des Spanngliedes durch die Schubmittelpunkte der Balkenquerschnitte gehen. Nur durch Erfüllung von Auflagerbedingungen, also durch Zwangskräfte, können bei statisch unbestimmt gelagerten Konstruktionen Torsionsmomente geweckt werden, die dann jenen aus den Belastungen entgegenwirken, wenn auch sie aus der Erfüllung der Auflagerbedingungen entstanden sind, wie dies z. B. bei schief gelagerten Brücken der Fall ist. Durch zwei im Raum sich kreuzende und gekrümmt geführte Spannstränge lassen sich jedoch auch bei statisch bestimmter Lagerung Torsionsmomente erzeugen. Die Höhenlage der beiden Stränge ist entlang des Balkens verschieden und kann innerhalb gewisser Grenzen auf einen gewünschten Verlauf der Torsionsmomente abgestimmt werden [9].

1.5. Reibungsverluste beim Spannen gegen den bereits erhärteten Beton

Beim Spannen gegen den bereits erhärteten Beton treten bei gekrümmter Spanngliedführung Anpreßdrücke an die Wandungen der Hüllkanäle auf. Diese Anpreßdrücke wecken Reibungskräfte, welche entgegen der Bewegungsrichtung des Spannstahles wirken und von der Spannstelle weg zu einer Abnahme der Vorspannkraft führen. Zur Berechnung der Reibungsverluste wird die Theorie der Seilreibung herangezogen. Die nach dieser Theorie ermittelten Verluste sind Näherungswerte, wenn auch im allgemeinen gute, da die Voraussetzungen dieser Theorie während des Spannvorganges nicht streng zutreffen. Der Anpreßdruck des Spannstahles an die Hüllkanalwandung ist während des Spannvorganges nicht konstant, er steigt allmählich von Null auf seinen Höchstwert an. Durch das Gleiten des Spannstahles kann es zu einem Glätten, also zur Minderung der Reibung, oder zu einem Fressen, somit zu einer beträchtlichen Erhöhung der Reibungswerte kommen. Der Reibungskoeffizient wird weder zeitlich noch örtlich konstant sein. Die Reibungsbeiwerte werden für die einzelnen Spannverfahren durch Versuche festgestellt und sind in den Zulassungen der Spannverfahren angeführt. Bei sehr günstigen Bedingungen beträgt der Reibungskoeffizient zwischen dem Spannstahl und dem Metallumhüllungsrohr $\mu = 0{,}15$ und steigt in ungünstigen Fällen auf $\mu = 0{,}30$ an.

Die Kraft Z im Spannstahl an einer beliebigen Stelle beträgt

$$Z_\gamma = Z_0 e^{-\mu\gamma} \quad \text{mit} \quad \gamma = \alpha + \beta l.$$

In dieser Beziehung bedeuten:

Z_0 Spannkraft an der Spannstelle
Z_γ Spannkraft an der betrachteten Stelle
μ Reibungskoeffizient
α Absolutsumme aller Umlenkwinkel von der Spannstelle bis zum betrachteten Punkt
β ungewollter Umlenkwinkel je Längeneinheit
l Länge des Spanngliedes von der Spannstelle bis zum betrachteten Punkt

Der ungewollte Umlenkwinkel berücksichtigt den Durchhang der Spannglieder zwischen den Abstandhaltern. Er hängt von der Steifigkeit des Spanngliedes einschließlich seiner Umhüllung, vom Abstand der Unterstützungen, von der Auflast des Frischbetons und von der Vorspannkraft ab. Dieser ungewollte Umlenkwinkel liegt zwischen $\beta = 0{,}2°/\text{m}$ und $0{,}7°/\text{m}$.

Für kleine Werte von $\mu\gamma$, $\mu\gamma < 0{,}10$, kann die Näherung $Z_\gamma \doteq Z_0(1 - \mu\gamma)$ benützt werden.

Meist wird die Spannkraft nach dem Spannen etwas nachgelassen. Die Reibungskräfte kehren sich dann im Bereich der Verankerung um. Man nützt so die Möglichkeit eines kurzzeitigen Überspannens an der Spannstelle aus und erreicht eine gleichmäßigere Verteilung der Spannkräfte (Abb. 9). Die größte Spannkraft ist dann $\max Z = \sqrt{Z_{0e} \cdot Z_{0a}}$. Die Stelle der größten Spannkraft liegt dort, wo γ den Wert $\gamma_m = \dfrac{1}{2\mu} \ln \dfrac{Z_{0a}}{Z_{0e}}$ erreicht.

Z_{0a} ist die Spannkraft an der Spannstelle am Ende des ersten Anspannens,
Z_{0e} ist die Spannkraft nach dem Nachlassen.

Den Mittelwert der Kraft Z im Spannglied, welcher zur Bestimmung der Stahllängung beim Spannen benötigt wird, erhält man aus:

$$Z_m = \frac{1}{l_z} \int_0^{l_z} Z_\gamma \cdot d l_z;$$

l_z Länge des Spanngliedes

Die Verminderung des Spannweges, um am Spannende die Spannkraft von Z_{0a} auf Z_{0e} zu senken, erhält man aus dem Mittelwert der Spannkraftverminderung im Bereich von der Spannstelle bis zum Punkt γ_m,

$$\Delta Z = \frac{1}{l_m} \int_0^{l_m} (Z_a - Z_e) \cdot dl_z;$$

l_m ist die Länge des Spanngliedes von der Spannstelle bis zum Punkt γ_m.

Wird ein Spannglied von beiden Enden her gespannt, dann erhält man die Anteile der Stahllängung an den Spannwegen in den einzelnen Spannzuständen aus den Mittelwerten der Spannkräfte folgender Bereiche (Abb. 9):

Anspannen bei I:	Mittelwert von Z_{aI} über den ganzen Bereich von I bis II
Nachlassen bei I:	Mittelwert von $Z_{aI} - Z_{eI}$ im Bereich γ_m bei I
Anspannen bei II:	Mittelwert von $Z_{aII} - Z_{aI}$ im Bereich $Z_{aII} > Z_{aI}$
Nachlassen bei II:	Mittelwert von $Z_{aII} - Z_{eII}$ im Bereich γ_m bei II

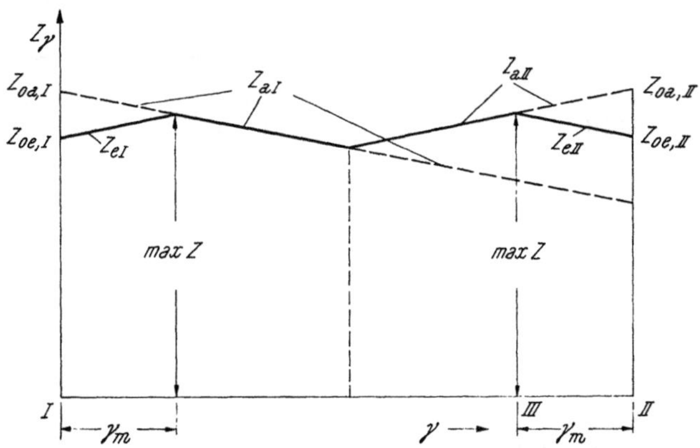

Abb. 9. Spannkraftverlauf in Abhängigkeit vom Umlenkwinkel

Der Vorgang des Anspannens und Nachlassens kann wiederholt werden, um sich einer gleichmäßigen Verteilung der Spannkraft besser zu nähern. Wenn möglich, trachtet man einen Teil der Spannglieder von der einen, einen anderen Teil von der anderen Seite her zu spannen, um einen konstanten Spannkraftverlauf in der Summe über alle Spannglieder zu erzielen. Bei langen Balken, die in Abschnitten erstellt werden, ist jedoch meist nur das Spannen von einem Ende her möglich, und es muß untersucht werden, ob die gewünschten Vorspannkräfte in den einzelnen Querschnitten erreicht werden können, ohne daß an den Spannstellen unzulässig hohe Spannungen im Spannstahl auftreten.

Für die richtige Berechnung der Spannwege und auch für die stets zu fordernde hinreichende Übereinstimmung von Spannkraft und Spannweg ist die Kenntnis des tatsächlichen Reibungsbeiwertes von Bedeutung. Er muß durch den Versuch ermittelt werden. In den Zulassungen der Spannstähle und Spannverfahren sind die Reibungsbeiwerte, welche mindestens zu berücksichtigen sind, angegeben. Unsauberes Verlegen der Bewehrung, schärfere Krümmungen als vorgesehen und Rost erhöhen die Reibungsbeiwerte empfindlich. Wird gegen den bereits erhärteten Beton vorgespannt, so setzt sich der notwendige Spannweg, welcher zum Erreichen einer gewünschten Vorspannkraft erforderlich ist, aus folgenden Anteilen zusammen: Dehnung des Spanngliedes, Stauchung des Betons entlang des Spanngliedes und Schlupf des Spanngliedes in den Verankerungen und Kupplungen.

1.6. Verbund zwischen dem Spannstahl und dem Beton

Ein Verbund zwischen dem Spannstahl und dem Beton muß nicht unbedingt bestehen. Wird gegen den bereits erhärteten Beton gespannt, so ist zumindest für den Zustand des Vorspannens und bis zum Füllen der Spannkanäle kein Verbund vorhanden. Die Vorspannkräfte werden über Verankerungskörper auf den Beton übertragen, ohne daß ein Verbund zwischen Stahl und Beton erforderlich ist. Wenn jedoch nach dem Vorspannen Belastungen aufgebracht werden, so wird sich der Spannstahl nur so weit an der Aufnahme dieser Belastungen beteiligen, als er durch diese Belastungen gedehnt wird. Diese Dehnung ist nun bei Fehlen des Verbundes wesentlich kleiner als die Dehnung des Betons, welche der Stahl im Falle eines Verbundes mit dem Beton mitmachen muß.

Besteht Verbund, so müssen Beton und Stahl bei Belastung mit einer Nutzlast p die gleichen Dehnungen erhalten, und es gilt:

$$\varepsilon_{zp} = \varepsilon_{bz,p} \quad \text{bzw.} \quad \frac{\sigma_{zp}}{E_z} = \frac{\sigma_{bz,p}}{E_b} \quad \text{oder} \quad \sigma_{zp} = \frac{E_z}{E_b}\,\sigma_{bz,p} = n\,\sigma_{bz,p}\,.$$

Im Falle eines frei aufliegenden Trägers mit konstantem Verlauf der Fläche und des Trägheitsmomentes über seine Länge und mit parabolischer Spannstrangführung mit dem Stich f in Balkenmitte und der Verankerung in der Balkenachse über den Auflagern erhält man bei einer Belastung mit konstantem p über die Balkenlänge für die Feldmitte folgende Verhältnisse:

$$\sigma_{bz,p} = \frac{pl^2}{8} \cdot \frac{f}{I_i}$$

und die Kraft im Spannstahl infolge dieser Nutzlast p

$$Z_p = \frac{pl^2}{8} \cdot \frac{n F_z f}{I_i}\,.$$

Würde der gleiche Spannstrang ohne Verbund und ohne Reibung gleitend im Balken verlegt sein, erhielte man für den Kraftzuwachs im Spannstahl den Wert:

$$Z_p' = \frac{pl^2}{8f} \cdot \frac{1}{1 + \frac{15}{8} \cdot \frac{I}{n F_z f^2}}\,.$$

Das Verhältnis von $Z'_p : Z_p$ ist:

$$\frac{Z'_p}{Z_p} = \frac{1}{\frac{15}{8}\frac{I}{I_i} + \frac{n F_z f^2}{I_i}}.$$

Überschlägig kann man nun sagen, daß $I \approx I_i$ und $n F_z f^2 < I_i$ ist, so daß in diesem Fall

$$\frac{Z'_p}{Z_p} \doteq \frac{8}{15} \doteq \frac{1}{2} \text{ ist.}$$

Man sieht, welch großer Unterschied in der Lastaufnahme aus Belastungszuständen, welche nach dem Vorspannen wirken, besteht. Ohne Verbund ist die Beteiligung des Spannstahles gering. Das bedeutet nun auch, daß bei einem Spannbetonbalken, dessen Spannstahl dauernd ohne Verbund mit dem Beton bleibt, zur Gewährleistung der gleichen Traglast bei gleicher Spannbewehrung im Falle verbundloser Herstellung viel mehr schlaffe Bewehrung verlegt werden muß als bei einem Balken, dessen Spannstahl mit dem Beton Verbund aufweist. Liegt Verbund vor, so übernimmt der Spannstahl die Rolle, die für alle Belastungen, welche nach dem Vorspannen aufgebracht werden, sonst einer zu verlegenden, schlaffen Bewehrung zukäme.

Durch Herstellen des Verbundes wird somit sowohl die Bruchsicherheit wie auch die Rißlast erhöht. Dauernd ohne Verbund werden nur ganz selten Spannbetonkonstruktionen ausgeführt, dann etwa, wenn die Möglichkeit des Auswechselns der Spannglieder vorhanden sein soll.

Es gibt jedoch auch Fälle, bei welchen die Dehnung der Spannglieder durch die später aufgebrachten Belastungen davon unabhängig ist, ob der Spannstahl mit dem Beton im Verbund liegt oder nicht. Man braucht nur an die Beanspruchung des Vorspannstahles eines Zylindermantels zu denken, welcher durch Flüssigkeitsdruck beansprucht wird.

Der Güte des Verbundes kommt im Spannbetonbau nur dann jene Bedeutung zu, die er bei schlaff bewehrten Konstruktionen besitzt, wenn man schwach vorspannt, wenn, wie bei einer schlaff bewehrten Konstruktion, bereits unter den Gebrauchslasten in der Betonzugzone Risse entstehen. Guter Verbund zwischen Spannstahl und Beton hat dann dafür zu sorgen, daß die Rißabstände und die Rißweiten klein bleiben. Bei höheren Graden der Vorspannung liegt die Rißlast jedoch jenseits der Gebrauchslast, und da die Forderung der Begrenzung der Rißweiten und Rißabstände im Gebrauchslastzustand entfällt, braucht auch die Güte des Verbundes nicht so zu sein wie bei schlaff bewehrten Konstruktionen. Der zweckmäßigen Gestaltung der Oberflächen der Spannstähle braucht somit nicht jene Sorgfalt gewidmet zu werden wie bei den hochwertigen Bewehrungsstählen schlaff bewehrter Konstruktionen. Wenn jedoch die Übertragung der Vorspannkräfte vom Spannstahl auf den Beton allein durch Haftung, also durch Verbund erfolgen soll, wie dies sehr oft bei einer Herstellung der Konstruktionen im Spannbett erfolgt, so tritt die Frage der Verbundwirkung in verschärfter Form auf, und es muß getrachtet werden, den Haftverbund durch

Oberflächengestaltung der Spannstähle oder Drähte durch einen Scherverbund zu erhöhen.

1.7. Korrosionsschutz der Spannbewehrung

Es wurde bereits früher erwähnt, daß die hochwertigen Spannstähle eine mehr oder minder große Anfälligkeit auf Korrosion zeigen. Da außerdem der Spannstahl vom Zeitpunkt des Vorspannens ab unter hoher Dauerspannung steht, wird der Sprödbruch des Spannstahles infolge Spannungsrißkorrosion sehr gefürchtet. Ein guter und dauerhafter Korrosionsschutz der Spannbewehrung ist für den Bestand der Bauwerke von entscheidender Bedeutung. Der beste Schutz gegen Korrosion besteht in einer satten Umhüllung des Spannstahles mit dichtem Beton, Zementmörtel bzw. Zementstein. Zum Zustandekommen einer Korrosion ist das Vorhandensein von Feuchtigkeit und Sauerstoff erforderlich, wobei dieser nicht nur aus der Luft, sondern auch aus chemischen Reaktionen stammen kann. Der Schutz des mit Portlandzement hergestellten Betons oder Zementsteins beruht auf seiner leicht alkalischen Wirkung. Alle Säuren, auch schwache, fördern das Rosten. Besonders ist darauf zu achten, daß dem Beton oder Zementleim keine die Korrosion fördernde Zusätze beigegeben werden. Sehr gefährlich sind Chloride enthaltende Beimengungen.

Als Zement soll nur Portlandzement, Eisenportlandzement oder Hochofenzement verwendet werden.

Die satte Umhüllung der Spannstähle bereitet bei Vorspannung mit sofortigem Verbund keine besonderen Sorgen, da ja die bereits gespannten Stähle einbetoniert werden. Anders liegen jedoch die Verhältnisse bei Vorspannung mit nachträglichem Verbund, denn hier liegen vorerst die Spannkabel in Kanälen, die von den Hüllrohren beim Betonieren offengehalten werden. Das Füllen dieser Kanäle nach dem Spannen mit Zementmörtel oder Zementleim oder einem anderen geeigneten Füllgut ist eine wichtige, jedoch heikle Sache, die viel Sorgfalt und auch Geduld erfordert. Das satte Verfüllen dieser Hohlräume und damit das Erstellen eines Korrosionsschutzes für den Spannstahl ist für den Bestand des Bauwerkes ebenso wichtig wie die richtige Berechnung und Bemessung.

Die Ansprüche, welche an einen Einpreßmörtel gestellt werden, und die Methoden, nach welchen diese Eigenschaften überprüft werden können, sind z. B. in Deutschland in den „Vorläufigen Richtlinien für das Einpressen von Zementmörtel in Spannkanäle“ festgehalten und haben allgemein Gültigkeit. Der Mörtel muß fest und dicht werden, soll genügendes Fließvermögen besitzen, soll frostbeständig sein und soll beim Einpressen keine Absetzerscheinungen zeigen. Man wählt daher bei der Bereitung des Zementmörtels bzw. Zementleimes Wasserzementwerte zwischen $\frac{W}{Z} = 0{,}35$ bis höchstens 0,50 und verwendet Portlandzement mittlerer Mahlfeinheit. Es sollen auch Zusatzmittel beigemengt werden, welche den Wasseranspruch für ein ausreichendes Fließvermögen herabsetzen und gleichzeitig eine leicht treibende Wirkung ausüben und somit dem Schwinden des Einpreßgutes entgegenwirken. Diese Zusatzmittel dürfen auf keinen Fall die Korrosion des Spannstahles fördernde Bestandteile aufweisen und müssen auf ihre Eignung hin untersucht werden.

Der Einpreßmörtel wird, nachdem die Kanäle mit Wasser vorgespült wurden, mit mäßigem Druck, höchstens mit 5 bis 6 atü, mittels Membranpumpen in die Hüllkanäle gepumpt. Wenn möglich, sollte man von den tiefstgelegenen Punkten der Hüllkanäle aus mit dem Füllen beginnen, denn das Füllgut schiebt Wasser und Luft vor sich her. Die Gefahr des Durchmischens des Einpreßgutes mit dem Wasser und die Bildung von Hohlräumen wird damit vermindert. Immer läßt sich dies nicht verwirklichen und man ist gezwungen, von den Verankerungsstellen aus auszupressen. An den tiefsten und den höchstgelegenen Stellen sowie an den Enden der Kanäle sind Entlüftungsröhrchen anzuordnen, die das Entweichen von Luft und Wasser während des Einpreßvorganges ermöglichen. Meist werden an diesen Stellen Hüllrohre mit Ansatzröhrchen zum Anschluß der Entlüftungsröhrchen verlegt. Während des Betonierens ist darauf zu achten, daß diese Entlüftungsröhrchen aus Metall oder Kunststoff nicht abgequetscht werden. Man steift sie während des Betonierens zweckmäßig mit einem dünnen Drahtseilstück aus, welches vor dem Auspressen herausgezogen wird. Das Umhüllen des Spannstahles mit dem Injektionsgut wird sehr erleichtert, wenn die Hüllrohre gewellt oder geriffelt sind. Die deutschen Bestimmungen, DIN 4227, schreiben solche Hüllrohre zwingend vor.

Das Einpressen des Mörtels in die Kanäle darf man erst dann vornehmen, wenn das Durchspülen von Wasser, vor dem Auspressen mit Zementmörtel oder Leim, einwandfrei gelingt. Sind die Kanäle für das Wasser nicht mehr gängig, so erhält man sofort Verstopfer, wenn man das Einpreßgut mit hohem Druck dennoch hindurchbringen will. Es sind meist nur kleine Hindernisse, die es mit Geduld zu beseitigen gilt. Der Versuch, Wasser einmal in der einen, dann in der anderen Richtung durchzuspülen, führt oft zum Erfolg. Zur Feststellung der Lage eines Hindernisses ist es wichtig, daß die einzelnen Stränge und die zu ihnen gehörenden Entlüftungsöffnungen beziffert werden.

In verzweifelten Fällen können Fehlstellen auch durch Einblasen von Luft mit Überdruck gefunden werden. Bei solchen Arbeiten müssen jedoch wegen der Gefahr des plötzlichen Ausblasens unbedingt Schutzbrillen getragen werden. Manchmal kann ein Hindernis auch dadurch beseitigt werden, daß der Spannstrang des verstopften Kanals nochmals entspannt wird und man nun versucht, das Wasser durchzupressen. Gelingt dies, wird neuerlich gespannt und anschließend nochmals mit Wasser gespült, ehe injiziert wird. Allerdings muß man sich vor dem Entspannen überzeugen, ob dies nicht zu unzulässigen Beanspruchungen führen würde. Haben alle Bemühungen zum Gängigmachen eines Kanals nichts gefruchtet, konnte man jedoch die Stelle der Störung ausfindig machen, so bleibt noch immer die Möglichkeit, den Kanal anzubohren, so eine zusätzliche Entlüftungsöffnung zu schaffen und auf diese Weise das Hindernis auszuspülen und zu beseitigen. Bei Temperaturen unter $+5°$ C soll nur eingepreßt werden, wenn dafür gesorgt wird, daß innerhalb der ersten 5 Tage in der Umgebung der ausgepreßten Kanäle die Temperatur nicht unter $+5°$ C absinkt. Bei Bauwerken, welche im Spätherbst vollendet werden — und dies ist sehr häufig der Fall —, steht man oft vor der Frage, ob man die Hüllkanäle auspressen soll oder nicht. Es ist jedenfalls besser, noch auszupressen und durch Wärmezufuhr dafür zu sorgen, daß die Temperatur im Bauwerk nicht unter die schon genannte Temperatur von $+5°$ C absinkt, als mit nicht gefüllten Hüllkanälen zu überwintern. Den Winter über besteht bei nicht gefüllten Hüllkanälen immer die Gefahr des Eindringens von Wasser oder der Schwitzwasserbildung und damit die Gefahr der Korrosion für den Spannstahl. Das Wasser wird sich in den tiefstgelegenen Teilen der Spannkanäle sammeln, unter Umständen frieren, und bei geringer Betonüberdeckung kann es zu deren Absprengung kommen. Läßt sich ein Überwintern nicht vermeiden, dann muß vor allem das Eindringen von Wasser und die Eisbildung in den Kanälen verhindert werden. Es muß möglich sein, eingedrungenes oder sich niederschlagendes Wasser an den tiefsten Stellen durch Entlüftungsöffnungen abzulassen. Es wurde auch schon mit Erfolg versucht, die Kanäle mit Stickstoff zu füllen und dicht zu schließen. Ist der Winter vorbei und die Lufttemperatur auf Werte angestiegen, bei welchen man sonst bedenkenlos injizieren würde, so muß man bedenken und beachten, daß die Temperatur im Bauwerk noch gefährlich niedrig liegen kann, da sie gegenüber der Lufttemperatur bei größeren Bauwerksabmessungen zeitlich beträchtlich nachhinken kann.

Neben dem Zementmörtel und Zementleim kommen auch polymerisationsfähige organische Stoffe, wie Epoxidharze und Polyesterharze, als Injektionsgut in Frage, vor allem dann, wenn man bei tiefen Temperaturen auspressen muß. Diese Harze erhärten sehr rasch, und man braucht die zu ihrer Aushärtung notwendige Temperatur nur über kurze Zeit aufrechtzuerhalten. Sie gewähren den Korrosionsschutz für die Bewehrung und einen ausreichenden Verbund, fließen leicht durch enge Kanäle, sind jedoch wesentlich teurer als Zementmörtel und werden deshalb nur in Sonderfällen als Füllgut für die Spannkanäle verwendet.

Es wurde auch schon der Versuch unternommen, den Spannstahl mit langsam aushärtenden Kunststoffen zu beschichten, deren Festigkeit zum Zeitpunkt des Spannens noch so gering ist, daß die Stähle ohne wesentliche Dehnungsbehinderung gespannt werden können. Auf diese Weise kommt man um das Verrohren der Spannstähle und um das Dichten der Hüllrohre herum. Nach der Aushärtung des Kunststoffes ist der Verbund hergestellt. Solche Verfahren sind jedoch derzeit noch teurer als das nachträgliche Injizieren der Kanäle.

2. Anwendungsgebiete der Spannbetonbauweise

2.1. Anwendungen im Brückenbau

2.1.1. Vorgespannte Plattentragwerke

Allgemeines

Platten als Haupttragsysteme werden bei einfeldrigen und mehrfeldrigen Brücken kleinerer Spannweite häufig verwendet. Bis etwa 25 m Spannweite sind vorgespannte Plattenbrücken mit anderen Systemen wettbewerbsfähig. Wird die Platte in Ortbeton erstellt, so ist die Herstellung der Schalung als auch das Verlegen der Spannbewehrung sehr einfach. Doch nicht nur in Ortbeton werden Platten gefertigt, sondern auch aus Fertigteilen, wobei dann darauf zu achten ist, daß die einzelnen Teile tatsächlich zu einer als Platte wirkenden Konstruktion verbunden werden.

Vorgespannte Platten gleichbleibender Dicke werden mit Konstruktionshöhen von $^1/_{18}$ bis $^1/_{30}$ der Stützweiten bei Einfeldplatten bzw. des Abstandes der Momentennullpunkte bei mehrfeldrigen Brücken ausgeführt. Sehr wirtschaftliche Lösungen lassen sich erzielen, wenn die Plattendicke bei durchlaufenden Konstruktionen dem Momentenverlauf angepaßt wird. Mit solchen Platten kommt man bei Straßenbrücken nahe an 40 m Spannweite heran, doch ist bei solch großen Spannweiten die Wirtschaftlichkeit einer Plattenkonstruktion infolge des hohen Stahlbedarfes in Frage gestellt.

Die Einfachheit der Herstellung einer Plattenbrücke wird erkauft mit dem großen Eigengewicht, welches bei größeren Spannweiten Plattentragwerke gegenüber anderen aufgelösten Brückenquerschnitten aufweisen. Hohes Eigengewicht führt jedoch bei den ohnedies schon kleinen Konstruktionshöhen zu hohem Bedarf an Spannstahl. Nun ist hohes Eigengewicht nicht immer ein Nachteil, denn bei großen Nutzlasten, z. B. bei Eisenbahnlasten, hat man Mühe, mit der Vorspannung zurechtzukommen. Solche Verhältnisse sind vor allem bei kleineren Spannweiten der Objekte gegeben.

Werden die Platten dicker als etwa 70 cm, so ordnet man in den Feldbereichen Hohlräume von kreisrunder oder rechteckiger Form an, um das Eigengewicht dort zu vermindern, wo sein Einfluß auf die Biegemomente am größten ist. Für die kreisrunden Aussparungen werden, wenn diese größere Abmessungen haben, Blechrohre oder imprägnierte Papprohre verwendet. Für rechteckige Hohlraumschalungen haben sich ausgesteifte Holzschalungen nicht sehr bewährt. Zweckmäßiger ist es, sickenversteifte Streckmetallschalungen zu nehmen. Für kleinere Abmessungen kreisrunder oder rechteckiger Hohlkörper verwendet man zur Bildung der Aussparungen Schaumstoffwürste (Styropor u. dgl.). Schließlich können Hohlräume auch mit aufgeblasenen Gummischläuchen, sogenannten Schlauchschlangen, erzeugt werden. Kreisrunde Hohlräume ergeben gegenüber den rechteckigen wohl geringere Gewichtseinsparungen, doch bieten kreisrunde Hohlräume den nicht zu übersehenden Vorteil, daß das Betonieren der Hohlplatte wesentlich einfacher ist und die Gefahr, daß die unten liegende Bewehrung mit schlecht verdichtetem Beton umgeben wird, wesentlich geringer ist.

Die Aussparungen werden so gelegt, daß in Abständen von 5 bis 7 m Querrippen entstehen. Diese erhöhen die Biegesteifheit der Platte in der Querrichtung. Durch Anordnung solcher Hohlräume wird das Verlegen der Spannbewehrung nur wenig behindert. Obwohl die Quersteifigkeit einer Hohlplatte etwas kleiner als jene einer Vollplatte ist, wird bei der Berechnung der Plattenmomente dies meist nicht berücksichtigt und so gerechnet, als ob man es mit einer Vollplatte zu tun hätte.

Zu den Abmessungen einer solchen vorgespannten Hohlplatte ist zu sagen, daß die Betonüberdeckung oberhalb der Hohlräume mindestens 16 cm betragen sollte [10] (Abb. 10). Die untere Betonüberdeckung der Hohlräume

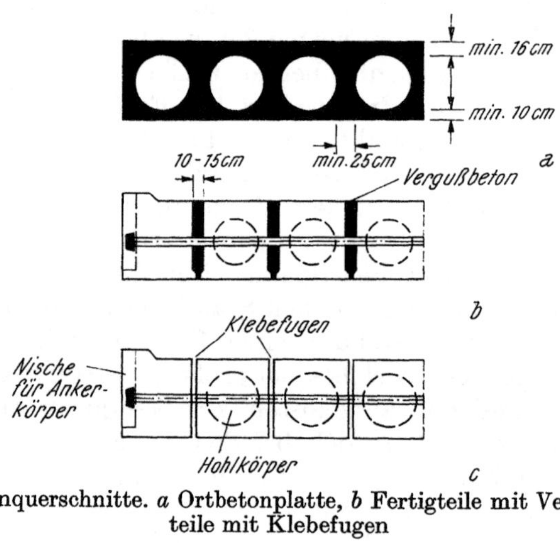

Abb. 10. Hohlplattenquerschnitte. *a* Ortbetonplatte, *b* Fertigteile mit Vergußfugen, *c* Fertigteile mit Klebefugen

muß so gewählt werden, daß die verlegten Spannglieder eine ausreichende Betonumhüllung erhalten, mindestens soll diese Überdeckung jedoch 10 cm sein. Der kleinste Abstand b_0 zwischen den Hohlräumen ist so anzunehmen, daß die zulässigen Hauptzugspannungswerte nicht überschritten werden. Werden Spannkabel aufgebogen, so müssen sie innerhalb von b_0 Platz finden und auch seitlich noch genügend Betondeckung aufweisen. Aus diesen Gründen und auch des guten Betonierens und Verdichtens des Betons wegen wird man b_0 nicht unter 25 cm ausführen. Beim Betonieren von Hohlplatten muß man darauf achten, daß die Hohlraumschalungen nicht aufschwimmen. Man muß die Hohlkörperschalungen mit Schlaufen versehen und diese im Gerüst verankern. Für diese Schlaufen werden Drähte, aber vorteilhaft auch Kunststoffseile verwendet. Die Herstellungskosten der Hohlräume sind jedenfalls höher als die Kosten des Betons, den man gespart hat. Es kommt somit darauf an, ob die Einsparung an Bewehrungs- und an Gründungskosten die vorhin genannten Erschwernisse wettmachen. Statt der Hohlräume kann man die Platte auch in eine Konstruktion sich rechtwinklig kreuzender Rippen auflösen. Manche Nachteile der Hohlplatten entfallen bei solchen orthogonalen, anisotropen Platten, doch ist das Bewehren einer solchen Platte viel umständlicher.

Werden vorgespannte Brückenplatten aus Fertigteilen zusammengesetzt, so kommen folgende Typen in verschiedenen Abwandlungen zur Ausführung:

1. Mann an Mann verlegte Längsträger, welche das Eigengewicht der Platte zu tragen haben, in welchen jedoch die gesamte oder ein Teil der notwendigen Längsbewehrung untergebracht ist.

Um daraus ein Plattentragwerk zu machen, muß zur Schaffung der Querbiegetragfähigkeit eine schlaffe, besser jedoch auch vorzuspannende Bewehrung durch Schlitze der Fertigteilträger eingezogen werden (Abb. 13). Weiters muß dafür gesorgt werden, daß die Schubspannungen, die zwischen den Fertigteilen und dem Ortbeton auftreten, durch lotrechte oder schräge Bügel aufgenommen werden.

Streng genommen stellt dieser Plattentyp wieder eine orthotrope Konstruktion dar, da die Nutzhöhen der Bewehrungen in Längs- und Querrichtung ungleich sind und die Bewehrungen auch stark unterschiedliche Werte aufweisen. Bei der Berechnung wird jedoch darauf meist nicht Rücksicht genommen.

2. Fertigteile, wieder Mann an Mann verlegt; jedoch dient der Ortbeton nun lediglich zum Füllen der 10 bis 15 cm breiten Fugen (Abb. 10b) oder man vermeidet ihn ganz und klebt mit engem Spalt die einzelnen Teile aneinander (Abb. 10c). Damit die Teile gut aneinanderpassen, bildet bei der Herstellung jedes bereits betonierte und genügend erhärtete Element die Seitenschalung für das nächste. Als Kleber werden rasch härtende Kunstharze gewählt. Bei besonders genauer Herstellung der Kontaktflächen wurde sogar auch auf die Klebung verzichtet. Die Querbewehrung wird nach dem Verlegen der Fertigteilelemente in die Öffnungen, welche durch Hüllrohre freigehalten wurden und welche genau in einer Linie liegen müssen, eingefädelt. Die Querbewehrung wird nach dem Erhärten der Fugenmassen so gespannt, daß mit Sicherheit ein Öffnen der Fugen unter den Gebrauchslasten nicht eintritt. Meist wählt man die Quervorspannung so, daß unter den 1,35 fachen Gebrauchslasten keine Zugspannungen auftreten. Die Spannkanäle werden anschließend ausgepreßt. Die Fertigteilelemente werden bei größeren Querschnittsabmessungen zur Gewichtsersparnis auch mit Hohlräumen versehen.

Zur Ermittlung der Schnittgrößen der Platten stehen eine Reihe von Hilfsmitteln in Form von Einflußflächen und Tabellen zur Verfügung [11 bis 16].

Solche Hilfsmittel gibt es heute nicht nur für rechteckige Platten gleicher Dicke, sondern auch für Platten mit linear und parabolisch zunehmender

Dicke [17], sowie auch für orthogonale, anisotrope Platten [18] und Parallelogrammplatten [16, 19 bis 21].

Die Schnittkräfte punktgestützter Platten können vor allem nach dem Tabellenwerk von Balaš-Hanuška [16] ermittelt werden, da dort nicht nur die Plattenmomente, sondern auch die Verformungen der Platte mitgeteilt werden. Voraussetzung ist allerdings, daß die Platten an den Endlagern stetig gestützt sind. Die Auflagerkräfte an den Punktstützungen werden als statisch überzählige Größen in die Berechnungen eingeführt. Haben symmetrisch punktgestützte Platten zwei freie parallele Ränder und ist die Breite kleiner als die Spannweite $b < l$, so kann die Berechnung wesentlich vereinfacht werden, denn mit großer Genauigkeit können dann die Auflagerdrücke der Punktstützungen so ermittelt werden, als ob das Plattensystem ein Balken mit den Spannweiten $l_1, l_2, \ldots, l_n$ wäre. Die Schnittgrößen werden erhalten durch Überlagerung der Schnittgrößen aus einer gegebenen Lastgruppierung p und den am Balkensystem ermittelten Auflagerdrücken A_i, wirkend an der zweiseitig gelagerten Platte mit der Spannweite $\sum_{i=1}^{n} l_i$ und der Breite b. Oder man berechnet die Plattenmomente vorerst mittels Einflußflächen oder Tabellen so als ob Stützungen auf Linienlagern vorhanden wären, und überlagert den so gefundenen Momenten jene, welche man aus der Belastung der Platte mit den Gleichgewichtsgruppen „Einzellasten der Punktstützungen minus der Lagerkräfte an den Linienlagern" erhält.

Bei der Ermittlung der Schnittgrößen aus dem Lastfall Vorspannung ist zu beachten, daß das Vorspannen eines einzelnen Spannstranges Schnittgrößen im ganzen Plattenbereich weckt. Die Verteilung der Endverankerungskräfte des Spannstranges erfolgt durch Scheibenwirkung und liefert die auf den Betonquerschnitt wirkenden Normalkräfte. Die Umlenkkräfte des Spannstranges sind Belastungen, welche Plattenmomente ergeben. Erfolgt die Endverankerung nicht in der Schwerlinie der Platte, so treten als weitere Wirkung noch Plattenrandmomente auf, deren Verlauf vom Rand weg ebenfalls ermittelt werden muß. Ist bei Platten mit zwei freien parallelen Rändern die Querverteilung der Längsmomente infolge einer konstanten Belastung der Platte bekannt und sind die Umlenkkräfte aus der Vorspannung auch gleichmäßig über die Plattenbreite verteilt, so ist der Verlauf der Längsvorspannmomente über die Plattenbreite genauso wie für die konstante Belastung p.

Nicht immer weisen die Platten in ihrem ganzen Bereich die gleiche Dicke auf und nicht immer ist die Grundrißform ein Rechteck oder ein Parallelogramm. Die Anlageverhältnisse der Tragwerke verlangen sehr oft ein Abweichen von jenen einfachen Grundrißformen, welche einer analytischen Berechnung zugänglich sind und für welche Einflußflächen oder Tafeln zur Verfügung stehen. In allgemeineren Fällen bieten sich folgende Wege zur Ermittlung der Schnittkräfte an. Man überzieht die Plattenfläche mit orthogonalen Netzlinien mit konstanten Abständen Δx und Δy in den beiden Achsrichtungen x und y und wandelt die Differentialgleichung der Platte in eine

Differenzengleichung um [22]. Je Gitterpunkt erhält man eine Gleichung für die Plattendurchbiegung. Je enger das Gitter gewählt wird, desto genauere Ergebnisse sind zu erwarten, desto größer ist jedoch auch der Aufwand an Rechenarbeit. Programmgesteuerte elektronische Rechenmaschinen ermöglichen mit vertretbarem Aufwand das Lösen umfangreicher Gleichungssysteme. Die Randbedingungen an den Plattenrändern müssen ebenfalls in Differenzengleichungen umgewandelt werden. Es ist nicht immer einfach, das Gitter so zu wählen, daß auch diese Randbedingungen hinreichend erfaßt werden. Sind die Durchbiegungen in den Gitterpunkten ermittelt, so folgen sämtliche Schnittgrößen aus den Differentialquotienten (Differenzenquotienten) der Biegefläche.

Ein anderer Weg ist, die Platte in ein System von biege- und torsionssteifen Balken zu zerschneiden und die Schnittkräfte eines solchen biege- und torsionssteifen Trägerrostes zu berechnen. Zur Lösung können Tabellenwerke herangezogen oder, wenn dies nicht möglich ist, können wieder unter Zuhilfenahme eines Computers die umfangreichen Gleichungssysteme gelöst werden. Je schmaler die einzelnen Balken gewählt werden, desto genauere Ergebnisse sind zu erwarten, doch erhält man meist schon bei geringer Balkenzahl wertvolle Einblicke in das Tragverhalten und ist meist imstande, unter Beachtung einfacher Gleichgewichtsbetrachtungen den Verlauf der Schnittgrößen im richtigen Sinn zu ergänzen.

Mit diesen Methoden lassen sich nicht nur die Schnittgrößen infolge bestimmter Belastungszustände, sondern auch Einflußflächen für gewünschte Schnittgrößen ermitteln.

Für die Berechnung von Zellwerken, den Hohlplatten verwandt und auch für diese anwendbar, hat Pfeffer [23] ein Verfahren angegeben.

Methoden, welche auf jeden Fall, auch bei sehr komplizierter Formgebung der Platte, für die Ermittlung der Schnittgrößen zum Ziele führen, sind die modellstatischen Verfahren. Das bekannteste dieser Art ist das Ausmessen der Plattenkrümmung in verschiedenen Punkten und Richtungen bei bestimmten Belastungszuständen. Als Modellbaustoff dienen Kunstharze, deren E-Modul und Querdehnungszahl vor Beginn der Belastung bestimmt werden müssen, aber auch Metallbleche, die der Plattenform entsprechend zugeschnitten werden. Besonders eignet sich dieses Verfahren der Krümmungsmessungen zur Ermittlung der Einflußfelder der Plattenmomente in bestimmten Punkten. Das Krümmungsmeßgerät bleibt über dem Aufpunkt, während der Belastungswagen so über das Modell geführt wird, daß die Anzeige am Krümmungsmeßgerät konstant bleibt. Man erhält so sofort eine Linie gleicher Krümmung, welche sich mit der Linie gleichen Momentes deckt, wenn die Querdehnungszahl $\nu = 0$ ist. Leider stimmt die Querdehnungszahl des Baustoffes Beton höchst selten mit jener des Modellbaustoffes überein, und so sind die Ergebnisse der Krümmungsmessung nur dann exakt auf die Betonplatte zu übertragen, wenn die Biegefläche der Platte von der Querdehnungszahl unabhängig ist. Dies hängt jedoch von den Auflagerbedingungen an den Plattenrändern ab.

Gewisse Schwierigkeiten bereitet die große Kriechgeschwindigkeit der Kunstharze, wenn diese als Modellbaustoffe verwendet werden, denn die

Kriechverformungen während des Versuches können nicht mehr vernachlässigt werden.

Überführungsbauwerk Freistädter Straße, Linz/Donau

Als Beispiel einer vorgespannten Plattenbrücke sei hier das Überführungsbauwerk der Freistädter Straße am nördlichen Brückenkopf der 2. Donaubrücke in Linz angeführt (Abb. 11). Die Überführung liegt teils in einer

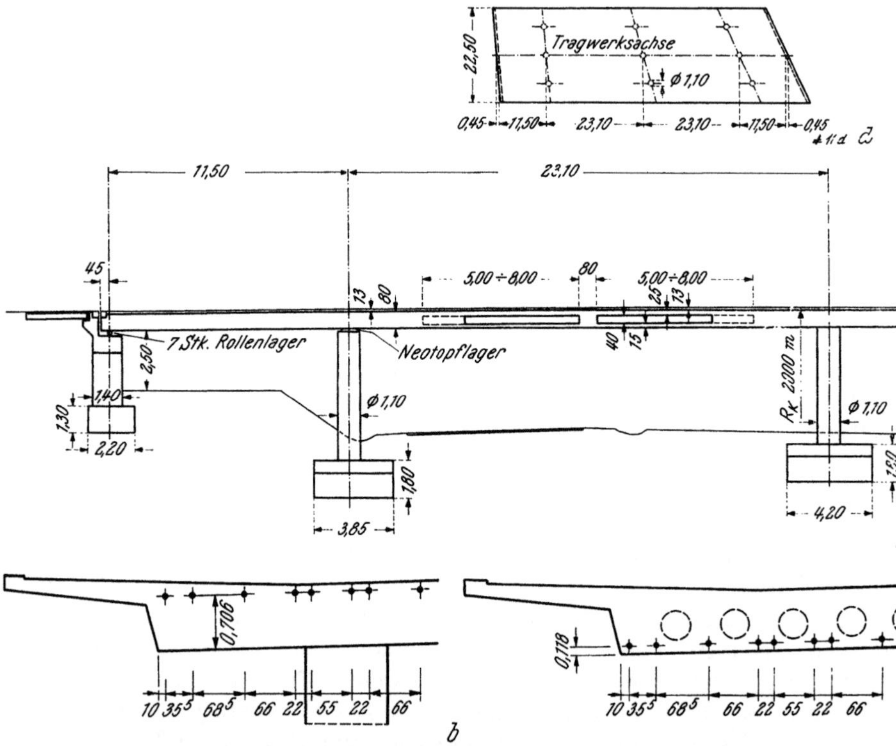

Abb. 11. Überführungsbauwerk der Freistädter Straße in Linz.
a Längsschnitt, *b* Lage der Spannglieder im Stützenbereich, *c* Lage der Spannglieder im Feldbereich, *d* Übersichtsskizze

Geraden, teils in einem Übergangsbogen. Die Gesamtbreite des Plattentragwerkes ist 23,25 m, wobei 18,50 m auf die Fahrbahn entfallen. Die Konstruktionshöhe der Platte beträgt 80 cm auf eine Breite von 18,75 m. Aus dieser Platte kragen beidseits Platten mit einer Dicke von 30 cm an der Einspannstelle und 15 cm am freien Plattenrand aus. Die Platte überbrückt vier Felder mit den Spannweiten 11,50 + 23,10 + 23,10 + 11,50 = 69,2 m Gesamtlänge, gemessen in der Straßenachse. Die Konstruktionshöhe der Platte ist $^1/_{29}$ der größten Spannweite.

Die Widerlager und die Mittelunterstützungen, die jeweils aus einem dreistieligen Stützenjoch bestehen, stehen unter Winkeln von $95{,}7^g$ bis $72{,}1^g$ schief zur Straßenachse. Zur Verminderung des Eigengewichtes der Konstruktion sind in den beiden Mittelfeldern kreisrunde Schaumstoffkörper mit 40 cm Durchmesser verlegt. Die untere Betondeckung dieser Einlagen beträgt 15 cm, die obere 25 cm, ihr lichter Abstand 37 cm.

In Feldmitte ist ein 80 cm breiter Vollstreifen vorhanden. Diese Querrippe trägt wesentlich zur Erhöhung der Quersteifigkeit der Platte bei. Um Sichtbehinderungen möglichst zu vermeiden, sind die Mitteljoche in Einzelstützen aufgelöst. Die Joche haben keinen Querträger, sondern die Platte ist unmittelbar über Neotopflager auf den Stützen gelagert. Die Stützen des Mitteljoches, welches als Bremspfeiler dient, sind mit der Platte monolithisch verbunden. Die Stützen haben einen Durchmesser von 1,10 m und bestehen wie das Plattentragwerk aus Beton der Güte B 400 und sind in den Fundamenten eingespannt. Die Platte ist in der Längsrichtung nach dem System Vorspanntechnik mit Spanngliedern VT 120 aus St. 135/155 vorgespannt (Abb. 11b und c). In der Querrichtung ist die Platte schlaff bewehrt. Eine genaue Berechnung der Platte war wegen der unregelmäßigen Grundrißform nicht möglich. Die Vorspannung vermindert jedoch für den Gebrauchslastzustand die Unsicherheiten der Berechnung, da die Umlenkkräfte aus der Vorspannung der Belastung entgegenwirken und ein bestimmter Anteil der Belastung formtreu, d. h. ohne Plattendurchbiegung, getragen wird. Die Unsicherheiten bestehen dann nur noch für die Restbelastung.

Entworfen wurde diese Brücke von Zivilingenieur Dipl.-Ing. K. Wenzel, Linz, und ausgeführt von einer Arbeitsgemeinschaft der Unternehmungen Ingenieure Mayreder, Kraus & Co., Linz, und Ernst Hamberger, Linz. Bauherr war die Bundesstraßenverwaltung des Österreichischen Bautenministeriums.

Bahnüberführung am Hauptbahnhof Graz

Ein Plattentragwerk, welches zum Teil mit Benützung von vorgespannten Fertigteilen hergestellt wurde, ist eine Überführung von Gleisen der Bahnlinie Graz—Spielfeld unmittelbar neben dem Bahnhof von Graz

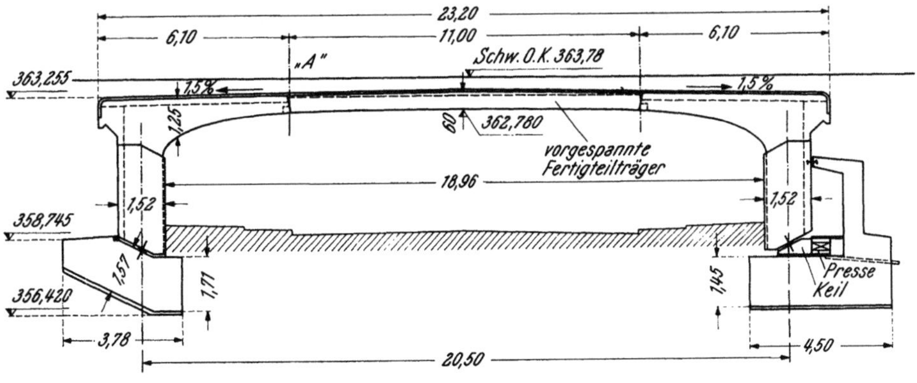

Abb. 12. Eggenberger Unterführung in Graz, Querschnitt

über die verkehrsreiche Eggenberger Straße (Abb. 12). Das statische System dieser Brücke ist ein Zweigelenkrahmen, dessen Riegel vorgespannt ist. Die Rahmenstiele stehen lotrecht und sind volle Wände mit einer Dicke von 1,50 m. Die Spannweite zwischen den Fußgelenken beträgt 20,50 m, die Plattenoberkante liegt in der Mitte der Brücke 5,00 m über dem Gelenk. Gegen die Rahmenecken zu hat die Platte ein kleines Gefälle von 1,50%. Die Platte ist im Scheitel 60 cm dick. Ihre Unterkante ist im mittleren Teil auf eine Länge von 11,0 m waagrecht. Im weiteren Verlauf ist sie zur Ausrundung der Rahmenecke zunehmend gekrümmt. Die kleinste Plattendicke ist etwa im Momentennullpunkt mit 51,8 cm vorhanden. Die Lichtweite zwischen den Rahmenstielen beträgt 19,0 m, und die Durchfahrtshöhe wurde auf ein Mindestmaß beschränkt. Die Breite des Tragwerkes ist 46,70 bis 50,60 m, da die Plattenränder zueinander nicht parallel sind. Der eine Rand steht senkrecht zur Straßenachse, der andere schließt mit ihr einen Winkel von 101° 41′ ein. Durch die Nivelette der Bahnlinie sowie durch jene der Straße war man gezwungen, mit gedrückter Bauhöhe zu konstruieren. Die Plattendicke in Brückenmitte beträgt nur $^1/_{20}$ der Gelenkentfernung. Dies ist für eine Eisenbahnbrücke, welche für den Lastenzug S der Österreichischen Bundesbahnen und für die Belastung aus einer 35 bis 50 cm hohen Kiesbettung der Gleise zu bemessen war, eine sehr schlanke Konstruktion, die nur durch das Rahmensystem und die Vorspannung ermöglicht wurde. Während des Baues sollte der Verkehr auf Bahn und Straße nicht behindert werden. Man entschloß sich, zur Aufrechterhaltung des Verkehrs, die Brücke, in Richtung der Straße betrachtet, in 4 Abschnitten mit den mittleren Breiten von 11,60, 14,50, 16,05 und 6,40 m herzustellen. Diese Abmessungen ergaben sich aus betrieblichen Forderungen der Bundesbahn. Um den Verkehr auf der Straße möglichst wenig zu behindern, wurde jeder Brückenabschnitt so hergestellt, daß in der Mitte der Durchfahrt ein Raum von 10,20 m Breite von Gerüsten freigehalten wurde.

Nachdem die Fundamentstreifen und die Seitenwände des Rahmens bis zur Höhe der Rahmenecke hergestellt waren, rüstete man die Platte beiderseits bis zu den Fünftelpunkten ein. Nun wurden im Bereich des Mittelteiles vorgespannte T-Balken von 80 cm Breite und 45 cm Höhe Mann an Mann auf die am Rand stehenden Gerüste gelegt. Jeder Fertigteilbalken ist mit einem Spannglied, System BBRV, 42 ⌀ 6 mm aus Delta 100 bewehrt und für den Montagezustand beschränkt vorgespannt (Abb. 13). Man bewehrte die Ortbetonteile der Platte, verlängerte die Spannbewehrung der Fertigteilbalken, zog die Kabel für die Quervorspannung 10 ⌀ 6 mm im Abstand von 40 cm durch die Öffnungen der Fertigbalken ein und verlegte noch zusätzlich eine Längsspannbewehrung zwischen den Fertigteilen, 1 Spannglied 55 ⌀ 6 mm in jedem Zwischenraum. Dann wurde betoniert und nach Ablauf der Erhärtungsfrist auf volle Vorspannung gespannt. Das zusätzliche Verlegen von Spannbewehrung im Ortbeton war hier angebracht, da die Nutzlasten, welche die Brücke aufzunehmen hat, gegenüber den Belastungen, wie sie bei Straßenbrücken zu berücksichtigen sind, sehr groß sind. Die Rahmenstiele und das Fundament sind schlaff bewehrt. An den Rahmenfüßen werden die Gelenkdrücke über Bleistreifen auf die Fundamente übertragen. An einer Seite ist das Fußgelenk so ausgebildet, daß es in waagrechter Richtung nachgestellt werden konnte, um den gewünschten Rahmenschub zu erhalten und um Zwängungskräfte infolge der Schwind-

und Kriechverkürzungen des Rahmenstieles auszuschalten. Das Nachstellen erfolgte mit hydraulischen Pressen aus einem hinter dem Rahmenstiel liegenden Kabelkanal.

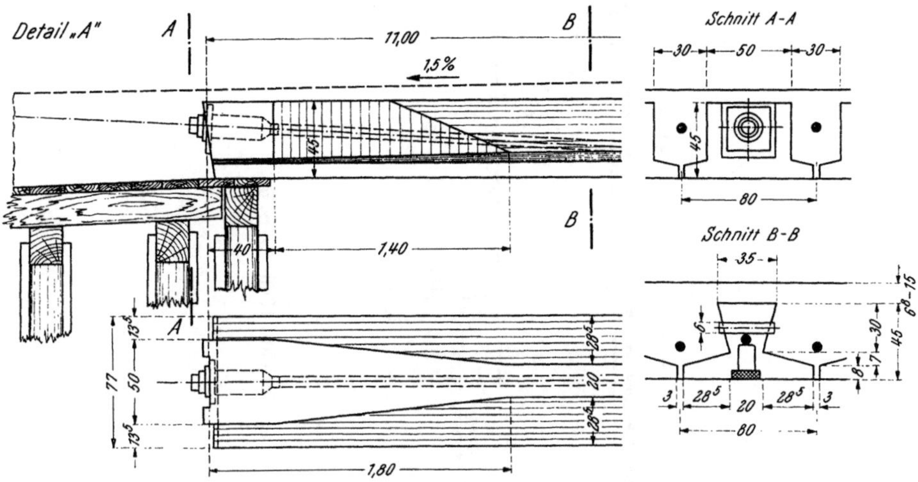

Abb. 13. Eggenberger Unterführung in Graz, Fertigteile

Je m² Brückengrundriß benötigte man:

Beton B 450	0,735 m³
Spannstahl Delta 100	27,0 kg
Torstahl 40	18,9 kg

Das Bauwerk wurde im Auftrag der Österreichischen Bundesbahnen gebaut. Entworfen, berechnet und ausgeführt wurde es von der Unternehmung H. Rella & Co., Wien.

Kontaktbauweise

Den üblichen Fertigteilbauweisen mit Stahlbeton- oder Spannbetonelementen haftet noch der Nachteil an, daß zur Verbindung der einzelnen Teile Aussparungen oder Fugenspalten mit Ortbeton oder anderen Vergußmassen gefüllt werden müssen. Dies erfordert meist Schalarbeiten, wenn auch geringen Umfanges. Auf jeden Fall muß jedoch die Erhärtungszeit der Vergußmassen abgewartet werden, ehe man eine Quervorspannung aufbringen oder auch ohne solche die Brücke ihrer Benützung übergeben kann. Um diese Nachteile zu beheben und die Tragwerke sofort nach der Montage belasten zu können, stellte die Bauunternehmung Dyckerhoff & Widmann KG zusammen mit der Hochtief AG Straßenüberführungen über Bahngleise aus Fertigteilen mit so großer Paßgenauigkeit her, daß die Teile ohne jede Fugenfüllmasse aneinandergepreßt werden konnten. Abb. 14 zeigt eine solche Wegüberführung mit den Spannweiten 9,20 + 13,40 + 9,47 + 9,20 m [24, 25]. Im Endzustand besteht die Überführung aus frei aufliegenden Platten, welche je Feld voneinander getrennt sind. Die einzelne Platte besteht aus Mann an Mann verlegten Fertigteilträgern, welche in einem Betonwerk

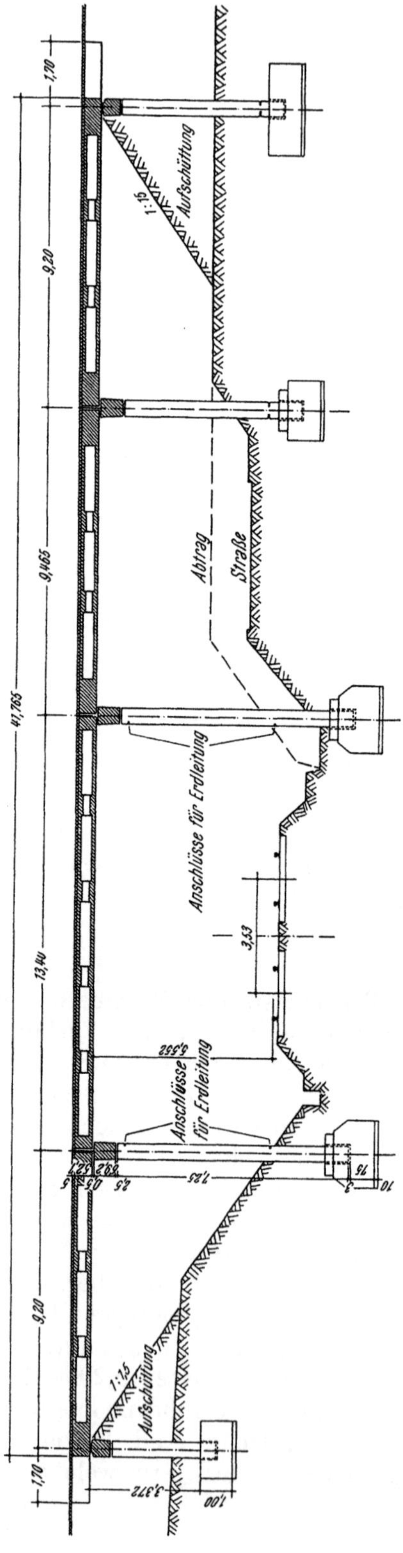

Abb. 14. Wegüberführung aus Fertigteilen, Längsschnitt (aus Dywidag-Berichte 1963—5, S. 66)

aus einem Beton der Güte B 600 gefertigt wurden. Die einzelnen, 52,7 cm hohen Balken besitzen zur Gewichtsersparnis kreisrunde Hohlräume von 35 cm Durchmesser (Abb. 15). Im Abstand von 2,64 m ist der Durch-

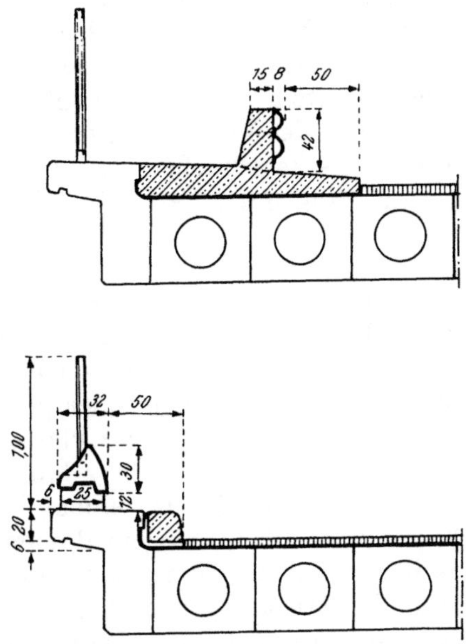

Abb. 15. Wegüberführung aus Fertigteilen, Querschnittsausbildung (aus Eisenbahningenieur 1963, S. 250)

messer der Hohlräume auf 15 cm vermindert. An diesen Stellen befinden sich die Kanäle für die Querspannglieder. An den Enden sind die Balkenquerschnitte voll, nur in der Querrichtung sind auch hier Spannkanäle vorhanden. Neben diesen Regelträgern, mit welchen sich durch Änderung der Trägerzahl Brücken beliebiger Breite herstellen lassen, wurde noch ein Randträgerelement erzeugt.

An den Seitenflächen dieser Randträger sitzen die Verankerungskörper für die Spannglieder. Das Einschalen dieser Fertigteilträger, die bei der Montage satt aneinanderpassen müssen, konnte nicht mit üblichen Schalungen erfolgen, sondern erforderte besondere Maßnahmen und Aufwendungen. Die Wirtschaftlichkeit dieser Kontaktbauweise ist daher nur bei einer echten Serienfertigung gegeben, wie sie durch die Aufträge der Deutschen Bundesbahn auf Grund eines Gesetzes zur Beseitigung schienengleicher Wegübergänge in Gang kam. Auch die Brückenjoche bestehen aus Fertigteilen. Das Gewicht der schwersten Elemente beträgt 11 t. Die größte Mittelspannweite, die durch Kombination von Kragträgern mit Einhängträgern für die Brückenklasse 60 mit diesem typisierten System erreichbar ist, beträgt 21 m.

Die Montage bei dieser Kontaktbauweise geht so vor sich, daß zuerst die Fertigteilstützen in die Köcher der Fundamente gesetzt, genau ausgerichtet und dann die Köcher mit Zementmörtel ausgegossen werden. Dann werden die Riegel der Brückenjoche, ebenfalls Fertigteile, auf die Stützen gelegt, mit

Stahlkeilen eingerichtet und die Fugen mit Zementmörtel vergossen. Der Riegel ist außerdem mit vier lotrecht stehenden Schraubenbolzen, ∅ 26 mm, mit der Stütze verbunden. Die Brückenlager, hier Bleilager, werden bereits im Werk auf den Riegel geklebt. Nun werden mit einem Autokran, von der Brückenachse beginnend, die Träger verlegt. Die Querspannglieder werden eingezogen und, von den Auflagerlinien beginnend, vorgespannt. In diesem Zustand ist das Tragwerk bereits belastbar. Es folgt noch das Injizieren der Spannkanäle, das Verschließen der Verankerungsstellen, das Anbringen der Geländer oder Leitplanken, das Verschließen der Querfugen über den Jochen oder Gelenken und das Aufbringen des Fahrbahnbelages.

Pilzbrücken

Eine besondere Art der Platten veränderlicher Dicke ist die von Dr.-Ing. Dr.-Ing. E. h. Finsterwalder entwickelte Pilzkonstruktion [26 bis 32]. Schon der Name sagt, wie die Massenverteilung in diesem System aussieht. Von einer Stütze mit kreisförmiger oder polygonaler Form kragt allseits die in beiden Richtungen vorgespannte Platte aus, welche mit den Stützen monolithisch verbunden ist. Zur Stütze hin nimmt die Dicke der Platte beträchtlich zu, und so entsteht das einem Pilz ähnliche Gebilde. Diese Zunahme der Plattendicke folgt etwa dem Momentenverlauf. Bei Laststellung unsymmetrisch zur Brückenlängsachse oder bei Belastung nur eines Feldes wirken auf die Stützen große Biegemomente ein. Die Notwendigkeit, die Stützen mit beachtlicher Momententragfähigkeit auszubilden, und die monolithische Verbindung der Tragwerksplatte mit der Stütze führen dazu, daß bei nicht sehr hohen Stützen diese und auch das Tragwerk nicht mehr imstande wären, Zwangskräfte aus Temperaturänderungen, Schwinden u. dgl. aufzunehmen. Es muß dann Bewegungsmöglichkeit in der Längsrichtung in jedem Feld geschaffen werden. Die konstruktiv einfachste Form ist, im Feldbereich der Fahrbahnplatte mindestens eine, höchstens zwei längsbewegliche Gelenkfugen anzuordnen. Die Lage dieser Gelenke wird zweckmäßig so gewählt, daß die Stützen der Pilzkonstruktion aus den ständigen Belastungen keine oder nur sehr, sehr kleine Momentenbeanspruchungen erhalten. Dieser Zwang zur Fugenanordnung in verhältnismäßig kurzen Abständen ist ein Nachteil dieser Konstruktion. Die Bauunternehmung Dyckerhoff & Widmann KG, München, welche ja als erste solche Pilzbrücken gebaut hat, hat zur Behebung dieses Mangels eine interessante Fugenkonstruktion entwickelt, die es gestattet, einen Schwarzbelag so über die Fuge zu legen, daß beim Befahren die Fuge nicht mehr störend in Erscheinung tritt. Es gäbe auch andere Möglichkeiten, die Längsbeweglichkeit zu gewährleisten, doch sind sie entweder wesentlich teurer oder konstruktiv schwieriger als die Fugenausbildung in der Fahrbahnplatte. So könnte man an den Stützenköpfen je vier Gleitlager anordnen, wodurch ein Verschieben, jedoch kein Drehen der Fahrbahnplatte über der Stützung ermöglicht würde, und schließlich könnten auch statt an den Köpfen der Stützen an ihren Füßen solche Gleitlager eingebaut werden.

Die Pilzkonstruktion war ursprünglich für den Bau von Stadthochstraßen gedacht, sie ist jedoch auch für Hangbrücken im gebirgigen Gelände sehr geeignet. Die Gründung der kreisrunden oder kreisähnlichen Stützen läßt sich sehr einfach ausführen. Die Beanspruchung der Brückentafel ist, wenn die Gelenke so gelegt werden, daß infolge der ständigen Lasten die Stiele momentenfrei bleiben, von der Stützenhöhe fast unabhängig. Dies und die Möglichkeit, eine solche Pilzbrücke mühelos auch einer gekrümmten Linienführung der Straße anpassen zu können, hat dazu geführt, daß solche Brücken im Taktverfahren mit Hilfe von frei über ein Feld tragenden und längsfahrbaren Gerüstwagen in sehr kurzer Bauzeit erstellt wurden. Als Beispiel werden Pilzbrücken im Zuge der Brennerautobahn näher beschrieben. Bei diesen Hangbrücken kamen zwei Typen zur Ausführung: große Pilze mit 21,20 m Gesamtbreite, auf welchen alle vier Spuren der Autobahn liegen; der Abstand der Stützen, welche in der Straßenachse stehen, beträgt 30,0 m. Weiters wurden kleinere Pilze mit 10,15 m Breite und 15 m Stützenabstand gebaut. Diese kleinen Pilze tragen nur die talseitige Richtungsfahrbahn.

Ein günstiges Breite-Spannweite-Verhältnis ist bei diesen Pilzen dann gegeben, wenn für die Stützen die aus dem Überbau wirkenden größten Momente in Brückenlängsrichtung und quer dazu nahezu gleich sind. Solche Bedingungen treten etwa bei einem Verhältnis Breite zu Spannweite = 1:1,5 auf. Statisch betrachtet, sind die Pilzbrücken Rahmensysteme. Die Rahmenstiele sind in den Fundamenten je nach den Eigenschaften des Baugrundes elastisch bis starr eingespannt. Die Fahrbahnplatte, deren Dicke veränderlich ist, bildet die Riegel der Rahmen (Abb. 16). Im Sinne der Stabstatik stellt ein aus einer unendlich langen Kette gleichartiger Felder herausgegriffenes Feld, bei ebenfalls gleichartiger Belastung der Felder, ein einfach statisch unbestimmtes System dar. Die Lage des einen notwendigen Gelenkes je Feld wurde nun so gewählt, daß für ein solches Mittelfeld einer unendlich langen Reihe die Pilzstiele infolge der ständigen Belastung keine Momentenbeanspruchung erhalten. Es stellte sich dabei heraus, daß bei endlicher Felderzahl — selbst bei ungleicher Stützenhöhe und unter Beibehaltung der so getroffenen Lage des Gelenkes — die Momente in den Stielen sehr gering bleiben. Man mußte jedoch eine Art der Berechnung finden, die mit nicht allzu großem Aufwand die Ermittlung aller statischen Größen der vielen Objekte gestattete, die sich nur durch die Anzahl der Felder und durch die Höhe bzw. Biegesteifheit der Stützen unterschieden. Man versuchte daher, eine Beziehung zwischen den Biegemomenten der Stabstatik und den tatsächlich auftretenden Biegemomenten im Plattentragwerk herzustellen. Die Biegemomente der Stabstatik konnten für jedes Tragwerk in einfacher Weise unter Beachtung des veränderlichen Trägheitsmomentes der als Balken betrachteten Pilzplatten ermittelt werden. Um nun annähernd die tatsächliche Verteilung der Biegemomente im vorliegenden Flächentragwerk mit stetig veränderlicher Steifheit zu erhalten, wurde ein Feld aus einer unendlich langen Kette herausgegriffen. Man zerschnitt die Platte in sechs Längsstreifen und neun Querstreifen, wählte jeweils die Mittellinie eines solchen Streifens als Trägerachse und ersetzte die Platte durch einen aus Längs- und Querträgern zusammengesetzten Trägerrost. Die Schnittkräfte dieses Trägerrostes wurden unter Beachtung der veränderlichen Biege- und Tor-

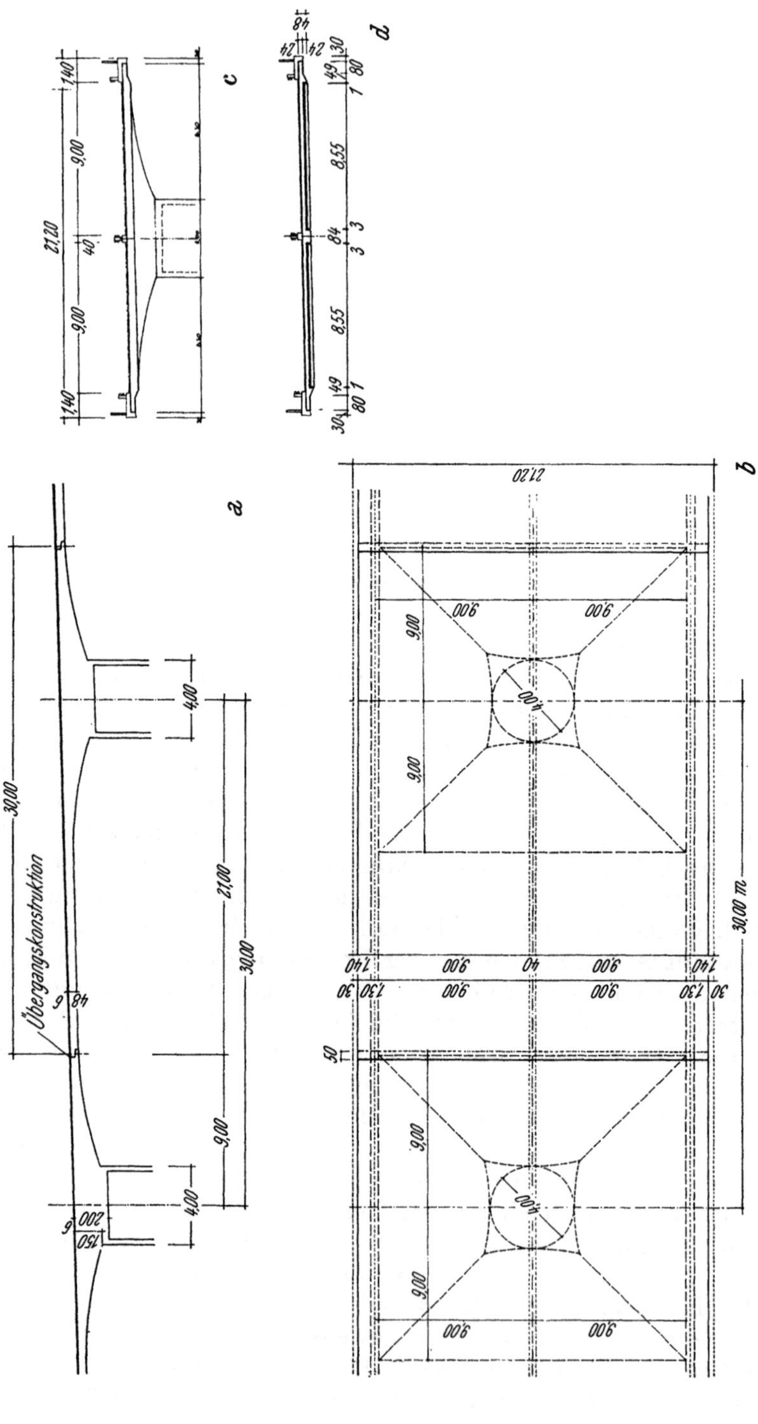

Abb. 16. Pilzbrücke.
a Längsschnitt, *b* Grundriß, *c* Querschnitt im Feld, *d* Querschnitt in der Fuge
(aus ÖIZ 1970, S. 78, Abb. 3)

sionssteifheit der einzelnen Balken für charakteristische Lastfälle untersucht. Die Berechnung wurde mit einer elektronischen Rechenanlage vorgenommen. Die Auflagerung der Platte auf der Stütze mit Kreisringquerschnitt konnte dabei durch eine indirekte Lagerung des Rostes auf vier Punkten, welche durch ein starres Balkenkreuz verbunden sind, idealisiert dargestellt werden. Der Mittelpunkt dieses Kreuzes ist lotrecht starr gestützt und gegen Drehung von zwei Torsionsstäben gehalten, deren Steifheit der Biegesteifheit der Pilzstütze entspricht. Man erhielt auf diese Weise die Schnittkräfte in den Längs- und Querbalken und war in der Lage, für die einzelnen Lastfälle die Verteilung der Momente in der Platte zu erfassen. Wie zu erwarten war, traten die größten Biegemomente sowohl in der Längs- als auch in der Querrichtung im Bereich der Stütze auf. Für die Momente in der Längsrichtung waren die Momentennullpunkte einmal durch die Lage der Fuge gegeben, welche senkrecht zur Brückenachse steht; die zweite Nullpunktlage weicht — senkrecht zur Brückenachse betrachtet — geringfügig von einer Geraden ab. Bildete man die Summe der Biegemomente in der Längsrichtung über den ganzen Brückenquerschnitt an der Stelle der Stütze, so ergab sich die erfreuliche Tatsache, daß dieses Moment gut mit jenem übereinstimmte, welches man aus der Berechnung nach den Methoden der Stabstatik erhielt. Diese Übereinstimmung war auch dann vorhanden, wenn die Belastungen unsymmetrisch zur Brückenachse aufgebracht wurden. Eine solche Erscheinung kann bei allen Platten mit zwei freien, parallelen Rändern beobachtet werden, wenn ihre Spannweiten größer als die Breiten sind.

Damit war nun auch der Weg zur praktischen Berechnung der verschiedenen Objekte gegeben. Man ermittelte die Rahmenmomente nach den Regeln der Stabstatik für die einzelnen Belastungszustände und verteilte diese dann nach dem einmal gerechneten Schlüssel über den Brückenquerschnitt. In der Querrichtung folgt das Gesamtmoment aus einfachen Gleichgewichtsbetrachtungen; die Verteilung dieses Momentes in der Längsrichtung der Brücke wurde ebenfalls aus der Trägerrostberechnung gewonnen. Es sind auch Untersuchungen für eine halbseitige und schachbrettartige Anordnung der Belastungen angestellt worden, um von der Vollbelastung abweichende Zustände zu erfassen. Die Führung der Spannstangen, deren Verlegung einfach war, wurde so gewählt, daß ein zwängungsfreier Zustand entstand, d. h. daß infolge der Vorspannung keine Umlagerungen der Auflagerkräfte auftreten. Auf diese Weise kam infolge der Vorspannung keine gegenseitige Beeinflussung der einzelnen Felder zustande.

In der Längsrichtung der Brücke betrachtet, verhält sich eine solche Pilzplatte zwischen der Fuge und der Linie der Momentennullpunkte ähnlich einer über diesen Bereich gespannten rechteckigen Platte gleicher Dicke mit zwei frei drehbaren und zwei freien Rändern. In diesem Plattenbereich sind die Momente in der Längsrichtung groß, die Quermomente hingegen klein. Im Bereich zwischen dem Momentennullpunkt, der Stütze und der Fuge hat man es jedoch mit einer aus der Stütze nach allen Richtungen auskragenden Platte mit veränderlicher Dicke zu tun. Die Biegemomente in diesem Bereich sind in der Längs- und Querrichtung der Brücke von gleicher

Größenordnung. Entsprechend dem Momentenverlauf wurde die Pilztafel längs und quer nach dem Dywidag-Verfahren vorgespannt. Die Verstärkungen der Platte im Stützenbereich ziehen die Momente zur Stütze, die Feldmomente bleiben vergleichsweise klein. So kann bei solchen Pilzplatten die Plattendicke im Feldbereich klein gehalten werden. Im vorliegenden Fall beträgt sie im Feld 48 cm, dies ist nur $^1/_{62,5}$ der Spannweite.

Die Arbeiten zur Herstellung dieser Hangbrücken gliederten sich in folgende Vorgänge: Aushub für die Gründung der Pilzstützen und Widerlager, Herstellung der Gründung, Bau der Pilzstützen und Widerlager und schließlich die Fertigung der Brückentafel.

Die Herstellung der Kreisringstützen lief der Fertigung der Brückentafel so voraus, daß der fahrbare Gerüstwagen auf die Stützen gelagert werden konnte. Die Auflagerkonstruktion am Stützenkopf war so geformt, daß sie im Endzustand innerhalb der Plattenverstärkungen des Stützenbereiches verschwand.

Um mit dem Gerüstwagen von einem Objekt zum anderen und auch über Erdstrecken fahren zu können, lag seine Haupttragkonstruktion oberhalb der Pilzplatte (Abb. 17). Im einzelnen besteht die Konstruktion dieses

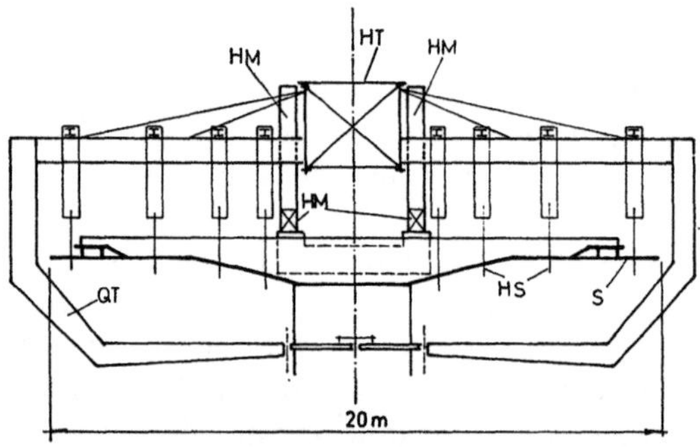

Abb. 17. Querschnitt des Gerüstwagens.
HM Haupthydraulik, *HS* Hängestange, *HT* Hauptträger, *QT* Querträger, *S* Schalung (aus ÖIZ 1970, S. 56, Abb. 2)

Gerüstwagens aus einem kastenförmigen Hauptträger, von welchem rechtwinklig sechs mit Stahlstangen abgespannte Balkenpaare auskragen. Diese Balken haben fangarmartige Fortsetzungen, welche die Pilzplatten umgreifen. Auf ihnen liegen die Schaltafeln nach dem Ausrüsten und während des Vorfahrens in das nächste Feld. In Arbeitsstellung waren die Schaltafeln mittels Stangen aus hochwertigem Stahl an die auskragenden Balken gehängt (Abb. 18). Die aus großen Elementen bestehenden Schalungen konnten mit den Hängestangen den stets wechselnden Querneigungsverhältnissen angepaßt werden. Zur Angleichung der Höhenlage im großen sowie zum Ausrüsten dienten hydraulische Pressen am Hauptlager des Gerüstwagens. Der Gerüstwagen wurde über auf den Stützen stehende Rollenböcke in die nächste Arbeitsstellung geschoben. Das am hinteren Ende befindliche Fahrwerk konnte seitlich verschoben werden, womit die für eine Anpassung an die gekrümmte Linienführung der Autobahntrasse notwendige Kurvenfahrt ermöglicht wurde. Während des Betonierens stützte sich der Gerüstwagen über einen Rollenbock auf den zuletzt betonierten und tragfähigen Brückenabschnitt und über hydraulisch heb- und senkbare Stempel auf die vorweg betonierte Stütze des nächsten Brückenfeldes.

Abb. 18. Pilzbrücke im Bau (aus ÖIZ 1970, S. 82, Abb. 11)

Da das Gerüst nachgiebig war, erschien es notwendig, die beim Betoniervorgang wie auch beim Vorspannen der Pilzplatte auftretenden Gerüstverformungen zu berechnen und auch messend zu verfolgen. Die in Abb. 19 dargestellte Folge der einzelnen Abschnitte des Betonierens mußte so gewählt

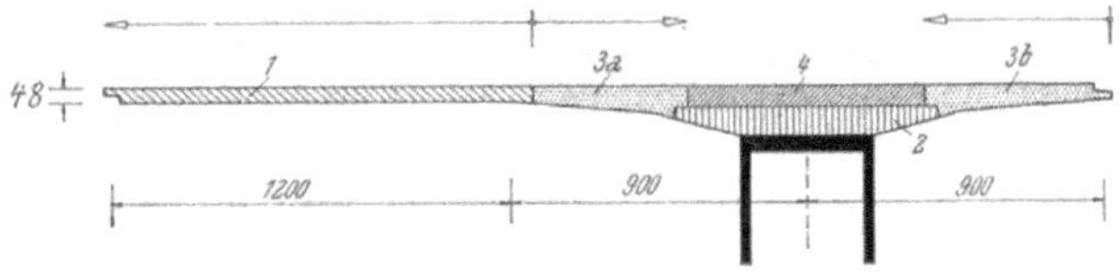

Abb. 19. Folge der Betonierungsarbeiten
← Betonierrichtung, *1*, *2*, *3 a*, *3 b*, *4* Betonierabschnitte
(aus ÖIZ 1970, S. 81, Abb. 8)

werden, daß der Beton zuerst dort auf das Gerüst aufgebracht wurde, wo sein Gewicht den größten Einfluß auf die Gerüstdurchbiegung hervorrief; dies ist die Mitte des Feldes und daher der in der Abb. 19 mit Abschnitt 1 bezeichnete Teil. Dann wurden die tiefgelegenen Teile im Bereich der Pilzstütze betoniert, die mit Abschnitt 2 bezeichnet sind. Als dritter Abschnitt — mit 3a und 3b gekennzeichnet — folgten die Plattenstreifen neben der Stütze und schließlich als vierter und letzter Abschnitt der obere Teil der Platte im Stützenbereich.

Das Betonieren eines Plattenfeldes im Ausmaß von 20,6 m × 30,0 m nahm 15 bis 17 Stunden in Anspruch. Um ein Erhärten des Betons zu vermeiden, ehe an den Abschnittsgrenzen anbetoniert werden konnte, wurde mit Abbindeverzögerern gearbeitet. Die Verzögerungszeiten wurden in den Abschnitten 1 und 2 mit sechs bis sieben Stunden und in den Abschnitten 3 und 4 mit zwei bis vier Stunden gewählt. Auf rasche Erhärtung des Betons nach Abschluß der Betonierung wurde großer Wert gelegt, denn es mußten die Voraussetzungen für ein frühes Aufbringen der Vorspannkräfte geschaffen werden. Während der kalten Jahreszeit wurde deshalb der ganze Betonierbereich eingehaust und beheizt. Nach 60 bis 70 Stunden erreichte der Tragwerksbeton im allgemeinen eine Würfeldruckfestigkeit von 240 bis 280 kp/cm², die bei weitem ausreichend war, um jenen Grad an Vorspannung aufzubringen, der ein Freisetzen vom Gerüst gestattete. Es wurden in der Längsrichtung 60% und in der Querrichtung 70% der gesamten Vorspannkraft nach dieser Erhärtungszeit aufgebracht. Gleichzeitig mit dem Vorspannen erfolgte das Absenken des Gerüstes. Nach dem Ablegen der Schaltafeln fuhr der Gerüstwagen in das nächste Feld. Das Aufbringen der Restvorspannung und das Auspressen der Spannkanäle erfolgten später, meist erst einige Wochen nach dem Ausrüsten. Nach Überwindung anfänglicher Schwierigkeiten, die so lange dauerten, bis das taktmäßige Arbeiten eingelaufen war, stellte man ein Pilzfeld von 636 m² Grundrißfläche in acht bis zehn Tagen her; in den Wintermonaten erhöhte sich diese Zeit auf höchstens 14 Tage. Die Pilze der Halbbrücken mit einer Grundrißfläche von 150 m² wurden ähnlich, jedoch auf einem viel einfacheren Gerüst, welches unterhalb der Pilzplatte in der Längsrichtung verschoben werden konnte, hergestellt. Als Bauzeit erzielte man vier bis fünf Tage je Feld. Der Baustoffaufwand je m² Grundrißfläche des großen Pilzes beträgt:

Beton B 300	0,60 m³
Beton B 225	0,05 m³
Betonstahl I	5,5 kg
Rippentorstahl 50	16,4 kg
Spannstahl St 80/105	46 kg

Die je Feld vorhandene Fuge erforderte den Einbau von Lagerkörpern, welche Drehbarkeit und Längsbewegungen in der Fuge ermöglichen. Man verwendete Neoprenelager, da diese bei sehr geringer Bauhöhe ausreichende Verformungsmöglichkeiten boten, einfach zu versetzen waren und nicht korrodieren. Die Bewehrung wurde so gelegt, daß ein Auswechseln von Lagerkörpern durch Wegstemmen von Teilen, welche für das Tragvermögen unwesentlich sind, allenfalls möglich wäre. Neben dieser schweren Zugänglichkeit der Lagerkörper liegt jedoch der Nachteil der Fugen in der Unterbrechung des Fahrbahnbelages in kurzen Abständen.

Bei diesen Hangbrücken am Brenner kam zum Teil ein Fahrbahnübergang zur Ausführung (Abb. 20), wie er von der niederländischen Straßenverwaltung verwendet wird. Er bietet den Vorteil sehr niederer Bau-

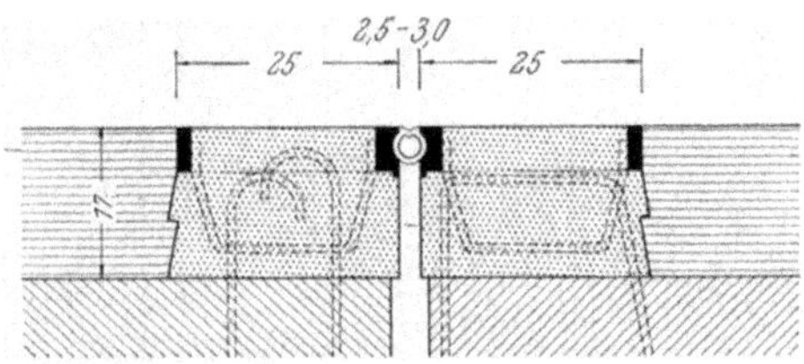

Abb. 20. Fahrbahnübergangskonstruktion, Querschnitt (aus ÖIZ 1970, S. 82, Abb. 10)

höhe. Die Fugenränder werden durch den mit Beton ausgefüllten Stahlgitterrost gut gehalten. Der Fugenspalt ist mit einem eingeklemmten Gum-

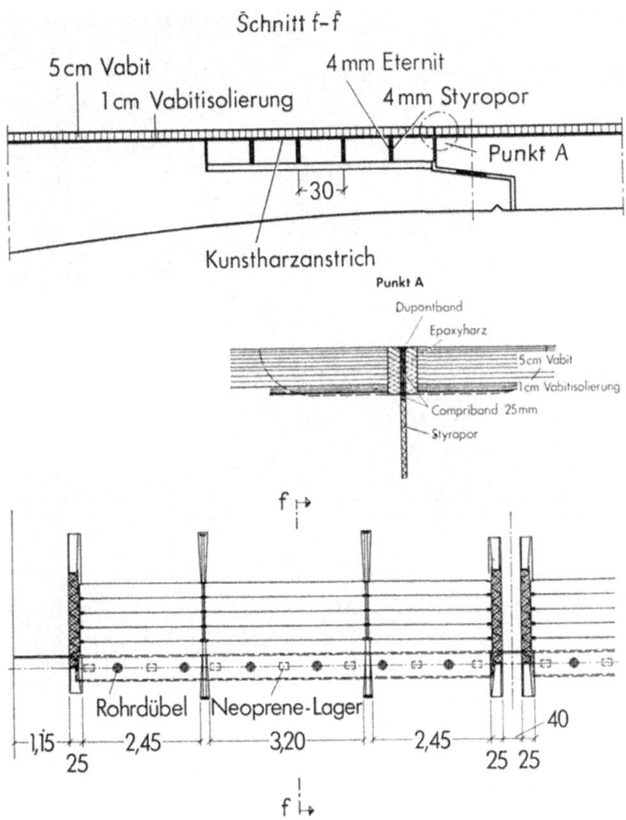

Abb. 21. Elastische Fugenkonstruktion (aus Dywidag-Berichte 1968—2, S. 29, Bild 80)

miprofil gedichtet. Bei etwas später gebauten Pilzbrücken an der Brennerautobahn kam dann aber die schon vorhin erwähnte Fugenkonstruktion der Unternehmung Dyckerhoff & Widmann zur Ausführung (Abb. 21).

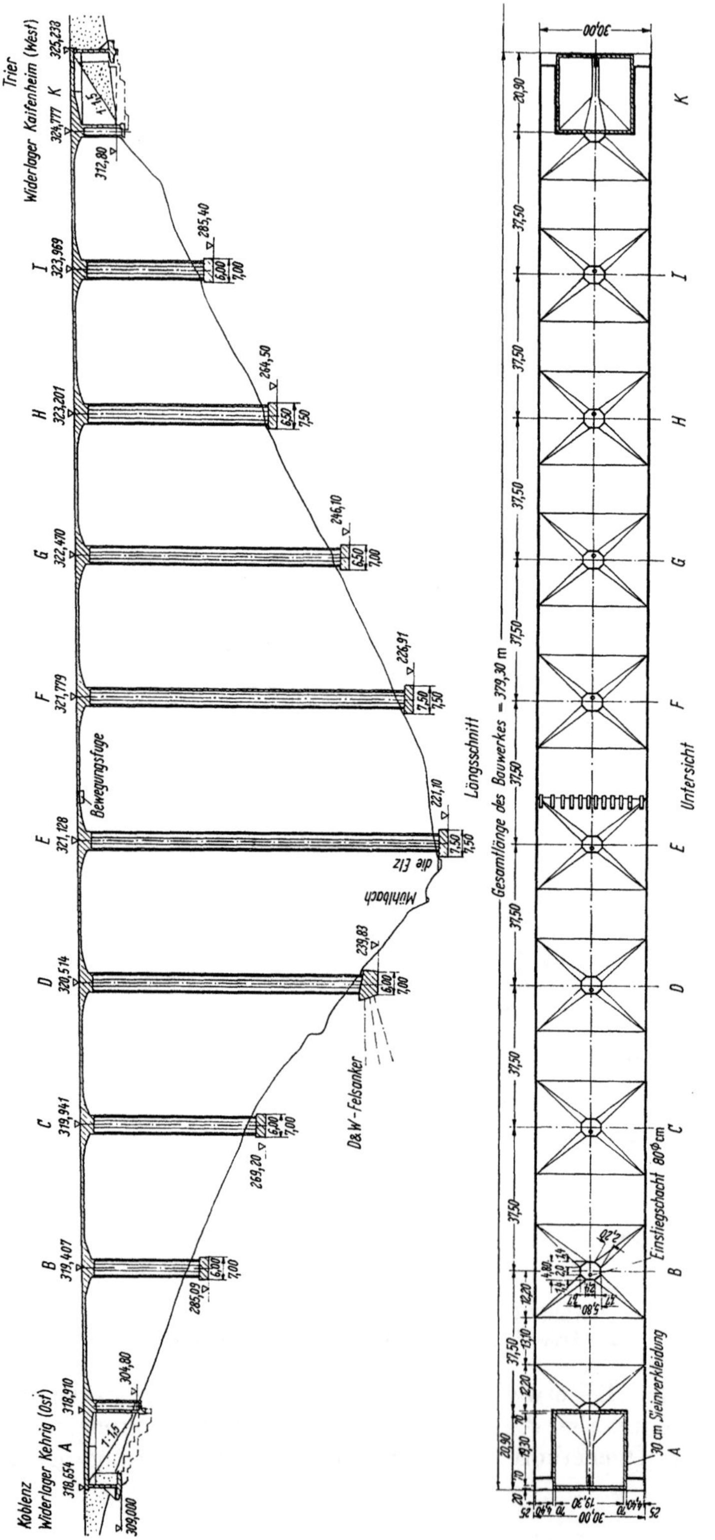

Abb. 22. Elztalbrücke, Längsschnitt und Untersicht
(aus Der Bauingenieur 1966, S. 252, Abb. 2)

Diese Konstruktion teilt die Bewegung der Bauwerksfuge gleichmäßig auf so viele Sekundärfugen zwischen den Betonklötzchen der Konstruktion auf, daß diese kleinen Fugenbewegungen ein über die Sekundärfugen hinweggeführter Schwarzbelag ohne zu reißen mitmachen kann. Da sich zeigte, daß die Sekundärfuge, welche der Hauptfuge am nächsten liegt, doch etwas größere Bewegungen ausführt als die anderen Fugen, wurde über dieser einen Fuge der Fahrbahnbelag getrennt. Die Bewegungen dieser einen Sekundärfuge sind gering, und die Unterbrechung des Fahrbahnbelages ist auch nicht mit dem Fugenspalt anderer Fahrbahnübergänge zu vergleichen und stört beim Befahren nicht.

Der Vorteil der Pilzbrücken liegt in der Einfachheit ihrer Herstellung, denn hinsichtlich ihres Baustoffbedarfes sind sie nicht sparsam. Eine Verminderung des Baustoffbedarfes kann durch Auflösen der Feldbereiche der Platte in eine Hohlplatte oder Rippenplatte erreicht werden, doch wird dies nur bei größeren Spannweiten einen echten Erfolg bringen, da mit solchen Maßnahmen die Einfachheit der Herstellung zum Teil verlorengeht.

Fast gleichzeitig mit dem Bau dieser Pilzbrücken am Brenner erstand in Deutschland ein großes Brückenbauwerk in Pilzbauweise. Es ist dies die 337,50 m lange und 29,50 m breite Elztalbrücke (Abb. 22 u. 23) [33].

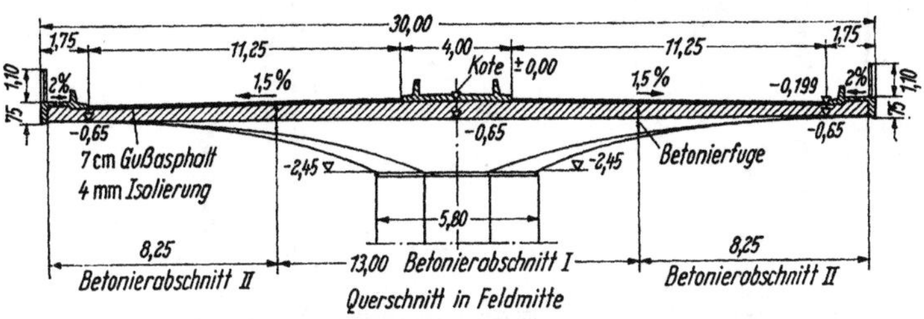

Abb. 23. Elztalbrücke, Querschnitt im Feld (aus Der Bauingenieur 1966, S. 253, Abb. 4 *a*)

Dieses Bauwerk wurde in ähnlicher Art wie die Pilze am Brenner mit einem etwas größeren und steifer gebauten, fahrbaren Gerüstwagen abschnittweise hergestellt. Während die Gerüstwagen, welche an der Brennerautobahn eingesetzt waren, einen kastenförmigen Hauptträger besitzen, bestand der Wagen bei der Elztalbrücke aus zwei Hauptträgern von 43 m Länge (Abb. 24). Diese tragen die acht Querträger, an welche die etwa 12 m × 12 m großen Schaltafeln gehängt sind. Die Fangarme der auskragenden Querträger dienen zum Ablegen der Schaltafeln während der Fahrt des Wagens ins nächste Feld. Nach vorn hat der Wagen einen Schnabel, mit welchem nach kurzer Fahrt bereits die nächste Stütze erreicht wird. Während des Betonierens ruht der Gerüstwagen vorn auf der Stütze und hinten auf dem auskragenden Teil des zuletzt hergestellten Abschnittes. Das Fahren ins nächste Feld erfolgte ähnlich, wie dies für den Gerüstwagen am Brenner beschrieben wurde. Hinten bewegte sich das Fahrgestell über die soeben fertiggestellte Pilzplatte, und vorn rollte der Mittellängsträger (Schnabel) über einen auf der Stütze sitzenden Rollenbock. Um allfällige Reibungskräfte von den hohen und sehr schlanken Stützen fernzuhalten, wurde jeweils der noch

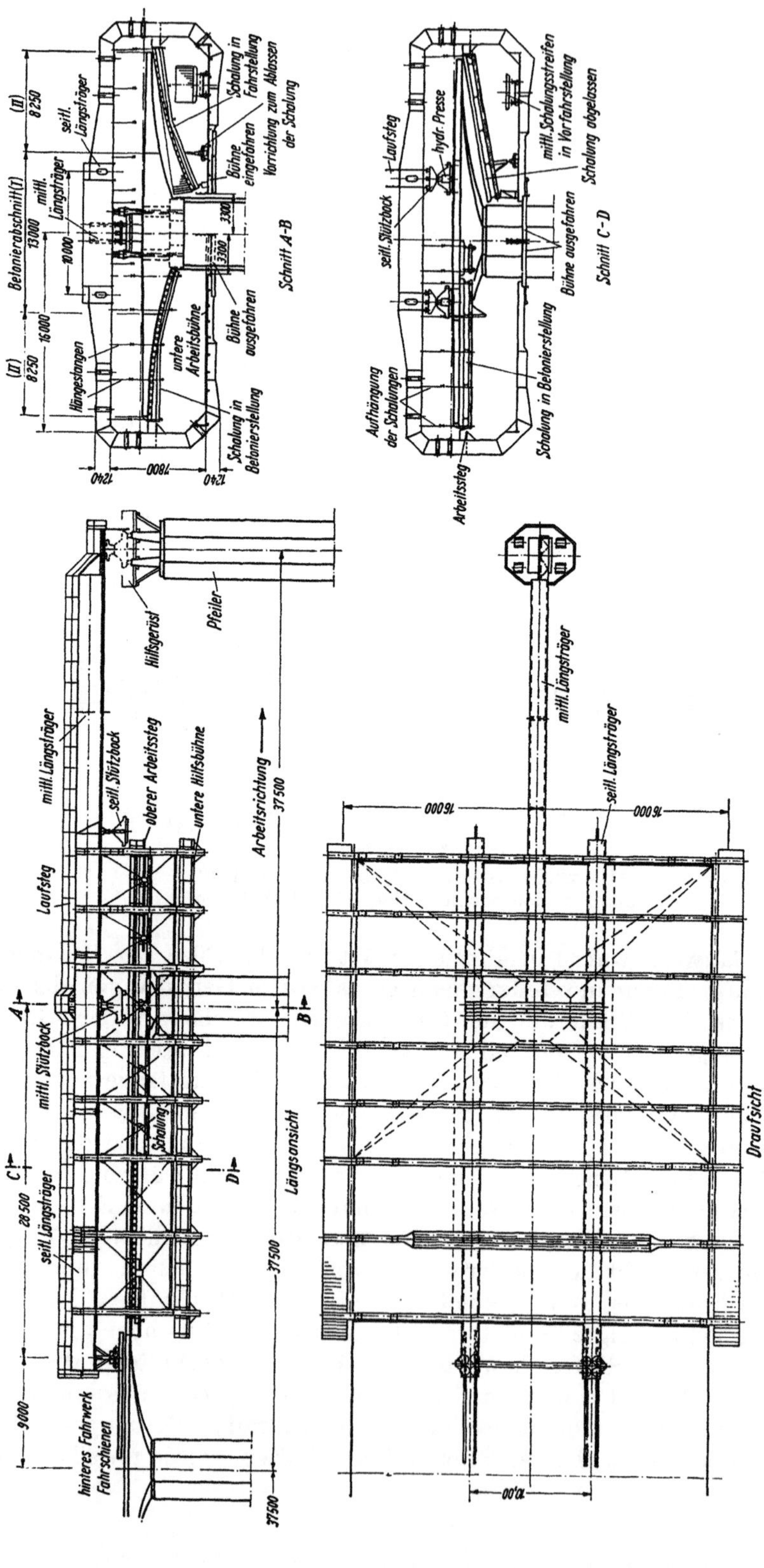

Abb. 24. Gerüstwagen (aus Der Bauingenieur 1967, S. 19, Abb. 29)

freistehende Pfeiler, über welchen der Gerüstwagen rollt, mit Spannstangen an das fertige Pilzfeld gehängt. Während die Fläche eines Brückenabschnittes im Falle der Pilze am Brenner 636 m^2 betrug, waren es bei der Elztalbrücke 1100 m^2. Diese Abschnitte konnten jeweils in 14 Tagen hergestellt werden. Um den Gerüstwagen nicht allzu schwer werden zu lassen, wurde die Platte nicht auf ihre ganze Breite, sondern in zwei Abschnitten betoniert. Zuerst betonierte man einen 13 m breiten Mittelstreifen, welcher nach genügender Erhärtung eine Teilvorspannung erhielt. Man stellte nun eine kraftschlüssige Verbindung zwischen dem bereits tragfähigen Mittelstreifen und dem Gerüst her und ließ beim anschließenden Betonieren der beiden 8,25 m breiten Randstreifen deren Gewicht gemeinsam vom Mittelstreifen und vom Gerüst tragen. Während des Betonierens der Randstreifen wurde der Mittelstreifen, den Erfordernissen entsprechend, weiter vorgespannt.

Nach dem Erhärten der Randstreifen konnten auch diese vorgespannt werden und konnte auch das Freisetzen vom Gerüst erfolgen. Der 550 t schwere Wagen wurde in seine Arbeitsstellung zur Herstellung des nächsten Brückenabschnittes gefahren. Die nach dem Dywidag-Verfahren längs- und quervorgespannte Pilzplatte hat im Feldbereich eine mittlere Dicke von 55 cm, das ist $^1/_{68}$ der Spannweite.

Über der Stütze beträgt die Plattendicke allerdings 2,45 m. Die achteckigen Hohlstützen sind auch hier mit der Platte monolithisch verbunden. Ihre Höhe nimmt von 25 m bis 95 m in der Mitte des Tales zu. Man kam nun auf den ausgezeichneten konstruktiven Gedanken, die Brückentafel an den beiden Endwiderlagern festzuhalten und nur eine Bewegungsfuge im Mittelfeld anzuordnen (Abb. 25). Die waagrechten Verschiebungen in

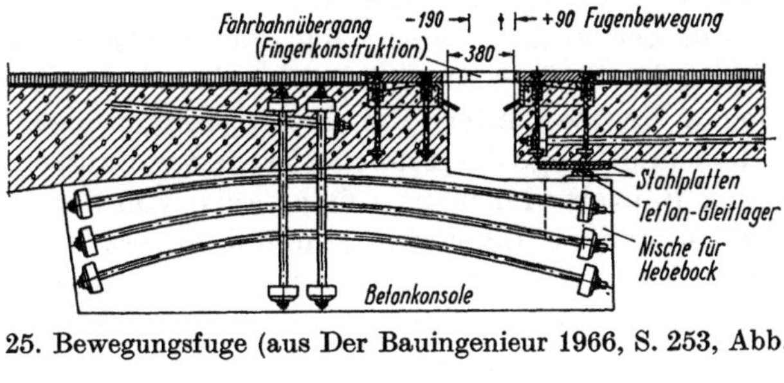

Abb. 25. Bewegungsfuge (aus Der Bauingenieur 1966, S. 253, Abb. 4 *b*)

Brückenlängsrichtung infolge von Temperaturänderungen, Schwinden und Kriechen nehmen dann von den beiden Widerlagern gegen die Brückenmitte hin zu. Kleine Verschiebungen treffen auf niedere, große Verschiebungen auf hohe Stützen, und so können die Stützen und auch die Platte die Zwängungen aus den Temperatur-, Schwind- und Kriecherscheinungen aufnehmen.

Waagrecht betrachtet, kragt die Fahrbahntafel jeweils bis etwa zur Brückenmitte aus den Widerlagern aus. Der Seitenwind wird vornehmlich von diesen etwa 170 m langen und 30 m breiten auskragenden Scheiben aufgenommen und auf die Widerlager übertragen, die als Stahlbetonhohlkasten geformt sind. Architektonisch vorbildlich ist der Anschluß der Brücke an die Widerlager gelöst (Abb. 22).

Die Berechnung der Schnittkräfte wurde auch bei dieser Pilzplatte so durchgeführt, daß man zur Ermittlung der Momente in Brückenlängsrichtung die Stabstatik heranzog und dann diese Momente querverteilte. Auch hier wurde die Platte in einen Trägerrost zerschnitten. Die Ergebnisse der Berechnung wurden an einem Gipsmodell überprüft, und da zeigte sich, daß nach dem Modellversuch etwas kleinere Beanspruchungen erhalten wurden. Der Unterschied liegt wahrscheinlich daran, daß die Mittelfläche der Pilzplatte schwach gekrümmt ist und zur Tragwirkung als Platte noch eine solche als Schale hinzukommt, die jedoch bei der rechnerischen Untersuchung nicht berücksichtigt wurde.

Das Bild dieser Brücke darf nicht nach dem Längsschnitt oder nach einer Frontalansicht beurteilt werden, denn es wirkt plump. Tatsächlich erzeugt jedoch die weit auskragende Fahrbahntafel den Eindruck der Leichtigkeit, mit welcher hier das Tal überquert wird. Dieser Brückenbau darf wohl als einer der bemerkenswertesten der letzten Jahre bezeichnet werden.

2.1.2. Balkenbrücken und ihre typischen Herstellungsverfahren

Allgemeines

Balkenbrücken der verschiedensten Art bieten der Spannbetonbauweise ein weites Feld der Anwendung. Die Wahl der Anzahl der Felder und des Brückenquerschnittes wird nicht nur durch die Anlageverhältnisse der Verkehrswege, welchen die Brücke dienen soll, und durch statische Gesichtspunkte, sondern weitgehend von der Art der Herstellung der Brücken bestimmt. Diese ist jedoch für die Wirtschaftlichkeit des gewählten Brückensystems maßgebend. Es lassen sich kaum allgemeingültige Regeln für die Wirtschaftlichkeit einer Bauweise aufstellen, denn allzu sehr ist diese von den örtlichen Gegebenheiten, der Zugänglichkeit der Baustelle, der Leistungsfähigkeit und Länge der Transportwege zur Baustelle, der zur Verfügung stehenden Bauzeit und nicht zuletzt auch von der Möglichkeit abhängig, bereits vorhandene Baugeräte sinnvoll einsetzen zu können. Ortbetonbauweisen in Verbindung mit abschnittweiser Herstellung der Objekte (Taktverfahren) stehen erfolgreich im Wettbewerb mit Fertigteilbauweisen, besonders in Gebirgsgegenden, in welchen es meist schwierig wäre, lange und schwere Brückenelemente auf steilen und kurvenreichen Straßen zu transportieren.

Hinsichtlich der Querschnittswahl beherrscht der Plattenbalken von der einstegigen bis zur mehrstegigen Ausführung das Feld. Bei Ortbetonbrücken werden der einfacheren und billigeren Schalung wegen meist so wenig wie möglich, bei Fertigteilbrücken aus Gründen der Gewichtsbeschränkung der einzelnen Elemente eine größere Anzahl von Stegen gewählt. Bei schmalen Brücken, wie Fußgängerstegen und eingleisigen Eisenbahnbrücken werden mit Vorteil einstegige Plattenbalken ausgeführt. Nehmen die Brückenquerschnitte sehr große Abmessungen an, so muß man darauf achten, daß bei der Herstellung infolge der freiwerdenden Abbindewärme des Zementes beträchtliche innere Spannungen entstehen können. Durch den Einbau von

Kühlschlangen oder durch Betonieren kleiner Abschnitte mit zwischenliegenden Kühlspalten kann die Abbindewärme abgeführt werden.

Abb. 26 zeigt eine schmale Brücke mit einem Hauptträger mit den Spannweiten 28,0 + 48,0 + 28,0 = 104 m Gesamtlänge über die Salzach bei Kaltenhausen. Die Fahrbahn hat zwischen den 35 cm breiten Gesimskappen eine Breite von 2,50 m. Die Platte weist ein Dachprofil auf und ist am Rand 12 cm, in der Brückenachse 20 cm dick. Der einzige Steg ist durchlaufend 50 cm breit (Abb. 27a und b). Die Unterkante des Hauptträgers ist leicht geschwungen. Die Konstruktionshöhe der Brücke wächst von 1,20 m über den Widerlagern auf 2,00 m über den Pfeilern an und nimmt dann bis zur Mitte des großen Feldes wieder bis auf 1,40 m ab. Im Mittelfeld beträgt somit die Höhe $^1/_{34,4}$, über den Pfeilern $^1/_{24}$ der größten Stützweite. Bemessen wurde die Brücke als Feldwegbrücke der Klasse II nach ÖN B 4002, mit einer gleichmäßig verteilten Nutzlast von 400 kg/m^2 und einer Einzellast von 6,6 t. Das schmale Tragwerk aus Beton B 450 ist natürlich nur in der Längsrichtung vorgespannt (Abb. 27c). In den Seitenfeldern benötigte man unten 6 Dywidag-Spannstangen ⌀ 26 mm aus St 80/105, im Mittelfeld 16 ⌀ 26 und in den Querschnitten über den Pfeilern oben ebenfalls 16 ⌀ 26. Ist eine solche einstegige Plattenbalkenbrücke symmetrisch zur Brückenachse, so liegen sowohl der Schwerpunkt als auch der Schubmittelpunkt auf der Symmetrieachse. Bei Vollast entstehen bei geraden Trägern

Abb. 26. Fußgängerbrücke über die Salzach in Kaltenhausen
(Photo-Archiv Mayreder, Kraus & Co., Photo Frank, Salzburg)

keine Torsionsmomente, es muß jedoch auch der Fall halbseitiger Belastung untersucht werden, da dann Torsionsmomente auftreten, zu deren Aufnahme eine Netzbewehrung einzulegen ist, wenn die Überdrückung der

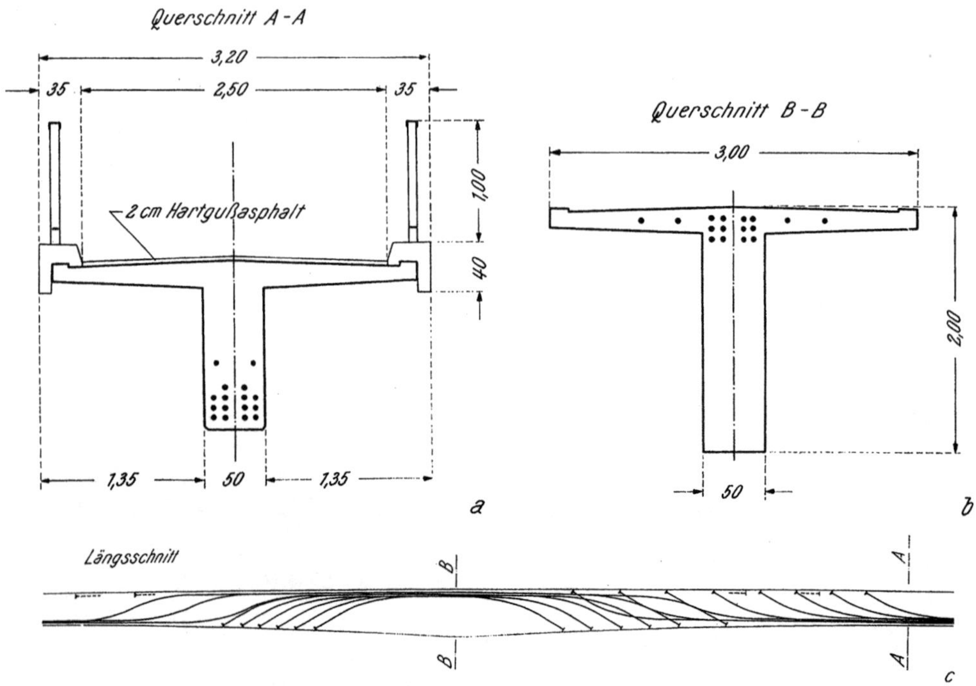

Abb. 27. Fußgängerbrücke, *a* Querschnitt im Feld, *b* Querschnitt über den Zwischenpfeilern, *c* Führung der Spannglieder

Hauptzugspannungen infolge der Vorspannkräfte zu klein sein sollte. Mindestens an einer Brückenlagerung ist dafür zu sorgen, daß die Torsionsmomente durch ein Lagerpaar aufgenommen werden. An den Zwischenlagern genügen Punktstützungen, wenn der Brückenquerschnitt genügend torsionssteif ist.

Im vorliegenden Fall wurden zur Aufnahme der Hauptzugspannungen, bzw. zu ihrer Verminderung, neben einem schlaffen Bewehrungsnetz und der aufgebogenen Vorspannbewehrung im Mittelfeld im Bereich des Momentennullpunktes kurze schräge Spannstangen, Schubnadeln genannt, angeordnet. Sämtliche Lagerpunkte wurden als Gabellager ausgebildet. Torsionsmomente aus halbseitiger Belastung mußten so immer nur über ein Feld getragen werden, da jede Lagerung torsionssteif ist. Die lotrechten Auflagerkräfte gelangen über Neoprenelager auf die Widerlager bzw. Pfeiler. Die seitliche Festhaltung in der Gabel erfolgt durch polierte Gleitbleche an den Seitenflächen des Steges und den entsprechenden Flächen der Gabeln bzw. der Nischen.

Der Bau entstand im Auftrag der Stadtgemeinde Hallein. Entworfen und ausgeführt wurde er von der Bauunternehmung Ingenieure Mayreder, Kraus & Co., Linz/Donau.

Vielfach müssen an den Enden von Balkenbrücken die im Vergleich zu den Hauptträgern meist unendlich biegesteifen Querträger, im Grundriß betrachtet, schräg angeordnet werden (Abb. 28) [154, 155]. Es tritt dann im

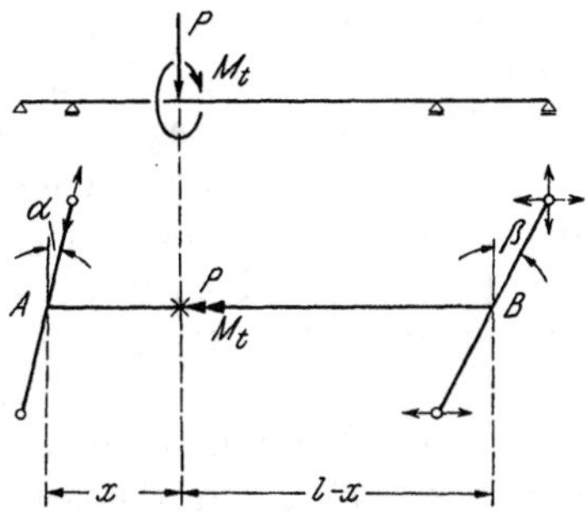

Abb. 28. Schiefgelagerte Balken

Hauptträger bei Belastung mit einer Einzellast P ein von Querträger zu Querträger gleichbleibendes Torsionsmoment auf, dessen Größe

$$M_t = \frac{Pl}{6} \cdot \xi(1-\xi) \frac{(2-\xi)\operatorname{tg}\alpha + (1+\xi)\operatorname{tg}\beta}{\frac{1}{3}(\operatorname{tg}^2\alpha + \operatorname{tg}\alpha \cdot \operatorname{tg}\beta + \operatorname{tg}\beta^2) + \frac{EI}{GI_t}}$$

ist, wenn der Brückenquerschnitt konstant bleibt und Haupt- und Querträger monolithisch verbunden sind. Dieses Torsionsmoment führt zu Einspannmomenten an den Auflagerpunkten A und B des Hauptträgers.

$$M_A = -M_t \cdot \operatorname{tg}\alpha, \quad M_B = -M_t \cdot \operatorname{tg}\beta; \quad \xi = x/l.$$

Neben dieser Belastung, bei welcher die Last P über der Balkenachse steht, interessiert der Lastfall eines in der Entfernung x vom Auflager A angreifenden Torsionsmomentes M_t^0. Für diese Beanspruchung wird

$$M_{t,A} = +M_t^0 \cdot \frac{\frac{1}{6}\operatorname{tg}\beta(\operatorname{tg}\alpha + 2\operatorname{tg}\beta) + \frac{EI}{GI_t} \cdot (1-\xi)}{\frac{1}{3}(\operatorname{tg}^2\alpha + \operatorname{tg}\alpha \cdot \operatorname{tg}\beta + \operatorname{tg}^2\beta) + \frac{EI}{GI_t}};$$

$$M_{t,B} = -M_t^0 \cdot \frac{\frac{1}{6}\operatorname{tg}\alpha(2\operatorname{tg}\alpha + \operatorname{tg}\beta) + \frac{EI}{GI_t} \cdot \xi}{\frac{1}{3}(\operatorname{tg}^2\alpha + \operatorname{tg}\alpha \cdot \operatorname{tg}\beta + \operatorname{tg}^2\beta) + \frac{EI}{GI_t}};$$

und die zugehörigen Biegemomente an den Trägerenden werden erhalten zu

$$M_{b,A} = -M_{t,A} \cdot \operatorname{tg}\alpha \quad \text{und} \quad M_{b,B} = -M_{t,B} \cdot \operatorname{tg}\beta.$$

Die Formeln gelten, wenn die Verdrehung der biegesteifen Endquerträger senkrecht zu ihren Ebenen durch die Lager nicht behindert wird.

Aus diesen beiden Lastfällen P und M_t^0 können beliebige Lastverteilungen, die aus verteilten Lasten $p(x)$ und auf die Längeneinheit bezogenen Torsionsmomenten $m_t^0(x)$ bestehen, zusammengesetzt werden. Man braucht in den angegebenen Beziehungen nur P durch $p(u) \cdot du$ und M_t^0 durch $m_t^0(u) \cdot du$ zu ersetzen und muß dann über die ganze Balkenlänge, also von $u=0$ bis l integrieren, um die an den Balkenenden auftretenden Zwängungsmomente zu erhalten.

Sofern man es mit Ortbetonbrücken zu tun hat, erfreut sich der zweistegige Plattenbalken großer Beliebtheit. Werden Vollplatten als Fahrbahnplatten quer über die Hauptträgerstege gespannt, so lassen sich bei Straßenbrücken Stegabstände bis zu 9,0 m erreichen, so daß eine Richtungsfahrbahn einer Autobahn auf einem zweistegigen Querschnitt untergebracht werden kann. Werden als Quertragglied Rippenplatten verwendet, so sind noch größere Abstände der beiden Hauptträgerstege zu erreichen. Ist man in der Wahl des Stegabstandes ungebunden, so wird man ihn so wählen, daß die Stege möglichst frei von Torsionsmomenten bleiben. Zwei Fragen sind für die Bemessung der zweistegigen Plattenbalken von Belang: die Größe des Einspanngrades der Fahrbahnplatte in den Balkensteg und die Lastaufteilung auf die Stege bei unsymmetrischen Belastungszuständen.

Sind die Querträger in größeren Entfernungen als die $1^1/_2$fache Querspannweite der Platte angeordnet und sind die Querträger ohne Verbindung mit der Fahrbahnplatte, so kann die Biegesteifigkeit der Platte in der Tragwerkslängsrichtung vernachlässigt werden, und die Platte ist praktisch nur quergespannt. Stehen die Querträger mit der Platte in Verbindung, so können die Einspannmomente der Fahrbahnplatte über den Feldquerträgern nachträglich durch eine Zusatzrechnung am randgestützten Plattenstreifen ermittelt werden. Der Einspanngrad der Fahrbahnplatte an den Stegen, in der Mitte zwischen den Querträgern, worunter man das Verhältnis des tatsächlichen Einspannmomentes zu jenem bei starrer, nicht drehbarer Lagerung versteht, folgt bei konstantem Brückenquerschnitt in der Längsrichtung zu

$$\mu = \frac{1}{\cosh\left[\frac{l}{2b}\sqrt{\frac{2b\,EI_{pl}}{GI_t}}\right]} \quad \text{bei Gleichlast}$$

und zu

$$\mu_n = \frac{1}{1+\frac{2}{n^2\pi^2}\left(\frac{l}{b}\right)^2\frac{bEI_{pl}}{GI_t}}$$

für eine Belastung $p = p_n \cdot \sin\frac{n\pi_x}{l}$ zwischen den Hauptträgern, mit $x=$ Abstand vom Querträger und $l=$ Abstand der Querträger

Als Näherung gilt:

$$\mu \doteq \frac{1}{1+\frac{l^2}{2b}\cdot\frac{I_{pl}}{I_t}}.$$

Obwohl nur zwei Hauptträger vorhanden sind, kommt es bei unsymmetrischer Belastung dennoch zu einer besseren Lastaufteilung auf die beiden

Stege, als sie nach dem Hebelgesetz erhalten wird. Voraussetzung ist allerdings, daß aussteifende Endquerträger vorhanden sind. Ist der Brückenquerschnitt zur Brückenachse symmetrisch und ist auch die Belastung zu dieser Achse symmetrisch, so werden beide Stege gleich beansprucht.

Von Interesse ist nun, wie eine antimetrische Belastung

$$p = p_n \cdot \sin \frac{n \pi x}{l}$$

die Balkenstege, z. B. im Falle eines frei aufliegenden Balkens, beansprucht.

Schneidet man den Brückenquerschnitt entlang der Brückenachse durch, so müssen zur Schließung der Klaffungen für jedes Belastungsglied p_n die beiden statisch überzähligen Größen $X_{1,n}$ und $X_{2,n}$ angebracht werden (Abb. 29). Ihre Werte ergeben sich aus zwei Bedingungsgleichungen, in

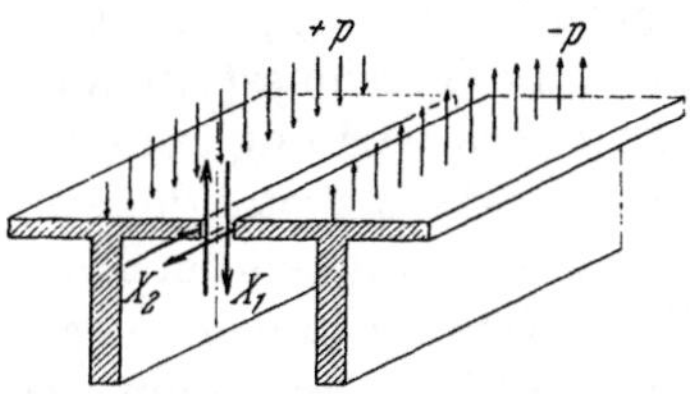

Abb. 29. Belastung und Schnittgrößen

welche die Dehn-, Biege- und Torsionssteifigkeiten der Hauptträger, die Steifigkeit der Fahrbahnscheibe und die Querbiegesteifigkeit der Fahrbahnplatte eingehen. Die Torsionssteifigkeit der Fahrbahnplatte und ihre Biegesteifigkeit in Brückenlängsrichtung werden bei solchen Betrachtungen meist vernachlässigt. Die Lastaufteilung kommt zum Teil dadurch zustande, daß die Stege mit der Fahrbahnplatte ein Faltwerk bilden, zum Teil aber auch dadurch, daß die Biegesteifigkeit der Platte und die Torsionssteifigkeit der Stege einer gegenseitigen lotrechten Verschiebung der beiden Brückenhälften einen Widerstand entgegensetzen.

Berücksichtigt man die Faltwerkswirkung nicht ($X_2 = 0$), so erhält man

$$X_{1n} = \frac{1}{1 + \frac{n^4 \pi^4}{24} \left(\frac{a}{l}\right)^3 \frac{I_v}{l\, I_{pl}} + \frac{n^2 \pi^2}{4} \left(\frac{a}{l}\right)^2 \frac{E I_v}{G I_t}} \cdot p_n \quad [34].$$

a	Abstand der Hauptträgerachsen
l	Spannweite
n	Ordnungszahl des Fouriergliedes der Belastung
p_n	Scheitelwert des n-ten Fouriergliedes der Belastung
I_v	Trägheitsmoment eines Hauptträgers um die Waagrechte durch den Schwerpunkt (Plattenbalken)
I_{pl}	Trägheitsmoment der Fahrbahnplatte, bezogen auf die Längeneinheit
I_t	Torsionsträgheitsmoment des Hauptträgers
E	Elastizitätsmodul
G	Schubmodul

Für den Torsionswiderstand ist nicht klar, welcher Wert einzusetzen ist, jener für das Rechteck des Steges oder jener für den T-Querschnitt. Vertretbar ist, den Torsionswiderstand jener Teile einzusetzen, welche an den Querträgern schubfest angeschlossen sind. Auf ähnlicher Grundlage hergeleitet, findet man die Querverteilungszahlen für zwei- und mehrstegige Plattenbalkenquerschnitte in [35]. Sind neben der Platte auch Feldquerträger vorhanden, so wird nach TROST [35] mit einer Platte gerechnet, deren Biegesteifigkeit vergleichbar ist der Gesamtsteifigkeit der Fahrbahnplatte, zusammenwirkend mit den Querträgern. Aus diesen Betrachtungen erhält man fast immer das Ergebnis, daß für die größte Biege- und Querkraftbeanspruchung eines Steges bei zweistegigen Plattenbalken die Belastung auf die gesamte Querschnittsbreite maßgebend ist. Die größten Torsionsmomente für einen Steg treten jedoch bei teilweiser Belastung über die Querschnittsbreite auf. Der vorhin angeschriebene Ausdruck für $X_{1,n}$ zeigt, daß die Lastverteilung um so besser ist, je größer die Biegesteifigkeit in der Querrichtung und je größer die Torsionssteifigkeit des Hauptträgers sind. Bei Nichtbeachtung der Faltwerkswirkung kommt eine Querverteilung beim zweistegigen Plattenbalken nur dann zustande, wenn sowohl eine Querbiegesteifigkeit als auch eine Torsionssteifigkeit der Hauptträger vorhanden ist.

Zu bedenken ist bei diesen Betrachtungen allerdings, daß die Steifigkeitswerte mit voller Mitwirkung des Betonquerschnittes ermittelt werden. Unter den Gebrauchslasten wird dies im Falle der vollen oder beschränkten Vorspannung zutreffen. Bemessen werden die Tragwerke jedoch auf Grenzlastzustände (Bruchzustände), und man kann nicht erwarten, daß die Verhältnisse der einzelnen Steifigkeitswerte zueinander im Grenzlastzustand die gleichen wie im Gebrauchslastzustand sind. Vor allem ist nach Untersuchungen von F. LEONHARDT [36, 37] mit einem beträchtlichen Absinken der Torsionssteifigkeit zu rechnen. Es wäre somit angebracht, die Torsionssteifigkeit bei der Ermittlung der Querverteilung vorsichtig einzusetzen.

Feldquerträger in kurzen Abständen erhöhen wohl die Biegesteifigkeit in der Brückenquerrichtung und den Einspanngrad der Fahrbahnplatte, doch erschweren sie die Herstellung der Schalung und sind sehr hinderlich, wenn die Brückenschalung und das Gerüst bei abschnittweiser Herstellung einer über mehrere Felder durchlaufenden Balkenbrücke in Brückenlängsrichtung verschoben werden sollen. Man ordnet deshalb Feldquerträger sparsam an, meist einen in Feldmitte oder zwei in den Drittelpunkten liegend. Ja, es haben Ausführungen ohne jeden Querträger — wie an einem Beispiel noch gezeigt werden wird — bei langen Brücken, auf längsverschieblichen Gerüsten erstellt, die Wirtschaftlichkeit solcher Ausführungen bewiesen [38, 39]. Dem höheren Aufwand an Spannstahl und schlaffer Bewehrung stehen Einsparungen am Gerüst und an Bauzeit gegenüber. Feldquerträger führen noch zu weiteren Störungen des unter vereinfachten Annahmen berechneten Spannungszustandes. Ist der Feldquerträger mit der Fahrbahnplatte monolithisch verbunden, so überlagern sich die Beanspruchungen aus dem Haupttragsystem mit jenen aus der Fahrbahnplatte im Querträgerbereich. In der Fahrbahnplatte tritt nicht nur eine Beanspruchung durch ein Biegemoment, sondern Biegung mit Druck auf. Reichen die Abmessungen der Platte nicht aus, wird die Platte im Bereich der Querträger mit Schrägen verstärkt. Weiters treten an den Querträgern sprunghafte Änderungen im Verlauf der Torsionsmomente entlang der Hauptträger auf. Dies führt zur Behinderung der Verwölbung und damit zu zusätzlichen Normalspannungen in Brückenlängsrichtung, außer der Brückenquerschnitt ist wölbfrei. Diese Spannungen klingen von der Störstelle nach der Funktion $e^{-\lambda x}$ ab, mit $\lambda = \sqrt{\frac{GI_t}{EC_W}}$ [40].

E	Elastizitätsmodul	C_W	Wölbwiderstand
G	Schubmodul	x	Entfernung vom Querträger
I_t	Torsionsträgheitsmoment		

Beim Übergang vom Stadium I zum Stadium II und in der Nähe des Grenzlastzustandes sinkt jedoch diese Wölbbehinderung und ist deshalb für die Bemessung nicht so wesentlich.

Erstrecken sich solche Balkenbrücken über mehrere Felder, so reichen die Stegbreiten, wie sie in den Feldern benötigt werden, im Stützenbereich zur Aufnahme der negativen Momente meist nicht mehr aus. Soll die Brücke parallelgurtig sein, so werden die Stege nach innen verbreitert, oder es wird im Bereich der Zwischenstützungen eine untere Druckplatte angeordnet.

Die zweite Maßnahme ist die statisch wirksamere; die Bauausführenden ziehen die erste vor, da das Betonieren des Hohlkastenquerschnittes im Stützenbereich immerhin mehr Mühe und Sorgfalt verlangt.

Die im Stützenbereich vorhandenen Hohlkastenquerschnitte sind bei nicht allzu niederer Kastenhöhe so torsionssteif, daß die Drehwinkel der beiden Hauptträger über den Auflagern praktisch gleich sein müssen und eine fast vollständige Querverteilung der Belastung erzielt wird. Außerdem bringt die Anordnung der unteren Druckplatte im Bereich der Stützungen den Vorteil, daß der Schwerpunkt des Brückenquerschnittes gegenüber den Feldbereichen tiefer liegt und somit die Vorspannkräfte ein größeres Gegenmoment erzeugen. Die infolge der Vorspannung entstehenden Umlagerungsmomente bleiben dadurch kleiner. Die größere Biegesteifigkeit im Bereich der Stützungen zieht die Momente an sich. Diese Vergrößerung der Stützmomente muß bei der Bemessung der Balkenbrücken berücksichtigt werden.

Straßenbrücken müssen sich in ihren Anlageverhältnissen der zügigen Linienführung, wie sie der rasche Verkehr verlangt, unterordnen. Die gerade Brücke ist selten anzutreffen, und die Brücken sind häufig nicht nur schief, sondern auch gekrümmt (Abb. 30). Neben Biegemomenten und Querkräften treten in den Balkenquerschnitten auch Torsionsmomente auf. Die Lagerung der Balken kann zur Aufnahme von Torsionsmomenten geeignet sein oder nicht; so kann sie eine starre oder elastische Torsionseinspannung an den Pfeilern oder im anderen Fall eine allseits kippbare Punktlagerung sein. Bei der Berechnung der Schnittgrößen gekrümmter Träger ist zu beachten, daß folgende Systeme als statisch bestimmte Grundsysteme möglich sind, an welchen die Schnittgrößen aus Gleichgewichtsbetrachtungen ermittelt werden können.

Abb. 30. Steinbauerngrabenbrücke am Alpl
(Entwurf und Ausführung: Ingenieure Mayreder, Keil, List & Co., Graz, Photo Macher, Graz)

1. Gekrümmter Einfeldbalken mit freier Biegedrehbarkeit an beiden Lagern und torsionssteifer Lagerung an einem Ende (Gabellagerung).
2. Gekrümmter Kragbalken mit biegesteifer und torsionssteifer Einspannung (starre Einspannung).
3. Gekrümmter Zweifeldbalken, gestützt auf 3 Punktlagern.

Jedes dieser Systeme kann zur Durchführung der Berechnungen gewählt werden. Zweckmäßig ist es, meist mit dem ersten System zu rechnen, und es sei für dieses die Art der Schnittgrößenermittlung für einige Belastungszustände angegeben.

1. Angriff eines Torsionsmomentes $Y_B = 1$ im Lagerpunkt B (Abb. 31):

Die Auflagerkräfte sind:

$$A = -B = -\frac{\sin\alpha_0}{t_A + t_B\cos\alpha_0}$$

Das Torsionsmoment im Lagerpunkt A:

$$M_{tA} = B \cdot t_B \sin\alpha_0 + \cos\alpha_0$$

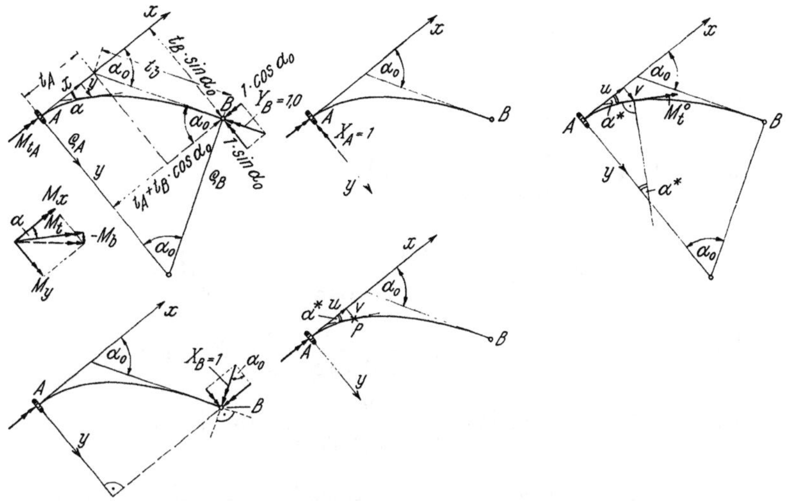

Abb. 31. Im Grundriß gekrümmter Balken, statisch bestimmtes Grundsystem mit Lastangriffen

Mit diesen Größen lassen sich die Momentenvektoren M_x und M_y in den Richtungen x und y ermitteln,

$$M_x = M_{tA} + Ay, \quad M_y = -Ax,$$

aus welchen dann für jeden Punkt des Balkens das Biegemoment und das Torsionsmoment erhalten werden zu:

Biegemoment: $M_b = +M_x \sin\alpha - M_y \cos\alpha$

Torsionsmoment: $M_t = M_x \cos\alpha + M_y \sin\alpha$

2. Angriff eines Biegemomentes $X_B = 1$ im Lagerpunkt B:
Die Auflagerkräfte sind:

$$A = -B = \frac{\cos\alpha_0}{t_A + t_B \cos\alpha_0}$$

$$M_{tA} = B \cdot t_B \sin\alpha_0 + \sin\alpha_0$$

Mit diesen Werten können über M_x und M_y wieder die Biege- und Torsionsmomente M_b und M_t ermittelt werden.

3. Angriff eines Biegemomentes $X_A = 1$ im Lagerpunkt A:
Die Auflagerkräfte sind:

$$A = -B = -\frac{1}{t_A + t_B \cos\alpha_0}$$

$$M_{tA} = \frac{t_B \cdot \sin\alpha_0}{t_A + t_B \cos\alpha_0}$$

Wie beim Lastzustand 1 erhält man über die Werte M_x und M_y die Biege- und Torsionsmomente.

4. Angriff einer lotrechten Einzellast P, wirkend im Punkt $x=u$, $y=v$. Die Auflagerkräfte erhält man zu

$$A=P\left(1-\frac{u}{t_A+t_B\cos\alpha_0}\right)$$

$$B=P\cdot\frac{u}{t_A+t_B\cos\alpha_0}$$

$$M_{tA}=P\cdot\left(\frac{t_B\sin\alpha_0}{t_A+t_B\cos\alpha_0}\cdot u-v\right)$$

Es ist

$$M_x=M_{tA}+Ay=P\cdot\left[\frac{u\,(t_B\sin\alpha-y)}{t_A+t_B\cos\alpha_0}-v+y\right] \quad \text{für} \quad x<u$$

$$M_x=B(t_B\cdot\sin\alpha_0-y)=P\frac{u\,(t_B\sin\alpha_0-y)}{t_A+t_B\cos\alpha_0} \quad \text{für} \quad x>u$$

$$M_y=-Ax=-Px\left(1-\frac{u}{t_A+t_B\cos\alpha_0}\right) \quad \text{für} \quad x<u$$

$$M_y=-B(t_A+t_B\cos\alpha_0-x)=-Pu\left(1-\frac{x}{t_A+t_B\cos\alpha_0}\right) \quad \text{für} \quad x>u$$

Aus M_x und M_y folgt M_b und M_t.

Dieser Lastzustand kann zur Ermittlung von beliebigen Lastverteilungen $p(s)$ herangezogen werden. Man braucht nur statt P in die Beziehungen $\mathrm{d}P=p(u)\cdot\mathrm{d}u$ einzusetzen und muß über den Bereich, in welchem $p(s)$ bzw. $p(u)$ wirken, integrieren.

5. Angriff eines Torsionsmomentes M_t^0 im Punkt $x=u$, $y=v$: Die Neigung der Grundrißkurve in diesem Punkt gegen die x-Richtung sei α^*.

Man erhält:

$$A=-B=\frac{\sin\alpha^*}{t_A+t_B\cos\alpha_0}M_t^0$$

$$M_{tA}=-\left[\cos\alpha^*+\frac{t_B\cdot\sin\alpha_0\cdot\sin\alpha^*}{t_A+t_B\cos\alpha_0}\right]M_t^0$$

Mit diesen Werten wird:

$$M_x=M_{tA}+Ay=-\left(\cos\alpha^*+\frac{t_B\cdot\sin\alpha_0-y}{t_A+t_B\cos\alpha_0}\sin\alpha^*\right)M_t^0$$

$$\text{für} \quad x<u,\ \alpha<\alpha^*$$

$$M_x=B(t_B\sin\alpha_0-y)=-\left(\frac{t_B\sin\alpha_0-y}{t_A+t_B\cos\alpha_0}\cdot\sin\alpha^*\right)M_t^0$$

$$\text{für} \quad x>u,\ \alpha>\alpha^*$$

$$M_y=-A_x=-\frac{\sin\alpha^*}{t_A+t_B\cos\alpha_0}\cdot x\cdot M_t^0 \quad \text{für} \quad x<u,\ \alpha<\alpha^*$$

$$M_y=-B(t_A+t_B\cos\alpha_0-x)=+\left[\left(1-\frac{x}{t_A+t_B\cos\alpha_0}\right)\sin\alpha^*\right]M_t^0$$

$$\text{für} \quad x>u,\ \alpha>\alpha^*$$

woraus wieder Biege- und Torsionsmomente entlang des Balkens berechnet werden können. Zustände aus Torsionsmomenten, welche über die Balkenlänge verteilt auftreten, lassen sich aus diesen Beziehungen durch Summation bzw. Integration finden.

Sind für die verschiedenen Lastfälle die Biegemomente und Torsionsmomente bestimmt worden, so werden die Verformungsgrößen an der Stelle i infolge des Belastungszustandes k, bei Berücksichtigung der Momentenverformung allein, erhalten zu

$$E I_C \delta_{ik} = \int^b M_{bi} M_{bk} \frac{I_C}{I} \,\mathrm{d}s + \int^b M_{ti} M_{tk} \frac{E I_C}{G I_t} \,\mathrm{d}s .$$

EI Biegesteifigkeit, GI_t Torsionssteifigkeit

Durch Herstellen der Verträglichkeitsbedingungen an den Auflagern, welche die Biegedrehwinkel und Torsionsverdrehungen betreffen, können die endgültigen Schnittgrößen, aber auch die Einflußlinien an den Hauptsystemen ermittelt werden.

Ist das statische Grundsystem ein auf 3 Punkten gelagerter gekrümmter Balken, so erhält man für jeden beliebigen Belastungszustand die Auflagerdrücke A, B und C sofort aus den 3 Gleichgewichtsbedingungen:

$$A + B + C = \Sigma P$$

$$M_{\mathrm{I}} = B x_B + C x_C \qquad (M_{\mathrm{I}} = \text{Moment um die Achse } y = 0)$$

$$M_{\mathrm{II}} = B y_B + C y_C \qquad (M_{\mathrm{II}} = \text{Moment um die Achse } x = 0)$$

bzw.

$$A = \Sigma P - (B + C)$$

$$B = \frac{\begin{vmatrix} M_{\mathrm{I}} & x_C \\ M_{\mathrm{II}} & y_C \end{vmatrix}}{\begin{vmatrix} x_B & x_C \\ y_B & y_C \end{vmatrix}}; \qquad C = \frac{\begin{vmatrix} x_B & M_{\mathrm{I}} \\ y_B & M_{\mathrm{II}} \end{vmatrix}}{\begin{vmatrix} x_B & x_C \\ y_B & y_C \end{vmatrix}}.$$

Aus den Auflagerkräften und den Belastungen sind die Schnittgrößen und auch die Verformungen am statisch bestimmten Grundsystem einfach zu ermitteln.

Ist die Krümmung des Balkens konstant, so wird die Berechnung einfacher. Für solche, nach einem Kreis gekrümmte Träger findet man für verschiedene Öffnungswinkel die Zustandswerte und Einflußlinien der Schnittgrößen in [41] ausführlich dargestellt.

Das Biegemoment M_b, das Torsionsmoment M_t, die Querkraft Q und die Belastungen p und m_t sind bei einem im Grundriß gekrümmten Träger durch drei Differentialgleichungen miteinander verknüpft (Abb. 32) [42]:

1. $\dfrac{\mathrm{d}Q}{\mathrm{d}s} = -p;$

2. $\dfrac{\mathrm{d}M_b}{\mathrm{d}s} = \dfrac{M_t}{\varrho} + Q;$

3. $\dfrac{\mathrm{d}M_t}{\mathrm{d}s} = -\dfrac{M_b}{\varrho} + m_t.$

Lassen sich die Differentialgleichungen nicht geschlossen lösen, so wandelt man sie bei allgemein gekrümmten Trägern in Differenzengleichungen um und löst diese schrittweise unter Beachtung der Randbedingungen. Da

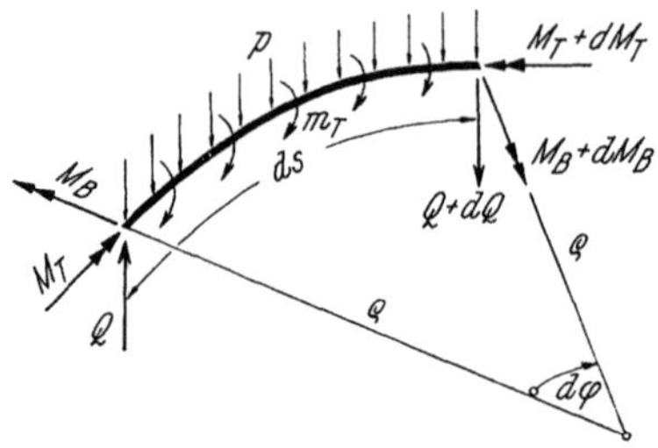

Abb. 32. Kräfte an einem unendlich kleinen Element eines gekrümmten Trägers

man es sehr oft mit verhältnismäßig schwachen Krümmungen zu tun hat, führt auch das folgende Näherungsverfahren rasch zu einem Überblick.

Solange nämlich der Krümmungsradius gegenüber der Spannweite sehr groß ist, kann man die Biegemomente des Balkens angenähert wie an einem geraden Balken ermitteln, d. h. in der zweiten Differentialgleichung wird M_t gegenüber Q vernachlässigt. Man braucht nur die Bogenlängen als Spannweiten zu betrachten. Dann benützt man die dritte Gleichung und berechnet aus ihr durch Integration der Größe $-\frac{M_b}{\varrho}$ entlang des Balkens den Verlauf der Torsionsmomente, die Integrationskonstante wird zur Befriedigung der Auflagerbedingungen benützt. Aus dieser dritten Gleichung sieht man auch sofort, daß die optimalen Werte des Torsionsmomentes, welches aus der Balkenkrümmung folgt, an jenen Stellen liegen, an welchen die Biegemomente Null sind, wenn nicht von vornherein Torsionsmomente m_t als äußere Belastung angreifen. Sind die Torsionsmomente so ermittelt, so können nun mit der zweiten Gleichung die Biegemomente verbessert werden. Dieser Rechengang kann nun bis zur hinreichenden Übereinstimmung mit den letzten Ausgangswerten wiederholt werden. Eine weitere Möglichkeit, in gekrümmten Balken die Momente zu ermitteln, besteht darin, den im Grundriß gekrümmten Linienzug durch ein Polygon zu ersetzen. Zwischen den Polygonpunkten gelten für die Beziehungen der Schnittgrößen M_b, M_t und Q und den Belastungen die statischen Gesetze des geraden Balkens. Beim Weiterschreiten von einer Polygonseite zur nächsten braucht man nur Biegemoment und Torsionsmoment im Polygonpunkt zu einem resultierenden Moment zusammenzusetzen und dieses resultierende Moment nun wieder in das Biegemoment und Torsionsmoment, entsprechend der Richtung der anschließenden Polygonseite, zu zerlegen. Sind unmittelbar vor der Polygonecke das Biegemoment M_b und das Torsionsmoment M_t und sind unmittelbar nach der Ecke die entsprechenden Werte $\overline{M}_b$ und $\overline{M}_t$, so bestehen die Beziehungen $\overline{M}_b = M_b \cos\alpha + M_t \sin\alpha$, $\overline{M}_t = -M_b \sin\alpha + M_t \cos\alpha$, wobei der Winkel α die Richtungsänderung von der linken zur rechten Polygonseite bedeutet. Greifen im Eckpunkt selbst Momente an, so können sie entweder den Momenten M unmittelbar links der Ecke oder den Momenten $\overline{M}$ unmittelbar rechts der Ecke hinzugezählt werden. Dieses Verfahren, bei welchem je nach Anzahl der Polygonseiten die Rechengenauigkeit beliebig gesteigert werden kann, wird meist benützt, wenn die Schnittgrößen des Balkens mit elektronischen Rechengeräten ermittelt werden. Besondere Verhältnisse treten auf, wenn die Hauptträger durch Feldquerträger miteinander verbunden sind. Es hängt dann vom Verhältnis der Torsionssteifigkeit zur Biegesteifigkeit der Hauptträger ab, wie die Torsionsmomente infolge der Trägerkrümmung entlang des Hauptträgers verteilt sind.

Bei unendlich torsionssteifem Brückenquerschnitt wird der Verlauf der Torsionsmomente infolge der Krümmung durch die Feldquerträger nicht beeinflußt. Bei unendlich biegesteifen Hauptträgern hingegen verhalten sich hinsichtlich des Verlaufes der Torsionsmomente die Feldquerträger wie Endquerträger. Zwischen diesen Grenzfällen liegt der tatsächliche Verlauf. Er ist so zu ermitteln, daß der Wert des Verdrehungswinkels der Hauptträger an den Feldquerträgern, wenn er aus der Hauptträgerdurchbiegung berechnet wird, gleich sein muß jenem, der aus der Torsion des Hauptträgers ermittelt wird. Bei starker Krümmung der Brückenträger im Grundriß, wie sie z. B. bei Auffahrtsrampen häufig vorkommen, können sehr große Torsionsmomente auftreten. Um die auftretenden Schubbeanspruchungen aus den Torsionsmomenten in erträglichen Grenzen zu halten, werden dann als Brückenquerschnitte ein- und mehrzellige Hohlkastenquerschnitte gewählt, da mit ihnen sehr große Torsionswiderstände und damit kleine Schubspannungen erhalten werden.

2.1.2.1. Auf Gerüsten hergestellte Balkenbrücken

Talübergang Drasing der Südautobahn

Ein typischer Vertreter einer zweistegigen Plattenbalkenbrücke, durchlaufend über mehrere Felder, ist der Talübergang Drasing, K 8, der Autobahn Wien—Villach (Abb. 33). Der Bauherr war das Österreichische Bundesministerium für Bauten und Technik, Bundesstraßenverwaltung, vertreten durch die Landesbaudirektion Kärnten, der Projektant war Zivilingenieur Dipl.-Ing. K. Wenzel, Linz und die Ausführung lag in den Händen der Arbeitsgemeinschaft der Firmen Eggenberger, Friedl, Hitz, Madile und Teich.

Diese Art der Konstruktion findet man bei Autobahnbrücken immer wieder. Das Bauwerk besteht aus zwei voneinander unabhängigen Brücken, jede für eine Richtungsfahrbahn. Das einfache System des parallelgurtigen Trägers auf schlanken Stützen, welche durch ihre Formgebung noch schlanker wirken, als sie tatsächlich sind, ergibt ein ansprechendes Brückenbild. Die Gesamtlänge der Brücke beträgt $38{,}0 + 9 \times 44{,}0 + 38{,}0 = 472$ m, die Fahrbahnbreite $2 \times 13{,}55 = 27{,}10$ m. Sehr schwer ist der Fahrbahnbelag mit 6 cm Dicke für die Feuchtigkeitsisolierung einschließlich der Schutzschicht und 16 cm Betonbelag. Die Konstruktionshöhe beträgt 2,80 m, das ist bei 44 m Spannweite der Mittelfelder $^1/_{16}$ dieses Wertes bzw. etwa $^1/_{14}$ der Entfernung der Momentennullpunkte. Die Breite der Stege beträgt in den Feldbereichen 60 cm, über den Mittelstützungen 1,50 m. Die Verbreiterung

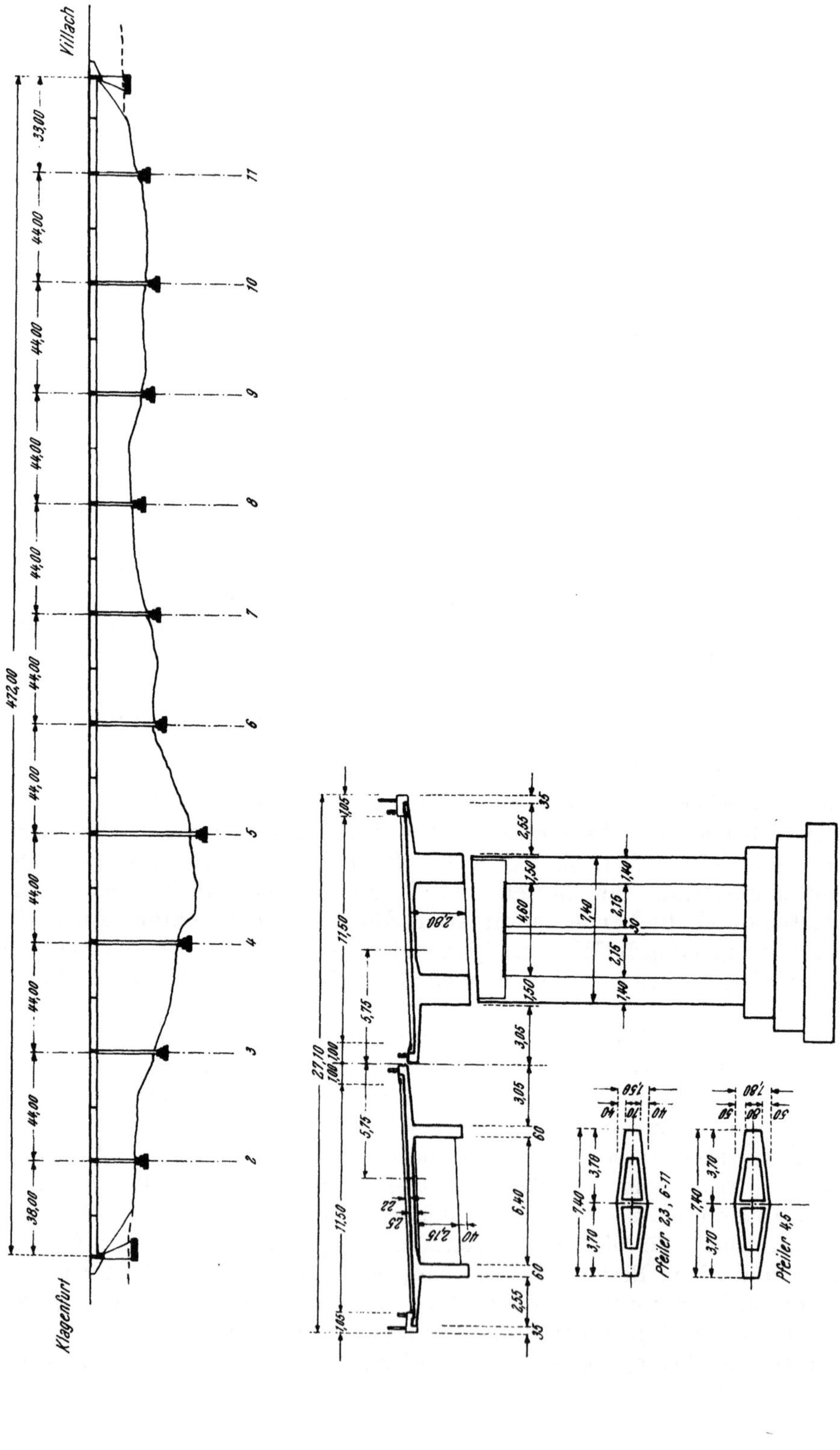

Abb. 33. Talübergang Drasing

ist zur Aufnahme der Druckkräfte, welche unter der Traglast im unteren Teil der Stege im Bereich der Zwischenunterstützungen auftreten, notwendig. Die Entfernung der Stegachsen beträgt im Feld 7,00 m. Die Fahrbahnplatte spannt sich im wesentlichen quer über die beiden Hauptträger, ist zwischen den Stegen 25 cm und an ihnen 38 cm dick. Die Länge der Auskragung beträgt bis zu 3,05 m, die Plattendicke am Rand 20 cm. Das Bauwerk ist nur in der Längsrichtung voll vorgespannt. Die Fahrbahnplatte und die Querträger sind schlaff bewehrt. In Österreich findet man sehr viele derartige Ausführungen, selbst bei großen Spannweiten und Auskragungen der Fahrbahnplatten verzichtet man aus wirtschaftlichen Gründen auf eine Quervorspannung der Fahrbahnplatten und Querträger. Es sind mir keine Fälle bekannt, daß sich dies nachteilig auf die Bauwerke ausgewirkt hätte. Querträger sind über den Lagerpunkten, in der Mitte der Mittelfelder und in den Endfeldern etwa an den Stellen der größten Momentenbeanspruchung vorhanden und stehen mit der Fahrbahnplatte in Verbindung. Zur Aufnahme der Stützmomente in Brückenlängsrichtung ist die Fahrbahnplatte über den Querträgern verstärkt. Die Feldquerträger dienen zur möglichst gleichmäßigen Verteilung unsymmetrisch wirkender Belastungen auf die beiden Hauptträger, zur Verminderung der Torsionsmomente, die sich aus der Krümmung im Grundriß ergeben, und zur Gewährleistung eines hohen Einspanngrades der Fahrbahnplatte in den Hauptträgerstegen. Die Feldquerträger sind etwas niederer als die Hauptträger, um das Einbinden der unteren Bewehrung der Querträger in die Hauptträger zu erleichtern.

Hergestellt wurde die Brücke abschnittweise Feld für Feld, beginnend an einem Widerlager. Die Arbeitsfugen liegen in den $^1/_5$ Punkten der Felder in der Nähe der Momentennullpunkte. Die Spannstränge sind an diesen Stellen über die Steghöhe aufgefächert und mit eigenen Kuppelstücken verbunden. Nach genügender Erhärtung eines frisch betonierten Abschnittes wird der Abschnitt gespannt und dadurch mit dem vorhergehenden verbunden. Während des Spannens erfolgt auch das Freisetzen vom Gerüst. Das Gerüst wird in den nächsten Abschnitt überstellt, und der Arbeitsablauf wiederholt sich.

Als Spannverfahren wurde jenes der Firma Vorspanntechnik mit den Spanngliedern VT 108 aus Spannstahl St 125/140 verwendet. In den 60 cm breiten Stegen liegen bis zu 16 Stück dieser Spannglieder. Diese müssen in ihrer Lage durch Abstandhalter festgelegt werden. Als Bewehrung für die nicht vorgespannten Teile und für zusätzliche schlaffe Bewehrungen der Hauptträger wählte man Rippentorstahl 50. Das Injizieren der Hüllkanäle und das Herstellen der Gesimskappen erfolgte dem Betonieren des Tragwerkes nachlaufend.

Die Pfeiler der Brücke mit flach sechseckigem Hohlquerschnitt sind alle in den Fundamenten eingespannt. Die sehr hohen und auch sehr schlanken Pfeiler 4, 5, 6 und 7 sind an ihrem Kopf monolithisch mit dem Tragwerk verbunden, während die etwas niederen Pfeiler 3 und 10 gelenkig an den Überbau angeschlossen sind. Auf sehr niederen oder sehr nahe an den Brückenenden stehenden Pfeilern, wie bei den Pfeilern 2, 8, 9 und 11, wurden bewegliche Lager eingebaut.

Die Biegemomente in den Pfeilern, welche durch Vorspannen, durch Schwinden und Kriechen des Überbaues, aber auch durch Temperaturänderungen und durch die Einwirkung von Bremskräften entstehen, mußten für die Bauzustände und auch für den Endzustand sorgfältig verfolgt und bei der Bemessung berücksichtigt werden. An den Widerlagern ist das lange Bauwerk beweglich gelagert. An jedem Brückenende sind Fahrbahnübergänge eingebaut. Der Baustoffbedarf für den Überbau dieser Brücke betrug je m^2 Brückengrundriß: Beton 0,63 m^3, Spannstahl St 125/140 27,5 kg und Rippentorstahl 50 42,5 kg.

Talübergang Töschling der Südautobahn

Als weiterer Vertreter einer zweistegigen Plattenbalkenbrücke sei der Talübergang Töschling, V 1, ebenfalls eine Brücke der Autobahn Wien—Villach, angeführt (Abb. 34). Der Bauherr war wieder die Bundesstraßenverwaltung des Österreichischen Bundesministeriums für Bauten und Technik, der Projektant war Zivilingenieur Dipl.-Ing. K. Wenzel, Linz, und die ausführende Bauunternehmung war Baumeister Primig in Griffen. Auch hier wurde die Trennung des Bauwerkes in zwei getrennte Brücken vorgenommen. Die Gesamtlänge ist $40{,}0 + 7 \times 46{,}60 + 27{,}0 = 393{,}20$ m. Die Breite eines Tragwerkes beträgt 13,5 m. Die Hauptträger mit gleichbleibender Höhe von $3{,}0\ \text{m} = \frac{l}{15{,}5}$ haben einen Abstand von 7,50 m. Die Breite der Stege beträgt in den Feldbereichen 60 cm, über den Mitteljochen 1,20 m. Die Stege sind leicht konisch ausgebildet. So konnte man den ganzen Brückenquerschnitt bei der Anpassung an die verschiedenen Querneigungsverhältnisse drehen, ohne die Stegaußenfläche in eine überhängende Lage zu bringen. Die Dicke der im wesentlichen von Hauptträger zu Hauptträger sich spannenden Fahrbahnplatte ist in Feldmitte 24 cm und an den Einspannstellen in die Hauptträger 42 cm. Die größte Auskragung beträgt 2,80 m. Über den Mitteljochen ist neben der Stegverstärkung eine untere, bis zu 70 cm starke Druckplatte zur Aufnahme der Druckkräfte angeordnet. Diese Maßnahme erhöht die Wirksamkeit der Vorspannung und führt auch zu kleineren Umlagerungsmomenten, wie einleitend bereits erwähnt wurde. Zur Querversteifung der Brücke dienen die über den Jochen und in den Feldmitten angeordneten Querträger, welche mit der Fahrbahnplatte monolithisch verbunden sind und mit etwas geringerer Höhe, 2,30 m, als die Hauptträger ausgeführt wurden. Auch dieses Bauwerk wurde nur in der Brückenlängsrichtung vorgespannt. Als vorgespannte Bewehrung wurden je Steg bis zu 14 Stück Spannglieder der Firma Vorspanntechnik VT 108 aus St. 125/140 verlegt.

Hinsichtlich der Herstellung bestand gegenüber dem Bauwerk K 8 kein wesentlicher Unterschied. Auch dieses Bauwerk wurde in feldweisen Abschnitten erstellt, mit der Anordnung der Arbeitsfugen etwa in den Momentennullpunkten. Die durch die Vorspannung in den Arbeitsfugen ausgeübten Normalkräfte sind so groß, daß bereits geringe Reibungsbeiwerte genügen würden, ohne zusätzliche Sicherung die in den Fugen auftretenden

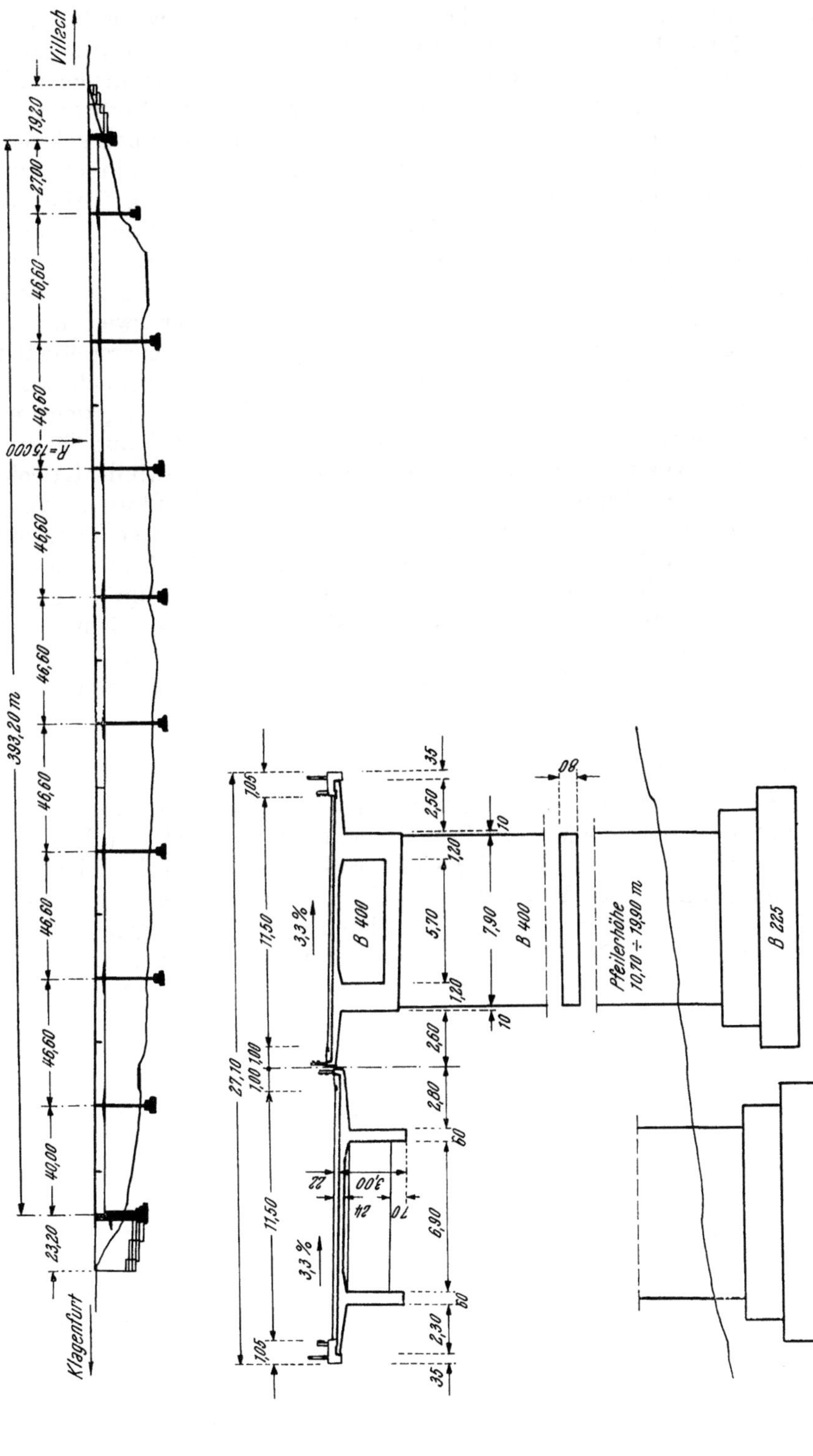

Abb. 34. Talübergang Töschling

Querkräfte zu übertragen. Nach [43] ist nichts zu befürchten, wenn die Querkraft in der Fuge $Q \leq 0{,}25$ bis $0{,}30\ N$ (Normalkraft) ist. Die Gestaltung und Sicherung der Arbeitsfugen, ein bei schlaff bewehrten Konstruktionen oft recht schwierig zu lösendes Problem, wird bei Anwendung der Vorspannung sehr einfach. Da die Arbeitsfuge möglichst senkrecht zur Hauptdruckrichtung stehen soll, wird sie bei Spannbetonkonstruktionen senkrecht zur Richtung der Spannglieder anzuordnen sein. Die Fugen sind bei Brückentragwerken, im Richtungssinn des Baufortschrittes betrachtet, deshalb unterschnitten, zumindest aber lotrecht angeordnet. Die Brücke ist auf schlanken Rechteckscheiben gelagert. Alle Scheiben sind in den Fundamenten eingespannt. Die vier mittleren Scheiben sind mit dem Tragwerk monolithisch verbunden, je zwei haben zur Verminderung der Pfeilersteifigkeit am Kopf Linienkipplager, und auf den den Widerlagern benachbarten Pfeilern sind Rollenlager angeordnet. Waagrechte, in Brückenlängsrichtung wirkende Kräfte verteilen sich entsprechend den Steifigkeiten auf die einzelnen Scheiben. Die Beanspruchungen der Pfeiler infolge Schwind-, Kriech- und Temperatureinwirkungen während und nach der Baudurchführung mußten auch hier verfolgt werden. Fahrbahnbelag und sonstige Brückenausrüstung entsprechen den für die Autobahn Wien—Villach geforderten Bedingungen. An den Enden des Tragwerkes sind Fahrbahnübergänge eingebaut. Die Wirtschaftlichkeit dieses Brückensystems sieht man schon aus seinem Baustoffaufwand, der je m^2 Brückengrundriß $0{,}67\ m^3$ Beton, 22,8 kg Spannstahl St 125/140 und 35 kg/m^2 Rippentorstahl 50 beträgt.

Eisenbahnbrücke Peggau

In ihrer Querschnittsgestaltung und auch in der Art der Herstellung ist die Eisenbahnbrücke über die Mur bei Peggau nicht alltäglich [44, 45]. Der Bau dieser Brücke war im Zuge einer Trassenkorrektur anläßlich der Elektrifizierung der Bahnstrecke Bruck/Mur—Graz notwendig. Die Bauarbeiten wurden von den Österreichischen Bundesbahnen an die Arbeitsgemeinschaft der Firmen Ingenieure Ed. Ast & Co., Graz, und Ingenieure Mayreder, Keil, List & Co., Graz, vergeben. Der Entwurf dieser Brücke stammte von der der Arge angehörenden Firma Ingenieure Ed. Ast & Co., Graz.

Jedes Gleis der zweigleisigen Bahnstrecke liegt auf einer eigenen Brücke. Die Spannweiten sind $3 \times 45\ m = 135\ m$ Gesamtlänge. Die Tragwerke liegen in einer Gleiskrümmung mit 750 m Halbmesser. Der Querschnitt der Brücke ist ein trapezförmiger Hohlkasten (Abb. 35 a) mit einer Bauhöhe von etwa 2,75 m, gemessen in der Brückenachse. Der Hohlkasten bot sich wegen der Brückenkrümmung von vornherein an. Die Schmalseite des Trapezes liegt oben, mit einer Breite von 2,50 m. Die Bodenplatte ist 3,47 m breit. Diese Querschnittsform wurde gewählt, um die über die Schwellenauflager auf das Tragwerk wirkende Belastung ohne Biegebeanspruchung in die Stege des Hohlkastens zu leiten und um eine breite Auflagerung an den Pfeilern zu bekommen. Der Hohlraum des trapezförmigen Kastens hat nun auf die ganze Brückenlänge die gleichen Abmessungen. Er ist lediglich über den Stützen nach oben und in den Feldmitten nach unten verschoben.

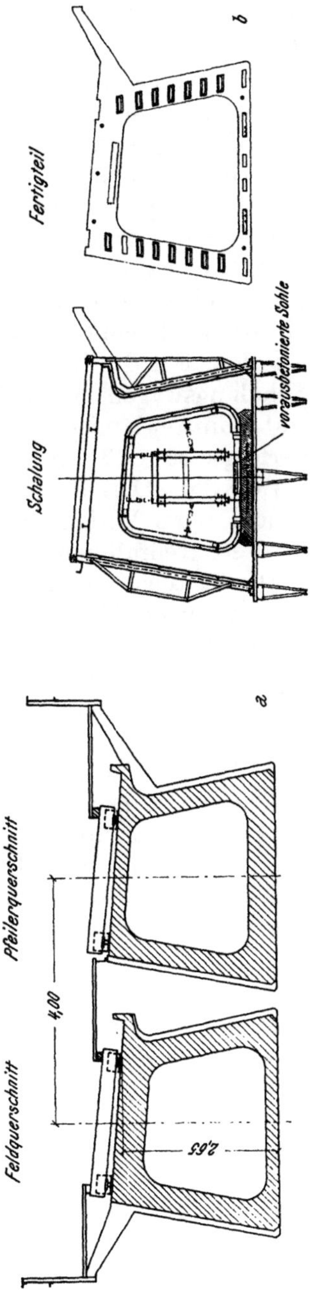

Abb. 35. Eisenbahnbrücke über die Mur bei Peggau
a Querschnitte, *b* Schalung und Fertigteilquerrahmen
(aus Dywidag-Berichte 2—1968, S. 28, Bild 75 und 76)

Die Dicke der Bodenplatte wechselt so von 20 cm in den Feldbereichen auf 45 cm über den Pfeilern, die Dicke der oberen Platte von 47 cm in den Feldern auf 22 cm über den Pfeilern. Die Stegestärken des Kastens betragen je nach Lage des Hohlraumes 35 bis 40 cm. In Abständen von etwa 4 m sind an den äußeren Seitenflächen der Stege Lisenen vorhanden, welche an den Außenseiten des Bahnkörpers in Kragträger übergehen. Diese dienen zur Auflagerung der Gehsteigkonstruktionen. Die Lisenen und die Kragbalken sind der sichtbare Teil von Fertigteilquerrahmen (Abb. 35 b), welche als Abschalung für die einzelnen Betonierabschnitte benützt wurden, gleichzeitig aber auch als Abstandhalter für die Spannbewehrung und als Führung für die Seitenschalung der Stege verwendet wurden. Diese Fertigteilrahmen besitzen waagrechte Schlitze, durch welche die Spannbewehrung und auch die schlaffe Bewehrung hindurchgefädelt wurden. Das Einschalen der Betonierabschnitte erfolgte außen mit großflächigen Schalungselementen, die an die Fertigteilrahmen befestigt wurden. Für die Innenschalung des Kastens benützte man einen fahrbaren Schalungswagen. Auch diese Schalung wurde an die Rahmen an den Betonierabschnitten angepreßt.

Die Herstellung der Brücke erfolgte so, daß vorerst Pfahljoche in 12 m Abstand geschlagen wurden (Abb. 36). Die Joche wurden mit Betonschwellen versehen, und drei Felder, vom Widerlager beginnend, wurden eingerüstet. Hierauf wurden die Fertigteilrahmen aufgestellt, die Bodenplatte bewehrt und betoniert. Die Seitenschalungen, sowohl außen wie innen, wurden nun nur für einen 4 m langen Abschnitt zwischen zwei Rahmen angebracht. Dieser Abschnitt wurde bewehrt und betoniert. Zuerst wurde, in Richtung des Baufortschrittes gesehen, der vorderste Teil, dann nach Umsetzen der Seitenschalungen der mittlere und schließlich das Schlußstück betoniert. Diese Reihenfolge ist mit Rücksicht auf die Gerüstverformungen notwendig, da sonst die Arbeitsfuge aufreißen würde. War ein zwischen zwei Jochen liegendes Feld von 12 m Länge betoniert, so wurden anschließend zwei unten und drei oben liegende Spannstangen gespannt. Dies war ausreichend, um den Brückenquerschnitt auf die Entfernung der Joche (12,0 m) tragfähig zu machen. Die Rüstung dieses Abschnittes konnte ausgebaut und nach vor gebracht werden. Auf Abb. 36 sind deutlich die einzelnen Bauzustände zu sehen.

Die kräftigen Querträger über den Zwischenpfeilern wurden erst betoniert, nachdem der Schalungswagen für den Hohlraum diesen Abschnitt schon hinter sich gelassen hatte. Nach und nach kam so die ganze, mit einer bescheidenen Teilvorspannung versehene Brücke auf die in 12 m Entfernung stehenden Joche zu liegen. Die volle Vorspannung wurde aufgebracht, nachdem der letzte, 12 m lange Abschnitt hergestellt und genügend erhärtet war.

Das Tragwerk ist in der Längsrichtung nach dem Dywidag-Verfahren vorgespannt.

In Brückenmitte wurden unten 49 Stangen ⌀ 32 mm aus St 80/105 verlegt, die zum Teil von Nischen an der Oberseite des Hohlkastens aus gespannt wurden, zum Teil jedoch über die Zwischenpfeiler hinweg ins nächste Feld geführt wurden. Im Querschnitt über den Mittelpfeilern liegen

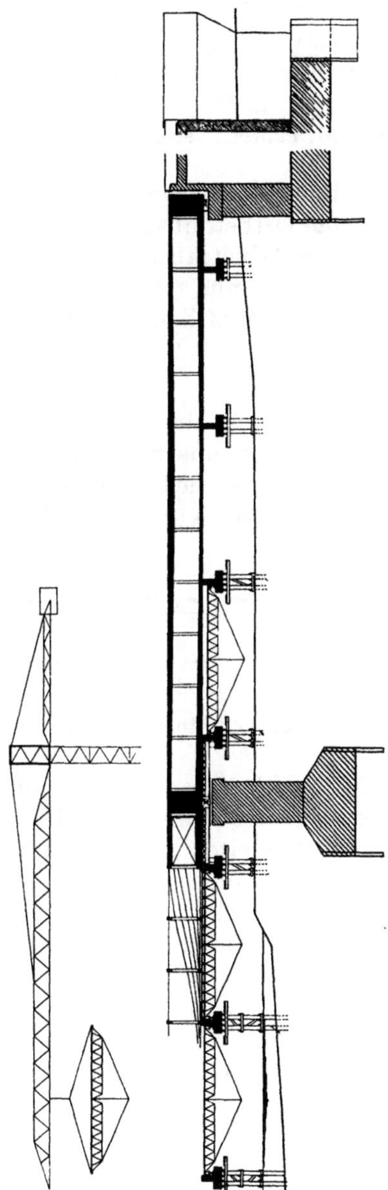

Abb. 36. Bauvorgang (aus Dywidag-Berichte 2—1968, S. 29, Bild 78)

an der Oberseite des Kastens 73 Stangen ⌀ 32 mm. Ein Teil dieser Stangen ist in Form von Kappeneisen mit sehr scharfer Krümmung verlegt (Abb. 37).

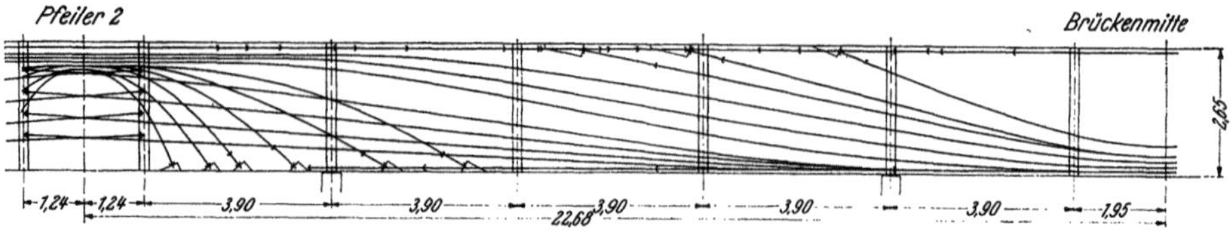

Abb. 37. Führung der Spannglieder

Das gewählte Bauverfahren ist, obwohl einige Fertigteile eingebaut wurden, dem Wesen nach eine Ortbetonbauweise.

Die saubere Abgrenzung der Arbeitsabschnitte, die oftmalige Wiederverwendung der Schalungen und das nur teilweise Einrüsten des Bauwerkes hatten eine rasche und auch wirtschaftliche Bauausführung zur Folge.

Olympiabrücke Innsbruck

Die Olympiabrücke in Innsbruck, die ihren Namen nach der Winterolympiade 1964 in Innsbruck trägt, überführt eine Straße von 9 m Breite und zwei 2,25 m breite Gehsteige über die Sill und über die Bahnanlagen von Innsbruck (Abb. 38). Die Brücke wurde im Zuge der verkehrstech-

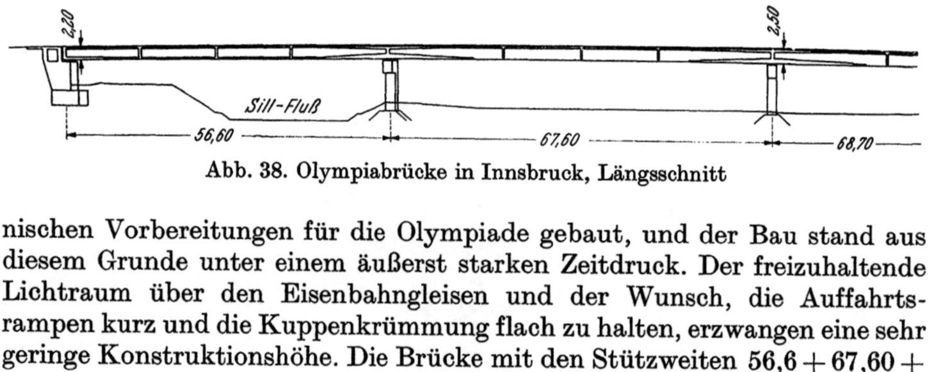

Abb. 38. Olympiabrücke in Innsbruck, Längsschnitt

nischen Vorbereitungen für die Olympiade gebaut, und der Bau stand aus diesem Grunde unter einem äußerst starken Zeitdruck. Der freizuhaltende Lichtraum über den Eisenbahngleisen und der Wunsch, die Auffahrtsrampen kurz und die Kuppenkrümmung flach zu halten, erzwangen eine sehr geringe Konstruktionshöhe. Die Brücke mit den Stützweiten 56,6 + 67,60 + 68,70 + 56,60 m = 249,50 m Gesamtlänge besitzt an den Enden nur eine Bauhöhe von 2,0 m und über dem Mittelpfeiler eine solche von 2,50 m = 1/27,5 der größten Stützweite. Das Brückensystem ist ein über 4 Felder durchlaufender Balken, dessen festes Lager an einem Brückenende liegt. Die Widerlager sind massiv gestaltet, während die Zwischenjoche aus Stahlbetonrahmen bestehen, um die Sichtverhältnisse für den Bahnbetrieb möglichst wenig zu beeinträchtigen. Da auch für die notwendigen Lehrgerüste die Forderung bestand, daß sie den Bahnbetrieb so wenig als möglich stören durften, mußte eine sehr leichte Brückenkonstruktion gewählt werden. Außerdem entschloß man sich, die Brücke der Länge nach in drei Streifen zu zerlegen und jeden Streifen auf dem gleichen Gerüst herzustellen, ähnlich wie dies auch beim Bau der Traunbrücke LZ 4 erfolgte, jedoch wurde hier nicht der bereits fertiggestellte Brückenstreifen quer verschoben, sondern das Lehrgerüst in die benachbarte Arbeitsstellung gebracht. Die einzeln hergestellten Brückenstreifen sind zweistegige Plattenbalken mit einem Abstand der Stege von 2,20 m, gemessen von außen nach außen. Die Stege sind mit nur 23 cm Breite äußerst schlank. Nach unten zu erweitern sie sich auf 39 cm zur Unterbringung der Spannglieder. Die Arbeitsfuge gegen jene Teile der Fahrbahnplatte, welche später zur Verbindung der Brückenstreifen betoniert wurden, liegt 10 cm neben den Außenflächen der Balkenstege. Im Bereich der negativen Momente über den Mittelpfeilern und in den gesamten Endfeldern war es wegen der niederen Konstruktionshöhe notwendig, eine untere Druckplatte anzuordnen, deren Dicke von 12 cm bis auf 80 cm zunimmt. Der Teil der Fahrbahnplatte, welcher mit dem zweistegigen Plattenbalken betoniert wurde, ist 2,40 m breit. Ihre Dicke beträgt zwischen den Stegen 17 cm und am Anschnitt mit ihnen 29 cm. Die Brückenbalken aus Beton B 450 wurden in der Längsrichtung beschränkt vorgespannt, wobei das Spannverfahren Losinger zur Anwendung kam (Abb. 39). Verwendet wurden Spannglieder mit 24 Ø 8 aus

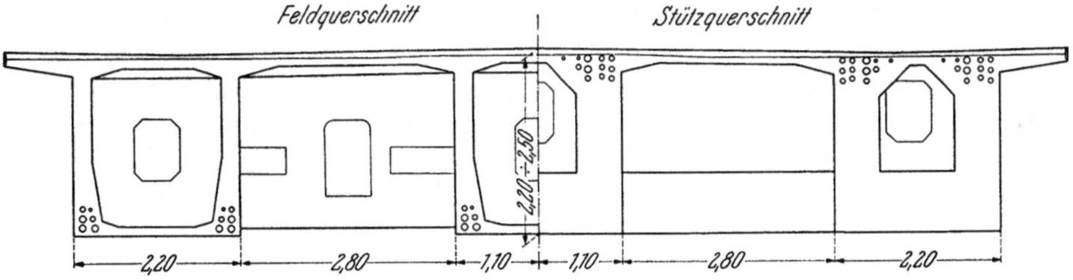

Abb. 39. Olympiabrücke in Innsbruck, Querschnitte

St 140/160. Es war nicht einfach, in den schlanken Stegen die Spannglieder unterzubringen, und deshalb wurden je zwei zu einem Doppelglied zusammengefaßt. Am Spannende wurden die beiden Kabel jedoch durch ein Hosenrohr getrennt zur Verankerung geführt. Beim Vorspannen mußten dann beide nebeneinanderliegenden Kabel gleichzeitig gespannt werden. War nun ein solcher Brückenstreifen hergestellt, so wurden die Rüstträger mit leichten Autokränen, welche auf dem fertigen Streifen fahren konnten, auf die Unterstellungen für den Nachbarstreifen verlegt. Der nächste Streifen konnte hergestellt werden, und dieser Vorgang wiederholte sich nochmals. Als alle drei Streifen hergestellt waren, wurden die Kragplatten und die Fahrbahnteile zwischen den Streifen sowie die Querträger geschalt, betoniert und auch schwach vorgespannt. Querträger erhielt das Bauwerk über den Stützungen und zusätzlich noch 3 Stück je Feld. Die verhältnismäßig große Zahl von Feldquerträgern wurde gewählt, um ein seitliches Ausweichen der schlanken Stege zu unterbinden und um einen großen Einspanngrad für die Fahrbahnplatte zu erhalten. Eine Quervorspannung der Fahrbahnplatte und der Querträger wurde vorgenommen, da die konstruktive Ausführung von Arbeitsfugen viel einfacher und auch besser zu lösen ist als ohne Vorspannung. Zur Quervorspannung verwendete man jedoch leichtere Spannglieder, vor allem mit kleineren Verankerungskörpern, als sie für das Spannverfahren

Losinger gebräuchlich sind. Die Wahl fiel auf Spannglieder nach dem System Held & Franke, 7 ⌀ 8 aus St 140/160.

Wie schon erwähnt, erfolgte der Bau unter außergewöhnlichen Ansprüchen an die Kürze der Bauzeit. Die Kriechschonzeit war dadurch sehr klein, und man stellte schon sehr bald, nachdem die Brücke ihrer Bestimmung übergeben wurde, fest, daß das Spiel des Fahrbahnüberganges, System RUB F 200, nicht ausreichte. Der Projektant hatte wohl Verkürzungen von 28 cm berechnet, doch glaubte man, gestützt auf Beobachtungen an anderen Objekten, daß die berechnete Verkürzung nicht in voller Größe auftreten werde. Noch eine andere Erscheinung trat auf. Es wurden am beweglichen Endlager in den Querrichtungen, die seitlichen Festhaltungen welche die Windkräfte auf die Widerlager übertragen sollen, abgeschert, und die Brücke zeigte an ihrem Ende eine seitliche Ausweichung von 3,5 cm. Die Ursache für die Verkrümmung der Brückentafel im Grundriß lag wohl daran, daß das Kriechvermögen der drei getrennt hergestellten Brückenstreifen sehr unterschiedlich war. Die Brücke erlitt jedoch keinen Schaden, und der kleine Schönheitsfehler konnte durch Neueinstellen der Lager- und Übergangskonstruktionen bei gleichzeitigem Zurückziehen der Brücke in ihre richtige Lage behoben werden.

Bauherr für diese Brücke war die Stadt Innsbruck, Entwurf und Berechnung stammten von Zivilingenieur Dipl.-Ing. K. Wenzel, Linz. Die Ausführung oblag den Firmen Universale Hoch- und Tiefbau AG, Wien, Innerebner und Mayer, Innsbruck, und Isola-Lerchbaumer, Spittal/Drau.

Gürtelbrücke Wien

Im Zuge der Verbesserung der Verkehrsverhältnisse in Wien wurden nach und nach eine Reihe von Brücken über den Donaukanal gebaut. Eine der letzten und bedeutendsten ist die Gürtelbrücke, die in ihrer Gesamtanlage wichtige Verkehrsstraßen über den Donaukanal und über Bahnanlagen hinweg verbindet. Hier soll nur jener Brückenabschnitt besprochen werden, der über den Donaukanal führt und dessen Überbau aus Spannbeton errichtet wurde (Abb. 40) [46, 47].

Dieses architektonisch eindrucksvoll gestaltete Bauwerk sieht wie eine Rahmenbrücke aus, ist jedoch keine. Die Brücke hat die Stützweiten $32{,}0 + 66{,}7 + 39{,}6 = 138{,}3$ m Gesamtlänge. Auf der Brückentafel sind zwei Richtungsfahrbahnen, ein Fußweg und gegenüberliegend ein schmaler Bedienungssteg untergebracht. Die Breite der Fahrbahnen beträgt im Regelquerschnitt zwischen den Bordsteinen 8,0 m. Im Mittelfeld der Brücke zweigt eine Abfahrtsspur ab, die allmählich auf 6,0 m Breite zunimmt und auf einer im scharfen Bogen liegenden Brücke zur Uferstraße hinabgeführt wird. Die Breite der Brücke ist im Hauptfeld infolge des Einbindens der Abfahrtsrampe verschieden groß. Der Brückenquerschnitt ist ein vierzelliger Hohlkasten, dessen Stege 45 cm dick sind und deren lichter Abstand 3,20 bis 4,75 m beträgt. Die Konstruktionshöhe des Hohlkastens beträgt in den Feldquerschnitten rund 2,00 m, dies ist $^1/_{33}$ der größten Spannweite. Die Zwischenstützungen der etwa 140 m langen Brücke sind auf der Schneide stehende große Keile, deren Stirnflächen etwas schräg

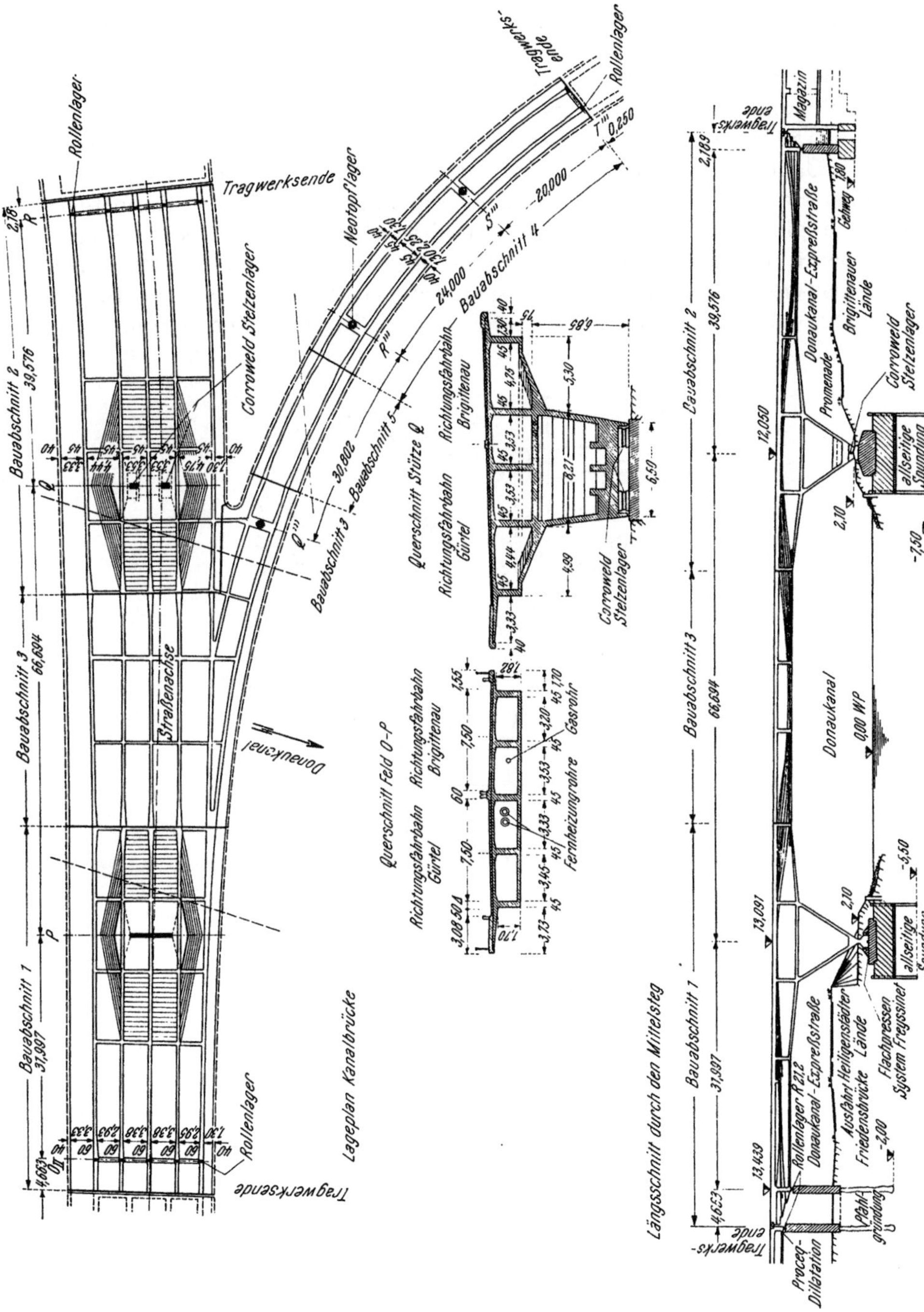

Abb. 40. Gürtelbrücke über den Donaukanal in Wien, Grundriß, Längsschnitt und Querschnitte (aus Porr-Nachrichten Nr. 21, S. 2)

nach aufwärts verlaufen. Die Keile sind hohl. Die 40 cm dicken Seitenwände vereinigen sich am Fuß zu einer Betonschneide. Diese ist an einer Unterstützung als Betongelenk ausgebildet, unter der anderen Schneide am gegenüberliegenden Ufer sind verdeckt Corroweld-Stelzenlager mit je 2100 Mp Tragkraft eingebaut. An den Brückenenden sind bewegliche Lager vorhanden. Das Brückensystem ist somit ein über 3 Felder gespannter Durchlaufträger, von welchem zwei Lagerpunkte, darunter der feste, weit unter der Balkenachse liegen. Der Brückenquerschnitt ist zur Stützung auf die beiden Hohlkeile hin in beiden Richtungen abgeschrägt. Die Randstege laufen mit gleicher Höhe durch. Durch diese Gestaltung wurde eine sehr ansprechende Brückenform erhalten. Das feste Brückenlager hat die Form eines Trichters, dessen engste Stelle senkrecht zur Gelenkachse eine Breite von 50 cm hat (Abb. 41). Unterhalb dieser Einschnürung nimmt auf

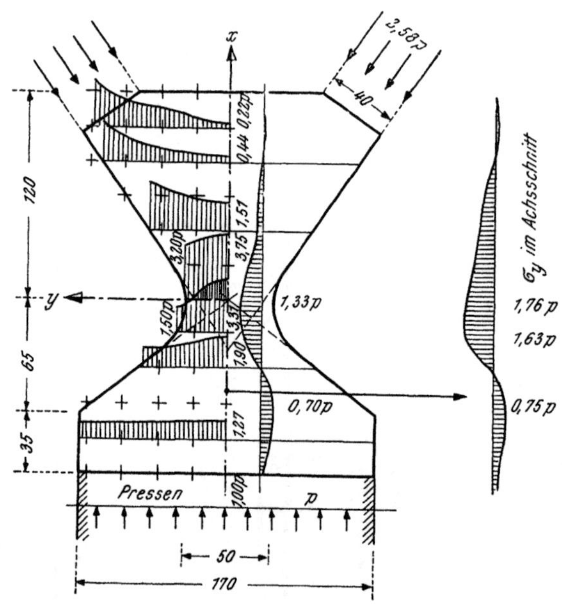

Abb. 41. Betongelenk (aus Porr-Nachrichten Nr. 21, S. 14)

eine Tiefe von 65 cm die Querschnittsbreite auf 1,70 m zu. Mit dieser Breite sitzt das Betongelenk, dessen Gesamthöhe 2,20 m beträgt, auf der Gründung auf. Die auf das Gelenk einwirkenden Kräfte werden von den schrägen Seitenwänden der die Brücke stützenden Hohlkeile auf das Gelenk gebracht. Da diese Kräfte gegen die Gelenkmitte zielen und der Trichterhals gut ausgerundet ist, ist die Beanspruchung im Gelenkhals sehr günstig.

Im Tragwerk wurde Beton der Güte B 400 verarbeitet. Vorgespannt wurde der Hohlkasten in der Längsrichtung mit Leoba-Spanngliedern AK 108. Jedes Spannglied besteht aus 12 ⌀ 12,2 mm Sigma-Stahl St 125/140 und liegt in einem Hüllrohr von 60 mm Durchmesser. Die Spannglieder reichen zum Teil über die ganze Brücke und sind an den über die Endlager auskragenden Brückenteilen verankert, oder sie enden an Spannlisenen im Inneren des Hohlkastens. Zuerst wurden die Seitenfelder, die keilförmige Unterstützung und die Teile des Mittelfeldes bis zum Beginn der Abschrägung der Brückenunterfläche gebaut. An den Arbeitsfugen sind die Spannglieder mit Kupplungsgliedern gestoßen. Der Mittelteil des großen Feldes wurde als letzter, dritter Abschnitt hergestellt. Querträger sind über den Endlagern, über den Knoten der schrägen, stützenden Wände, an den Arbeitsfugen gegen den mittleren Feldabschnitt und in den Drittelpunkten des dritten Bauabschnittes angeordnet. In der Querrichtung ist das Tragwerk schlaff bewehrt. Als Bewehrungsstahl wurde Rippentorstahl 50 verwendet.

Der Überbau der Rampenbrücke, die sich von der Hauptbrücke ablöst, ist ein einzelliger Hohlkastenquerschnitt mit einer Höhe von 1,0 m und einer Kastenbreite von 4,16 m, aus welchem die Fahrbahnplatte noch beiderseits 1,30 m auskragt (Abb. 42). Die beiden Stege des Hohlkastens

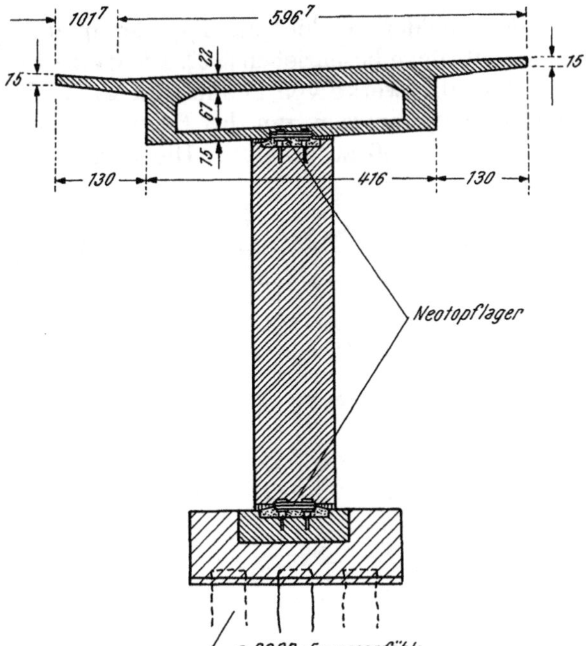

Abb. 42. Querschnitt des Rampentragwerkes (aus Porr-Nachrichten Nr. 21, S. 10)

lösen sich tangential vom Randsteg der Hauptbrücke innerhalb des dritten Bauabschnittes ab. Die erste Stütze steht etwa in der Verlängerung des Querträgers über der stützenden Schrägwand, und dann folgen die weiteren Stützen in Abständen entlang der gekrümmten Brückenachse von 30,8, 24,0 und 20,0 m. Am Endwiderlager sind Rollenlager vorhanden, die Mittelunterstützungen bestehen aus je einer runden Säule unter der Brückenachse. Am Kopf und am Fuß der Säulen werden die Kräfte über Neotopflager auf den Brückenüberbau bzw. auf die Gründung übertragen, wodurch die Einzelstützen für die Brückenlagerung als allseitig bewegliche Pendel wirken. Die Torsionsmomente, die sich aus der Krümmung des durchlaufenden Brückenträgers ergeben, sind bei einer solchen Lagerung auf Pendelstützen nicht viel anders, als wenn die Zwischenstützung zur Aufnahme von Torsionsmomenten geeignet wäre. Besondere, jedoch schwer zu überblickende, statische Verhältnisse bestehen an der Einbindestelle der Rampenbrücke in das Haupttragwerk. Verhältnismäßig dicht liegende Querträger im Einbindebereich erleichtern die Aufnahme der Torsions- und Quermomente. An den Bewegungsfugen gegen die Nachbarbauwerke sind selbstdichtende Fahrbahnübergänge, System RUB, eingebaut.

Der Bauherr für dieses Objekt war die Gemeinde Wien. Die statische und konstruktive Bearbeitung wurde von den Zivilingenieuren Dipl.-Ing. Dr. techn. H. Wycital und Dipl.-Ing. A. Pauser vorgenommen, die Ausführung erfolgte durch die Allgemeine Baugesellschaft A. Porr AG, Wien.

Talbrücke Sechshelden

Die Talbrücke Sechshelden sei hier als Typ der querträgerlosen, zweistegigen Plattenbalkenbrücke beschrieben [39]. Die ganze Brückenlänge von 940 m ist in zwei Einzelbauwerke von 509 m und 431 m Länge unterteilt. Diese Teilung wurde vorgenommen, um das Bewegungsspiel an den Fahrbahnübergängen nicht zu groß zu erhalten. Die gesamte Längenänderung

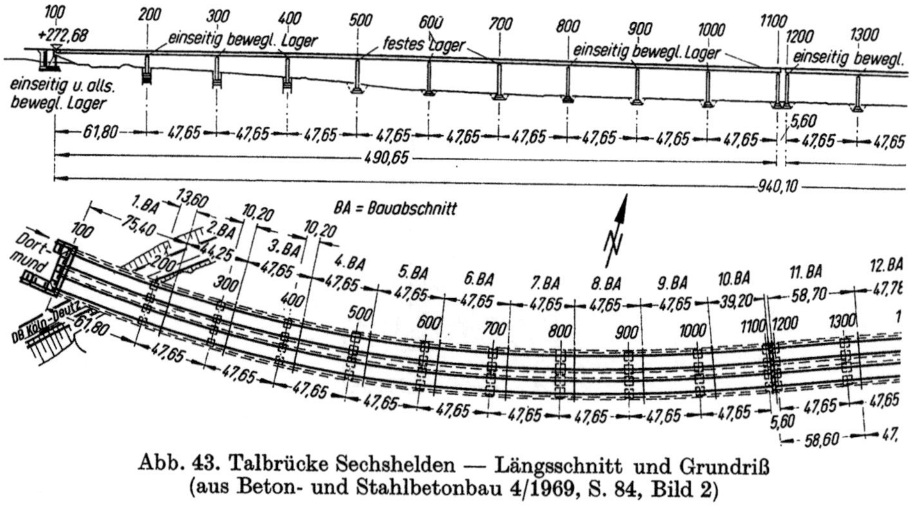

Abb. 43. Talbrücke Sechshelden — Längsschnitt und Grundriß (aus Beton- und Stahlbetonbau 4/1969, S. 84, Bild 2)

der langen Brücke wurde so auf drei Stellen aufgeteilt und konnte mit selbstdichtenden Fahrbahnübergängen beherrscht werden. Die Brücke dient zur Aufnahme einer Autobahn mit einer Gesamtbreite von 33 m. Je Richtungsfahrbahn sind, durch einen engen Spalt getrennt, zwei unabhängige Brückentragwerke vorhanden (Abb. 43 u. 44). Der Querschnitt dieser Brücken ist ein zweistegiger Plattenbalken mit einer Gesamtbreite von 16,50 m und einem Achsabstand der Stege von 8,80 m. Die Fahrbahnplatte ist zwischen den Stegen 30 cm dick und ist mit Schrägen von 14 cm Höhe an den Anschnitten mit den Stegen verstärkt. Die Stege sind an ihrer Unterseite 72 cm, am Anschnitt mit der Platte 92 cm breit und haben über die ganze

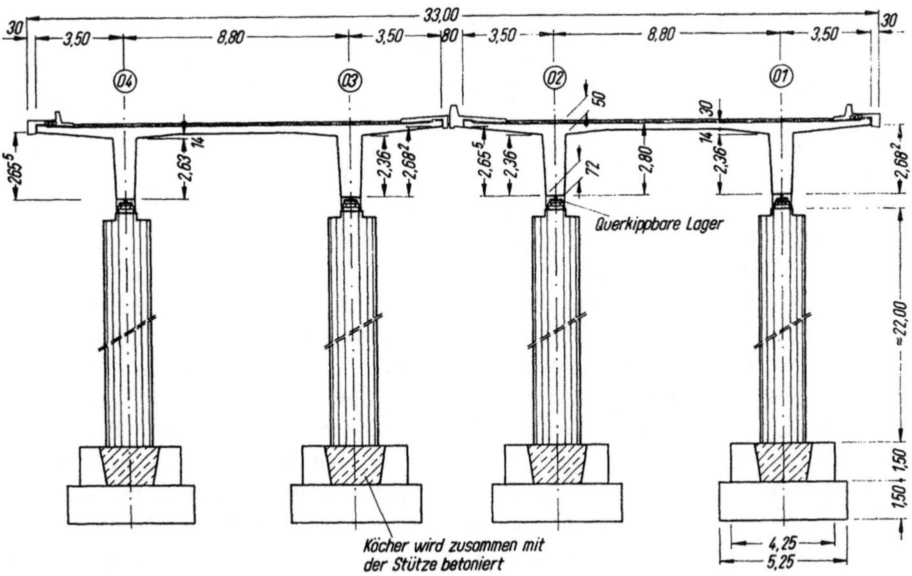

Abb. 44. Regelquerschnitt (aus Beton- und Stahlbetonbau 4/1969, S. 84, Bild 3)

Abb. 45. Talbrücke Sechshelden, Untersicht
(aus Beton- und Stahlbetonbau 1969, S. 90, Bild 17)

Brückenlänge den gleichen Querschnitt. Die Konstruktionshöhe der Brücke ist 2,80 m = $^1/_{17}$ der Regelstützweite und $^1/_{26}$ der größten Stützweite. Der Regelabstand der Joche, die Regelstützweite, beträgt 47,65 m. Nur wenige Felder weisen größere Stützweiten, dann jedoch bis 72,60 m auf. Der Querschnitt wurde so bemessen, daß er auch für die großen Spannweiten, welche an den schrägen Kreuzungen mit einer Bahnlinie und einer Straßenbrücke notwendig waren, genügte. Der Bewehrungsanteil in den weit gespannten Feldern ist dadurch sehr hoch, doch sind es nur wenige, und man hatte den Vorteil, die gesamte Brücke mit der gleichen Schalung herstellen zu können. Die Brücke ist nun auf die ganze Länge ohne Querträger, damit man die Schalung und Rüstung nach geringem Absenken in Brückenlängsrichtung weiter ziehen konnte (Abb. 44). Lediglich an den Endauflagern und an der Bewegungsfuge zwischen den beiden Brückenteilen sind Verstärkungen der Ränder der Fahrbahnplatte vorhanden. Dem Entwurfsgedanken, auf möglichst einfache und wirtschaftliche Art die Schalung und Rüstung von einem Feld ins nächste zu bringen, entspricht auch die Ausbildung der Brückenjoche. Jeder Hauptträger ruht auf Rundstützen mit 1,80 m Durchmesser, welche in den Gründungskörpern eingespannt sind. Zur Vermeidung des Bewehrungsstoßes an der Fundamentoberkante wurde die Stützenbewehrung in ein Köcherfundament gestellt und der Köcher gleichzeitig mit der Stütze betoniert. Der Übergriff der Bewehrungen erfolgt innerhalb des Köchers. Da über den Brückenjochen und auch in den Feldbereichen bewußt auf die Anordnung von Querträgern verzichtet wurde, kommt es auch über den Jochen zu Verformungen des Querschnittes. Die Balkenstege verdrehen sich und weichen seitlich aus, sofern dies nicht an den Jochen verhindert wird. Auf die Joche müssen die Seitenkräfte quer zur Brückenachse übertragen werden, und so war es notwendig, an den Säulenköpfen längsbewegliche und quer- und längskippbare bzw. an den Bremspfeilern in der Längs- und Querrichtung feste, jedoch quer- und längskippbare Lager einzubauen. An den Endwiderlagern waren unter einem Hauptträger längsbewegliche und quer- und längskippbare, unter dem zweiten Träger jedoch allseits bewegliche und quer- und längskippbare Lager anzuordnen. Bei den beweglichen Lagern verwendete man nicht Stahlrollen, sondern verchromte Stahlplatten, welche auf Teflonschichten gleiten. Die gewünschte Bewegungsrichtung wird durch Führungsleisten erzwungen, über welche auch die waagrechten Kräfte auf die Stützen übertragen werden. Das querträgerlose Trägersystem wirkt, in der Querrichtung betrachtet, wie ein räumliches Rahmensystem, bei welchem die Hauptträgerstege an den Säulen in waagrechter Richtung elastisch gestützt und in der Fahrbahnplatte ebenfalls elastisch eingespannt sind. Der Verlauf der Schnittgrößen und auch die Lastaufteilung auf die beiden Hauptträger hängen vom Verhältnis der Biegesteifigkeit der Stützen zu jener der Fahrbahnplatte und der Torsionssteifigkeit der Hauptträger ab. Hinsichtlich der Einzelheiten der Berechnung einer solchen querträgerlosen Brücke sei auf eine Arbeit von F. Nötzold [48] verwiesen.

Im vorliegenden Fall wurden die Kragarmlänge der Fahrbahnplatte und der Abstand der Hauptträgerstege so gewählt, daß infolge der ständigen Belastung und der Vorspannung keine oder nur sehr kleine waagrechte Kräfte über die Lager auf die Stützen wirken und keine Verdrehung der Stege eintritt.

Das Bauwerk ist sowohl in der Längs- wie auch in der Querrichtung vorgespannt. Verwendet wurde das Spannverfahren KA der Philipp Holzmann AG mit Spanngliedern von 150 Mp Spannkraft für die Längsvorspannung und mit 50 Mp Spannkraft für die Quervorspannung. In den Auflagerbereichen der weitgespannten Felder wären die 72 cm breiten Stege zur Aufnahme der Druckkräfte, die beim Bruchsicherheitsnachweis erhalten werden, zu schwach gewesen. Man verstärkte den Steg nicht, sondern legte eine Druckbewehrung ein. Da durch Schwind- und Kriecherscheinungen des Betons in solchen Fällen die Kräfte vom Beton auf den nichtkriechenden Stahl zum Teil abgegeben werden, soll die Streckgrenze des Stahles sehr hoch liegen. Man verwendete für die Druckbewehrung einen Stahl der Güte

Abb. 46. Versetzgerät für den Bewehrungskorb
(aus Beton- und Stahlbetonbau 1969, S. 89, Bild 15)

St 80/105. Zur Verminderung der schrägen Hauptzugspannungen auf die zulässigen Werte wurden die Stege in diesem Bereich in schräger Richtung vorgespannt. Die gesamte Bewehrung einschließlich der Spannbewehrung wurde mit einem verfahrbaren Versetzgerät (Abb. 46) als vorgeflochtener Korb in die Schalung gelegt. Die beiden je Richtungsfahrbahn vorhandenen Brücken wurden hintereinander feldweise hergestellt. Die Arbeitsfugen wurden in den Bereich der Momentennullpunkte gelegt. Die Spannglieder sind an diesen Stellen aufgefächert und gekuppelt (Abb. 47). Die Abschalung erfolgte mit einem Betonfertigteil, durch welchen die zu kuppelnden Spannglieder hindurchgeführt und an ihm verankert werden konnten. Bei der Konstruktion des Lehrgerüstes mußte darauf geachtet werden, daß die Brücke in einer Wendeklothoide liegt und neben der Krümmungsänderung auch eine Änderung der Querneigung von —3,2 auf 5,0% notwendig war. Das Lehrgerüst bestand nun aus 8 Fachwerkträgern von 66 m Länge, die paarweise neben den Hauptträgerstegen liegen (Abb. 48). Die Gurte von je zwei Fachwerkträgern sind durch Querträger verbunden, doch war diese Verbindung so, daß Drehungen der Querträgerebene gegenüber der Fachwerksebene möglich waren. Diese Querträger dienten nur als Abstandhalter der beiden Fachwerke. In den Endfeldern wurden nun zwischen den Querträgern waagrechte Zugdiagonalen eingebaut. Durch Spannen dieser Diagonalen wurden die Fachwerkträger in der waagrechten

Ebene so gekrümmt, daß sich ihre Form weitgehend der Wendeklothoide anpaßte. Die Verbände in der Höhe des Ober- und Untergurtes der Hauptträger waren Fachwerke und wurden an den Querträgern befestigt. Die kraftschlüssige Verbindung mit den Hauptträgern und untereinander wurde, um sich den jeweiligen Krümmungen anpassen zu können, mit verstellbaren

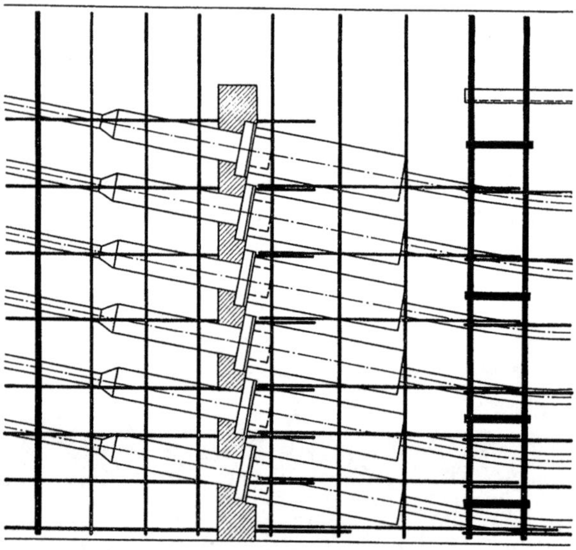

Abb. 47. Kuppelstelle der Spannglieder

Spindeln hergestellt. Die Fachwerkkasten tragen die 1,50 m breiten Schalungselemente, deren Stoß mit Kunststoffleisten überdeckt wurde. Die beiden, zu jedem Hauptträgersteg gehörenden Gerüstteile sind miteinander durch eine Schalungsklappe verbunden. Die beiden Längsfugen, die sich zwischen

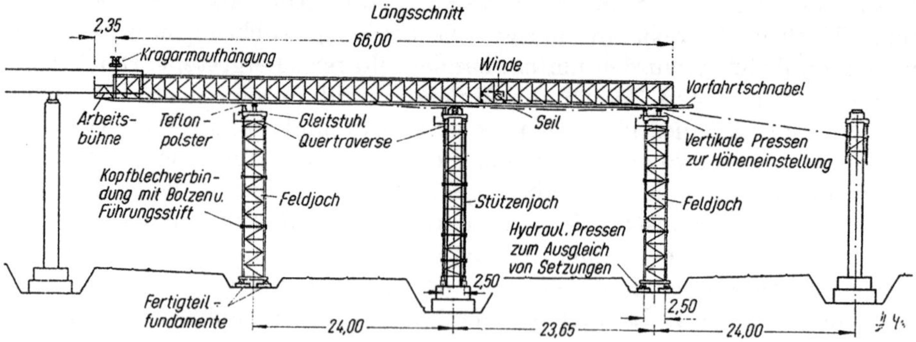

Abb. 48. Betoniergerüst (aus Beton- und Stahlbetonbau 1969, S. 86, Bild 7)

den Schaltafeln und der Schalungsklappe ergeben haben, hat man durch breite Kunststoffleisten besonders betont, um die Fugen der Schalungselemente beiderseits der Brückenachse auch gegeneinander verschieben zu können. Das Gerüst ruhte bei der Ausführung der Regelfelder auf einem Stützenjoch und auf zwei Hilfsjochen und wurde jeweils an den Kragarm des bereits fertiggestellten letzten Feldes gehängt (Abb. 49). Die Hilfsjoche standen in einer Entfernung von 24,0 m von den Stützenjochen. Die Hauptträger des Gerüstes waren so bemessen, daß die Brückenlast auf eine Stützweite von 27 m getragen werden konnte. Die Gerüsttürme be-

Abb. 49. Talbrücke Sechshelden, Gerüst (Photo Philipp Holzmann AG., Frankfurt/Main)

standen aus Fachwerkkonstruktionen, die aus einzelnen Schüssen zusammengesetzt wurden und so den unterschiedlichen Geländeverhältnissen angepaßt werden konnten. Am Kopf dieser Gerüsttürme sind ausladende, kräftige Querträger vorhanden, auf welche sich der Gerüstüberbau stützt. Zwischen den Gerüstträgern und den Querhäuptern der Gerüsttürme liegen Gleitböcke, über welche das Gerüst gezogen wird und welche selbst wieder querverschiebbar gelagert sind. Pressen, in lotrechter und waagrechter Richtung wirkend, ermöglichten die genaue Einstellung der Rüstung in lotrechter und waagrechter Richtung. Weitergezogen wurde das Gerüst mit einer auf ihm montierten Elektrowinde. Als Festpunkt zur Befestigung des Zugseiles dienten die vorweg betonierten Stützen des nächsten Joches. Durch die weitgehende Mechanisierung der einzelnen Bauvorgänge konnte ein Normalfeld dieser Brücke, das sind 785 m² Brückengrundriß, in 9 Tagen mit sehr geringem Stundenaufwand hergestellt werden. Der Baustoffaufwand ist jedoch bei solchen querträgerlosen Brückenquerschnitten gegenüber den üblichen Ausbildungen mit Querträgern größer. Mit den ständig ansteigen-

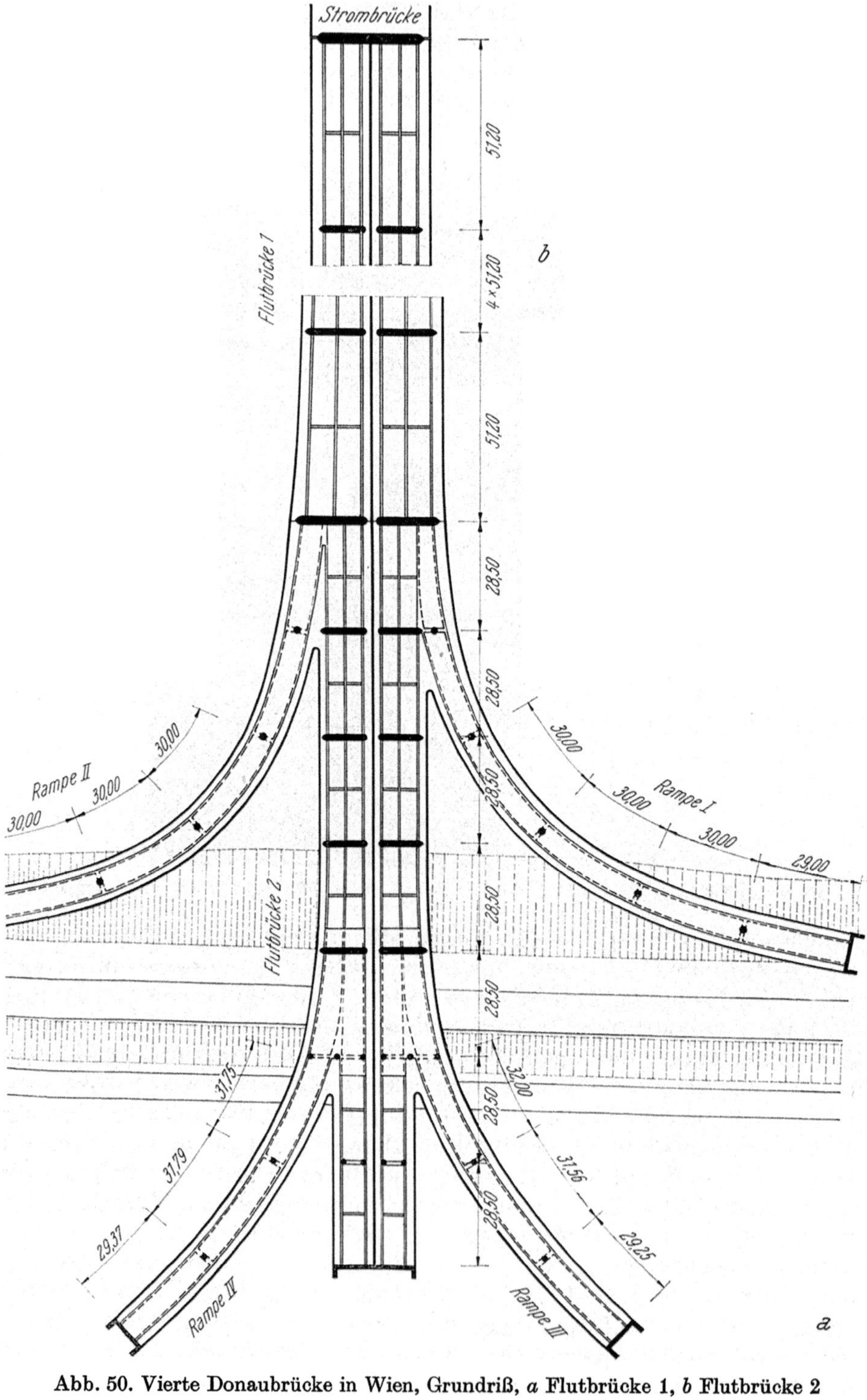

Abb. 50. Vierte Donaubrücke in Wien, Grundriß, *a* Flutbrücke 1, *b* Flutbrücke 2

den Bauarbeiterlöhnen gewinnen Konstruktionen, deren Herstellung sich mechanisieren läßt und die in immer wiederkehrenden Bauvorgängen, den Takten, errichtet werden können, immer größere Bedeutung. Die massensparendste Bauweise ist in Ländern mit hohen Stundenlöhnen nicht unbedingt die billigste.

Der Bauherr war das Hessische Landesamt für Straßenbau. Der ausgeführte Sonderentwurf stammt von der Firma Philipp Holzmann AG, Frankfurt/Main. Die Bauausführung besorgte eine Arbeitsgemeinschaft der Firmen Philipp Holzmann AG, Hochtief AG und Sager & Woerner.

Rampenbrücke der 4. Donaubrücke in Wien

Wird eine Balken- oder Trägerrostbrücke in Abschnitten feldweise hergestellt, so muß die Arbeitsfuge nicht unbedingt an den Stellen der Momentennullpunkte angeordnet werden. Die Anwendung der Vorspannbauweise und die dadurch erreichten günstigen Spannungsverhältnisse in der Arbeitsfuge ermöglichen es, die Arbeitsfugen auch an die Stellen großer Momentenbeanspruchung zu legen, wenn dies aus Gründen einer wirtschaftlichen Herstellung zweckmäßig ist. So wurden die Arbeitsfugen beim Bau der östlichen Flutbrücken der 4. Donaubrücke in Wien [49] bewußt über den Pfeilern angeordnet, also an den Stellen der größten negativen Momente. Dies brachte bei der Herstellung den Vorteil, daß die Lehrgerüste nur von Pfeiler zu Pfeiler aufzustellen und damit leichter zu verschieben waren, als wenn sie noch für einen zu betonierenden Kragarm ins nächste Feld hätten reichen müssen. Die Spanngliedführung wurde so gewählt, daß aus den beiden Lastfällen Vorspannung und dem beim Spannen vorhandenen Eigengewicht über den Auflagern entgegengesetzt gleiche Drehwinkel entstanden. Man vermied so weitgehend Umlagerungen der Biegemomente, die sonst bei Systemänderungen während des Baues durch Kriecherscheinungen des Betons ausgelöst werden.

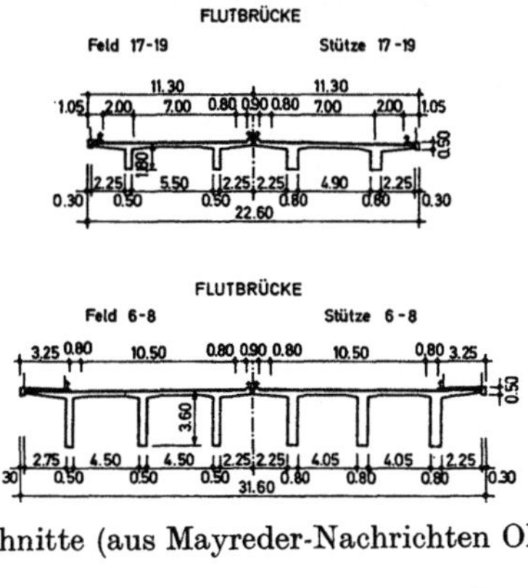

Abb. 51. Querschnitte (aus Mayreder-Nachrichten Okt. 1968, S. 28)

Diese östliche Flutbrücke besteht nun aus zwei getrennten Teilen:

1. der Flutbrücke 1, welche über das Hochwasserentlastungsgerinne der Donau führt und welche 6 Felder mit den Stützweiten 51,2 m besitzt (Abb. 50 u. 51), und

2. dem landseits anschließenden Brückenteil, welcher von der Flutbrücke 1 durch eine Bewegungsfuge getrennt ist. Diese Flutbrücke 2 hat 7 Felder mit Stützweiten von 28,50 m. Im Bereich dieser Brücke münden 4 Rampen ein und vereinigen sich mit der Hauptbrücke zu einem nach jeder Einmündung breiter werdenden Bauwerk.

Der Regelquerschnitt der Flutbrücke 1 besteht aus zwei nebeneinanderliegenden, dreistegigen Plattenbalkenbrücken von je 15,70 m Breite. Die Bauhöhe der Plattenbalken ist 3,60 m = 1 / 14,2 der Stützweite. Die Achsabstände der Stege nehmen von 5,0 m bis auf 7,93 m zu. Die Stege sind im allgemeinen 50 cm breit. Über den Lagern beträgt jedoch die Stegbreite der Außenträger 90 cm, jene des Mittelträgers über den Endauflagern ebenfalls 90 cm, über den Zwischenlagern 1,20 m. Die Fahrbahnplatte ist 23 cm stark, kragt ohne Berücksichtigung des Gesimsbalkens 2,45 m aus und ist am freien Balkenrand 15 cm und an den Anschnitten mit den Balkenstegen 35 cm dick. Der Übergang von den Stegen zur Platte ist ausgerundet. Querträger sind über den Pfeilern und jeweils in der Mitte der Felder vorhanden. Alle Querträger haben eine Höhe von 2,60 m. Die Feldquerträger, welche zur Lastverteilung dienen, sind 40 cm, die Querträger über den Auflagern 80 cm breit. Die auf 1 m² Brückengrundriß bezogene Menge an Konstruktionsbeton der Güte B 400 beträgt 0,63 m³. In Längsrichtung ist das Bauwerk voll vorgespannt, in der Querrichtung mit Rippentorstahl 50 schlaff bewehrt. Wie schon erwähnt, sind die Arbeitsfugen je Feld über den Pfeilern angebracht. Als Spannverfahren wurde das Dywidag-System mit Spannstangen ⌀ 32 mm aus St 80/105 verwendet. Die Rüstungen bestanden aus Stahlelementen, die zu Türmen und Trägern zusammengebaut wurden.

Die Flutbrücke 2 ist, je nach der Straßenbreite, da diese wegen der Einmündung der Rampen gegen Land zu immer kleiner wird, ein zwei- bis dreistegiger Plattenbalken. Die Rampenbrücken sind wegen ihrer Krümmung als einzellige Hohlkasten ausgebildet. Im Bereich der Einbindungen der Rampen in die Hauptbrücke vereinigen sich die inneren Rampenstege mit den Außenstegen der Hauptbrücke, und die Außenstege der Rampe laufen als neue, zusätzliche Hauptbrückenstege weiter.

Im allgemeinen ist, abgesehen von den Einbindungsstrecken, die Konstruktion und Herstellung der Flutbrücke 2 jener der Flutbrücke 1 sehr ähnlich. Den geringeren Stützweiten entsprechend ist die Bauhöhe nur 1,80 m = 1 / 15,8 der Stützweite.

Der Bauherr für die vierte Donaubrücke in Wien war das Österreichische Bundesministerium für Bauten und Technik, Bundesstraßenverwaltung. Entworfen und gebaut wurden die östlichen Vorlandbrücken von der Arbeitsgemeinschaft der Firmen Ingenieure Mayreder, Kraus & Co. und Ingenieure Ed. Ast & Co.

2.1.2.2. Herstellung im Freivorbau

Allgemeines

Eine besondere Art der Herstellung der Balkenbrücken ist jene nach der Methode des freien Vorbaues. Mit dieser Bauweise wurden ganz außerordentliche Erfolge auf dem Gebiet des Spannbetonbaues errungen. Die erste Ausführung dieser Art war die Brücke über die Lahn bei Balduinstein mit einer Mittelspannweite von 62 m. Diese Brücke wurde 1950 von der Bauunternehmung Dyckerhoff & Widmann KG errichtet.

Der Freivorbau setzte sich rasch durch, und 1952 gelang es der Bauunternehmung Dyckerhoff & Widmann, mit dieser Bauweise die erste Spannbetonbrücke über den Rhein bei Worms mit Spannweiten von 114 m zu bauen. Der Spannbetonbau drang damit in das Gebiet des Großbrückenbaues vor, welches bis dahin allein dem Stahlbau vorbehalten war.

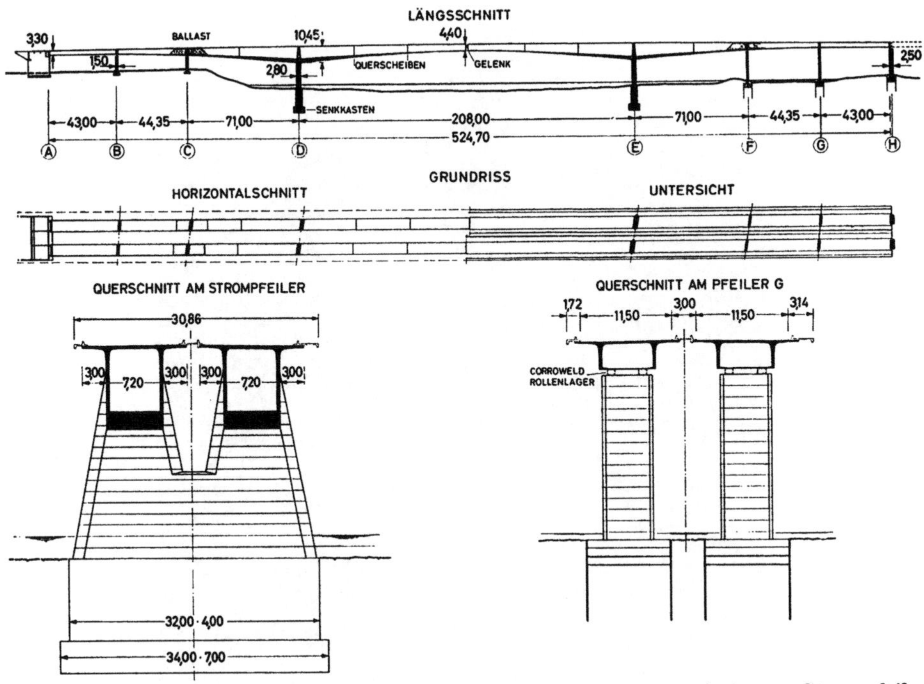

Abb. 52. Rheinbrücke Bendorf Los I, Längsschnitt, Grundriß, Querschnitt am Strompfeiler, Querschnitt am Pfeiler *G* (aus D. u. W. Archiv - Phot.: Werkphoto)

Das Freivorbauen ermöglicht den Bau von Massivbrücken auch dort, wo es unmöglich wäre, ein Lehrgerüst zu errichten, wie etwa über tiefen Gewässern, unzugänglichen Schluchten und freizuhaltenden Verkehrswegen.

Im Lauf der Jahre wurden dann auf der ganzen Welt Spannbetonbrücken nach dieser Methode erstellt, und einstweilen fand diese Bauweise ihre Krönung in der 1965 vollendeten Rheinbrücke bei Bendorf, welche mit ihrer Mittelöffnung von 208 m Spannweite derzeit den weitestgespannten Spannbetonbalken der Welt darstellt [50, 51] (Abb. 52). Durch Weiterentwicklung dieses Bauverfahrens ist es heute möglich, nahezu jedes Balken- oder Rahmensystem mit einer der verschiedenen Arten des Freivorbauverfahrens herzustellen. Entschließt man sich, eine Brücke im freien Vorbau zu errichten, so sind das Vorbauverfahren und die Balkenform so zu wählen, daß die Momente während und am Ende der Bauvorgänge möglichst jene am endgültigen System nicht überschreiten, vor allem soll ein Vorzeichenwechsel der Momentenzustände während des Baues gegenüber dem Endzustand vermieden werden. Diese Forderung ist mit einem aus den Pfeilern nach beiden Seiten auskragenden Balken zu erfüllen [45]. Gebaut wird von den Mittelpfeilern aus nach beiden Seiten. Mittelpfeiler und Balken sind monolithisch verbunden. Differenzmomente, welche während des Baues durch Voreilen einer Seite des Waagebalkens oder durch verschiedene Abmessungen der gegenüberliegenden Vorbauabschnitte entstehen, werden über die Pfeiler in die Gründung geleitet. Die beiden Vor-

Abb. 53. Autobahnbrücke Nervi (Autostrada Genua — Sestri — Levante) (aus D. u. W. Archiv-Phot.)

bauenden in der Mitte des Feldes werden über ein längsverschiebliches Gelenk verbunden. Längenänderungen der Balken infolge von Temperaturänderungen, von Schwind- und Kriecherscheinungen des Betons verursachen dann keine Zwängungen im Tragwerk. Bei hohen, biegeweichen Pfeilern können diese sonst in jedem Feld notwendigen Gelenke in größeren Abständen liegen. Statt eines Gelenkes in der Mitte der Felder können auch Einhängträger zwischen kürzeren, frei vorgebauten Kragarmen angeordnet werden, wie dies bei der Brücke Nervi der Autobahn Genau—Sestri—Levante der Fall ist (Abb. 53). Die Anordnung der Gelenke bzw. Einhängträger bringt den Vorteil, daß man auf jeden Fall eine sehr günstige Übereinstimmung der Momente im Bauzustand mit jenen des Endzustandes erreicht. Auch für die Momente aus den Nutzlasten sind durch die

Gelenke die Momentennullpunkte vorgegeben. Die monolithische Verbindung der Pfeiler mit den Kragbalken bringt weiters den Vorteil, daß teure Lagerkonstruktionen zwischen den Pfeilern und dem Balken entfallen. Als Nachteil muß man die Unstetigkeit der Biegelinien in den Gelenkpunkten, den konstruktiven Aufwand für die Herstellung dieser Gelenke und den Einbau der Fahrbahnübergänge in Kauf nehmen. Will man das Gelenk in Feldmitte vermeiden oder steht für einen reinen Kragbalken über den Pfeilern eine zu geringe Bauhöhe zur Verfügung und will man auch keine Einhängträger ausführen, so bildet man den Brückenbalken als Mehrfeldträger aus, der mit Lagerkörpern auf den Pfeilern ruht. Der Freivorbau von den Pfeilern aus erfolgt dann durch Zuhilfenahme einer Hilfsunterstützung (Abb. 59). Die Seite gegen das Hilfsjoch hin eilt beim Freivorbau etwas voraus, so daß kein Abheben des Balkens vom Hilfsjoch eintreten kann. Am Kopf des Joches werden dann meistens hydraulische Pressen ein-

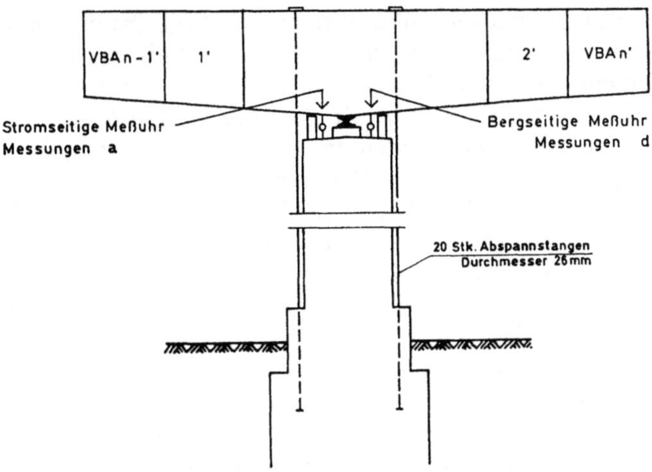

Abb. 54. Donaubrücke Grein. Vorübergehende Einspannung des Brückenbalkens in den Pfeiler (aus Mayreder-Nachrichten Okt. 1968, S. 19)

gebaut, um die Höhenlage des Joches genau einstellen zu können. Man kann aber auch die waagrechte Beweglichkeit der Brückenlager über dem Pfeiler während des Baues sperren, den Balken auf Lagersockel legen und in die Fundamente des Pfeilers niederspannen, um so eine Einspannung des Brückenbalkens an seinen Pfeilerauflagern für die Bauzustände erzielen, wie dies beim Bau der Donaubrücke Grein gemacht wurde (Abb. 54) [52]. Diese Niederspannung muß so bemessen werden, daß die möglichen Einspannmomente an den Pfeilern in den Bauzuständen mit Sicherheit aufgenommen werden können. Diese Verankerung ist aber auch so zu spannen, daß während der verschiedenen Bauphasen kein Abheben des Balkens von den provisorischen Lagersockeln eintreten kann. Bei hohen Pfeilern wird man statt der Kabel oder Stahlstangen besser Spannbetonstützen verwenden, da sie viel geringere Formänderungen aufweisen als die hochwertigen Stähle allein. Bei dieser Art des Vorbaues tritt durch den Zusammenbau der beiden Brückenhälften, besser sollte man sagen durch das Zusammenspannen bei gleichzeitiger Lösung der Feststellungen an den Pfeilern, eine Änderung des Systems auf. Man würde andere Momente als am Ende des Bauvorganges erhalten, hätte man den ganzen fugenlosen Brückenbalken in einem Zug auf einem Gerüst hergestellt. Man erhielte dann in Feldmitte positive Momente, während sie aus den Bauzuständen Null sind, und über den Pfeilern wären die Momente wohl negativ, jedoch kleiner als die Momente des Bauzustandes. In diesen Fällen kommt es durch das Kriechvermögen des Betons für den Lastfall g_1 (ständige Last der Bauzustände) zu einer Umlagerung der Momente in Richtung des Lehrgerüstzustandes, also jenes Momentenzustandes, den man erhielte, hätte man den Balken auf seine ganze Länge in einem Zug auf einem Lehrgerüst hergestellt.

Man hat in gewissen Grenzen die Möglichkeit, den Bauzustand dennoch dem Lehrgerüstzustand anzugleichen, indem man den Freivorbau nicht ganz zur Brückenmitte führt und das Schlußstück auf einem an den beiden Kragarmen hängenden Gerüst herstellt.

Je näher die Momentennullpunkte des Lehrgerüstzustandes zur Feldmitte hin liegen, desto kleiner werden bei der Anwendung solcher Maßnahmen die Unterschiede zwischen Bauzustand und Lehrgerüstzustand ausfallen. Was für den Belastungszustand g_1 gilt, gilt auch für den Zustand Vorspannung v. Hier muß unterschieden werden zwischen Spannkabeln, die während des Vorbaues gespannt werden, den Freivorbaukabeln mit dem Belastungszustand v_1 und jenen Kabeln, die erst nach dem Erhärten des Schlußstückes gespannt werden und deren Belastungszustand mit v_2 bezeichnet wird. v_2 wirkt nun auf das endgültige System, v_1 jedoch auf das Vorbausystem, welches bei Fehlen eines Mittelgelenkes, nach dem Einbau des Mittelstückes bzw. nach dem Schließen der Fuge zwischen den im Vorbau erstellten Teilen zum endgültigen System umgewandelt wird. Im allgemeinen gibt es daher für v_1 einen Vorspannzustand am Bausystem v_{1B} und einen am endgültigen System v_{1L}. Auch hier geht die Schnittkraftumwandlung im Sinne der Dischinger-Formel von v_{1B} nach v_{1L}. Sind nicht mehr vernachlässigbare Zeitdifferenzen zwischen den einzelnen Abschnitten vorhanden, so sei wieder auf [1], [53], [54] und [168] verwiesen. Der Spannungsabfall in den Spannstählen infolge Schwind- und Kriecherscheinungen des Betons wird meist für sich als besonderer Spannungszustand untersucht.

Das Freivorbauen von den Pfeilern aus ergibt nun auf jeden Fall für den Bauzustand die größte Momentenbeanspruchung über dem Pfeiler. Die zweckmäßige Formgebung bei dieser Bauweise ist nun die, die Massenverteilung dem Momentenverlauf anzupassen, d. h. große Konstruktionshöhe über den Pfeilern, kleine in den Feldmitten zu wählen. Gegenüber dem parallelgurtigen Träger wird das Gewicht dort vermindert, wo es für die Größe der auftretenden Eigengewichtsmomente von großem Einfluß ist. So ist es möglich, in den Feldmitten die Konstruktionshöhen sehr klein zu halten, wenn über den Pfeilern genügend hoch gebaut werden kann. Bei der Rheinbrücke Worms beträgt die Konstruktionshöhe über den Pfeilern 6,50 m, das ist 1/17,5 der Spannweite, bei der Rheinbrücke Bendorf 10,45 m, das ist $^1/_{20}$ des Mittelfeldes. Die Konstruktionshöhen in den Feldmitten betragen jedoch bei der Rheinbrücke Worms nur 2,50 m = 1/46 und bei der

Rheinbrücke Bendorf 4,40 m = 1/47 der Spannweite. Die Konstruktionshöhen an den Gelenkstellen sind aber nicht sehr aufschlußreich. Bestimmend ist hier die konstruktive Ausbildung des Gelenkes und nicht die Momenten-, sondern die Querkraftaufnahme.

Bei der später näher beschriebenen Donaubrücke Melk [55] beträgt die Höhe über den Strompfeilern 10,60 m (Abb. 57), somit $^1/_{18}$ der Spannweite. Dadurch, daß bei durchlaufenden Balken die Trägerunterkante in geschwungener Form etwa parabel- oder kosinusförmig gekrümmt ausgeführt wird und die viel größere Biegesteifigkeit über den Pfeilern gegenüber den Feldbereichen die Momente über den Pfeilern vergrößert, wandern die Momentennullpunkte weit ins Feld hinein. Dies ist für eine wirtschaftliche Spannkabelführung für den einfachen Freivorbau von den Pfeilern aus sehr wesentlich. Man kann nun den Kragbalken so formen, daß je Vorbauabschnitt in Hinblick auf die zur Momentenaufnahme notwendigen Spannbewehrungen immer der gleiche Spannstahlquerschnitt zum Anpressen der

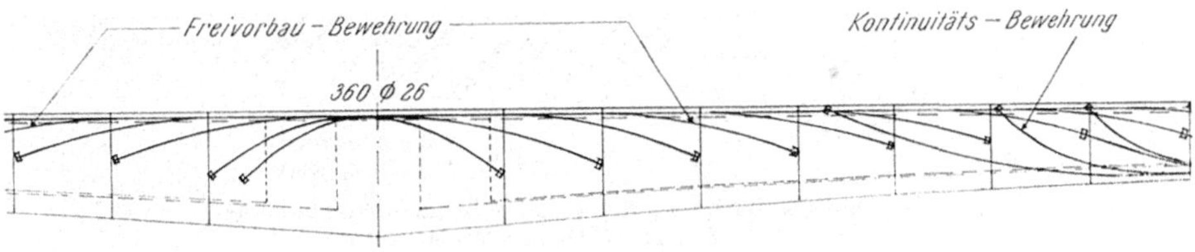

Abb. 55. Spanngliedführung

einzelnen Abschnitte an den vorhergehenden zur Verfügung steht. Bei nicht allzu großen Balkenhöhen werden diese je Abschnitt zu verankernden Spannkabel oder Stangen nach unten gekrümmt und an den Stirnflächen des letzten Abschnittes verankert (Abb. 55). Durch die Schräglage der Kabel werden sie auch zur Abdeckung der schiefen Hauptzugspannungen herangezogen. Die in der Richtung des Freivorbaues weiterzuführende Spannbewehrung wird meist an jedem zweiten Abschnitt mit Muffenverbindungen oder anderen Koppelungselementen verlängert. Man läßt die Hälfte der weiterzuführenden Bewehrung um eine Vorbaulänge auskragen, während die andere Hälfte an der Abschnittsgrenze gestoßen und um 2 Vorbaulängen verlängert wird. Werden die Balkenhöhen sehr hoch, so krümmt man die Bewehrung, welche an den Abschnitten aufhört, nur so weit nach unten, als es notwendig ist (Abb. 56), um sie in den Balkenstegen verankern zu können. Zur Aufhängung der Last aus dem neu hinzukommenden Abschnitt an den vorhergehenden und auch zur Aufnahme der schrägen Hauptzugspannungen werden von der Oberkante bis zur Unterkante schräg verlaufende Kabel oder Stangen verlegt, verankert und gespannt [56]. Im Bereich großer Balkenhöhen wurde diese Art der Anordnung der Spannbewehrung auch bei der Donaubrücke Melk gewählt.

Das freie Vorbauen bringt den Vorteil, daß gleiche Arbeitsvorgänge sehr oft wiederholt werden können. Es stellt sich somit beim Bau ein Rhythmus, ein Arbeiten in Takten, ein. Die wesentlichsten Arbeitsschritte sind: Vorfahren des Gerüstwagens, Schalen und Bewehren, Betonieren, Spannen der Bewehrung, und dann kommt die Wiederholung. Es ergeben sich jedoch so nebenbei noch andere Vorteile. Die Gründung des Bauwerkes wird nach und nach belastet. Es kommt zu keinen plötzlichen Setzungen, und das Verhalten der Gründung kann mit dem allmählichen Aufbringen der Belastung messend

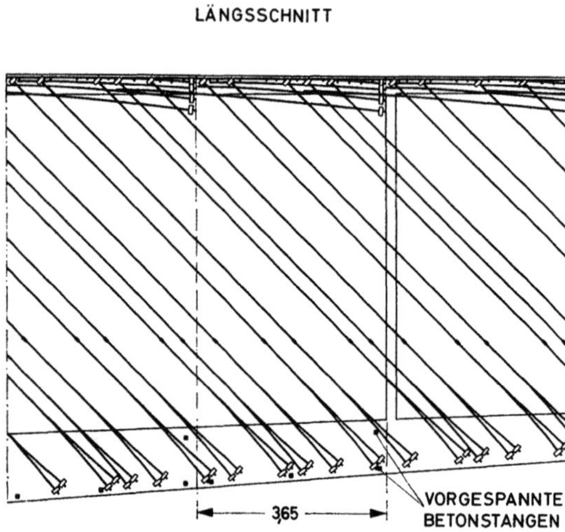

Abb. 56. Bewehrung hoher Stege mit schrägen Spannstangen (aus D.u.W. Archiv-Phot.: Werkphoto)

verfolgt werden. Verhält sich die Gründung nicht so, wie man es erwartet hat, so bietet sich noch rechtzeitig die Möglichkeit, Gegenmaßnahmen zu ergreifen. Auch die Bauwerksbeanspruchungen steigen nur allmählich an. Beim Anspannen und Freisetzen von der Rüstung des neu hergestellten Abschnittes sind die Spannungen nur hinter den Verankerungskörpern groß, in der Fuge gegen den vorhergehenden Nachbarabschnitt jedoch klein. Größere Werte treten erst dann auf, wenn sich der Freivorbau dem Endstadium nähert. Man kann deshalb ohne Bedenken, schon nach sehr kurzer Erhärtungszeit, die Abschnitte spannen und mit dem Gerüst vorfahren. An den Verankerungskörpern muß zur Aufnahme der Kräfte der Beton zum Zeitpunkt des Spannens jedoch genügend erhärtet sein. Schwind- und Kriecherscheinungen des Betons werden ebenfalls zum Teil gemildert, denn ehe das Bauwerk zum endgültigen System geschlossen wird, ist ein Teil dieser Erscheinungen schon abgeklungen. Die Kriechverformungen fallen schon deshalb geringer aus, da höhere Spannungen erst dann auftreten, wenn der Beton bereits wesentlich älter und damit auch fester geworden ist, als dies bei Herstellungen in einem Guß und nachfolgender Erhärtung auf einem Lehrgerüst der Fall wäre.

Die Vorbaugeschwindigkeit, die man mit dieser Baumethode mit 3,0 bis 5,0 m langen Abschnitten und bei Einsatz von zwei Vorbaugeräten erreicht, kann mit zwei bis vier Abschnitten je Woche angegeben werden. Durch Vergrößern der Abschnittslänge lassen sich die Baugeschwindigkeiten steigern, doch steigen mit der Länge der Vorbauabschnitte die Kosten für die Vorbaurüstung beträchtlich an.

Beim Freivorbau ist es sehr wesentlich, die notwendigen Überhöhungen zu erfassen, um im Endzustand des Systems die gewünschte Nivelette zu erhalten. Aus Erfahrung weiß man, daß man die Kriech- und Schwindeinflüsse während des Baues bei der Ermittlung der Verformungen vernachlässigen darf. Diese Einflüsse werden meist erst ab der Herstellung des endgültigen Systems berücksichtigt. Man bezeichnet die Momente unmittelbar nach dem Betonieren der Schlußlamelle mit M_B, als Momentensumme aus allen Bauzuständen, mit M_L jenen Momentenzustand, der sich ergäbe, hätte man das gesamte Tragwerk auf Lehrgerüst hergestellt. Dieser Zustand M_L wird auch als natürlicher Momentenzustand, frei von jeden Zwängungsmomenten, bezeichnet. Den Zustand M_B kann man sich nun entstanden denken aus dem natürlichen Zustand M_L durch Hinzufügen von Zwängungsmomenten M_Z. Es gilt demnach $M_B = M_L + M_Z$ bzw. $M_Z = M_B - M_L$. Durch Kriechen des Betons werden nun die Momente M_L nicht verändert, die Momente M_Z werden jedoch abgebaut, und wenn beide Tragwerkshälften das gleiche Kriechvermögen besitzen, so nehmen die endgültigen Momente die Werte

$$M = M_L + M_Z \cdot e^{-\overline{\varphi}} = M_L + (M_B - M_L)\,e^{-\overline{\varphi}} = M_L(1 - e^{-\overline{\varphi}}) + M_B e^{-\overline{\varphi}}$$

an (Dischinger-Formel).

Diese Beziehung gilt sowohl für den Belastungszustand g_1 als auch für den Zustand Vorspannung v.

Für die Ermittlung der notwendigen Überhöhungen beim Bau gilt nun folgendes:

f_L elastische Durchbiegung des natürlichen, endgültigen Systems ohne Zwängungen. Diese Verformung entspricht dem Momentenzustand M_L

f_Z elastische Durchbiegung infolge der Zwängungsmomente M_Z, berechnet am noch offenen System

f_B elastische Durchbiegung unmittelbar nach dem Betonieren der Schlußlamelle; f_B entspricht daher dem Momentenzustand M_B. Die Durchbiegung wird am offenen System wie für f_Z ermittelt

Es gilt für die elastischen Durchbiegungen: $f_Z = f_B - f_L$

f_{Bau} elastische Durchbiegung in den einzelnen Vorbauzuständen infolge Eigengewichtes g_1, bereits vorhandener Vorspannung und Nutzlasten, welche in den einzelnen Bauzuständen wirken, z. B. das Gewicht des Vorbauwagens

f_d Durchbiegungen in den Bauzuständen, die durch Drehung der Einspannstelle entstehen

f_E Enddurchbiegung des im freien Vorbau erstellten Tragwerkes nach dem Verbinden der vorerst unabhängigen Bauwerksteile und nach Abklingen der Schwind- und Kriecherscheinungen

Die Durchbiegungen für die einzelnen Belastungszustände werden mit Fußnoten bezeichnet, und zwar:

g_1 Eigengewicht, welches im Zustand des Freivorbaues vorhanden ist

g_2 zusätzliche ständige Lasten, welche auf das endgültige System wirken

p Verkehrslasten, wirkend aufs endgültige System

P' Belastungen aus Hilfseinrichtungen, die nur in den Bauzuständen vorhanden sind und nach dem Schließen des Systems entfernt werden

v_1 Vorspannung, die vor und nach dem Schließen wirkt

v_2 Vorspannung, die erst nach dem Betonieren der Schlußlamelle aufgebracht wird (meist als Kontinuitätsspannglieder bezeichnet)

Δv Verlust an Vorspannkraft infolge Schwindens und Kriechens nach der Systemänderung (Schließen)

Für die verschiedenen Belastungszustände erhält man nun angenähert, jedoch in den allermeisten Fällen mit hinreichender Genauigkeit, die endgültige Durchbiegung zur Zeit $t = \infty$ zu:

Für ständige Lasten, die vor und nach der Systemänderung wirken (Schließen), dies ist der Zustand g_1:

$$f_{E g_1} \doteq f_{B g_1} + \varphi f_{L g_1}$$

Für ständige Lasten, die nur nach der Systemänderung wirken, z. B. g_2:

$$f_{E g_2} \doteq f_{L g_2}(1+\varphi)$$

Für Lasten, die während der Bauzustände wirken und nach der Systemänderung entfernt werden, Zustand P':

$$f_{E P'} \doteq f_{B P'} + \varphi f_{L P'} - f_{L P'}(1+\varphi) = f_{B P'} - f_{L P'} = f_{Z P'}$$

Für die Vorspannung, die vor und nach der Systemänderung wirkt, Zustand v_1:

$$f_{E v_1} \doteq f_{B v_1} + f_{L v_1} \cdot \varphi + f_{L \Delta v_1}\left(1+\frac{\varphi}{2}\right)$$

Vorspannung, die erst nach der Systemänderung wirkt, Zustand v_2:

$$f_{E v_2} \doteq f_{L v_2}(1+\varphi) + f_{L \Delta v_2}\left(1+\frac{\varphi}{2}\right)$$

Die gesamte endgültige Durchbiegung infolge der Vorspannung kann auch folgend angeschrieben werden, wenn man für $v_1 = v - v_2$ einsetzt ($v =$ gesamte Vorspannung):

$$f_{E v} \doteq f_{E v_1} + f_{E v_2} = f_{B v^1} + f_{L v_1} \cdot \varphi + f_{L \Delta v_1}\left(1+\frac{\varphi}{2}\right) + f_{L v_2}(1+\varphi) +$$

$$+ f_{L \Delta v_2}\left(1+\frac{\varphi}{2}\right)$$

$$\doteq f_{B v} - f_{\Delta v_2} + f_{L v} \cdot \varphi - f_{L v_2} \cdot \varphi + f_{L \Delta v}\left(1+\frac{\varphi}{2}\right) - f_{L \Delta v_2}\left(1+\frac{\varphi}{2}\right) +$$

$$+ f_{L v_2}(1+\varphi) + f_{L \Delta v_2}\left(1+\frac{\varphi}{2}\right)$$

$$f_{E v} \doteq f_{B v} - f_{B v_2} + f_{L v_2} + f_{L v} \cdot \varphi + f_{L \Delta v}\left(1+\frac{\varphi}{2}\right).$$

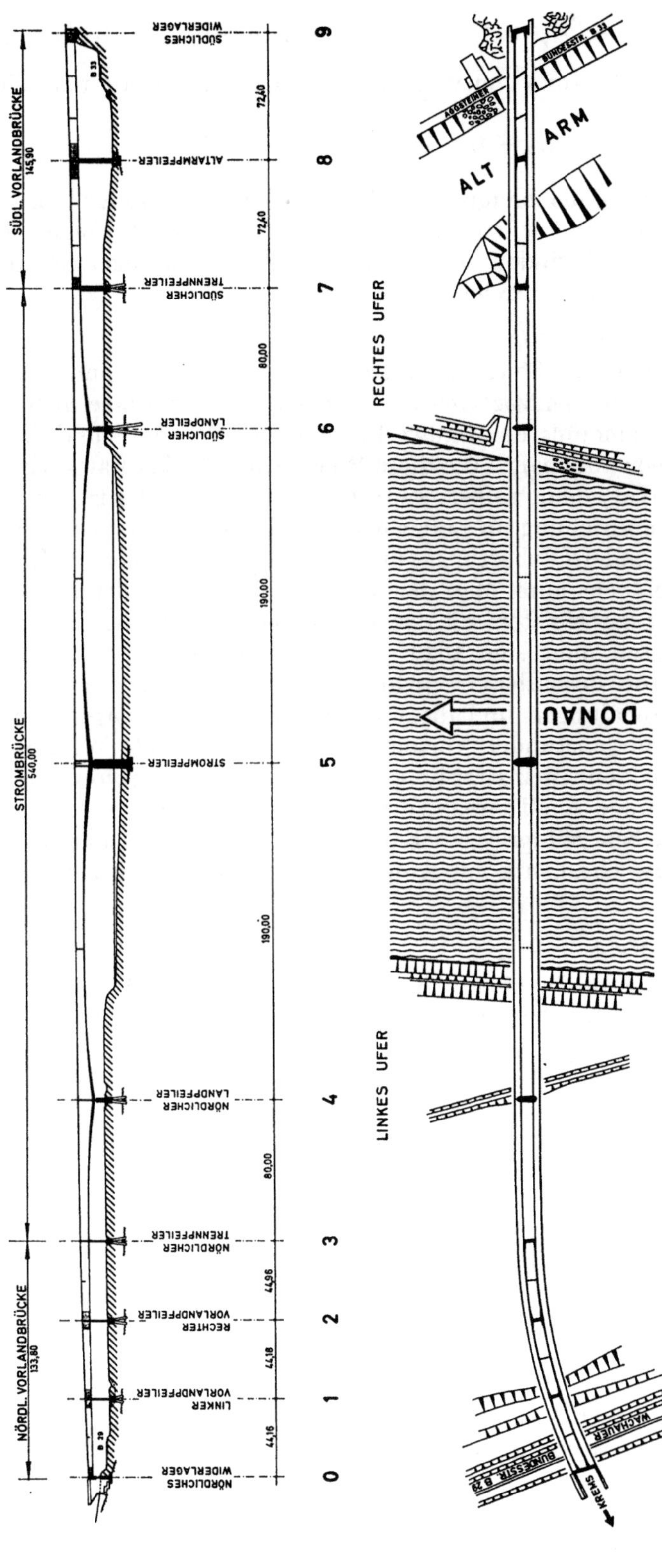

Abb. 57. Donaubrücke Melk, Längsschnitt und Grundriß

Setzt man $\frac{f_{L\Delta v}}{f_{Lv}} = \frac{\Delta v}{v}$, wobei dieser Quotient einen mittleren Wert des Spannungsabfalles zur Vorspannkraft darstellt, dann erhält man sehr einfach

$$f_{Ev} \doteq f_{Bv} - f_{Bv_2} + f_{Lv_2} + f_{Lv}\left[\varphi + \frac{\Delta v}{v}\left(1 + \frac{\varphi}{2}\right)\right].$$

Hat man nun die endgültigen Durchbiegungen infolge der ständigen Lasten ermittelt und will man die Überhöhungen $\ddot{u}$ so wählen, daß nach Abschluß von Schwinden und Kriechen unter ständiger Belastung die gewünschte Gradiente erreicht wird, so gilt

$$\ddot{u} = f_E - f_{\mathrm{Bau}} - f_d.$$

Die einzelnen Durchbiegungswerte, welche zur Berechnung der notwendigen Überhöhung benötigt werden, sind von der Annahme über die Größe des Elastizitätsmoduls des Bauwerkes und der Schwind- und Kriechmaße des Betons sehr abhängig. Alle diese Werte sind für das Bauwerk nur ungefähr bestimmbar, denn selbst wenn diese Werte für die im Bauwerk verwendete Betonmischung im Labor festgestellt werden, so bestehen doch für das Bauwerk andere Erhärtungs- und Umweltbedingungen als für die Prüfkörper im Versuchsraum. Man darf deshalb eine nicht allzu große Übereinstimmung der gerechneten mit den tatsächlich gemessenen Durchbiegungswerten erwarten, und eine allzu große Verfeinerung der Durchbiegungsberechnung wäre deshalb auch nicht sinnvoll. Wichtig ist, daß man das Einrichten der Schalungen und die notwendigen Vermessungen möglichst in den frühen Morgenstunden vornimmt, um die störende Wirkung der ungleichmäßigen Sonneneinstrahlung und der dadurch hervorgerufenen Verformungen infolge von Temperaturdifferenzen möglichst auszuschalten. Bei sorgfältiger Arbeit gelingt es, auch beim Freivorbau von Spannbetonbrücken die gewünschte Gradiente mit Abweichungen von nur einigen Zentimetern einzuhalten.

Donaubrücke Melk

Die Donaubrücke in Melk (Abb. 57 u. 58), als Beispiel einer solchen Ausführung, überspannt den Strom mit den Spannweiten 44,2 + 44,2 + 45,0 +

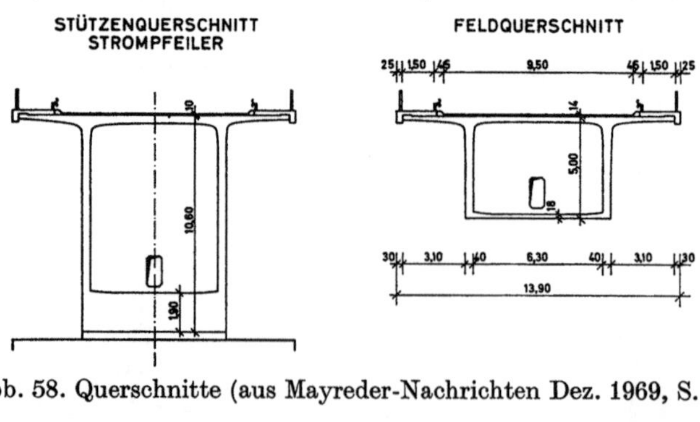

Abb. 58. Querschnitte (aus Mayreder-Nachrichten Dez. 1969, S. 3)

80,0 + 190,0 + 190,0 + 80,0 + 72,4 + 72,4 = 818,2 m [56]. Mit 2 × 190 m Spannweite der Stromöffnungen ist diese Brücke derzeit die weitestgespannte Spannbetonbrücke Österreichs. Die Breite der Brücke beträgt einschließlich der Gesimskappen 13,90 m. Die ersten drei Felder über das nördliche Vorland und zwei Felder über einen Altarm der Donau sind als zweistegige Plattenbalkenbrücken ausgebildet. Die Felder mit den Stützweiten 80 und 190 m weisen als Querschnitt einen einzelligen Hohlkasten auf. Die Konstruktionshöhe steigt im Bereich der nördlichen Vorlandbrücke von 3,0 m bis auf 5,0 m am Beginn der Hauptbrücke an. Mit geschwungener Form der Balkenunterkante nimmt nun die Höhe bis auf 10,10 m über dem Pfeiler zwischen dem 80-m- und 190-m-Feld zu, erreicht in 85 m Entfernung von diesem Pfeiler wieder den Kleinstwert von 5,0 m, um dann wieder auf eine Länge von 105,0 m bis zum nächsten Pfeiler auf 10,60 m anzuwachsen. Dieser Pfeiler ist mit dem Brückenüberbau monolithisch verbunden. Das Feld bis zum nächsten Pfeiler ist spiegelbildlich zum vorhergehenden Feld gestaltet, und im darauffolgenden nimmt die Bauhöhe ebenfalls spiegelbildlich von 10,10 m auf 5,0 m ab. Diese Höhe wird dann in den zwei Feldern der südlichen Vorlandbrücke beibehalten. Die drei Pfeiler zwischen den großen Brückenöffnungen haben Tropfenform. Solche Pfeilerformen wurden bei einigen Brücken über die Donau ausgeführt, und sie haben sich sehr bewährt, da die Kolkbildung im Pfeilerbereich gegenüber wandartigen Pfeilern wesentlich geringer ist. Nur der Strompfeiler 5 und der Pfeiler 8 der südlichen Vorlandbrücke konnten unmittelbar in offener Baugrube auf den Fels gegründet werden, alle anderen stehen mit Großbohrpfählen, Durchmesser 120 cm, System Hochstrasser und Weiser, auf dem tragfähigen Boden auf. An den Widerlagern und an allen Pfeilern, mit Ausnahme des Pfeilers 5 zwischen den beiden 190 m langen Feldern, liegt der Brückenüberbau auf längsbeweglichen Corroweld-Lagern. In statischer Hinsicht ist das Brückensystem im Endzustand ein über 9 Felder durchlaufender Balken mit elastischer Einspannung an der Mittelstütze und frei drehbarer und längsverschieblicher Lagerung an allen weiteren Stützungen. Die nördliche Vorlandbrücke liegt in einem gekrümmten Straßenstück, die übrige Brücke in der Geraden. Der letzte südliche, im Altarm der Donau stehende Pfeiler und das Widerlager am Südende der Brücke mußten schräg zur Brückenachse angeordnet werden. Die Brücke ist für eine Belastung der Brückenklasse I, entsprechend der ÖN B 4002, bemessen. Der Fahrbahnbelag ist einschließlich der Feuchtigkeitsisolierung 10 cm dick. Die Stege des Hohlkastens der eigentlichen Strombrücke besitzen auf ihrer ganzen Länge nur eine Wandstärke von 38 cm. Dies wird durch die geschwungene Balkenform und die Anordnung schräg liegender Spannstäbe ermöglicht. Die lichte Weite des Hohlkastens beträgt 6,30 m. Die untere Platte besitzt im Feld eine Dicke von 18 cm, welche gegen die Pfeiler hin, die zwischen den weitgespannten Feldern liegen, auf sehr große Werte zunimmt. In der Mitte zwischen den 190 m langen Feldern beträgt diese Dicke der unteren Druckplatte 1,90 m, über den Pfeilern zwischen den 190-m- und 80-m-Feldern 1,40 m. Das Eigengewicht der tragenden Brückenteile nimmt im Pfeilerbereich dadurch ganz außergewöhnlich hohe Werte an, etwa 65 t/m gegenüber etwa 20 t/m in den Feldmitten. Die hohen Gewichtsanteile über den Pfeilern geben jedoch nur geringe Beiträge zur Momentenbeanspruchung, und so ist bei der vorliegenden Brücke eine statisch günstige Massenverteilung gegeben. Die Fahrbahnplatte, als Deckplatte des Hohlkastens, hat in der Brückenachse im allgemeinen eine Stärke von 28 cm. Im hochbeanspruchten Bereich über dem Pfeiler 5 zwischen den langen Feldern mußte die Plattendicke auf 42 cm verstärkt werden, sonst hätte man die Druckkräfte aus der Vorspannung und auch die Spannbewehrung nicht untergebracht, denn über diesen Pfeilern sind innerhalb der Fahrbahnplatte und in den obersten Stegteilen

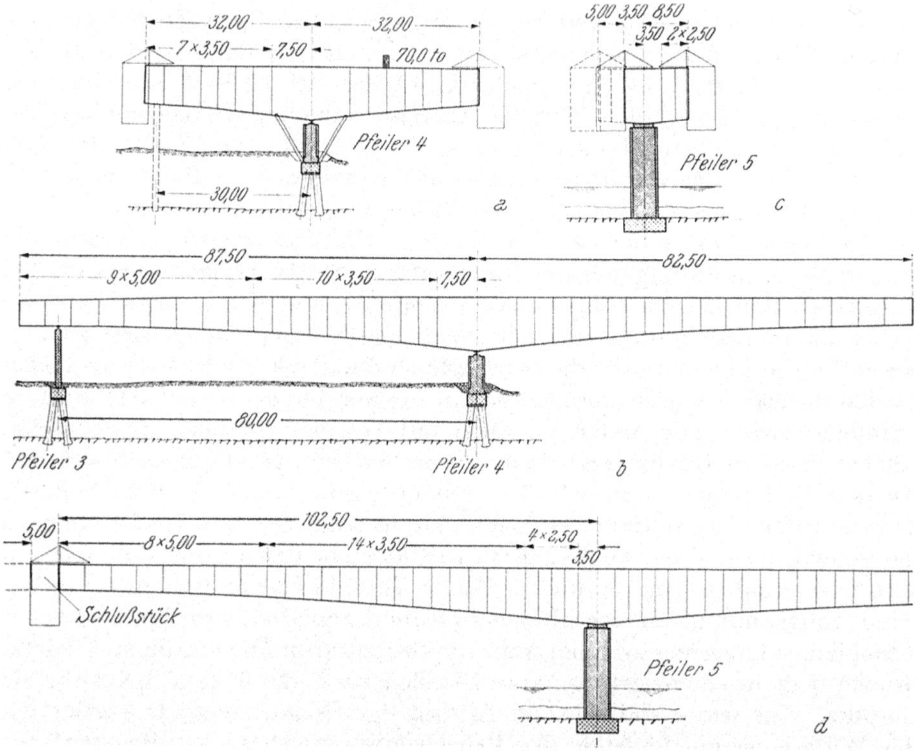

Abb. 59. Donaubrücke Melk, Bauvorgang.
a Vorbau mit Hilfsabstützung, beginnend von Pfeiler 4, *b* Stützung der Bauabschnitte auf die Pfeiler 3 und 4, *c* Beginn des Freivorbaues am Pfeiler 5, *d* Ende des Vorbaues in den weitgespannten Feldern

eine sehr große Zahl von Spanngliedern 560 ⌀ 32 unterzubringen. Die Brücke wurde im Freivorbau errichtet, wobei, jeweils von den Pfeilern 4 und 6 beginnend, nach beiden Richtungen vorgebaut wurde (Abb. 59). Auf einem beiderseits des Pfeilers 7,50 m langen Brückenstück, welches auf einem auf den Pfeiler sich stützenden Gerüst betoniert wurde, baute man die Vorbauwagen zusammen. Da im Endzustand die Brücke auf diesem Pfeiler auf Rollenlagern ruht, mußte während des Freivorbaues eine zusätzliche Stützung geschaffen werden. Durch eine vorübergehende schräge Abstützung der ersten Vorbauabschnitte auf die Pfeilersockel erzielte man eine Einspannung des Brückenüberbaues in den Pfeiler. Im fortgeschritteneren Zustand des Vorbaues benützte man jedoch als zusätzliche Unterstützung ein Hilfsjoch, welches 30 m vom Pfeiler 4 bzw. 6 entfernt unter dem landseitigen Vorbauarm stand. Die hohen, in der Nähe des Pfeilers gelegenen Vorbauabschnitte waren 3,50 m lang. Später, als der Querschnitt geringere Höhe und auch ein viel geringeres Frischbetongewicht aufwies, wurde mit 5,00-m-Abschnitten vorgebaut. Die je Abschnitt endenden Anteile der oben liegenden Vorbaubewehrung wurden so weit nach unten geführt, daß sie verankert werden konnten. In jedem Vorbauabschnitt sind der großen Steghöhe wegen auch noch schräge Spannstangen vorhanden, welche, wie schon einmal erwähnt wurde, zur Schubaufnahme dienen. Gegen die Feldmitte hin, wo die schlaffe Netzbewehrung zur Aufnahme der Schubkräfte während des Freivorbaues genügte, wurden die Schrägstangen durch die Enden der steil hochgezogenen Feldbewehrung ersetzt, die erst nach dem Fugenschluß gespannt wurde. Der von Pfeiler 4 bzw. 6 ausgehende Freivorbau wurde nun stromseits 82,50 m weit vorangetrieben, während landseits der Pfeiler 3 bzw. 7 um 7,50 überfahren wurde. Nun konnte beim Pfeiler 3 bzw. 7 die Brücke auf ihre endgültigen Lager gesetzt werden, das Hilfsjoch war nicht mehr nötig, denn auch ohne Hilfsstützung war ein stabiles System, ein auf zwei Pfeilern aufliegender Balken mit einem langen Kragarm, erreicht. Der Bau der weiteren drei kurzen Felder bis zum Widerlager erfolgte abschnittsweise je Feld mit umsetzbaren Gerüsten, wobei die Arbeitsfugen etwa in den Fünftelpunkten der Felder lagen.

Das 215 m lange Mittelstück der Brücke wurde ebenfalls im Freivorbau erstellt. Wieder wurde erst ein Teil der Brücke unmittelbar über dem Pfeiler geschaffen, auf welchem die Vorbauwagen abgesetzt werden konnten. Da der Pfeiler 5 mit dem Tragwerk monolithisch verbunden bleibt, war ohne Hilfsmaßnahmen der Vorbau der 102,50 m langen Arme möglich. Auch hier wurde wegen der hohen Eigengewichte der Konstruktion zuerst mit kleinerer Vorbaulänge und gegen die Feldmitte zu mit größeren Abschnittlängen gebaut. Schließlich waren noch die 5,0 m langen Schlußstücke, innerhalb welcher die Spannbewehrung teils sich übergreifend an den Verankerungen endet, teils mit Muffen gestoßen wurde, zu betonieren. Das Betonieren der Schlußstücke wurde mit den Vorbauwagen vorgenommen, die einfach über die 5,00 m breiten Lücken geschoben wurden. Waren diese Schlußstücke genügend erhärtet, konnte auch die unten liegende Bewehrung der 190 m langen Felder, die Kontinuitätsbewehrung, gespannt werden, nachdem vorher die waagrechte Festhaltung der provisorischen festen Lager gelöst wurde. Die Brücke ist in der Längsrichtung voll, die Fahrbahnplatte in der Querrichtung beschränkt vorgespannt. Auch die Querträger, welche zur Wahrung der Querschnittsform und zur Übertragung der Balkentorsionsmomente auf die Brückenlager innerhalb der 80-m- und 190-m-Felder über den Pfeilern und in den Hauptöffnungen in einer Entfernung von 85 m vom Pfeiler 4 bzw. 6 angeordnet sind, sind vorgespannt. Als Spannsystem kam das Dywidag-Verfahren mit Spannstäben ⌀ 32 aus St 80/105 für die Längsvorspannung und mit ⌀ 26 aus St 80/105 für die Vorspannung der Fahrbahnplatte und der Querträger zur Anwendung.

Der Bauherr für diese weitgespannte Spannbetonbrücke über die Donau war die Bundesstraßenverwaltung des Österreichischen Bundesministeriums.

Entwurf und Ausführung lagen in den Händen der Arbeitsgemeinschaft der Bauunternehmungen Ingenieure Mayreder, Kraus & Co., Wien, und Ingenieure Ed. Ast & Co., Graz.

Ennsbrücke bei Kastenreith

Eine parallelgurtige, eingleisige Eisenbahnbrücke, deren Mittelfeld noch ohne Hilfsmaßnahmen frei vorgebaut werden konnte, ist die Brücke über die Enns bei Kastenreith der Bahnlinie Amstetten—Bischofshofen. Das Tragwerk hat die Spannweiten 20,5 + 39,0 + 20,5 = 80,0 m und liegt in einem Bogen mit 272 m Radius (Abb. 60 u. 61). Wegen der starken

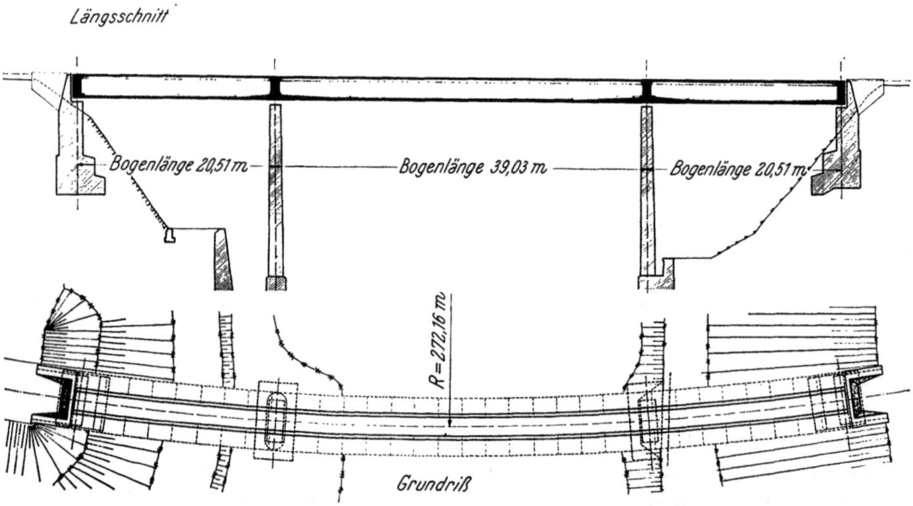

Abb. 60. Eisenbahnbrücke über die Enns bei Kastenreith — Längsschnitt und Grundriß

Krümmung im Grundriß wurde als Querschnitt ein Hohlkasten mit einer Bauhöhe von 2,40 m, das ist $^1/_{16}$ der Mittelspannweite, gewählt. Die Stege des Kastens stehen lotrecht und sind 32 cm breit. Über den Mittelpfeilern nimmt die Breite auf 47 cm zu. Die Breite des Hohlkastens ist 3,40 m. Die Bodenplatte ist in den Feldbereichen 15 cm dick und ist am Anschnitt mit den Stegen auf 30 cm verstärkt. Im Bereich der negativen Momente des endgültigen Systems nimmt die Dicke dieser Platte von 15 cm auf 40 cm zu. Die obere Deckplatte des Hohlkastens ist im allgemeinen 22 cm dick, am Anschluß mit den Stegen ist sie auf 37 cm verstärkt. Beiderseits des Kastens kragt die Platte noch etwas aus, damit auf ihr neben dem Bahnkörper die schmalen Gehsteige Platz finden. Die Gesamtbreite der oberen Platte beträgt 5,10 m. Querträger sind nur über den Lagerpunkten vorhanden. Der Tragwerksbeton ist mit einer Feuchtigkeitsisolierung abgedeckt. Auf der 5 cm starken Schutzbetonschicht liegen das Schotterbett und das Gleis. Bemessen wurde die Brücke für den Lastenzug *S* der Österreichischen Bundesbahnen und wurde in der Längsrichtung voll vorgespannt. Bauherr war die Österreichische Bundesbahn. Entworfen wurde das Bauwerk von der Bauunternehmung Ingenieure Mayreder, Kraus & Co., Linz, und gebaut von der Arbeitsgemeinschaft für den Bau des Kraftwerkes Weyer. Der Bauvorgang für den Überbau erfolgte nun so, daß ein Endfeld plus ein 1,515 m langer Brückenteil auf einem Lehrgerüst betoniert wurden. Nach genügender Erhärtungszeit spannte man einen Teil der Bewehrung, um ausrüsten zu können. Das Gerüst wurde nun ins andere Endfeld gebracht, und man stellte spiegelbildlich den gleichen Abschnitt her. Nun wurde der Vorbauwagen

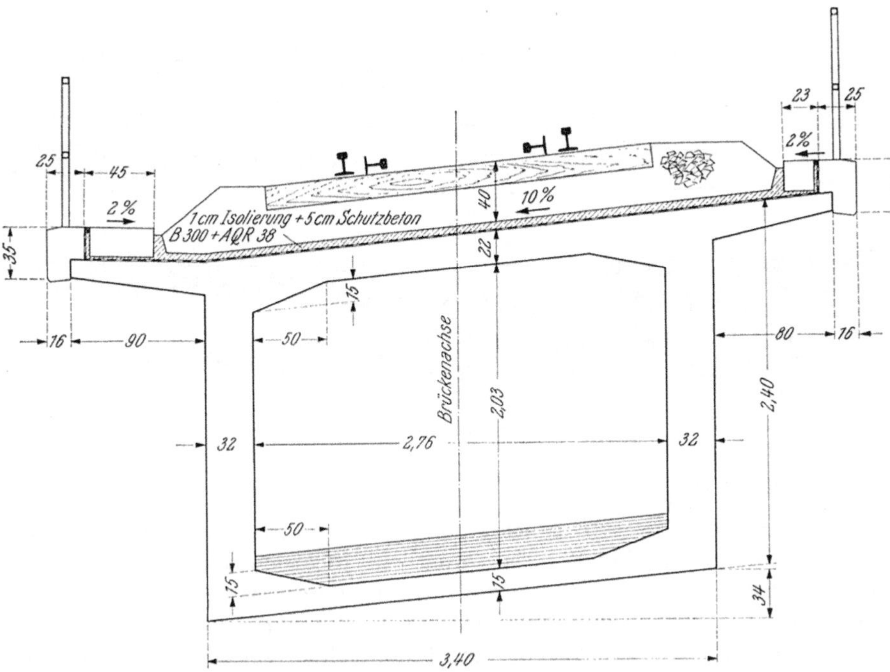

Abb. 61. Querschnitt

über dem kurzen Kragarm des zuerst hergestellten Endfeldes aufgebaut, und der Vorbau ging mit 3,60 m langen Abschnitten bei jeweiligem Anspannen der nötigen oberen Bewehrung und der schrägen Schubnadeln vor sich (Abb. 62). Die untere Bewehrung wurde nur verlängert, jedoch noch nicht gespannt. Als die Mitte der Brücke mit dem Vorbauabschnitt 5 erreicht war, setzte man den Wagen nun auf den Kragarm des zweiten Endfeldes um und baute erneut bis zur Brückenmitte vor. Als nun mit dem Vorbauabschnitt 10 die beiden Brückenhälften geschlossen waren und aus den beiden Trägern mit Kragarmen ein über 3 Felder durchlaufender Balken wurde, war nun nicht mehr eine oben liegende Bewehrung, sondern die untere Feldbewehrung des Mittelfeldes zu spannen. Dies geschah zum Teil von Spannischen in der Deckplatte, zum Teil von Lisenen der Bodenplatte aus. Vor dem Spannen dieser Kontinuitätsspannglieder mußte man selbstverständlich die Sperrungen der Lager lösen, um die Stauchung des Mittelfeldes infolge der Vorspannkräfte zu ermöglichen. Als Spannverfahren kam, schon durch den Freivorbau bedingt, das Dywidag-Verfahren mit Spannstahl

St 80/105 ⌀ 32 mm zur Anwendung. Die Querbewehrungen und die sonst noch erforderliche schlaffe Bewehrung bestehen aus Rippentorstahl 50.

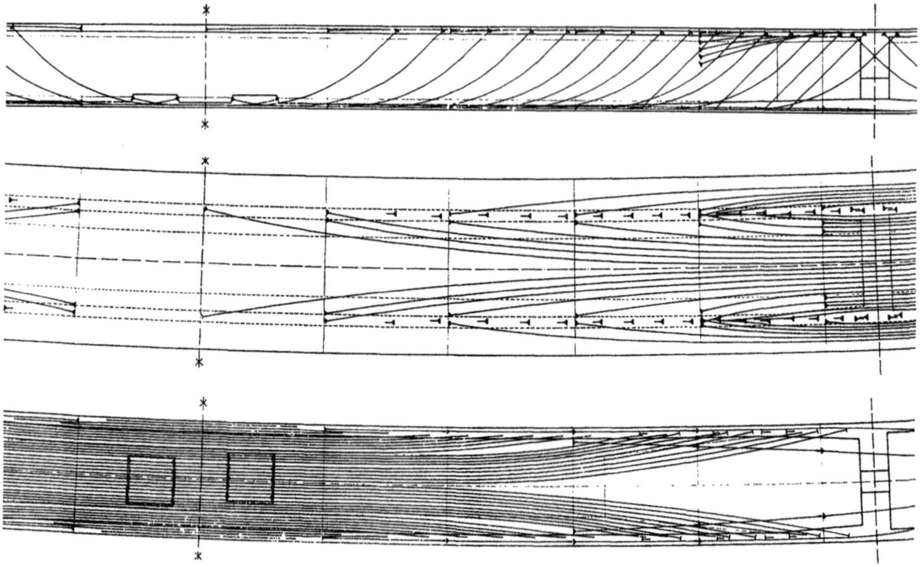

Abb. 62. Spannkabelführung

Freivorbau mit Hilfspylon

Wenn auch der Kragarm geschwungener Form oder ihm ähnliche Konstruktionen für den Freivorbau das günstigste System darstellen, so ist man doch oft gezwungen, parallelgurtige, durchlaufende Brückenbalken herzustellen, sei es, daß über den Mittelunterstützungen die notwendigen Konstruktionshöhen nicht zur Verfügung stehen oder daß andere Gründe den parallelgurtigen Träger erfordern. Auch kann der Fall eintreten, daß es nur sinnvoll ist, in einer Richtung, anschließend an ein schon gefertigtes Feld, vorzubauen. In solchen Fällen müssen zusätzliche Maßnahmen ergriffen werden. Nach der üblichen Methode kann wirtschaftlich nur so weit vorgebaut werden, als die Kragmomente aus den Bauzuständen die endgültigen, negativen Momente nicht übersteigen. Um diese Bedingung beim weiteren Vorbau einzuhalten, müssen entweder Hilfsunterstellungen angeordnet werden, welche erst entfernt werden können, wenn nach dem Vorbau das System geschlossen wurde oder wenn im Zuge des Vorbaues bereits über die nächste endgültige Stützung hinweggefahren wurde und das Tragwerk auf diese Stützung gesetzt und die Bewehrung zur Aufnahme der positiven Momente gespannt wurde. Statt der Hilfsunterstützungen, welche den Raum unter der Brücke teilweise beanspruchen und oft recht störend sein können, kann das Gewicht jedes neu hinzukommenden Abschnittes an Schrägseile gehängt werden. Diese Seile werden an einem Pylon, welcher über der zuletzt überfahrenen Stütze oder in deren Nähe steht, verankert. Der Pylon ist seinerseits ebenfalls durch Schrägseile gehalten, welche im Sinne des Vorbaues im Bereich der vorhergehenden Stütze verankert sind. Beim

Vorbauen nach entgegengesetzten Richtungen werden die Abspannseile symmetrisch angeordnet, und der Balken wird ständig oder während des Baues in den Pfeiler eingespannt. Diese Art des Freivorbaues mit Abspannung auf einen Hilfspylon wurde erstmals beim Bau der Nordwestbogenbrücke in Berlin 1958 benützt, wurde seither wesentlich verbessert und hat vielfach Anwendung gefunden.

Hangbrücke Steyr-Durchbruch

Die Abb. 63 zeigt ein solches Brückenbauwerk in Oberösterreich am Hang eines tief eingeschnittenen Teiles des Tals der Steyr, genannt der Steyr-Durchbruch [57, 159]. Die Brücke besitzt die Spannweiten 31, 2+

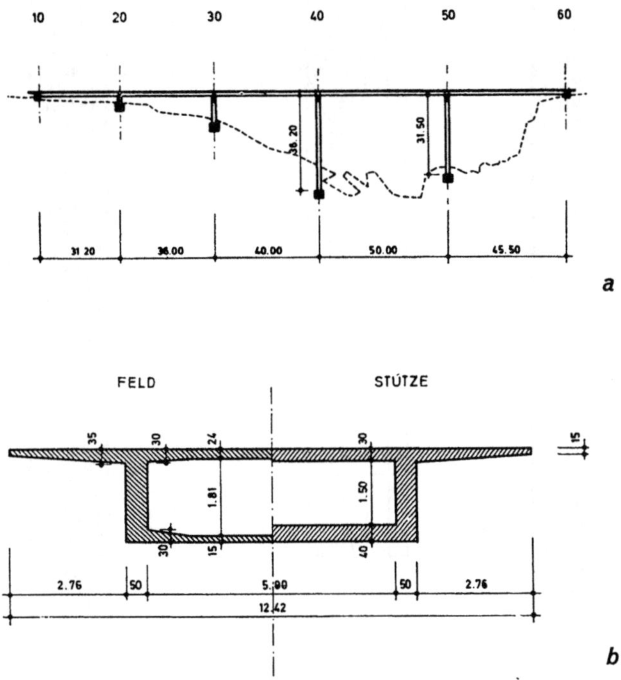

Abb. 63. Hangbrücke Steyrdurchbruch. *a* Übersicht, *b* Querschnitte (aus Mayreder-Nachrichten Okt. 1968, S. 25)

36,0 + 40,0 + 50,0 + 45,20 = 202,70 m, ist 12,42 m breit und liegt teilweise in der Geraden, teils im Übergangsbogen. Der Querschnitt ist ein einzelliger Hohlkasten mit gleichbleibender Höhe von 2,20 m = $^1/_{23}$ der größten Spannweite. Die ebenfalls über die ganze Brückenlänge gleichbleibende Breite der Stege beträgt 50 cm, der Abstand der Stegachsen 6,40 m. Die Fahrbahnplatte ist zwischen den Stegen 24 cm, an den Stegen innen 30 cm, außen 35 cm und an den Kragenden 15 cm dick. Die untere Platte des Hohlkastens weist eine Dicke von 15 cm auf, die im Bereich der Mitteljoche auf 40 cm zunimmt. Die Joche bei 30, 40 und 50 sind Hohlpfeiler mit rechteckigem Querschnitt und den Wandstärken von 21 cm. Die Pfeiler wurden im Gleit-

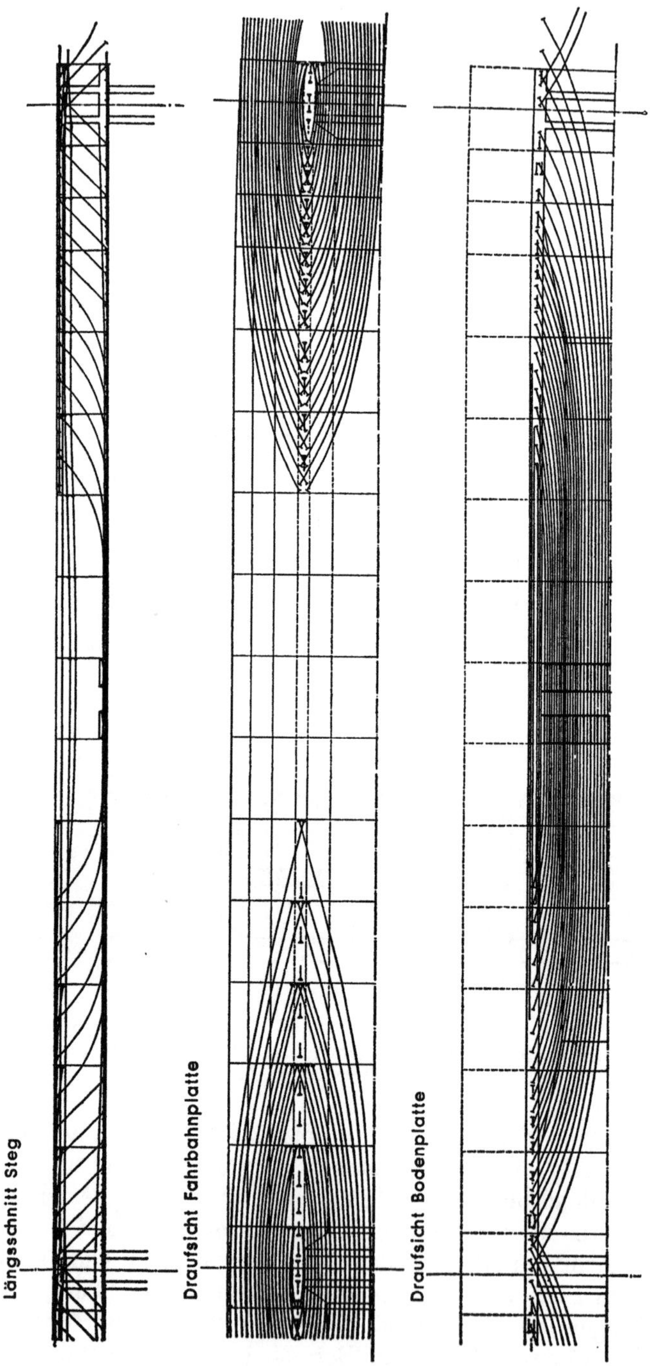

Abb. 64. Spannkabelführung (aus Mayreder-Nachrichten Okt. 1968, S. 26)

verfahren hergestellt. Die größte Höhe beträgt 36,2 m. Der niedere Pfeiler bei 20 ist eine volle Scheibe. Die Pfeiler sind in den Fundamenten eingespannt. Bei den Punkten 40 und 50 besteht eine monolithische Verbindung zwischen dem Balken und den Jochen. An den Widerlagern 10 und 60 und auf den Pfeilern 20 und 30 liegt der Brückenbalken auf Corroweld-Rollenlagern. Waagrechte Kräfte und auch Zwangskräfte, wirkend in der Brückenlängsrichtung, beanspruchen somit ein Rahmensystem. Für die lotrechten Krafteinwirkungen tritt infolge der Schlankheit der Stiele die Rahmenwirkung nur unwesentlich in Erscheinung. Querträger sind nur über den Widerlagern und über den Pfeilern angeordnet. Vorgespannt ist der Brückenüberbau nur in der Längsrichtung (Abb. 64). Als Spannsystem wurde das Dywidag-Verfahren mit Sigmastahl der Güte St 80/105 und einem Stangendurchmesser von 32 mm mit aufgerollten Gewinden an den Stabenden verwendet. Die Herstellung des Brückenbalkens erfolgte in Lizenz nach dem Freivorbauverfahren der Firma Dyckerhoff & Widmann, München. Das Endfeld 10—20 samt einem 1,75 m langen Stück des Feldes 20—30 wurde auf einem Lehrgerüst betoniert und vorgespannt (Abb. 65).

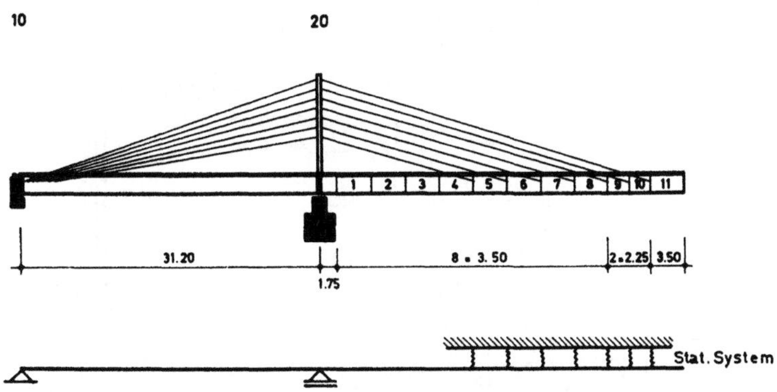

Abb. 65. Abspannung der Vorbauabschnitte auf den Pylon
(aus Mayreder-Nachrichten Okt. 1968, S. 25)

Dann wurde der Vorbauwagen aufgebaut, und es wurden vier Abschnitte frei auskragend im Freivorbau erstellt. Um beim weiteren Betonieren der folgenden 3,50 m langen Abschnitte das Kragmoment nicht über das Moment im Endzustand ansteigen zu lassen, wurden nun beim weiteren Vorbau Abspannstangen in die Abschnitte 4 bis 10 eingebaut, über dem Pfeiler 20 am Pylon gestoßen und im Widerlager 10 verankert. Der Kragbalken wird in diesen Bauphasen von den Abspannstangen zusätzlich elastisch gestützt. Der Vorbau wurde nun bis zum Abschnitt 11 weitergeführt, der bereits jenseits des Pfeilers 30 lag. Der noch nicht auf seine volle Höhe betonierte Pfeiler wurde überfahren. Nun wurde, nachdem auch der Vorbauwagen den Pfeiler hinter sich gelassen hatte, der Pfeiler vollendet und der Balken bei gleichzeitigem Spannen der unteren Bewehrung mittels hydraulischer Pressen in seine endgültige Lage gebracht. Die Abspannungen konnten entfernt werden, der Pylon wurde abgebaut und über dem nächsten Pfeiler neu errichtet. Der Arbeitsablauf wiederholte sich im nächsten Feld. Der

Abspannturm ist aus 1 m hohen Betonfertigteilen zusammengesetzt (Abb. 66). Bei der Fertigung wurden sie übereinanderliegend betoniert, damit die Berührungsflächen beim Einbau möglichst satt aufeinanderpaßten. Zentrierkonen in den Fugen erleichterten das Zusammenbauen. Die einzelnen Blöcke wurden lotrecht mit Dywidag-Spannstangen aneinandergespannt. Gelagert wurde der Pylon auf einer Bleiplatte. In Brückenlängsrichtung betrachtet, wirkt er dadurch wie eine Pendelstütze, in der Quer-

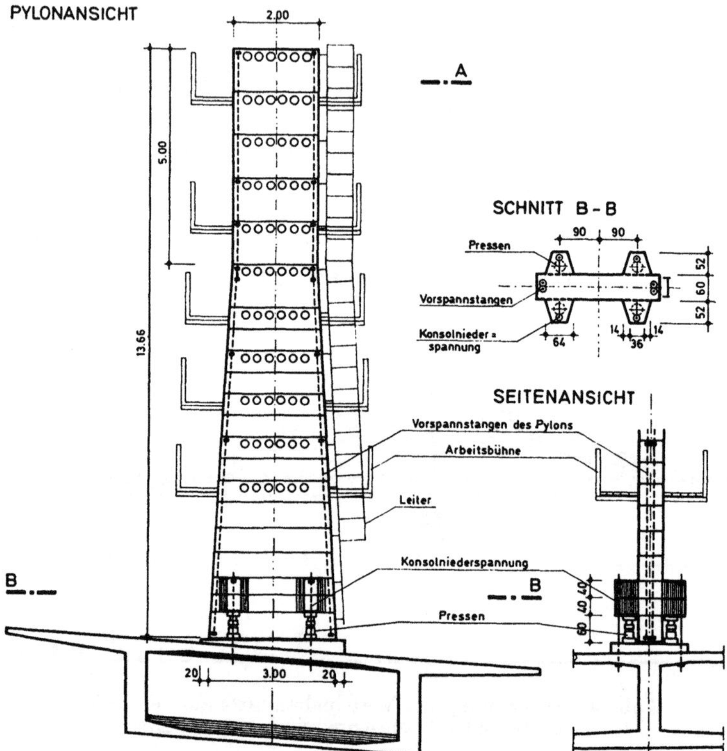

Abb. 66. Hilfspylon (aus Mayreder-Nachrichten Okt. 1968, S. 25)

richtung ist er im Brückenquerträger eingespannt. Durch die Krümmung der Brücke lagen die Abspann- und Rückspannseile nicht in der gleichen Ebene, und es wirkten auf den Abspannturm deshalb auch waagrechte Kräfte, senkrecht zur Brückenachse. Um diese Kräfte mit genügender Kippsicherheit aufnehmen zu können, wurde der Turm am Fuß verbreitert, und die Rückspannung wurde unsymmetrisch auf die Stege aufgeteilt. Die Abspann- und Rückspannstangen wurden in den Balkenstegen und am Pylon so verankert, daß sie wiedergewonnen werden konnten. Sie wurden in den Pylon eingefädelt und mit aus den Stegen ragenden Anschlußstäben gemufft. Obwohl die Abspannseile und der Abspannturm Bauhilfskonstruktionen darstellen, sind sie mit größter Sorgfalt zu bemessen und auszuführen, denn ihr Versagen würde katastrophale Folgen haben. Ebenso sorgfältig muß die Beanspruchung des Tragwerkes und der Hilfskonstruktion für die einzelnen Bauzustände untersucht und der ganze Bauablauf gut überlegt werden.

Dieser Entwurf, der sich als der preisgünstigste erwies, wurde von der Firma Ingenieure Mayreder, Kraus & Co., Linz, verfaßt.

Die Bundesstraßenverwaltung des Österreichischen Ministeriums für Bauten und Technik vergab daher die Bauarbeiten an dieses Unternehmen.

Talübergang Wernberg

Ein weiteres Beispiel einer Brücke, welche im Freivorbau unter Zuhilfenahme von Seilabspannungen gebaut wurde, ist der Talübergang Wernberg bei Villach (Abb. 67 u. 68).

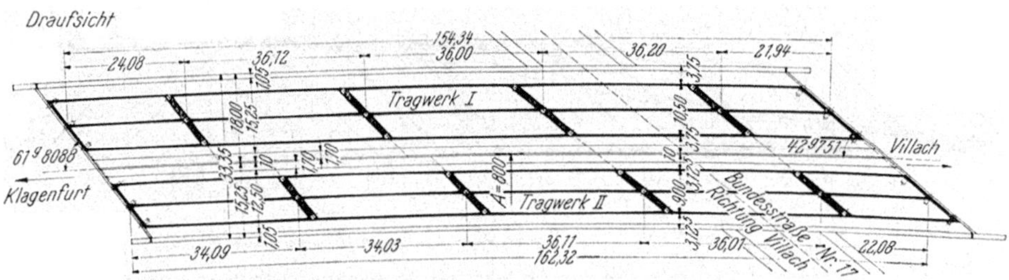

Abb. 67. Talübergang Wernberg bei Villach, Grundriß

Die Brücke spannt sich über 5 Felder mit den Spannweiten 34,1 + 34,0 + 36,1 + 36,0 + 22,1 m. Die Gesamtlänge der Brücke beträgt 162,3 m. Der Länge nach ist das Tragwerk von 33,35 m Gesamtbreite in zwei voneinander unabhängige Abschnitte von 18,0 m und 15,25 m Breite unterteilt. Zwischen

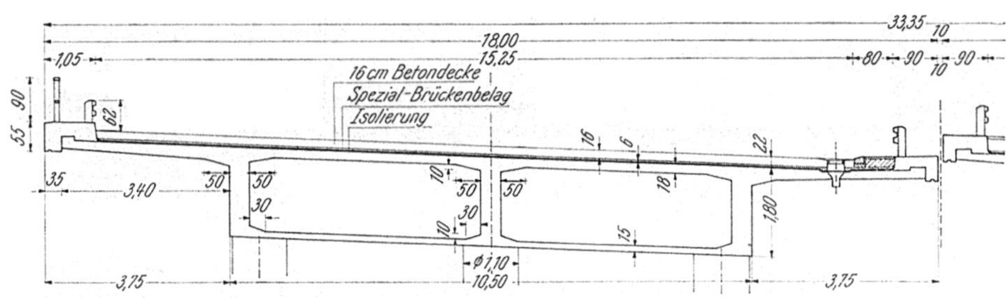

Abb. 68. Querschnitt

diesen beiden Brücken verbleibt in der Achse der Autobahn ein 10 cm breiter, offener Spalt. Die Brücke liegt in der Steigung und im Bereich eines flachen Übergangsbogens. Die unterschiedliche Breite der Tragwerke der je Richtungsfahrbahn vorhandenen Brücken folgt daraus, daß auf einer Richtungsbahn eine Kriechspur angeordnet wurde. Die Querneigung der Fahrbahn ist entsprechend der Lage des Bauwerkes in einem Übergangsbogen veränderlich. Der Brückenquerschnitt ist ein zweizelliger Hohlkasten mit 9,00 m bzw. 10,50 m Breite und 1,80 m Höhe. Die Fahrbahnplatte ist im Bereich des Hohlkastens 18 cm dick und ist am Anschnitt mit den Stegen auf 28 cm verstärkt. Die Auskragung der Fahrbahnplatte beträgt bis zu

3,50 m, die Plattendicke am freien Rand ist 19 cm. Die Stegstärken betragen je nach den Erfordernissen 34 bis 40 cm. Die untere Platte des Hohlkastens ist 15 cm dick, mit 10 cm hohen Verstärkungen im Bereich der Stege. Gelagert ist das Tragwerk an den Enden auf aufgelösten Widerlägern und

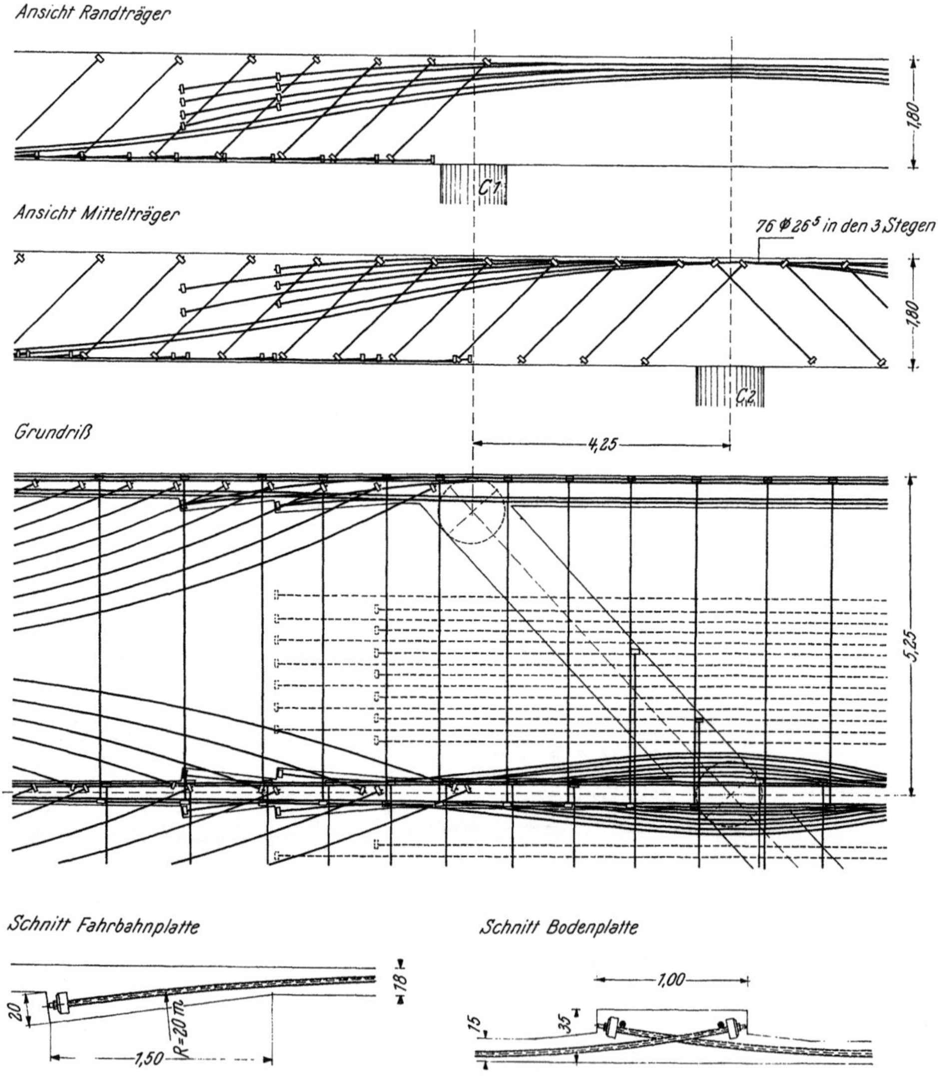

Abb. 69. Spanngliedlage

an den Zwischenunterstützungen auf runden Stützen. Diese Säulen stehen unmittelbar unter den Stegen des Hohlkastens. Die Stützenjoche stehen mit etwa 40° schief zur Brückenachse. Die kreisrunden Stützen mit ⌀ 1,10 m sind mit dem Tragwerk monolithisch verbunden. Querträger sind an den Brückenenden und über den Jochen vorhanden. Die Brücke hat eine Belastung nach Klasse I, entsprechend ÖN B 4002, aufzunehmen. Der Fahrbahnbelag ist mit einer Gesamtdicke von 22 cm außerordentlich schwer und wurde wohl wegen der einfacheren Herstellung eines 16 cm starken Betonbelages mit einem Fertiger so gewählt.

Das erste, 34,1 m lange Feld und noch 6,70 m hinzu, gemessen entlang des Mittelsteges, wurden auf einem Lehrgerüst hergestellt. Der Rest der Brücke wurde in 3,30 m langen Abschnitten im Freivorbau erstellt, wobei man die Vorbauabschnitte an einen Abspannturm, welcher über den Mitteljochen errichtet war, mit schrägen Stahlstangen aufhängte. Die Aufhängung erfolgte in der Ebene des Mittelsteges des Hohlkastenquerschnittes. Die große Schiefe der Brücke und die torsionssteife Ausbildung des Brückenquerschnittes führten zu sehr großen Torsionsmomenten. Infolge dieser hohen Torsionsbeanspruchung war es notwendig, zusätzlich zur Längsvorspannung in den Stegen vorgespannte Schubnadeln anzuordnen und die Bodenplatte nicht nur in der Längsrichtung, sondern auch quer vorzuspannen (Abb. 69). Vorgespannt wurde nach dem Dywidag-Verfahren, wobei als Spannstahl St 80/105 in Form des Gewindestabes ∅ 26,5 mm zur Verwendung gelangte. Die große Torsionssteifheit des Hohlkastens führte auch dazu, daß die größten negativen Biegemomente über den Jochen in allen drei Stegen nicht jeweils über jeder Säule, sondern in einem Schnitt senkrecht zur Balkenachse an der Stelle der Unterstützung des mittleren Steges auftraten. An der Führung der Spannbewehrung im Vergleich zur Lage der Stützen ist dies deutlich zu erkennen.

Bauherr war die Bundesstraßenverwaltung des Bundesministeriums für Bauten und Technik. Entworfen und gebaut wurde diese Brücke von der Bauunternehmung Ingenieure Mayreder, Keil, List & Co., Graz.

Eisenbahnbrücke De la Plata

Eine ebenfalls im Freivorbau mit Abspannung der Abschnitte an einen Pylon erbaute Brücke für schwerste Verkehrslasten ist die De-la-Plata-Brücke über einen Stausee des Rio Almonte in Spanien (Abb. 70 u. 71) [58]. Die bis zu 60 m hohen I-förmigen Pfeiler verschwanden nach der Herstellung der Brücke im Stauraum. Wenn es gilt, ein Balkentragwerk aus Spannbeton mit so großer Höhe über dem Talgrund zu erstellen, so ist die Anwendung des Freivorbaues, da kein Lehrgerüst benötigt wird, zur Lösung dieser Aufgabe besonders geeignet. Dieses Bauwerk ist jedoch noch in einer anderen Hinsicht bemerkenswert, denn es hat neben einer Straße auch noch eine Eisenbahnlinie aufzunehmen. Die größte Öffnung dieser 307,50 m langen Brücke weist eine Spannweite von 85,0 m auf, und so dürfte dieses Bauwerk wohl zu den Eisenbahnbrücken aus Spannbeton mit den größten Spannweiten zählen. Der Querschnitt der Brücke ist ein einzelliger Hohlkasten von 7,90 m Höhe. Im Hohlraum des Kastens fährt, wie durch einen Tunnel, die Eisenbahn. Die Lichtweite des Hohlkastens beträgt 5,80 m, die Wandstärke der Seitenwände 35 cm, die Gesamtbreite des Kastens 6,50 m. Die Bodenplatte spannt sich als Rippenplatte zwischen den Seitenwänden, denn eine einfache Platte müßte schon sehr dick und damit schwer werden, um die hohen Eisenbahnlasten aufzunehmen. Die Straße ist auf der oberen Deckplatte untergebracht. Die beiderseits 1,50 m auskragende Platte hat, die Gesimskappen nicht mitgerechnet, eine Breite von 10,00 m. Die Brücke ist sowohl in der Längs- wie auch in der Querrichtung voll vorge-

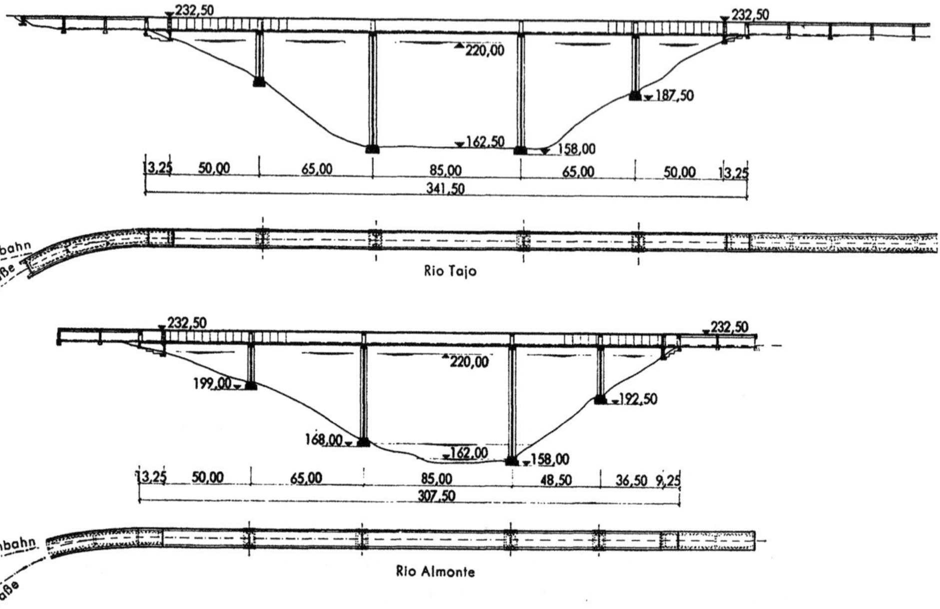

Abb. 70. Brücken über den Tajo und Almonte in Spanien, Übersichtsplan (aus Dywidag-Berichte 2—1967, S. 10, Bild 1)

spannt. Als Vorspannsystem wurde das Dywidag-System mit St 80/105 ⌀ 26 und ⌀ 32 mm verwendet. Die schweren Lasten, welche von der Rippen-

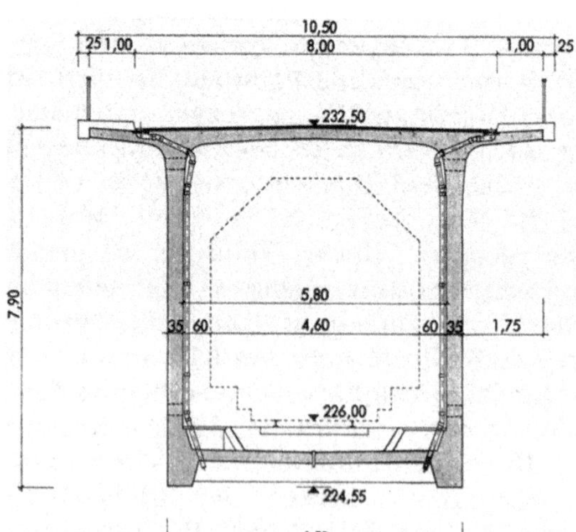

Abb. 71. Querschnitt (aus Dywidag-Berichte 2—1967, S. 11, Bild 2)

decke in die Seitenwände eingetragen werden, sind mit lotrechten und schrägen Stangen aus Spannstahl in den Wänden verankert. Im Bereich der

Widerlager wurden 16,60 m lange Stücke auf Lehrgerüst hergestellt, dann wurde das erste Feld mit 4,50 m langen Abschnitten frei vorgebaut. Man mußte allerdings noch zwei Hilfsstützen in diesem ersten Feld anordnen, doch bereitete dies wegen der noch nicht allzu großen Höhe über dem Gelände keine besonderen Schwierigkeiten. Der erste Pfeiler wurde überfahren, und erst dann wurde er auf seine endgültige Höhe gebracht und wurden die Lagerkörper eingebaut. Der weitere Vorbau erfolgte dann vorerst ohne, jedoch nach einigen Abschnitten mittels vorübergehender Schrägabspannung an einen Pylon. In Brückenmitte wurden die beiden Brückenhälften biegesteif miteinander verbunden. An den Enden der Brücke mußte die Straße mit Entflechtungsbauwerken aus der gemeinsamen Achse von Straße und Bahn herausgeführt werden.

Entworfen wurde die Hauptbrücke von der Bauunternehmung Dyckerhoff & Widmann KG. Der Bauauftrag wurde vom Bauherrn, der Hidroeléctrica Espanola S.A., Madrid, an eine Arbeitsgemeinschaft der Firmen Dyckerhoff & Widmann KG., München, Beton- und Massivbau AG., Düsseldorf, Caninos y Puertos S.A., Madrid, und Edificios y Obras S.A., Madrid, unter der Federführung von DYCKERHOFF und WIDMANN vergeben.

Weitere Ausführungen im Freivorbau

Nach der Art des Freivorbaues sind in aller Welt große vorgespannte Massivbrücken von der Firma Dyckerhoff & Widmann KG. oder ihren Lizenznehmern errichtet worden. Von all diesen Bauten konnte nur eine

Abb. 72. Mangfallbrücke — Fußgängerdurchgang (aus D.u.W.Archiv-Phot.: Müller-Grah, München)

kleine Auswahl getroffen werden. Als aus dem Rahmen der üblichen Ausführungen herausfallend, wäre die Mangfallbrücke in Bayern zu erwähnen [59]. Die Brücke hat die Spannweiten 90 + 108 + 80 m und besitzt eine Bauhöhe von 7,34 m $\doteq 1/15$ der größten Spannweite. Die beiden im Abstand von rund 14,0 m liegenden Hauptträger sind durchlaufende Fachwerkträger mit gekreuzten Diagonalen. Die 23,50 m breite Fahrbahnplatte stützt sich auf Längsträger und kräftige Querträger, welche an den Stellen der Fachwerkknoten liegen (Abb. 72). Die Fahrbahntafel bildet den oberen, waagrechten Verband. Zwischen den Untergurten ist als unterer Verband eine Rippenplatte gespannt, welche im Bereich der Felder große ovale Öffnungen aufweist. Der unterhalb der Fahrbahn vorhandene Raum wurde sehr ansprechend für den Fußgängerverkehr gestaltet.

2.1.2.3. Das Taktschiebeverfahren nach F. Leonhardt und W. Baur bzw. seine Vorstufen

Traunbrücke des Autobahnzubringers Linz

Die Traunbrücke LZ 4 des Autobahnzubringers Linz ist die erste Brücke in einer Entwicklungsreihe von Spannbetonbrücken, die von diesem Bauwerk über die Agerbrücke zu der im Taktschiebeverfahren hergestellten Innbrücke bei Kufstein und zur Brücke über das Taubertal bei Tauberbischofsheim führt [60—62]. Das Bauwerk LZ 4 wurde im Auftrag des Österreichischen Bundesministeriums für Bauten und Technik, Bundesstraßenverwaltung, errichtet. Der Entwurf wurde von Ing. W. Baur, einem Mitarbeiter des Ingenieurbüros Prof. Dr.-Ing. F. Leonhardt und Dipl.-Ing. W. Andrä, ausgearbeitet. Die Bauausführung erfolgte durch die Bauunternehmung Ingenieure Mayreder, Kraus & Co., Linz.

Bei dieser Brücke mit den Stützweiten 56,25 + 75,00 + 93,75 + 75,00 + 56,25 = 397,25 m wurde die Spannbewehrung für die Längsvorspannung nicht von vornherein in den Stegen der Hauptträger verlegt, sondern unmittelbar neben diesen (Abb. 73 u. 74). Nach dem Vorspannen wurde dann nachträglich der Verbund zwischen dem konzentrierten Spannglied und den Hauptträgerstegen hergestellt. Die durch das Vorspannen geweckten Umlenkkräfte werden durch Querrahmen, an welchen der Spannstrang geknickt ist, auf die Hauptträger übertragen. Die Brücke besitzt eine Breite von 28,5 m. Die 4 Hauptträger sind als Hohlkasten ausgebildet, deren Höhe von 3,80 m am Ende bis auf 4,10 m in Brückenmitte zunimmt. Die Konstruktionshöhe beträgt in der Mitte der Brücke $1/23$ der Stützweite des größten Feldes.

Die Breite jedes Hohlkastens ist 2,40 m, die Dicke der Hauptträgerstege nur 20 cm. Diese schlanken Abmessungen werden dadurch ermöglicht, daß das Spannglied nicht in, sondern neben den Stegen untergebracht ist. Im Bereich der Pfeiler nimmt die Dicke der Stege auf 60 cm zu. Die Fahrbahnplatte weist Dicken von 20 bis 30 cm auf. Die Bodenplatte hat im allgemeinen eine Dicke von 20 cm, über den Pfeilern ist sie jedoch bis auf 90 cm verstärkt. Um Zwängungen aus der Schiefe der Pfeiler gegenüber der Brückenachse zu vermeiden, wurden über den Auflagern keine Querträger ange-

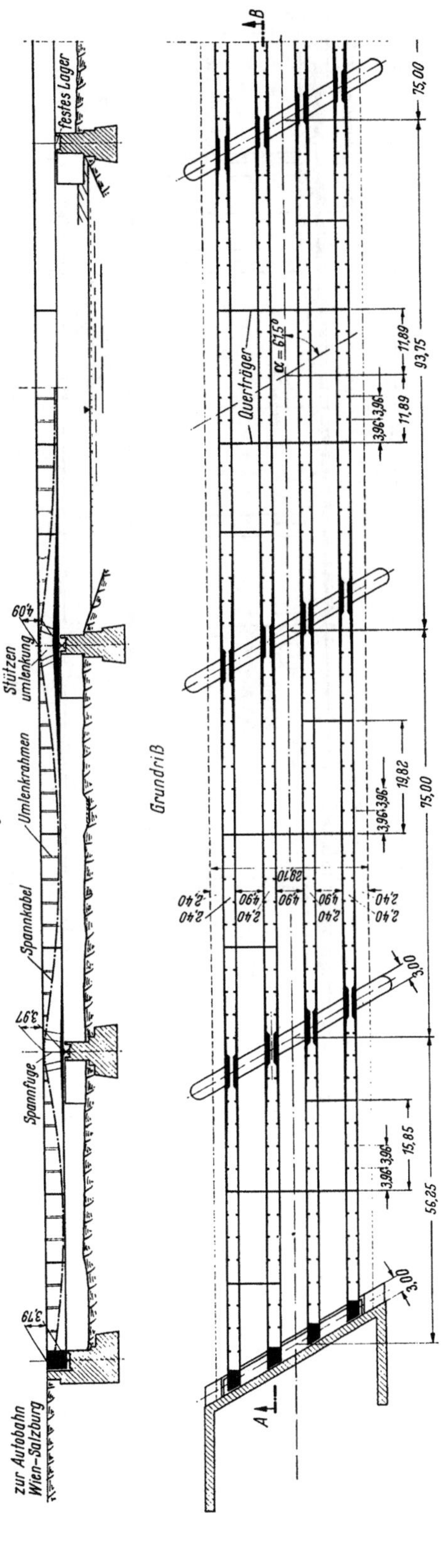

Abb. 73. Traunbrücke LZ 4 bei Linz, Längsschnitt und Grundriß (aus Beton- und Stahlbetonbau 1962, S. 112, Bild 1)

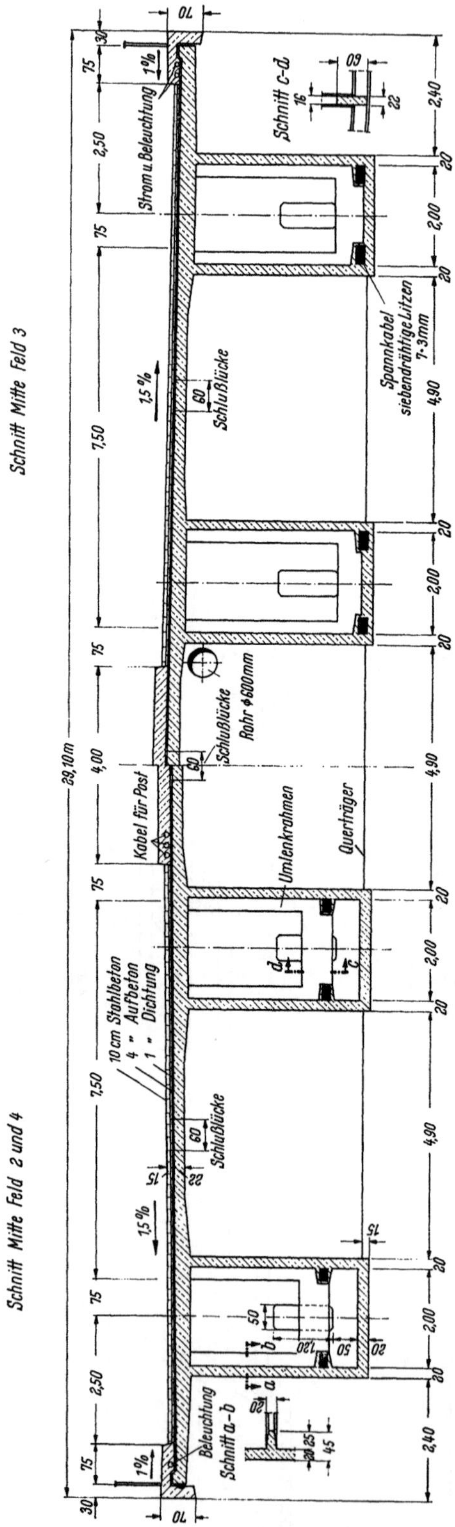

Abb. 74. Querschnitte (aus Beton- und Stahlbetonbau 1962, S. 112, Bild 2)

ordnet. Im großen Mittelfeld sind zwei Feldquerträger vorhanden, welche sämtliche Hauptträger miteinander verbinden, und noch zwei, welche jeweils nur den Randträger und den ersten Innenträger verbinden. In allen übrigen Feldern sind nur ein durchlaufender Feldquerträger und je zwei kurze Querträger vorhanden. Alle diese Querträger stehen senkrecht zur Brückenachse. Das Bauwerk ist in der Längsrichtung nach den Spannverfahren Baur-Leonhardt vorgespannt. In der Querrichtung ist das Tragwerk nur schlaff bewehrt. Als Spannglieder wurden siebendrähtige Litzen mit einem Drahtdurchmesser von 3 mm aus Stahl St 160/180 verwendet. Die ganze Spannbewehrung ist in 3 Kabeln konzentriert. Das Kabel I ist für eine Spannkraft von 1700 Mp bemessen und reicht über die ganze Brückenlänge. Das Kabel II reicht vom Brückenende über 3 Felder und noch ein kurzes Stück ins vierte Feld hinein und ist für eine Spannkraft von 850 Mp ausgelegt. Das Kabel III gleicht dem Kabel II und ist spiegelbildlich zu diesem verlegt. Durch diese Anordnung der Spannglieder wurde den verschiedenen erforderlichen Vorspannkräften, die sich aus der Ungleichheit der Stützweiten ergeben, auf einfache Art Rechnung getragen. Die Felderteilung des Tragwerkes war von vornherein gegeben, da der Brückenüberbau auf Pfeiler aufgesetzt werden mußte, die schon zu Beginn des Zweiten Welt-

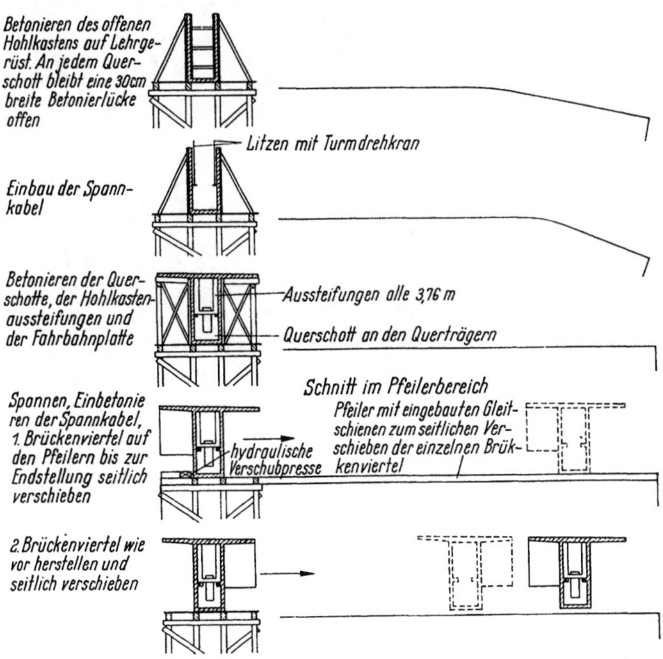

Abb. 75. Herstellungsabschnitte (aus Beton- und Stahlbetonbau 1962, S. 113, Bild 3)

krieges ausgeführt waren und welche eine Stahlbrücke hätten aufnehmen sollen. Als Spannblöcke, um welche das Kabel I und II bzw. am anderen Brückenende das Kabel I und III geschlungen sind, dienten die Endfelder der Brücke. Die Spannfuge befand sich jeweils über dem ersten Pfeiler gegen die

Brückenmitte zu. Der erforderliche Spannweg betrug an jeder der beiden Spannfugen 96 cm.

Die Brücke wurde nun nicht in einem Guß, sondern in Abschnitten erstellt, wobei die Trennung nicht in der Quer-, sondern in der Längsrichtung der Brücke erfolgte (Abb. 75). Man stellte einen solchen Längsstreifen, bestehend aus dem Hauptträger und den anschließenden Teilen der Fahr-

Abb. 76. Verlegen der Litzen (aus Mayreder-Nachrichten März 1962, S. 16, Bild links)

bahnplatte, auf einem schmalen Gerüst her. Nachdem dieser Streifen betoniert und vorgespannt war, wurde dieser ganze, etwa 5000 t schwere Brückenabschnitt in seine endgültige Lage an den gegenüberliegenden Rand verschoben und dort auf seine endgültigen Lager gesetzt. Darauffolgend wurde auf dem gleichen Gerüst der zweite Abschnitt betoniert und nach seiner Fertigstellung wiederum quer verschoben. Der gleiche Vorgang wurde für den dritten Abschnitt wiederholt, und der letzte und vierte Streifen brauchte nur noch vom Gerüst freigesetzt, aber nicht mehr verschoben zu werden. Für jeden Brückenstreifen betonierte man in kurzen Abschnitten vorerst nur einen offenen Trog, bestehend aus der Sohlplatte und aus den Seitenwänden des Hauptträgers. Zwischen diesen Abschnitten verblieb eine Lücke von 30 cm an den Stellen, an welchen später die Abstützrahmen für die Spannkabel betoniert wurden. Dieser Spalt von 30 cm genügte auch für den Übergriff der schlaffen Stegbewehrung. In das offene U-Profil wurden die Vorspannlitzen in Form von endlosen Schleifen ausgelegt (Abb. 76).

Abb. 77. Schlaufenverankerung der Litzen
(aus Mayreder-Nachrichten März 1962, S. 16, Bild rechts)

Im Bereich der Schlaufenenden, am Brückenende und in der Nähe der Mittelpfeiler wurde der Beton mit Blechen gepanzert, um den Anpreßdruck aus den Umlenkkräften einwandfrei aufnehmen zu können (Abb. 77). Außerdem dienten diese mit leichten Stahlkonstruktionen gestützten Bleche als Gerüst während des Auslegens der Litzen, da diese Trägerbereiche erst nach dem Auslegen der Litzen betoniert werden konnten. Zwischen den Umlenkungen liegen die Litzen unmittelbar neben den Hauptträgerstegen in dichter Lage (Abb. 78). Damit sich die Litzen beim Vorspannen nicht ineinander verkeilen, sind zwischen den einzelnen Lagen Abstandhalter eingelegt, die dafür sorgen, daß sowohl in waagrechter wie lotrechter Richtung die geplante Litzenlage auch während des Spannens erhalten

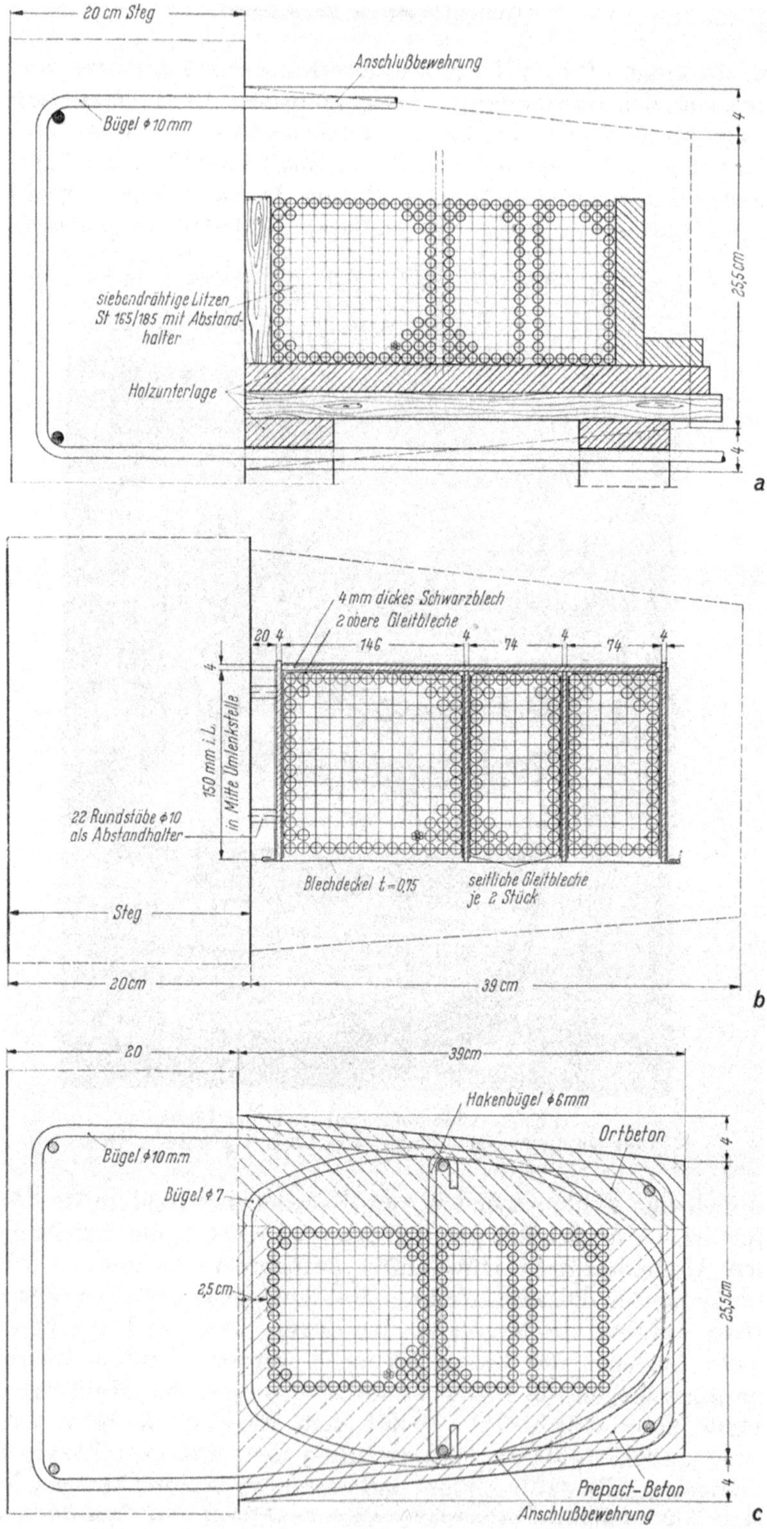

Abb. 78. Lage des Spanngliedes neben dem Balkensteg.
a In der Mittelöffnung, *b* am Umlenkpunkt an den Querrahmen, *c* Betonumhüllung des gespannten Kabels mit schubfestem Anschluß an den Steg (aus Beton- und Stahlbetonbau 1962, S. 114, Bilder 4, 5, 6)

bleibt. An den Krümmungsstellen, das ist also an den Querrahmen und im Bereich der Umlenkungen über den Pfeilern, wurden zwischen den einzelnen Litzenlagen Gleitbleche eingelegt. Über den Pfeilern und an den Widerlagern war es wegen der Stegverstärkungen notwendig, die Litzen in einem geschlossenen Blechkasten zu verlegen. Nach dem Auslegen der Litzen erfolgte das Schließen der Lücken, das Betonieren der Querrahmen und des zu einem Hauptträger gehörenden Teiles der Fahrbahnplatte. Dann wurde nach genügender Erhärtung dieser eine Hauptträger mittels kräftiger, hydraulischer Pressen, welche in den Spannfugen eingebaut wurden, vorgespannt. Beim Spannen stellte man sehr geringe Reibungsverluste der Spannkraft fest, was wohl auf die früher schon erwähnte Einlage von Gleitblechen an den Umlenkstellen der Spannglieder und auf das vollkommene Freiliegen des Spanngliedes auf weite Strecken zurückzuführen war. Die jeweils etwa um 1 m nach dem Spannen erweiterten Spannfugen wurden ausbetoniert. Nach ausreichender Erhärtung des Füllbetons wurden die Pressen ausgebaut und der fast 400 m lange Brückenbalken quer verschoben. Das Verschieben erfolgte auf Gleitbahnen, welche auf jedem Pfeiler vorbereitet waren. Die Gleitbahn bestand aus Stahlblechen, der Träger lag auf einem mit Flachstahl hoher Festigkeit gepanzerten Gleitschuh. Die Gleitbahn wurde mit einem Gleitmittel geschmiert. Man beobachtete beim Verschieben sehr niedere Reibungswerte. Zum Verschieben benützte man die gleichen Pressen, mit welchen die einzelnen Brückenabschnitte vorgespannt wurden. Nach dem Spannen und Verschieben wurden die Litzenbündel mit schlaffer Bewehrung umfaßt und das ganze Spannglied mit Beton ummantelt. Diese Ummantelung wurde so hergestellt, daß zuerst das trockene Kiesgemisch eingebracht wurde und dann von oben her Zementmilch eingegossen und gleichzeitig die Mischung durchgerüttelt wurde. Im Bereich der Blechummantelungen wurde der Spannkanal in üblicher Weise mit Injektionsgut gefüllt. Der Verbund zwischen dem Spannglied und den Hauptträgerstegen wird durch die Anschlußbewehrung, welche von den Stegen in die Betonummantelung hineinreicht, gewährleistet. Nachdem alle 4 Brückenteile in ihre richtige Lage gebracht waren, wurden die 60 cm breiten offenen Streifen in der Fahrbahnplatte zwischen den einzelnen Brückenabschnitten geschlossen. Innerhalb dieser 60 cm wurde die schlaffe Bewehrung der Fahrbahnplatte durch Übergriffe gestoßen. Dadurch, daß dieses 29,10 m breite und 397,25 m lange Brückentragwerk auf einem schmalen Gerüst in vier sich wiederholenden Arbeitsgängen hergestellt werden konnte, war die Ausführung dieses Bauwerkes sehr wirtschaftlich.

Autobahnbrücke über die Ager (Oberösterreich)

Beim Bau der Agerbrücke, einer Autobahnbrücke in Oberösterreich, wurde ein Verfahren angewendet, welches in gewisser Hinsicht als Weiterentwicklung der vorhin geschilderten Bauweise betrachtet werden kann [60, 63]. Diese Brücke besitzt die Spannweiten $72{,}6 + 84{,}9 + 84{,}9 + 35{,}0 = 377{,}4$ m Gesamtlänge (Abb. 79 u. 80). Je Richtungsfahrbahn der Autobahn ist ein getrenntes Bauwerk vorhanden, so daß die Breite einer solchen Brücke 14,5 m beträgt. Der Brückenquerschnitt ist ein Hohlkasten mit

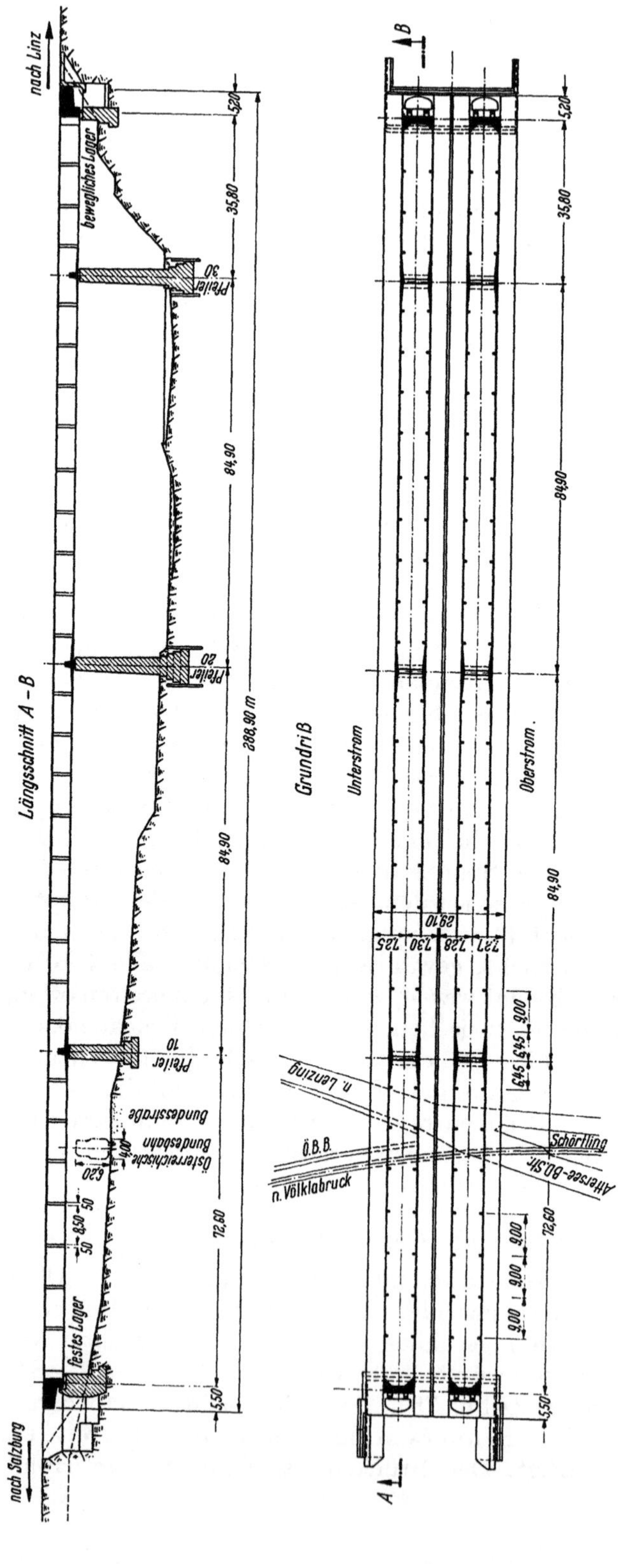

Abb. 79. Agerbrücke, Längsschnitt und Grundriß
(aus Beton- und Stahlbetonbau 1962, S. 115, Bild 7 *a*)

gleichbleibender Höhe von 4,40 m. Das ist $^1/_{19}$ der größten Stützweite. Die Breite des Kastens beträgt an der Unterseite 5,40 m, die Seitenwände sind schräg nach außen gestellt, um für die Fahrbahnplatte günstige Stützungsverhältnisse zu erhalten. Die Seitenwände haben eine Dicke von 40 cm, welche über den Pfeilern, den statischen Erfordernissen entsprechend, verstärkt ist. Die Bodenplatte ist 20 cm dick und ist ebenfalls im Bereich der negativen Momente verstärkt. Die Fahrbahnplatte ist in der Brückenachse 26 cm und an den Einspannstellen 35 cm dick. Die Auskragung der Fahrbahnplatte beträgt 3,75 m. Die Dicke an der Einspannstelle ist 40 cm und nimmt gegen den freien Rand hin ab. Das Bauwerk ist in der Längsrichtung nach dem Spannverfahren Baur-Leonhardt so vorgespannt, daß diese Vorspannung fast einer vollen gleichkommt, da die auftretenden Zugspannungen infolge der Gebrauchslasten nach Schwinden und Kriechen an den ungünstigsten Stellen 8 kp/cm² nicht überschreiten. Die Fahrbahnplatte erhielt in der

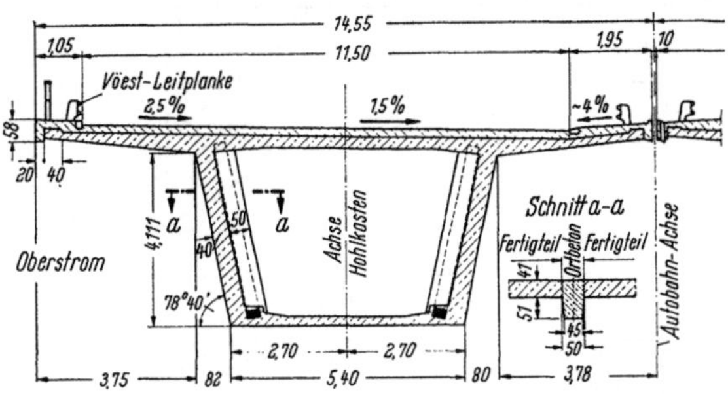

Abb. 80. Querschnitt (aus Beton- und Stahlbetonbau 1962, S. 115, Bild 7 *b*)

Querrichtung eine mäßige Vorspannung, die so bemessen wurde, daß infolge des Eigengewichtes und eines Teiles der größten Verkehrslast keine Zugspannungen auftreten. Die Bemessung für die volle Verkehrslast wurde nach Stadium II auf Biegung mit Längskraft durchgeführt.

Das Bauwerk ruht auf Massivpfeilern, das feste Lager ist über einem Widerlager angeordnet.

Wie bei der vorhin beschriebenen Traunbrücke LZ 4 ist auch bei diesem Bauwerk das konzentrierte Spannglied, bestehend aus 580 siebendrähtigen Litzen aus St 160/185, nicht in den Seitenwänden des Hohlkastens, sondern unmittelbar neben diesen untergebracht. Im Unterschied zur Traunbrücke LZ 4 wurde hier nicht nur der offene Trog, sondern der gesamte Kastenquerschnitt in Teilen hergestellt. Man entschloß sich, diese Elemente in der Verlängerung der Brücke, am Gelände liegend, als Fertigteile herzustellen und sie dann auf Gleitbahnen auf das Lehrgerüst und in ihre richtige Lage zu ziehen. Diese Fertigteile waren im allgemeinen 8,5 m lang und besaßen ein Gewicht von 180 t. Die Abschnitte, welche über den Pfeilern liegen wurden wegen der Verstärkung der Bodenplatte und der Seitenwände nur mit 5,65 m Länge ausgeführt. Die einzelnen Schüsse wurden in Abständen von 50 cm verlegt. In diesen Lücken findet der Übergriff der schlaffen Bewehrung des Hohlkastens statt, und es binden auch hier die Querrahmen ein, welche zur Aufnahme der Umlenkkräfte des Spanngliedes dienen. Nachdem die Fertigteile an Ort und Stelle gebracht wurden, begann das Auslegen der Litzen, die mit Schlaufen über die Spannblöcke geführt sind. Die Spannblöcke befinden sich an den Brückenenden in Kammern der Widerlager (Abb. 81). Das Spannglied mußte an den Enden so aufgefächert werden, daß es breitflächig über den Spannblock geschlungen werden konnte. Im Bereich dieser Auffächerung und auch im Bereich der Verstärkungen der Kastenseitenwände über den Pfeilern liegt das Spannglied in geschlossenen Blechkästen. Sonst liegt es, mit Ausnahme der kurzen Um-

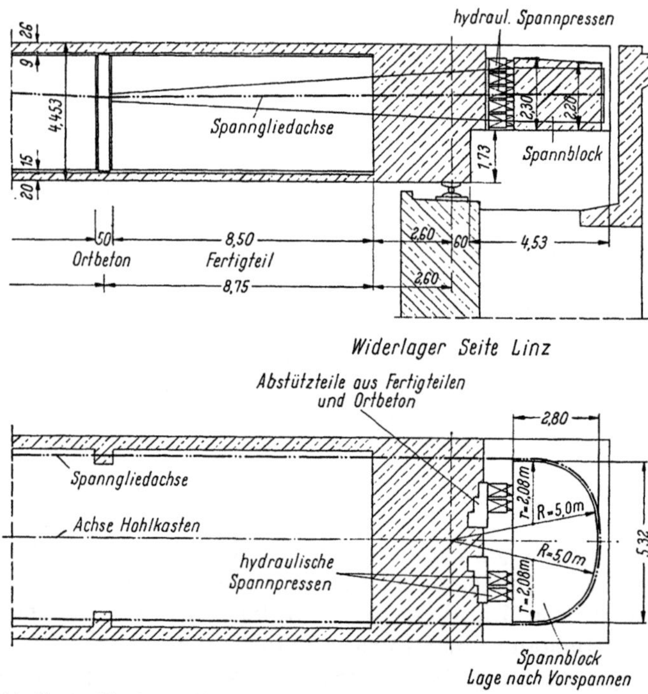

Abb. 81. Spannblock am Brückenende (aus Bautechnik 1963, S. 243, Bild 6)

lenkstellen, an den Querrahmen vollkommen frei und wurde erst nach dem Spannvorgang mit Beton umhüllt (Abb. 78). Die Herstellung dieser Umhüllung und auch das Einpressen des Injektionsgutes in den mit Blechkästen ummantelten Teilen des Spanngliedes erfolgte wie bei der Traunbrücke LZ 4. Der Verbund zwischen dem Spannglied und dem Hohlkastenquerschnitt wird durch schlaffe Bewehrung, die aus den Wänden in die Betonumhüllung des Spanngliedes hineinreicht, hergestellt. Das Schließen der Lücken und das Betonieren der Querrahmen und der Endquerträger erfolgte erst nach dem Auslegen der Litzen. Für die planmäßige Lage der Litzen sorgten Abstandhalter, die zwischen den einzelnen Lagen eingelegt wurden. Zur Verminderung der Reibung beim Spannvorgang dienten Gleitbleche zwischen den einzelnen Lagen. Gespannt wurde das Spannglied mit 20 hydraulischen Pressen von je 350 t Kraft, welche in der Spannfuge zwischen Tragwerksende und Spannblock eingebaut waren. Als Spannkraft waren

5900 Mp aufzubringen. Beim Spannen stellte man fest, daß dank der Vorkehrungen zur Verminderung der Reibung der Reibungsbeiwert unter 0,10 blieb. Das Herstellungsverfahren dieser Brücke muß als Zwischenstufe zum sogenannten Taktschiebeverfahren hin betrachtet werden. Nachteilig bei der Herstellung der Agerbrücke war, daß ein Gerüst, welches allerdings für das zweite Tragwerk quer verschoben werden konnte, über die ganze Brückenlänge notwendig war, obwohl die Brückenabschnitte in Fertigteilen erstellt wurden.

Entworfen wurde dieses Tragwerk von Ing. W. Baur, Mitarbeiter des Büros Prof. Dr.-Ing. F. Leonhardt und Dipl.-Ing. W. Andrä. Die Ausführung erfolgte durch die Firma Neue Baugesellschaft Auteried & Co., Wien. Der Bauherr war wieder das Bundesministerium für Bauten und Technik, Bundesstraßenverwaltung.

Brücke über den Rio Caroni, Venezuela

Der nächste Schritt in der Entwicklung erfolgte bei der Brücke über den Rio Caroni, Venezuela [60, 64, 65]. Bei diesem Tragwerk mit einem einzelligen Hohlkastenquerschnitt und den Stützweiten $48 + 4 \times 96 + 48 = 480$ m wurde das konzentrierte Spannglied wieder unmittelbar neben den Seitenwänden im Inneren des Hohlkastens geführt, wie dies schon bei den Bauwerken LZ 4 und der Brücke über die Ager der Fall war (Abb. 82).

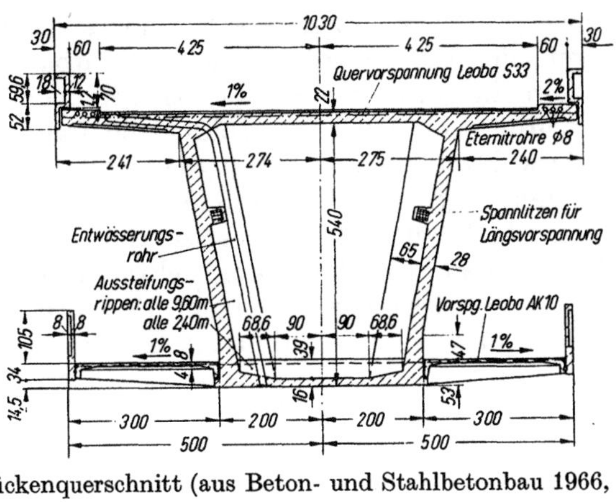

Abb. 82. Brückenquerschnitt (aus Beton- und Stahlbetonbau 1966, S. 26, Bild 1)

Wie bei der Agerbrücke wurde auch hier das lange Brückentragwerk in einzelnen, 9,20 m langen Fertigteilen an Land hergestellt, doch sparte man nun das Lehrgerüst. Man schob bzw. zog den an Land auf seine ganze Länge hergestellten und vorübergehend zentrisch vorgespannten Brückenüberbau über die endgültigen Pfeiler und dazwischen stehende Hilfsjoche in die endgültige Lage. Der einzellige Hohlkasten ist 5,62 m hoch, das ist etwa $^1/_{17}$ der größten Spannweite. Am Boden ist der Kasten 4 m breit. Die nur 28 cm dünnen Seitenwände stehen etwas schräg nach außen und tragen die 10,30 m breite Fahrbahnplatte. Die Sohlplatte ist im Feld 16 cm stark und ist über den Hauptpfeilern verstärkt. Die Fahrbahntafel besitzt im Kastenbereich eine

Dicke von 22 cm und Schrägen zu den Seitenwänden hin. Die Auskragung der Fahrbahntafel beträgt 2,40 m. Die je 3 m breiten Gehsteige, symmetrisch zur Brückenachse angeordnet, kragen von der Bodenplatte aus. Die Gehsteigkonstruktion besteht aus 2,40 m langen vorgefertigten Stücken, welche mit Leoba-Spanngliedern AK 10 an die Rippen des Hohlkastenbodens gespannt wurden. Die 9,20 m langen Schüsse des Hohlkastens wurden von der Erzeugungsstelle, welche in der Verlängerung der Brücke etwa 500 m entfernt lag, auf einer Gleitbahn gegen das Widerlager gezogen und ähnlich wie bei der Agerbrücke mit einem Zwischenraum von 40 cm aneinandergereiht (Abb. 83). Die schlaffe Bewehrung des Hohlkastens, die vorwiegend aus Sondermatten besteht, genügte zur Aufnahme der Beanspruchungen während dieses Transportes. Das Verschieben erfolgte auf einer Holzbahn, die auf Betonstreifen verlegt war. Die einzelnen Fertigteile glitten mit Formica-Platten auf dieser geschmierten Holzbahn. Auf genaue

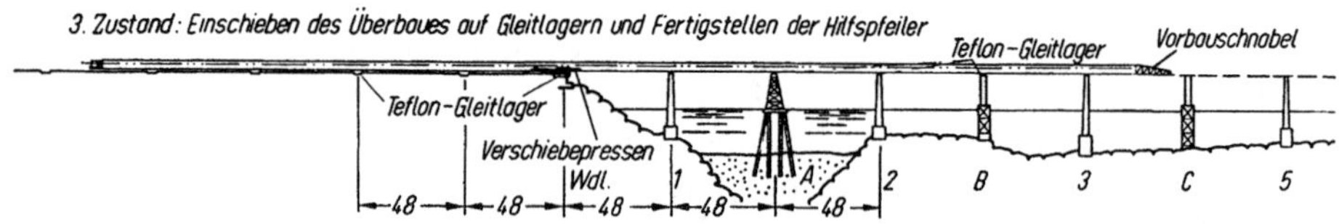

Abb. 83. Einschieben des Brückenüberbaues
(aus Beton- und Stahlbetonbau 1966, S. 35, Bild 23)

Höhenlage der einzelnen Elemente mußte besonders geachtet werden. Je Woche wurden zwei solcher Brückenteile auf die Gleitbahn geschoben. Die einzelnen Teile hatten ein Gewicht von etwa 100 t. Nachdem alle Fertigteile ausgelegt waren, wurden mit einer im Hohlkasten fahrenden Haspel die Litzen ausgelegt. Das durchlaufende Spannglied besteht aus zweimal 400 siebendrähtigen Litzen mit dem Drahtdurchmesser 3 mm aus der Stahlgüte St 160/180. Die gesamte Vorspannkraft beträgt rund 5000 Mp. Die Litzen wurden in Schleifen um den Spannblock am rückwärtigen und um den Verankerungsblock am vorderen Ende geschlungen. Der vordere Verankerungsblock wurde, um Gewicht zu sparen und damit das Kragmoment beim Vorschieben klein zu halten, als dickwandige Zylinderschale gestaltet. Das Vorspannglied wurde vorerst etwa in der Höhe des Schwerpunktes geradlinig verlegt. Erst später, als die Brücke ihren endgültigen Platz eingenommen hatte, wurde das Spannglied Feld für Feld, von der Verankerung beginnend, in Richtung gegen das Spannende in die richtige Lage gebracht. Es mußte also über den Pfeilern angehoben und in den Feldmitten nach unten gezogen werden. Die hiebei auftretenden Umlenkkräfte wurden von den Querrahmen an den Stellen der Fugen zwischen den Fertigteilen und von den scheibenförmigen Verstärkungen der Hohlkastenseitenwände im Stützenbereich aufgenommen. Das Verziehen des Spanngliedes der Höhe nach ging gleichzeitig mit dem Freisetzen der Brücke von den Hilfsjochen vor sich. Da das gekrümmte Spannglied etwa um den Spannweg länger ist als das gerade, mußte fast der gesamte Spannweg, der für das gerade Spannglied am Spannende 2,80 m betragen hatte, nachgelassen werden. Es mußte ein genauer Spannplan für dieses Nachlassen bei gleichzeitigem Verziehen der Spanngliedlage ausgearbeitet werden. Die Vorspannkraft wurde bei diesem Vorgang nahezu konstant gehalten.

Die zentrische Vorspannung mit dem gerade geführten Spannglied genügte zur Aufnahme der Beanspruchungen in den Bau- bzw. Vorschiebezuständen. Um die Kragmomente beim Verschieben klein zu halten, erhielt das vordere Brückenende einen 17 m langen, leichten, stählernen Vorbauschnabel, welcher mit dem Tragwerk biegesteif verbunden wurde.

Beim Zusammenbau der 50 9,20 m langen Fertigteile stand man vor dem Problem, wie man Schwind- und Temperaturrisse im jungen Füllbeton der 40 cm breiten Lücken vermeiden sollte, denn die in den Fugen sich übergreifende, schlaffe Bewehrung wäre nicht imstande gewesen, die Reibungskräfte des etwa 10.000 t schweren gesamten Brückenbalkens, die durch Dehnungsbehinderung an der Gleitbahn entstehen können, zu übertragen. Man verband deshalb vorerst immer 5 Fertigteile miteinander und ließ die verbleibenden Fugen offen, bis die Litzen des Spanngliedes verlegt waren. Erst knapp vor dem Vorspannen wurden diese nun in 48 m Abstand vorhandenen Lücken geschlossen. Als Zeitpunkt für das Schließen dieser Lücken wählte man die frühen Morgenstunden, so daß der erhärtende Beton mit zunehmender Tageserwärmung durch Ausdehnung der Brücke unter Druck gesetzt wurde. Vor der Temperaturabnahme der kommenden Nacht war der eingebrachte Beton bereits so weit erhärtet, daß eine Teilvorspannung von 500 Mp aufbringbar war. Die volle Vorspannkraft wurde nach Vervollständigung der Umlenkrahmen und nach ausreichender Erhärtung des Füllbetons der Lücken aufgebracht. Der lange Spannweg konnte, dem verfügbaren Pressenhub entsprechend, in 10 Arbeitsgängen erreicht werden. Nach jedem Arbeitsgang mußten in der Spannfuge Abstützblöcke eingebaut werden, dann konnten die Kolben der Pressen zurückgeholt werden, die Pressen wurden unterbaut und der nächste Hub konnte beginnen. Infolge der geraden Spanngliedführung erhielt man praktisch keinen Reibungsverlust. Man mußte jedoch dafür sorgen, daß in angemessenen Abständen eine Querverbindung zwischen dem Spannstrang und den Hohlkastenwänden hergestellt wurde, um ein Knicken des gesamten Brückenbalkens in dieser Bauphase zu verhindern.

Das Verschieben des 10.000 t schweren Überbaues erfolgte auf der Gleitbahn über die Pfeiler und Hilfsjoche über Teflonlager. Die Anordnung dieser Teflonlager in 48 m Abstand war so, daß die Teflonplatten an der Brücke und die verchromten und polierten Stahlplatten auf den Pfeilern, Hilfspfeilern und der Gleitbahn eingebaut waren. Der Reibungsbeiwert solcher Teflonlager ist sehr klein. Man benötigte zum Längsverschieben des Brückenüberbaues anfangs eine Kraft von 220 Mp, die gegen Ende des Verschiebens auf rund 400 Mp anstieg. Diese Kraftzunahme dürfte auf Verschmutzung des Teflons und auf Zerstörungen der 2 bis 3 cm dicken Mörtelschichten unter den Stahlplatten zurückzuführen sein. Das Verschieben wurde mit Zugstangen und hydraulischen Pressen vorgenommen. Die Tagesleistung betrug 19,20 m. Nachdem die Brücke an Ort gebracht war, erfolgte das schon früher beschriebene Verziehen des Spannstranges und nachher das Herstellen des Verbundes zwischen dem Spannstrang und den Hohlkastenwänden (Abb. 78). Die Ummantelung des Spanngliedes mit Beton erfolgte teils durch Anwendung des Prepackt-Verfahrens, teils durch gewöhnlichen Beton.

Wie die Gehwegkonstruktion, so sind auch die Brüstungen Betonfertigteile, welche an die Hohlkastenkonstruktion teils gespannt, teils geschraubt wurden.

Der Brückenüberbau benötigte folgende Baustoffmengen:

Beton B 450	4650 m³
Stahl 24/36	605 t
Stahl 145/160, Querspannglieder	23 t
Stahl 160/180, Längsvorspannung	171 t

So interessant der Herstellungsvorgang für diese Brücke war, so dürfte er kaum wiederholt werden, denn der Platzbedarf am Land für den Zusammenbau der Brücke in ihrer gesamten Länge und die lange Gleitbahn erfordern Geländeverhältnisse, welche selten anzutreffen sind. Es wurde jedoch mit diesem Bau ein entscheidender Schritt in der Entwicklung zu den weiteren, ausgereiften Formen des Taktschiebeverfahrens gemacht.

Der Bauherr war die Corporacion Venezolana de Guayana. Ausgeführt wurden die Bauarbeiten durch eine Arbeitsgemeinschaft der Firmen Tuven C.A., Caracas, Ed. Zublin AG., Stuttgart, und C. Baresel AG., Stuttgart. Der Entwurf wurde im Ingenieurbüro Prof. Dr. Ing. F. Leonhardt und Dipl.-Ing. W. Andrä, Stuttgart, ausgearbeitet.

Innbrücke Kufstein

Als weiteres Beispiel dieser Art von Spannbetonbrücken sei die Autobahnbrücke über den Inn und über das Bahnhofsgelände in Kufstein angeführt (Abb. 84 u. 85) [65].

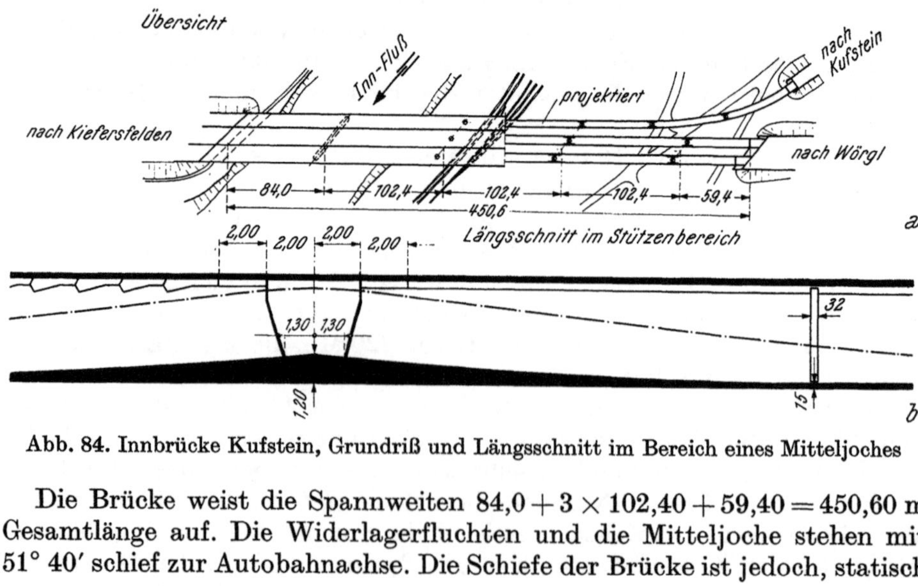

Abb. 84. Innbrücke Kufstein, Grundriß und Längsschnitt im Bereich eines Mitteljoches

Die Brücke weist die Spannweiten $84{,}0 + 3 \times 102{,}40 + 59{,}40 = 450{,}60$ m Gesamtlänge auf. Die Widerlagerfluchten und die Mitteljoche stehen mit 51° 40′ schief zur Autobahnachse. Die Schiefe der Brücke ist jedoch, statisch gesehen, ohne Belang, da die Brücke je Richtungsfahrbahn in voneinander unabhängige Bauwerke geteilt ist und jede Einzelbrücke als gerade Brücke konstruiert ist. Lediglich die Lagerung der Brücken auf dem Flußpfeiler ist schief, da aus flußbaulichen Gründen eine Auflösung dieses Pfeilers in Einzelstützen unter jedem Tragwerk nicht in Frage kam. Alle anderen Zwischenunterstellungen bestehen aus Stützen mit Ellipsenquerschnitt, deren lange Hauptachse senkrecht zur Brückenachse steht. Die Achsenlängen der Ellipse sind 5,50 m und 3,40 m. Die Pfeiler sind hohl. Der Hohlraum weist einen Kreisquerschnitt mit dem Durchmesser von 2,80 m auf. Der Brückenquerschnitt ist ein einzelliger Hohlkasten, ähnlich wie jener der Caroni-Brücke. Die Konstruktionshöhe beträgt 4,60 m, das ist 1/22,4 der größten Stützweite. Die Breite des Kastens ist an der Unterseite 5,00 m

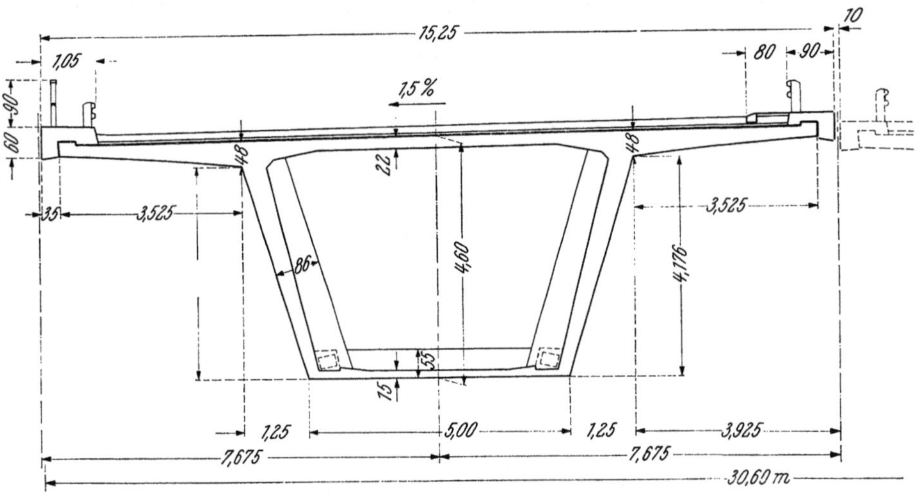

Abb. 85. Innbrücke Kufstein, Querschnitt

und oben 7,50 m. Die Fahrbahnplatte kragt beiderseits 3,25 m weit aus. Die Gesamtbreite der Fahrbahntafel beträgt 14,55 m bzw. 15,25 m einschließlich der Gesimskappen.

Die Bodenplatte hat eine Dicke von 15 cm, welche im Bereich der Mittelunterstützungen bis auf 1,20 m zunimmt. Die Seitenwände des Hohlkastens stehen schräg nach außen, um die Auskragung der Fahrbahnplatte zu verkleinern. Entsprechend dem Verlauf der Querbiegemomente nimmt die Dicke der Seitenwände von 25 cm an der Bodenplatte auf 48 cm am Anschnitt mit der Fahrbahnplatte zu. Die Fahrbahnplatte ist im Hohlkastenbereich 22 cm stark. Gegen die Seitenwände ist die Platte zuerst mit einer flachen Schräge auf 37 cm und dann steiler auf 51,5 cm verstärkt. Der auskragende Teil der Fahrbahnplatte ist an der Einspannstelle 48 cm und am Rand 20 cm stark.

Das Hauptspannglied ist auch hier, wie bei den vorhin angeführten Brücken, nicht in den Stegwänden, sondern neben ihnen geführt und reicht über die ganze Brückenlänge. An den Brückenenden ist es, nachdem im Bereich der Endtrompeten die Lage der Litzen umgeordnet wurde, um die

Spannblöcke geschlungen. Die Umlenkkräfte, die sich aus der polygonalen Führung des Spannstranges ergeben, werden von Querrahmen, die in Abständen von etwa 8,60 m vorhanden sind, aufgenommen und auf die Stegwände übertragen. Unmittelbar über den Zwischenstützen erfolgt die Umlenkung des konzentrierten Hauptspanngliedes, welches aus 640 siebendrähtigen Litzen aus Draht ∅ 3 mm der Güte St 170/190 besteht, mit stetiger Krümmung. Die Umlenkkräfte werden von scheibenförmigen Verstärkungen der Hohlkastenseitenwände aufgenommen, die sich, dem Kraftfluß entsprechend, gegen die Lager zu verjüngen. Das Umhüllen des Spanngliedes mit Prepacktbeton bzw. Abdecken mit Ortbeton in jenen Teilen, in welchen es vorerst frei geführt wurde, erfolgte nach dem Spannen, ebenfalls das Injizieren des Spannkanals an den Umlenkstellen und im Bereich der Endtrompeten. Zusätzlich zu diesem Hauptspannglied, mit welchem eine Vor-

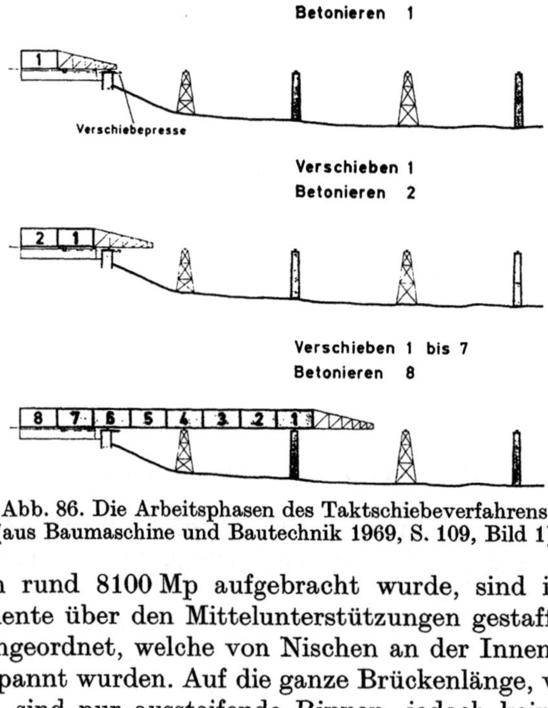

Abb. 86. Die Arbeitsphasen des Taktschiebeverfahrens (aus Baumaschine und Bautechnik 1969, S. 109, Bild 1)

spannkraft von rund 8100 Mp aufgebracht wurde, sind im Bereich der negativen Momente über den Mittelunterstützungen gestaffelt, zusätzliche Spannglieder angeordnet, welche von Nischen an der Innenseite des Hohlkastens aus gespannt wurden. Auf die ganze Brückenlänge, von Spannblock zu Spannblock, sind nur aussteifende Rippen, jedoch keine Querscheiben vorhanden. Für das Auslegen des Hauptspanngliedes war dies ein großer Vorteil.

Die Herstellung der Brückentragwerke erfolgte ähnlich wie bei der Brücke über den Caroni, jedoch wurde nicht die Brücke in ihrer ganzen Länge zuerst an Land aus einzelnen Schüssen zusammengesetzt und dann in Längsrichtung verschoben, sondern man baute einzelne Abschnitte, die Taktabschnitte, an Land jeweils an die bereits schon vorgeschobenen Brückenteile und schob bzw. zog die Brücke immer um die Länge eines Taktabschnittes gegen das andere Brückenende (Abb. 86). Die ganze Brückenlänge war in 17 Abschnitte (Taktabschnitte) von 25,60 m Länge und eine Restlänge unterteilt. Man vermied auf diese Weise gewisse Nachteile, die der Herstellung der vorhin beschriebenen Brücke über den Caroni noch innewohnten. Man brauchte landseits kein der Brückenlänge entsprechendes gerades und eingeebnetes Vorfeld und sparte außerdem das zeitraubende Ausrichten der Fertigteile und das Schließen der Fugen. Landseits wurde auf einer Betonmatrize die Bodenplatte des Hohlquerschnittes in der Länge eines Taktabschnittes hergestellt. Die Matrize lag jedoch noch um eine Taktlänge weiter landseits als die Schalung der Seitenwände. Die Bodenplatte wurde auf eine Abschnittslänge für sich an den vollständigen, vorn liegenden Querschnitt anbetoniert. Beim Verschieben um eine Taktlänge wurde die Platte zwischen die Außenschalungen der Kastenwände gezogen. Die Außenflächen des Kastens wurden mit großflächigen Holztafeln geschalt, die von Stahlfachwerken so gestützt wurden, daß ein seitliches Wegklappen leicht vorgenommen werden konnte (Abb. 87). Die Innenschalung

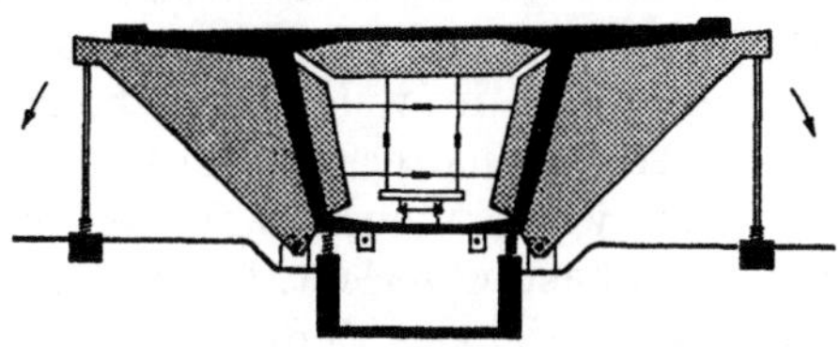

Abb. 87. Anordnung der Schalungen beim Taktschiebeverfahren (aus Baumaschine und Bautechnik 1969, S. 109, Bild 3)

war in der Art einer absenkbaren und einschwenkbaren Stollenschalung aus Stahl konstruiert und stützte sich über Hubspindeln auf die Bodenplatte ab. Erst nachdem der fertige Brückenabschnitt um eine Taktlänge weitergewandert war, wurde die Innenschalung abgesenkt und auf einem Gleis auf die vorgefertigte Bodenplatte des nächsten Abschnittes, die nun zwischen den Außenschalungen lag, zurückgefahren. Beim Vorschieben der Brücke lag die Bodenplatte in Abständen von etwa 4,30 m auf verchromten Stahlblechen, deren polierte Chromoberfläche über Teflonplatten gleiten konnte. Die zum Schieben notwendige Kraft wurde mittels hydraulischer Pressen und Zugstangen vom Widerlager aus auf die Brücke aufgebracht. Während des Vorschiebens war die Brücke nur schlaff bewehrt. Die schlaffe Längsbewehrung der einzelnen Abschnitte wurde mit Übergriff an den gut verzahnten Arbeitsfugen gestoßen. Um beim Verschieben die auftretenden Biegemomente nur mit dem schlaff bewehrten Brückenquerschnitt aufnehmen zu können, wurden zwischen den endgültigen Stützungen insgesamt noch 11 Hilfsstützungen angeordnet, und die Brücke erhielt an ihrem vorderen Ende einen Schnabel aus Stahl, welcher mit der Betonkonstruktion biegesteif verbunden wurde. Über den endgültigen Pfeilern und Hilfspfeilern, die als Betonstützen errichtet wurden, glitt die Brücke mit eingelegten Teflonplatten über Sockel, die mit Stahlblech überzogen waren. Diese Teflon-Gummi-Verbundplatten wurden mit der Gummigewebeschicht nach oben und der Teflonschicht nach unten zwischen Sockel und Tragwerk eingelegt.

Zur seitlichen Führung während des Verschiebens waren an den Pfeilern in der Höhe der Bodenplatte des Stahlkastens Rollen angebracht worden, die mit einem geringen Spiel waagrecht verstellt werden konnten. Während des Verschiebens wurde die Höhenlage der Verschiebelager dauernd überprüft, und wenn die Abweichung mehr als 7 mm betrug, wurden die Lager sofort auf ihre richtige Höhe nachgestellt. Als der Brückenüberbau in seine richtige Lage geschoben worden war, wurden an den Hauptpfeilern die Verschiebesockel gegen die endgültigen Lager ausgetauscht. An den Hauptpfeilern kamen als endgültige Lager je zwei Neotopfgleitlager von 2450 Mp Tragkraft zum Einbau. Die festen Lager liegen am Pfeiler *C*. Die Lagerkörper am Pfeilerkopf sind einfache Neotopflager mit einer Tragkraft von ebenfalls 2450 Mp. An den Enden über den Widerlagern wurden längsbewegliche Lager eingebaut. Nach dem Verschieben der Brücke wurden die Spannblöcke gebaut, welche längsverschieblich auf den Widerlagerkörpern lagen. Nun wurden die Litzen des Hauptspanngliedes mit einer im Hohlkasten fahrenden Haspel verlegt. An den Querrahmen und an den Umlenkstellen über den Pfeilern waren Aussparungen vorhanden, in welche das konzentrierte Spannglied eingelegt werden konnte. Abstandhalter sorgten für die richtige Litzenlage, und an den Umlenkstellen wurden zusätzlich Gleitbleche zwischen dem Litzenbündel und dem Blechkasten verlegt. Nach dem Auslegen der Litzen wurden die Brückenteile im Bereich der Endtrompeten, die an die Spannfuge anschließen, betoniert. Das Vorspannen konnte beginnen, sobald die zuletzt betonierten Abschnitte genügend erhärtet waren. Zwischen den Spannblöcken und der Brücke wurden in der Spannfuge bis zu 24 Stück 350-Mp-Pressen eingebaut. Der gesamte Spannweg, der an beiden Spannfugen etwa je 1,30 m betragen hat, wurde in 20 Stufen aufgebracht, wobei zwischendurch während des Rückholens der Pressenkolben der Spannblock über bewehrte Fertigteilplatten gegen die Brücke gestützt wurde. Nach dem Spannen wurden die Spannfugen mit Ortbeton gefüllt und das Spannglied injiziert bzw. in der schon vorhin beschriebenen Art ummantelt. Nach Erhärten des Ortbetons konnten die Pressen ausgebaut werden. Das Tragwerk wurde aus Beton der Güte B 450 errichtet und ist in der Längsrichtung voll vorgespannt. Die Fahrbahnplatte wurde in der Brückenquerrichtung mit Leobaspanngliedern S 33 beschränkt vorgespannt. Als schlaffe Bewehrung kam Rippentorstahl 50 zur Verwendung.

Im Brückenüberbau wurden je m² Brückengrundriß folgende Baustoffmengen benötigt:

Beton B 450	0,8 m³/m²
Spannstahl St 170/190	40 kg/m²
Rippentorstahl 50	60 kg/m²

Das Bauwerk wurde im Auftrag der Bundesstraßenverwaltung des Österreichischen Bundesministeriums für Bauten und Technik errichtet. Das Projekt verfaßte Ing. W. Baur vom Ingenieurbüro Prof. Dr.-Ing. F. Leonhardt und Dipl.-Ing. W. Andrä, Stuttgart. Die Ausführung dieses bedeutenden Bauwerkes lag in den Händen der Bauunternehmung Neue Baugesellschaft Auteried & Co., Salzburg.

Nach diesem Verfahren sind in Deutschland derzeit sechs große Talübergänge im Bau mit Stützweiten der einzelnen Felder von 35 bis 68 m. Bei Stützweiten bis 55 m verzichtete man sogar auf Hilfsunterstützungen, spannte jedoch die Brücke vor dem Verschieben zentrisch vor. Die Anwendung des sehr wirtschaftlichen Taktschiebeverfahrens ist an die Bedingung geknüpft, daß die Brückentragwerke im Aufriß und Grundriß gerade sind oder gleichbleibende Krümmungen aufweisen.

Semorile-Viadukt

In ganz ähnlicher Weise wurde der Semorile-Viadukt der Autobahn Genua—Sestri Levante hergestellt (Abb. 88) [66].

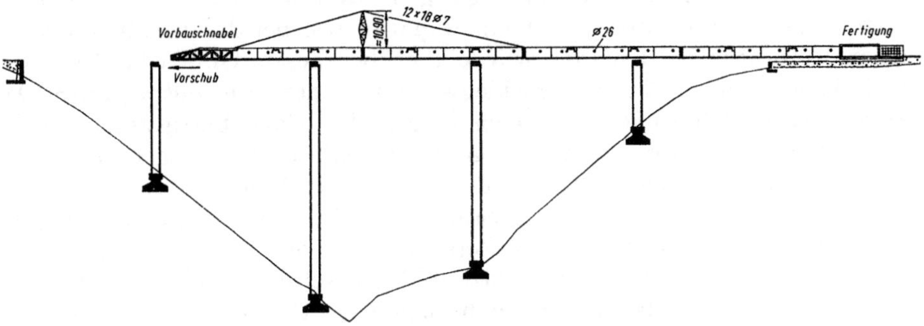

Abb. 88. Semorile Viadukt, Bauvorgang
(aus Beton- und Stahlbetonbau 1968, S. 51, Bild 11)

Die Brücke überquert das Tal in etwa 80 m Höhe mit 5 Feldern von etwa 50 m Stützweite. Je Richtungsfahrbahn der Straße sind zwei gleiche, voneinander unabhängige Tragwerke vorhanden. Der Querschnitt des

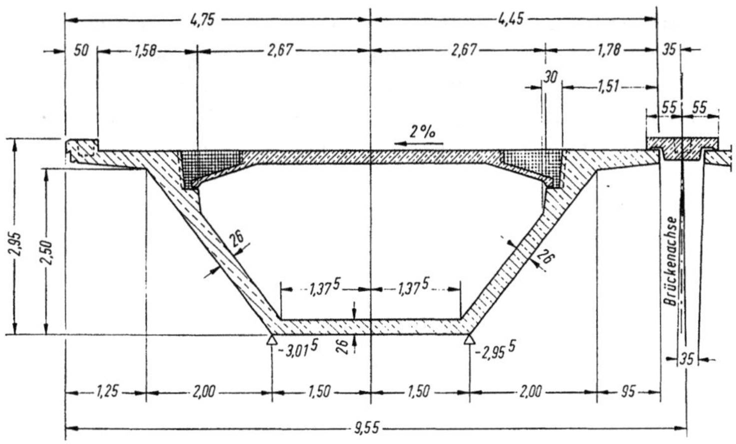

Abb. 89. Semorile Viadukt, Brückenquerschnitt
(aus Beton- und Stahlbetonbau 1968, S. 50, Bild 4)

Brückenträgers ist im Endzustand ein einzelliger Hohlkasten mit einer Konstruktionshöhe von 2,75 m $\doteq 1/18$ der Stützweite. Die Breite eines Tragwerkes beträgt 9,20 m (Abb. 89). Die Bodenplatte ist 3 m breit und

26 cm dick, die Seitenwände des Kastens stehen schräg nach oben, sind ebenfalls 26 cm dick, und ihre Anschnitte an die Fahrbahnplatte sind 7,0 m voneinander entfernt. Der trapezförmige Hohlraum ist oben mit einer vorgefertigten Platte abgeschlossen. Mit den Seitenwänden des Kastens und mit den auskragenden Teilen der Fahrbahnplatte wurden diese Fertigteile durch Übergriff der Bewehrung und durch Einbringen des Ortbetons in die breiten Fugen verbunden. Über den Stützpunkten ist die Brücke mit Querscheiben ausgesteift. Das feste Lager befindet sich über einem Widerlager. Die Lagerung auf den Stützen, welche den Widerlagern am nächsten stehen, ist beweglich. Die beiden sehr hohen, mittleren Stützen konnten mit dem Tragwerk monolithisch verbunden werden, da sie infolge ihrer geringen Biegesteifigkeit den geringen Längsbewegungen des Tragwerks keinen nennenswerten Widerstand entgegensetzen. Genauso wie bei der vorhin beschriebenen Innbrücke bei Kufstein wurde auch bei diesem Objekt landseits des Widerlagers, auf verhältnismäßig kleinem Raum, der Brückenträger in 8,40 m langen Abschnitten nach und nach hergestellt. Nach Fertigstellung jedes Abschnittes wurden die zusammengefügten Teile in der Längsrichtung der Brücke verschoben und hinten wieder der nächste Abschnitt angefügt. Man stellte jedoch vorerst nicht den gesamten Brückenquerschnitt, sondern, um geringere Gewichte während des Vorschubes zu erhalten, nur den offenen Trog, bestehend aus der Bodenplatte und den schrägen Seitenwänden, mit den auskragenden Teilen der Fahrbahnplatte her. Um dem Trog während des Verschiebens eine Quersteifigkeit zu geben, wurden in etwa 16,0 m Abstand einzelne, vorgefertigte, obere Deckplatten eingesetzt und mit den Seitenwänden verbunden. Außerdem wurde in jedem Abschnitt oben eine Verschließung aus Dywidag-Spanngliedern ⌀ 26 mm eingezogen.

Die Brücke ist in der Längsrichtung vorgespannt. Die Vorspannung mußte den Bauzuständen und dem Endzustand genügen, und sie wurde daher in verschiedenen Stufen aufgebracht. Für das Einschieben des offenen Troges spannte man ihn mit den endgültigen und vorübergehend verlegten Spanngliedern mittig vor, da während des Verschiebens das Vorzeichen der Momente wechselte. Als die Brücke in ihre endgültige Lage gebracht war, mußte während des Versetzens der Fahrbahnplatten, noch vor dem Erhärten des Vergußbetons, ein weiterer Teil und nach dem Erhärten des Vergußbetons der Rest der Vorspannung aufgebracht werden. Für die schlaffen Bewehrungen wurden Bewehrungsmatten verwendet. In jedem 8,40 m langen Abschnitt sind, immer an der gleichen Stelle liegend, Spannlisenen vorhanden. Man verwendete das Spannsystem Tecnicavi, mit Spanngliedern aus 18 ⌀ 7 mm.

Zur Fertigung der Abschnitte benützte man Stahlschalungen. Die Außenschalung der Wände konnte beim Ausschalen etwas nach außen gerückt werden, die innere Schalung wurde erst nach dem Verschieben um eine Abschnittslänge in ihre Ausgangslage zurückgefahren. Zur Beschleunigung der Erhärtungszeiten des Betons eines Abschnittes wurde er einer zehnstündigen Dampfbehandlung unterworfen. Die Fertigung der Fahrbahnkassettenplatten erfolgte auf Stahlmatrizen mit Stahlseitenschalungen. Je Matrize und Tag konnte eine Platte hergestellt werden.

Da es bei der Tiefe des Tales sehr unwirtschaftlich gewesen wäre, für den Verschiebevorgang Hilfsstützen zu bauen, wurde ein 10,90 m hoher Abspannturm über der zweiten Querscheibe errichtet und gegen die erste und dritte Scheibe mit 12 Spanngliedern 18 ∅ 7 verankert. Um die Kragmomente beim Vorschieben möglichst zu verringern, erhielt die Brücke am vorderen Ende einen 16,30 m langen Schnabel aus einer Stahlfachwerkkonstruktion, welche mit dem offenen Trog kraftschlüssig verbunden wurde.

Das Verfolgen aller Beanspruchungszustände während des Verschiebens, die Berechnung der notwendigen Kräfte in den Abspannseilen und die Ermittlung der Tragwerksverformungen verursachten große Mühe. Die Berechnungen wurden sowohl für die Bauzustände als auch für den Endzustand mittels elektronischer Rechenmaschinen durchgeführt.

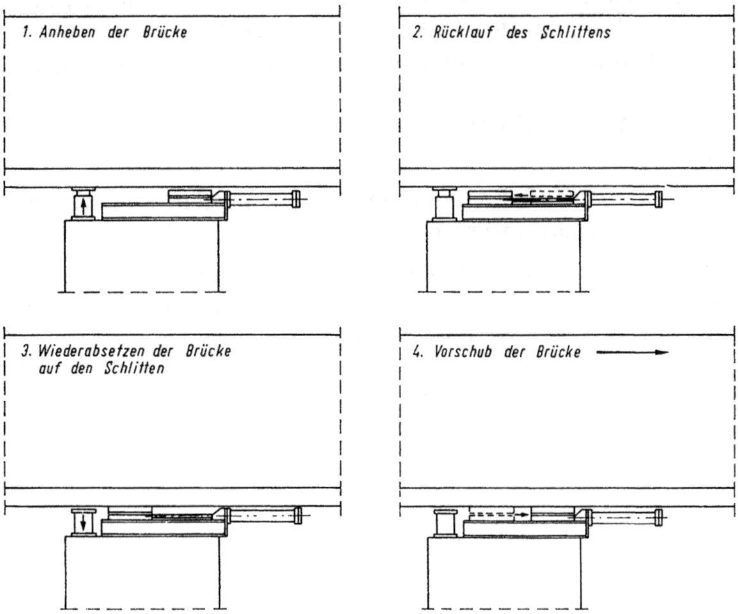

Abb. 90. Verschiebevorrichtung (aus Beton- und Stahlbetonbau 1968, S. 52, Bild 13)

Für das Verschieben waren an jedem Pfeilerkopf und auch an der Betonierbank Einrichtungen vorhanden (Abb. 90). Diese bestanden aus einer hydraulischen Presse zum Anheben der Brücke und aus einem Schlitten, der in Längsrichtung der Brücke hydraulisch bewegt werden konnte. Der Schlitten lag auf Gummilagern und glitt über Teflonflächen. Da an jedem Pfeiler Verschiebeeinrichtungen vorhanden waren, die gleichzeitig betätigt wurden, und die Kraft des schiebenden Kolbens in der Reibungskraft des Schlittens ihren Ausgleich fand, wirkten infolge des Verschiebens keine waagrechten Kräfte auf die Pfeiler. Während des Verschiebens lag die Brücke auf dem Schlitten. War der Schubkolben ganz ausgefahren, wurde die Brücke mit der hydraulischen Presse vom Schlitten abgehoben, und der Kolben sowie der Schlitten wurde in die Ausgangslage zurückgeholt. Hierauf wurde die hydraulische Presse abgelassen, wodurch sich die Brücke wieder auf den Schlitten legte und das nächste Bewegungsspiel beginnen konnte.

Die Pfeiler der Brücke haben quadratischen Hohlquerschnitt und sind am Kopf mit dem Pfeiler des Nachbartragwerkes durch Querriegel verbunden. Sie wurden im Gleitverfahren hergestellt und in lotrechter Richtung mit Dywidag-Spanngliedern vorgespannt. Man spannte vor, um das Auftreten von Zugspannungen in den Pfeilerschäften infolge exzentrischen Angriffs der Brückenlasten oder infolge unterschiedlicher Schlittengeschwindigkeit während des Vorschiebens zu vermeiden und um bleibende Verformungen aus solchen Wirkungen zu verhindern.

Bauherr war die Societá Progrettazioni Edili Autostradali (SPEA), welche auch einen Vorentwurf für den Talübergang aufstellte. Der ausgeführte Sonderentwurf stammt von Dr.-Ing. T. Koncz, Zürich, dessen Büro die notwendigen Berechnungen und die konstruktive Bearbeitung vornahm. Die Bauausführung erfolgte durch die Unternehmung Codelfa, Mailand.

2.1.2.4. Balkenbrücken aus Fertigteilen

Allgemeines

Werden die Balkenbrücken aus Fertigteilen erstellt, so kann man grundsätzlich folgende Typen unterscheiden [10]:

1. Die Fertigteilbalken werden Mann an Mann verlegt und so miteinander verbunden, daß die Übertragung von Querkräften an den Verbindungsstellen möglich ist. Die Größe dieser übertragbaren Querkräfte, welche die

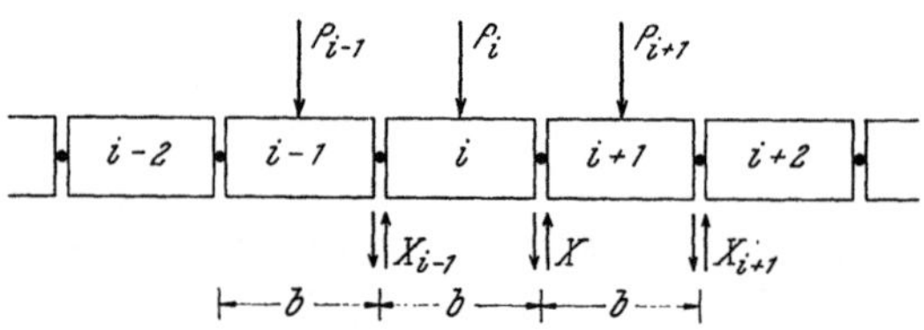

Abb. 91. Balkenkette

Querverteilung einer Belastung ermöglichen, hängen vom Verhältnis der Biegesteifigkeit der Einzelbalken zu ihrer Torsionssteifigkeit ab. Diese Kräfte können bei gleichen Balken, wenn diese eine lotrechte Symmetrieachse haben und die Ebene der Gelenke mit jener der Schubmittelpunkte zusammenfällt, aus dem Gleichungssystem (Abb. 91)

$$-X_{i-1}(1-\beta)+2X_i(1+\beta)-X_{i+1}(1-\beta)=p_i-p_{i+i} \quad [10]$$

ermittelt werden.

$$\beta=\frac{EI_b}{4GI_t}\cdot\frac{b^2}{l^2}\cdot(n\pi)^2$$

p_i ist das n-te Glied, wenn die Belastung in Brückenlängsrichtung nach einer Fourierschen Reihe entwickelt wird

EI_b Biegesteifheit eines Einzelbalkens

GI_t Torsionssteifheit eines Einzelbalkens

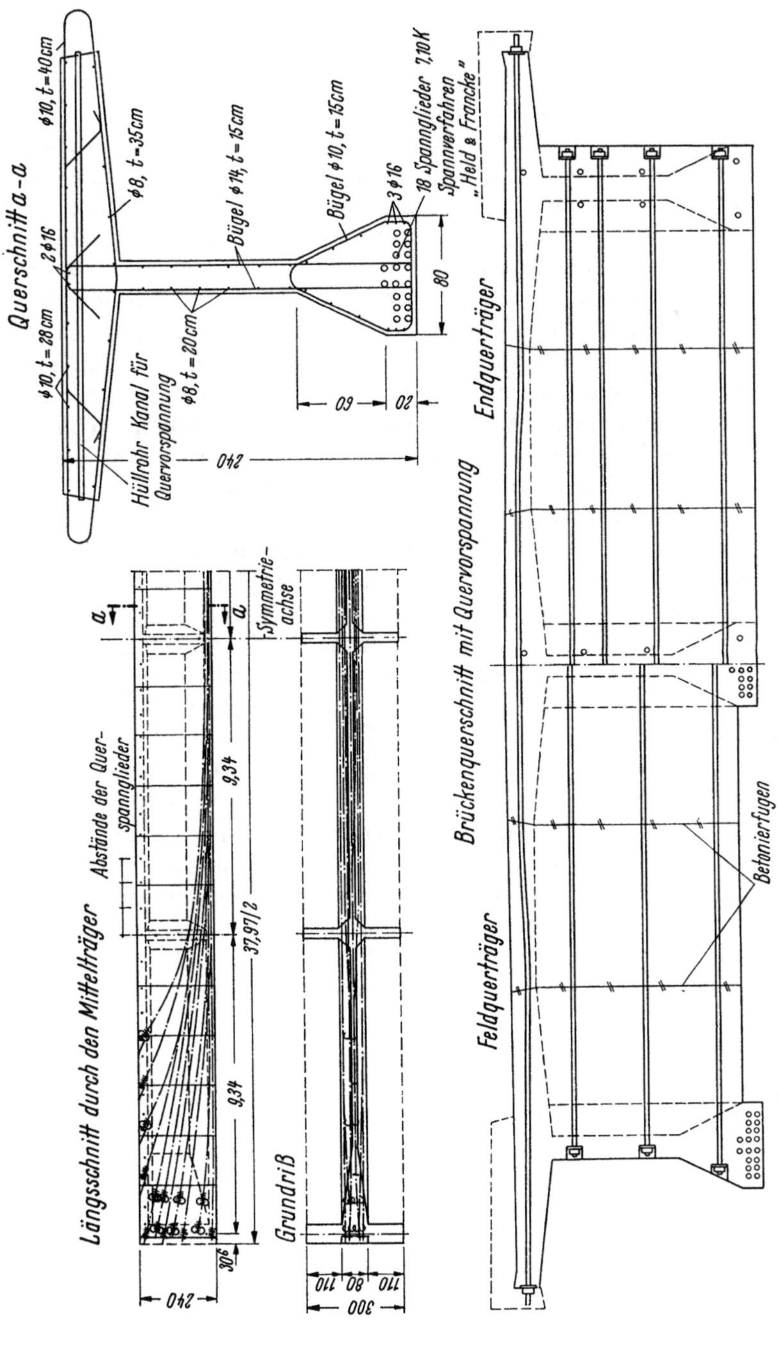

Abb. 92. Brücke über den Volta in Ghana
(aus Beton- und Stahlbetonbau 1968, S. 29, Bild 24)

Liegt das Gelenk nicht in der Höhe der Schubmittelpunkte, so kann nach einem von G. Spaethe [67] angegebenen Verfahren gerechnet werden.

2. Auf die Mann an Mann verlegten Balken wird eine lastverteilende Stahlbetonplatte betoniert (Abb. 95). Die Querverteilung der Belastung kommt durch Querkräfte und durch die Biegesteifigkeit der Platte zustande. Soll die Platte als Druckplatte der Brückenträger wirken, so muß in der Fuge zwischen Fertigteil und Platte durch volle Schubsicherung der Aufbau der Druckkräfte in der Platte ermöglicht werden. Die Fertigteile müssen ohne Mitwirkung der Platte ihr Eigengewicht und das Gewicht der lastverteilenden Platte tragen können. Durch Kriechen des Betons kommt es unter den Dauerbeanspruchungen in diesem Falle zu Spannungsumlagerungen, da im Bauzustand und Endzustand verschiedene Systeme vorhanden sind. Ist kein oder ein nicht sehr großer Unterschied im Kriechvermögen des Betons der Fertigteile und der aufbetonierten Platte vorhanden, so können diese Umlagerungen mit der schon erwähnten Formel von Dischinger ermittelt werden. Ist das Kriechvermögen der beiden zusammenwirkenden Teile verschieden, so ist die Ermittlung der Spannungsumlagerung etwas verwickelter. Einschlägige Arbeiten sind [1], [53], [54] und [168].

3. Die Fertigteilträger werden in größerem Abstand verlegt. Ihre Druckplatte ist bereits ein Teil der Fahrbahnplatte. Schmale Streifen dieser Platte, die gerade so breit sind, daß die Bewehrung genügend Übergriff erhält, werden in Ortbeton eingefügt. Sich überdeckende Bewehrungsschlaufen sind hiebei besser und wirksamer als ein einfacher Überdeckungsstoß. Die Schalung für diese Ortbetonstreifen wird an die Fertigteile gehängt. Legt man auf gute Lastverteilung Wert, so werden Feldquerträger vorgefertigt oder aus Ortbeton angeordnet. Die kraftschlüssige Verbindung der Querträger mit den Hauptträgern muß nötigenfalls durch eine Quervorspannung sichergestellt werden. Als Beispiel für eine solche Ausführung möge die Brücke über den Volta in Ghana, Westafrika, dienen (Abb. 92) [164]. Die Brücke mit einer Gesamtlänge von 646,0 m besteht aus 17 auf den Brückenjochen frei aufliegenden Feldern mit 38,0 m Spannweite. Der dreistegige, insgesamt 12,0 m breite Brückenquerschnitt ist ein dreistegiger Plattenbalken mit 4,50 m Achsabstand der Stege. Die Hauptträger sind längsvorgespannte Fertigteile mit 2,40 m Höhe. Die Plattenstreifen aus Ortbeton, mit welchen die Hauptträger verbunden wurden, sind 1,50 m breit. Der Aussteifung des Brückenquerschnittes und der Lastverteilung dienen zwei Endquerträger und drei Feldquerträger, von welchen die Ansatzstücke bereits an den Fertigteilen vorhanden waren. Im Bereich der Ortbetonplattenstreifen waren auch die Querträger mit Ortbeton zu ergänzen. Die Arbeitsfugen der Fahrbahnplatte und der Querträger wurden mit einer Quervorspannung unter Druck gesetzt.

Autobahnüberführung ES 14 in Inzersdorf bei Wien

Die Überführung ES 14 der Südautobahn über Gleise der Bundesbahn bei Inzersdorf bei Wien wurde unter Verwendung von zum Teil vorgespannten Brückenträgern ausgeführt (Abb. 93 und 94). Der Kreuzungswinkel zwischen den Bahngleisen und der Autobahn ist sehr schief, und die

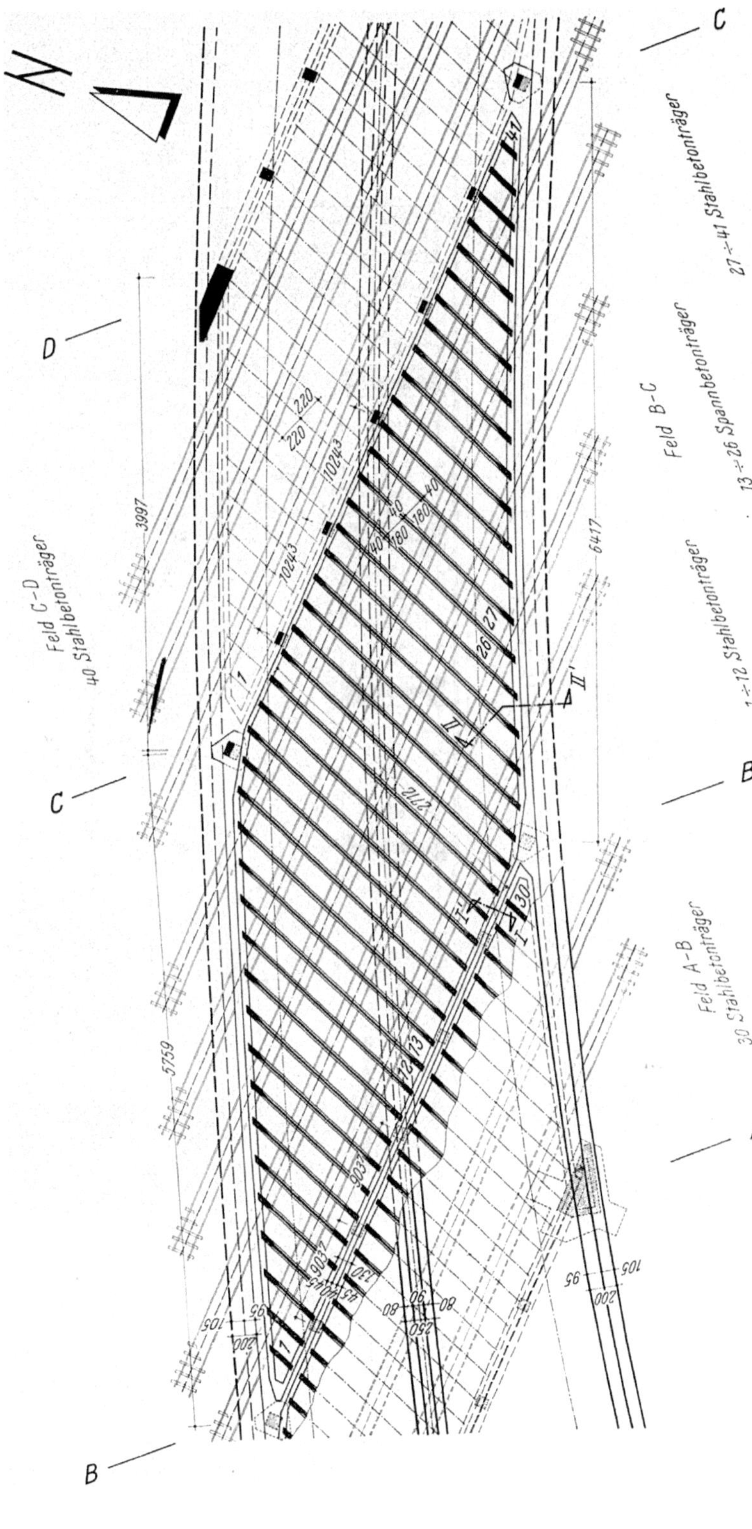

Abb. 93. Überführung ES 14 der Südautobahn bei Wien, Grundriß

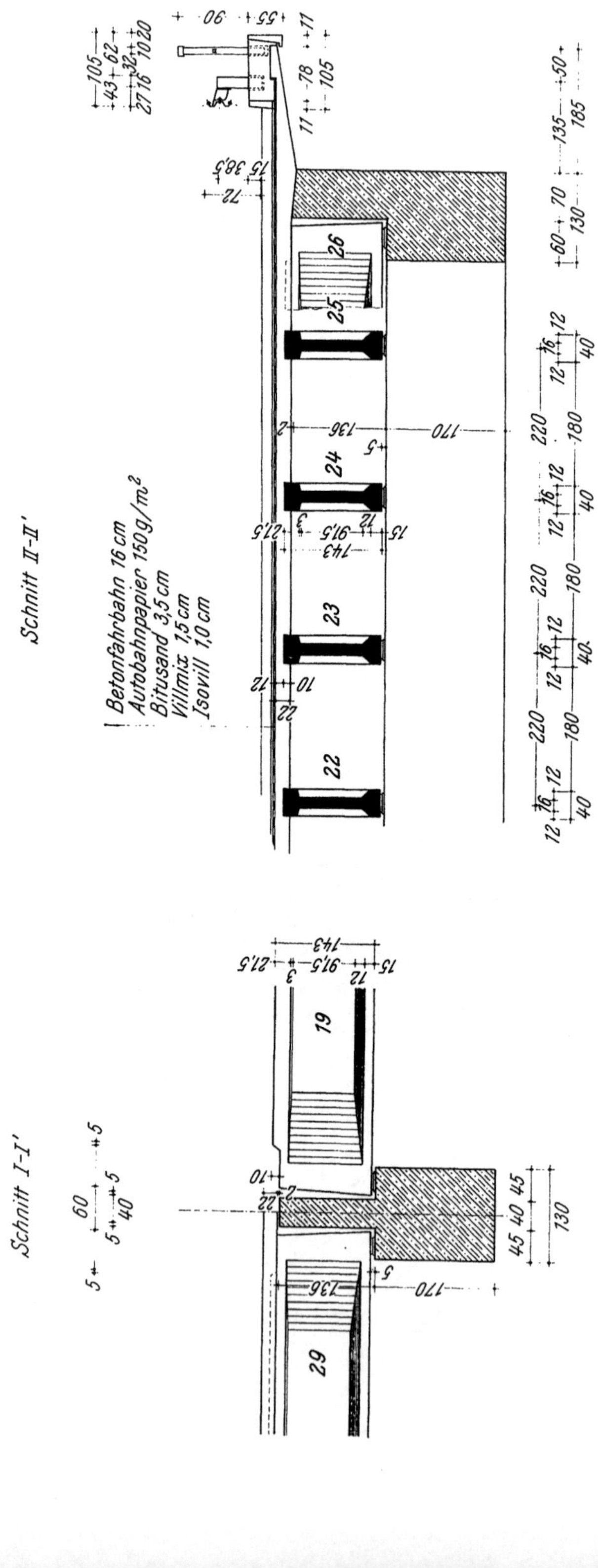

Abb. 94. Regelquerschnitt

Bahnanlagen werden mit drei Öffnungen überspannt. Die Hauptträger des Objektes liegen etwa in der Richtung der Winkelsymmetralen zwischen der Autobahnachse und der Senkrechten auf die Lagerlinien. Die Hauptträger spannen sich von Lagerlinie zu Lagerlinie oder von den Lagerlinien zu den Längsträgern entlang des Brückenrandes. Der Abstand der Hauptträger beträgt 2,20 m. Sie haben I-Querschnitt und sind 1,43 m hoch. Nur die Hauptträger des mittleren Teiles des Hauptfeldes mit etwa 27 m Länge sind vorgespannte Fertigteilträger. Alle anderen Brückenbalken haben den gleichen Querschnitt, sind jedoch, da sie kleinere Spannweiten aufweisen, schlaff bewehrt. Diese Spannbetonträger wurden im Spannbett im Betonwerk Sollenau der Firma Allgemeine Baugesellschaft A. Porr AG. hergestellt. Im Endzustand sind die Fertigteilträger durch eine 22 cm dicke, schlaff bewehrte Fahrbahnplatte zu einem Plattenbalkentragwerk verbunden. Die vorgespannten Fertigteilträger liegen auf Absätzen der Randlängsträger bzw. der Kopfträger der Rahmenjoche. Als Lagerkörper wurden Neoprenelager der Firma Vorspanntechnik verwendet. Die Stützen der Joche mit dem Querschnitt 90/105 cm und einem zylindrischen Hohlraum von 60 cm Durchmesser wurden ebenfalls als Fertigteile hergestellt. Mit den Fundamenten sind die Stützen starr verbunden. Sie wurden in köcherartige Aussparungen der Gründungskörper eingesetzt, und die Spalten mit Beton ausgefüllt.

Der Bauherr für dieses Objekt war die Bundesstraßenverwaltung MA 28 der Wiener Landesregierung, die Planung wurde von Zivilingenieur Dipl.-Ing. A. Pauser, Wien, durchgeführt, und die Bauausführung erfolgte durch die Bauunternehmung Allgemeine Baugesellschaft A. Porr AG.

Hangbrücke Matrei-Wald der Brennerautobahn

Als Beispiel der Anwendung von vorgespannten Fertigteilbalken für ein langes Bauwerk wird die Hangbrücke Matrei-Wald im Zuge der Brennerautobahn angeführt (Abb. 95) [26, 27, 30, 68, 69]. Die 21,30 m breite Autobahn ist je Richtungsfahrbahn auf zwei getrennten Brücken untergebracht. Der Abstand der Pfeiler beträgt einheitlich 20 m. Die Pfeiler sind im Fundament eingespannt, weisen einen rechteckigen Querschnitt von 1,20 m × 5,00 m auf und sind am oberen Ende hammerkopfartig verbreitert Der Brückenüberbau besteht aus zehn Mann an Mann verlegten T-Trägern, über welche eine lastverteilende, 16 cm starke Ortbetonplatte betoniert wurde. Das Aufbetonieren einer quer durchgehenden Platte ergibt zwar ein größeres Eigengewicht gegenüber Konstruktionen, bei welchen die Flanschen der T-Träger bereits einen Teil der Fahrbahnplatte bilden und mit Ortbeton nur noch schmale Lücken geschlossen werden, doch werden so Längsarbeitsfugen, die sehr oft zu Längsrissen führen, in der Fahrbahnplatte vermieden. Jedes Brückenfeld mit 19,30 m Stützweite liegt frei drehbar auf den Pfeilern auf, jeder T-Balken ist beidseits auf Neoprenelagern 300/200/14 mm gelagert.

Die frei drehbare und auch bewegliche Auflagerung jedes Brückenfeldes machte es notwendig, daß alle 20 m der Fahrbahnbelag, bestehend aus 1 cm Isolierung, 4 cm Schutzestrich und 12 cm Schwarzbelag, unterbrochen

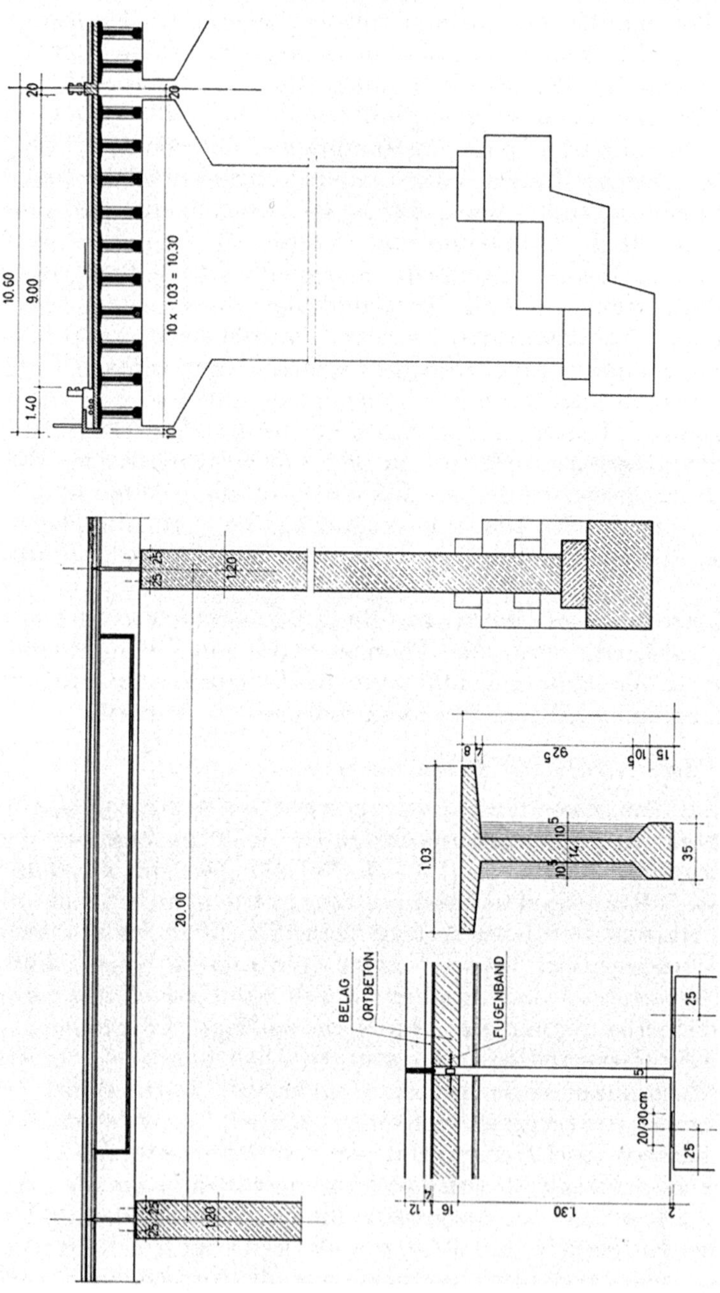

Abb. 95. Hangbrücke im Baulos Matreiwald der Brennerautobahn (aus ÖIZ 1970, S. 84, Abb. 3)

werden mußte. Wegen des kurzen Fugenabstandes verzichtete man auf den Einbau von Fugenkonstruktionen und füllte den Fugenspalt nur mit Kitt.

Die Fertigteilträger sind 1,30 m hoch, das ist $^1/_{15}$ der Stützweite. Die Stegstärke beträgt 14 cm, im Auflagerbereich 35 cm, die Druckplatte ist 1,03 m breit und 8 bis 12 cm dick. Der Trägerunterteil ist zur Aufnahme der Druckspannungen infolge der Vorspannung bis zu einer Höhe von 15 cm auf 35 cm verbreitert.

Die Fertigteilbalken sind in der Brückenlängsrichtung vorgespannt. Der Grad der Vorspannung wurde so gewählt, daß unter ständiger Belastung keine Zugspannungen im Beton auftreten und bei Vollbelastung die Betonzugspannungen nur die Hälfte der nach DIN 4227 für beschränkte Vorspannung zulässigen Werte erreichen.

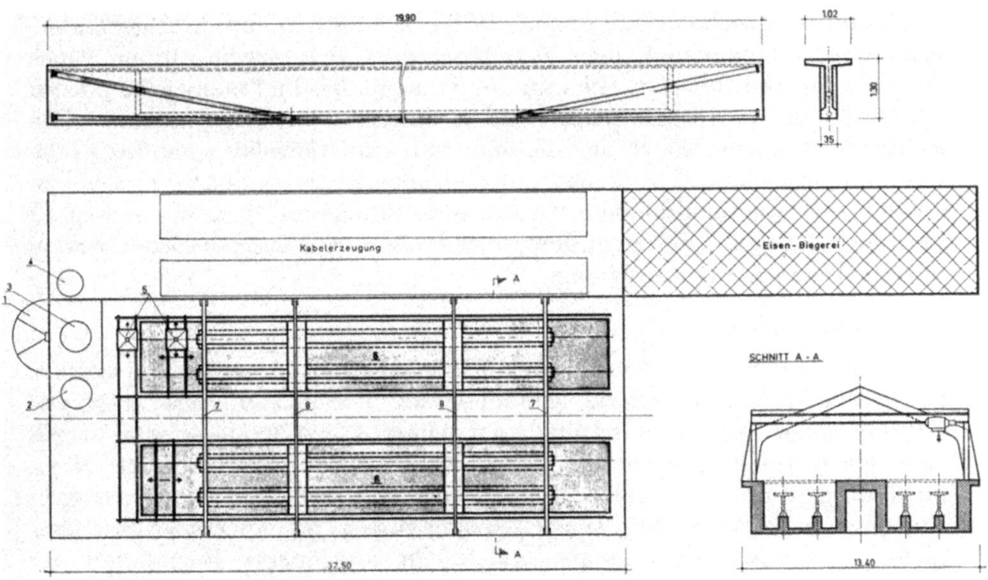

Abb. 96. Herstellung der Träger im Spannbett
(aus Spannbeton-Österreich 1966—1970, S. 54, Bild 3)
1 Zuteilstern, *2* Zementsilo, *3* Zwangsmischer, *4* Dampfgenerator, *5* Betontransportwagen, *6* Spanngruben, *7* Kranportale, *8* Laufkatzen

Vorgespannt wurde im Spannbett mit dem BBRV-System (Abb. 96). Als Spannstähle wurden Drähte ⌀ 10 mm aus Delta 100, St 160/175, verwendet, die zu 8 bzw. 10 Stück zu BBRV-Spannbündeln zusammengefaßt sind. Die Hälfte der Spannbewehrung wurde 5,525 m vom Balkenende entfernt nach oben umgelenkt und am Balkenende oben verankert. Die Herstellung der Träger und das Vorspannen erfolgten in der Nähe der Einbaustelle in einer Fertigungshalle. Durch Anwendung der Dampfhärtung konnte man in dem für 4 Träger ausgelegten Spannbett 2 Träger je Tag herstellen. Die schlaffe Bewehrung wurde weitgehend mit Sondermatten aus geripptem Stahl St IV ausgeführt. Das Verlegen der Fertigteilträger erfolgte über Kopf mit einem über zwei Felder reichenden und querverschiebbaren, portalkranartigen Versetzgerät. Das Brückensystem ist klar und einfach, und die Ausführung des Überbaues ist nicht schwierig. Diesen Vorteilen stehen als Nachteile die Fahrbahnunterbrechungen über jedem Pfeiler und die Gründung auf quer zur Brückenachse liegenden langen Fundamentstreifen gegenüber. Bei ungünstigen geologischen Verhältnissen sind am Hang einstielige Stützungen, verbunden mit Tiefgründungen, solchen Fundamentstreifen überlegen.

Die Bauarbeiten für diese Hangbrücken wurden vom Bauherrn, der Brennerautobahn AG., an eine Arbeitsgemeinschaft der Firmen E. Hamberger, Linz, H. Rella & Co., Wien, und Stuag, Wien, vergeben. Den Entwurf verfaßte ebenfalls diese Arbeitsgemeinschaft, welche auch die konstruktive Bearbeitung vornahm.

Freivorbau mit Fertigteilen

Spannbetonbrücken sind schon oft im Freivorbau durch Aneinanderfügen und Aneinanderspannen von Fertigteilen hergestellt worden. Eines der bekanntesten Beispiele ist wohl die Brücke über die Osterschelde, deren 50 Felder zu je 100 m Spannweite in dieser Art gebaut wurden. Das leichteste Element hatte bei diesem Bau ein Gewicht von 180 t, das schwerste von 650 t. Das Bauen mit so schweren Fertigteilen wird an die Möglichkeit gebunden bleiben, die schweren Stücke auf dem Wasserweg an die Baustelle heranzubringen, denn auf Straßen und Bahnen lassen sich so schwere Teile nicht verfrachten.

Lechbrücke Epfach

Hier soll nun die Lechbrücke Epfach kurz beschrieben werden, bei welcher die Fertigteile auf der Straße herangeschafft wurden [70]. Die insgesamt 144,0 m lange Brücke mit den Stützweiten 31,0 + 68,0 + 45,0 m wurde nach einem Sonderentwurf der Firma Hochtief AG., Fertigteilbau, Augsburg, ausgeführt (Abb. 97). Die 22 bis 32 t schweren, vorgefertigten Elemente aus Beton B 600, welche 2 m lang waren und den ganzen Brückenquerschnitt umfaßten, erzeugte man in der Augsburger Betonfabrik der Firma Hochtief AG.

Die Brücke hat eine 6,00 m breite Fahrbahn und zwei 1,0 m breite Gehsteige aufzunehmen. Der Brückenquerschnitt ist im Bereich der negativen Momente ein einzelliger Hohlkasten, der im Mittelteil des großen Feldes in einen zweistegigen Plattenbalken übergeht. Die Konstruktionshöhe beträgt in der Mitte des langen Feldes und an den Brückenenden 1,85 m = 1/37 und über den V-förmigen Mitteljochen 3,30 m = 1/20,6 der größten Stützweite. Die Querschnittshöhe nimmt symmetrisch zu den Mittelpfeilern etwa auf 23 m Länge ab und bleibt dann in den Reststücken gleich. Die Stege des Hohlkastens bzw. des Plattenbalkenquerschnittes sind etwas nach oben breiter werdend ausgebildet. Die Lichtweite des Hohlraumes beträgt etwa 4,50 m. Die Dicke der Bodenplatte des Hohlkastens ist 25 cm, jene der Fahrbahnplatte zwischen den Stegen 16 cm. Die Gesimskappen sind im tragenden Querschnitt miteinbezogen. Querträger sind an den Brückenenden und über den Schrägscheiben der Mittelpfeiler vorhanden. Zu bemessen war die Brücke für die Brückenklasse 30 gemäß DIN 1072. Die Herstellung des

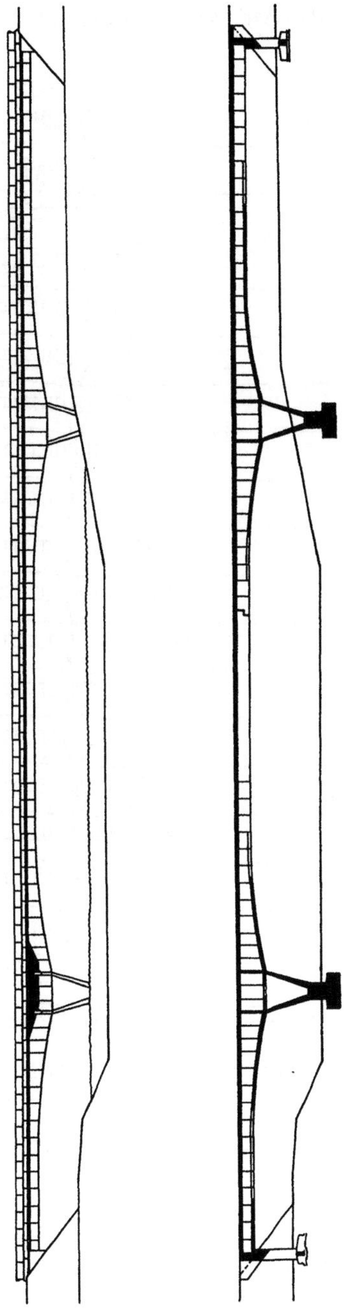

Abb. 97. Lechbrücke bei Epfach. Übersicht
(aus Beton- und Stahlbetonbau 1969, H. 8, S. IX, Bild 1)

Baues erfolgte nun so, daß mit dem Bau der V-förmigen und in ihrer Gründung eingespannten Pfeilerscheiben begonnen wurde (Abb. 98). Dann baute man auf diese Scheiben ein Gerüst auf, welchem die ersten neun Fertigteile mit einem 50-Mp-Autokran aufgelegt werden konnten. Die

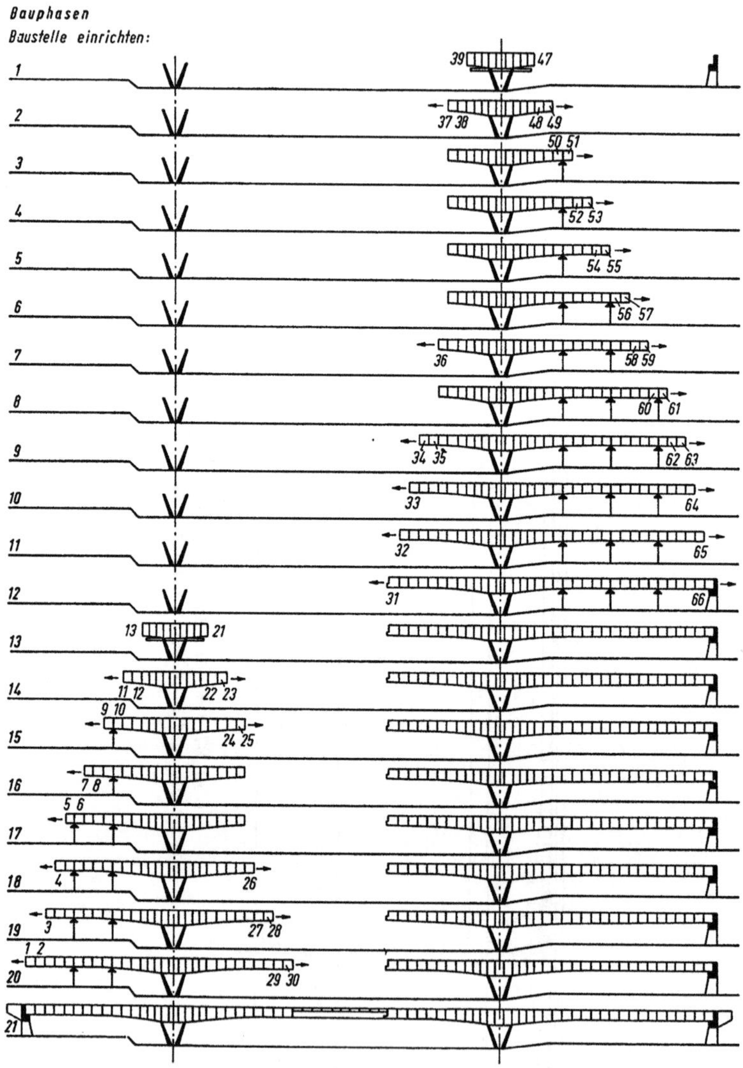

Abb. 98. Bauzustände (aus Beton- und Stahlbetonbau 1969, H. 8, S. X, Bild 3)

Breite der Fugen zwischen den Fertigteilen betrug 3 cm. Die lotrecht stehenden Fugenflächen wurden mit waagrechten Rillen versehen, um eine gute Verzahnung der einzelnen Elemente zu erhalten. Spannglieder wurden eingezogen, die Fugen zwischen den Fertigteilen vermörtelt und vorgespannt. Die Vorspannkräfte für die einzelnen Belastungszustände wurden so bemessen, daß mindestens das 2,5fache der jeweiligen Querkraft an Normalkraft in der Fuge vorhanden war. Über die Fugen geht nur die Spannbewehrung hinweg.

Der Brückenüberbau steht mit den V-Pfeilern in monolithischer Verbindung.

Nun war bereits genügend Fläche vorhanden, um die zwei Montagegeräte, welche für den weiteren Freivorbau notwendig waren, auf der Fahrbahntafel aufzubauen. Als diese montiert waren, baute man symmetrisch zum V-Pfeiler im Freivorbau je zwei Elemente an (Abb. 98).

Der weitere Vorbau erfolgte vorwiegend in Richtung des Endwiderlagers, wobei zuerst eine und schließlich 3 Hilfsunterstellungen zwischen dem Pfeiler und dem Widerlager notwendig wurden. Mit dem Erreichen des End-

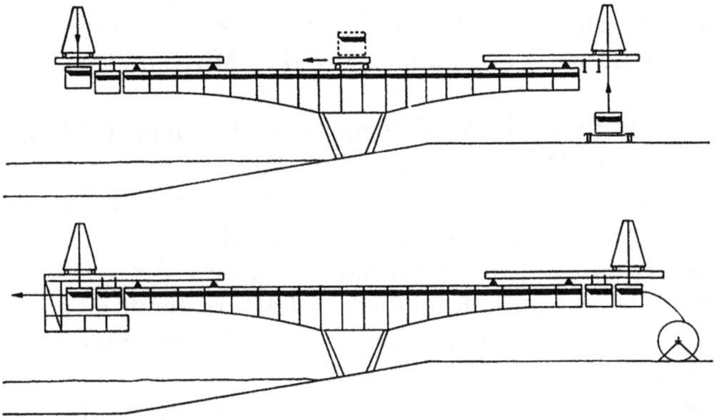

Abb. 99. Montagevorgang (aus Beton- und Stahlbetonbau 1969, H. 8, S. XI, Bild 6)

widerlagers war man gegen die Brückenmitte hin mit acht angefügten Elementen 23 m von der Pfeilerachse entfernt. Der nun fertige Brückenteil wurde auf sein Lager am Brückenende gesetzt, und gleichzeitig mit dem Anspannen der im Feld unten liegenden Vorspannkabel konnten die Hilfsjoche abgesenkt und entfernt werden. Die einzelnen, während des Freivorbaues sich wiederholenden Arbeitstakte bestanden hier in

1. Vorschieben des Gerüstes,
2. Aufnehmen der Vorbauelemente (Abb. 99),
3. Ausrichten und Einmessen,
4. Einziehen des Spannstahles,
5. Ausbetonieren der Fugen,
6. Vorspannen,
7. Injizieren der Spannkanäle.

Der zweite Arbeitstakt vollzog sich so, daß die über die Straße ankommenden Elemente mit Hilfe des landseitigen Vorbaugerätes abgeladen, angehoben und, wenn zur Wasserseite gehörend, auf einen Transportwagen gelegt und zum wasserseitigen Vorbauwagen gebracht wurden. Die Vorbaugeräte waren Portalkrane, deren Fahrbahnträger seitlich, außerhalb des Brückenquerschnittes lagen. Diese Krane und ihre Fahrbahnen und Abstützungen auf die bereits fertigen Brückenabschnitte waren so bemessen, daß gleichzeitig zwei Elemente angebaut werden konnten.

Vom zweiten V-Joch ausgehend, wiederholte sich nun der Arbeitsablauf. Es verblieb schließlich ein 22 m langes Brückenstück in der Mitte des großen Feldes. In diesem Teil wurden nun in den Ebenen der Stege des Hohlkastens zwei Einhängeträger verlegt. Auf diese legte man zehn ebenfalls vorgefertigte Plattenstreifen und verband sie mit den Einhängeträgern zu einem Plattenbalkenquerschnitt. Auch diese Elemente wurden in Augsburg erzeugt, zur Baustelle gefahren und konnten mit den schon vorhandenen Montagegeräten, mit kleinen Ergänzungen der Einrichtung, versetzt werden. Das eingehängte Brückenfeld wurde an der einen Seite mit dem auskragenden Brückenteil kraftschlüssig durch Ankoppeln der Spannbewehrung verbunden. Am anderen Ende mußte ein längsbewegliches Gelenk ausgebildet werden, da die in ihrer Gründung eingespannten V-Joche mit dem Brückenüberbau monolithisch verbunden sind und die Möglichkeit der zwängungsfreien Längsbeweglichkeit für das Mittelfeld geschaffen werden mußte.

Das Bauwerk ist in der Längsrichtung zum Teil mit 50-Mp-Spanngliedern des Spannverfahrens Hochtief, zum Teil aber auch mit Dywidag-Spannstangen ∅ 26 mm aus St 80/105 bewehrt. Diese Spannstangen kamen für die geraden und gemufften Glieder zur Anwendung.

Dieser Brückenbau zeigte, daß auch bei ungünstigeren Voraussetzungen gegenüber jenen, wie sie an den Küsten und Meeresbuchten gegeben sind, die Vorteile des Bauens mit Fertigteilen mit der Freivorbaubauweise gepaart werden können.

Der Bauherr war der Landkreis Schongau, die Bauaufsicht besorgte im Auftrag des Bauherrn das Ingenieurbüro Zis, München. Den konstruktiven Entwurf verfaßte die Firma Hochtief, Augsburg, welcher auch die Ausführung der Bauarbeiten oblag.

2.1.2.5. Balkenbrücken, auf freitragenden Gerüsten hergestellt

Hangbrücke Saag der Südautobahn

Eine bemerkenswerte Brücke der Autobahn Wien—Villach im Gebiet des Wörthersees ist die Hangbrücke Saag, V 5, mit einer Gesamtlänge von 1611,60 m (Abb. 100). Dieses Objekt wurde auf einem freitragenden Gerüstwagen hergestellt. Bauherr war die Bundesstraßenverwaltung des Bundesministeriums für Bauten und Technik, der Projektant Zivilingenieur Dipl.-Ing. K. Wenzel. Die Ausführung oblag einer Arbeitsgemeinschaft der Bauunternehmungen Union Baugesellschaft, H. Rella & Co., Isola & Lerchbaumer, Soravia & Co. und Svata. Die Richtungsfahrbahnen sind wegen der Steilheit des Hanges und wegen der Einbindung der Ausfahrt nach Velden teilweise gestaffelt angeordnet. Dadurch liegen die Brücken nur wenig über dem Gelände und beherrschen nicht das Landschaftsbild. Der Querschnitt des 14,0 m breiten Brückenüberbaues ist ein einzelliger Hohlkasten mit schräg gestellten Stegen, um die Kraglängen der Fahrbahnplatte zu verkürzen. Die Regelstützweite beträgt 30 m, doch wurden mit dem gleichen Querschnitt auch Spannweiten von 40 m überbrückt. Die Bauhöhe des Hohlkastens beträgt 1,70 m, das ist $^1/_{18}$ der Regelstützweite. Die untere

Breite des Kastens ist 6,20 m, die Stegdicke ist unten 65 cm und nimmt nach oben auf 92,5 cm zu. Die freie Auskragung der Fahrbahnplatte beträgt im Regelquerschnitt 3,20 m. Die Dicke der Fahrbahnplatte ist zwischen den Stegen 22 cm und nimmt zu den Stegen hin auf 40 cm zu. Die untere Platte des Hohlkastens ist 15 cm dick. Der Hohlkastenquerschnitt mit weit ausladenden Kragarmen und sehr kleiner Konstruktionshöhe wurde gewählt, um an den bergseitigen Rändern den steilen Hang möglichst wenig anzuschneiden, denn auf Grund der Ergebnisse der geologischen Untersuchungen des Hanges mußte dieser weitgehend geschont werden. So sollte der Hang auch nicht durch engliegende Fundamentbaugruben perforiert werden. Man

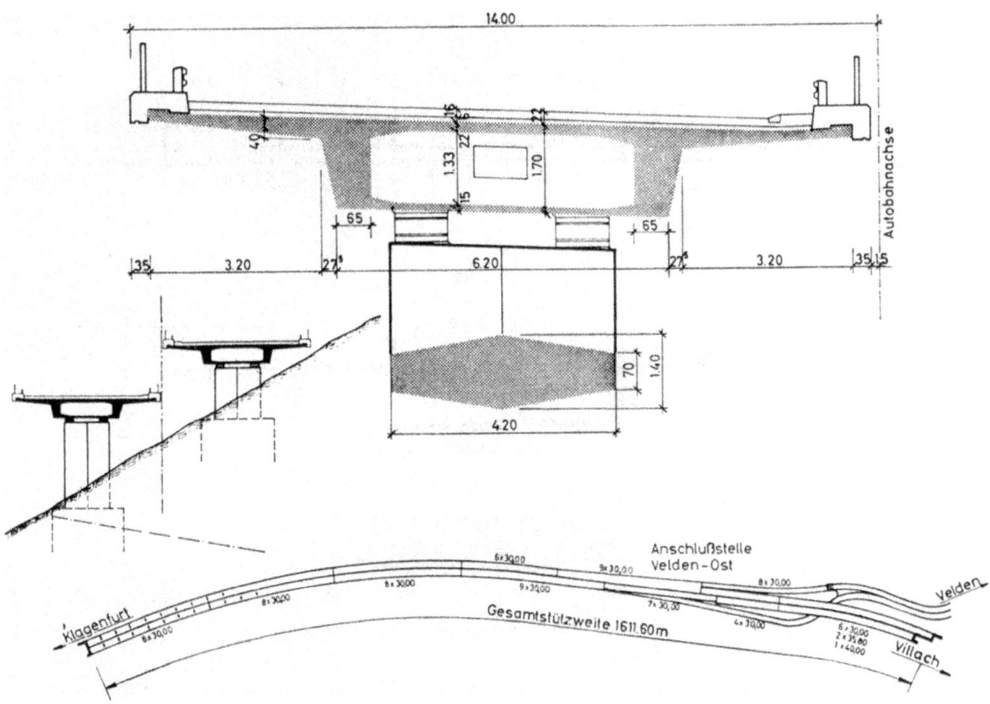

Abb. 100. Hangbrücke Saag. Übersicht und Querschnitte

entschloß sich aus diesen Gründen zu einem Pfeilerabstand von 30,0 m. Im Bereich der Brücke liegt die Ausfahrt und Auffahrt für den Ort Velden. Die bergseitig gelegene Abfahrtsspur wurde nicht auf einer Brückenverbreiterung untergebracht, sondern der Übergang zu der auf Erdstrecke liegenden Spur mit einer Schleppplatte hergestellt. Der Ausbildung dieser Fuge, an welcher gegenseitige Bewegungen nicht nur in Brückenlängsrichtung, sondern auch in lotrechter Richtung aus den Kriechverformungen des Tragwerkes zu erwarten sind, wurde, da sie im schleifenden Schnitt befahren wird, besondere Beachtung geschenkt. Die Fugenränder sind, um zum Betonbelag zu passen, mit Hartbetonsteinen eingefaßt. Höhendifferenzen können durch Abschleifen der Steine oder durch Anheben der Schleppplatte von Pressennischen aus ausgeglichen werden. Hingegen liegt die seeseitig gelegene Auffahrtsspur hoch über dem Gelände und führt auf einer 10,40 m breiten Brücke, mit ähnlichem Querschnitt wie die Hauptbrücke, an diese heran. An der Einbindung der Auffahrtsbrücke in das Haupttragwerk ist aus Gründen der Herstellung der Hohlraum des Kastens unverändert durchgezogen. Ab den Stellen, an welchen hiedurch der Steg eine Breite von 2,20 m erreicht, ist er geteilt zur Ausführung gekommen (Abb. 101). Die Stützung der Brücke erfolgt in der Regelausführung auf vergleichsweise niederen Pfeilern, deren Breite von 70 cm am Rand auf 1,40 m in Brückenachse zunimmt. Die Pfeiler wirken durch flache, sechseckige Form-

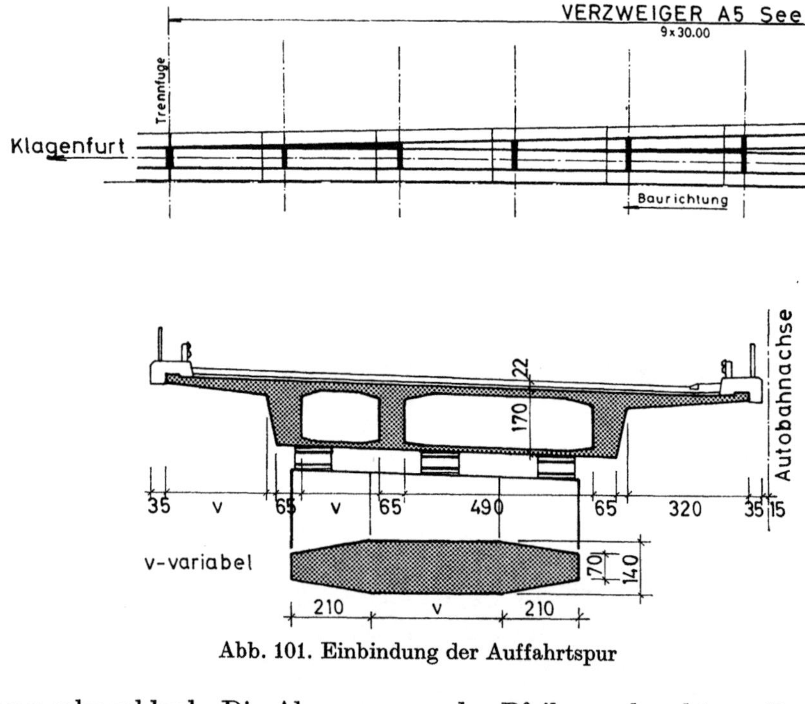

Abb. 101. Einbindung der Auffahrtspur

gebung sehr schlank. Die Abmessungen der Pfeiler senkrecht zur Brückenlängsrichtung sind wesentlich kleiner als die Breite des Hohlkastens. Man hat diese Anordnung im Hinblick auf die nicht einfachen Gründungsverhältnisse auf diesem steilen Hang, aber auch bedingt durch das Herstellungsverfahren des Überbaues gewählt. Die Pfeiler stehen auf einer Tiefgründung mit elliptischer Querschnittsfläche. Wie Dübel wirken diese Gründungspfeiler zwischen den einzelnen Felsschichten des Hanges. Die Baugruben für diese tiefen, elliptischen Schäfte konnten mit einer Spritzbetonsicherung offengehalten werden. Der große Unterschied zwischen der Breite des Hohlkastens und der Pfeiler hat nun zur Folge, daß die Auflagerung des Tragwerkes auf den Pfeilern nicht unmittelbar über die Hauptträger, sondern mittelbar über die Querträger erfolgt. Dies hat hohe Beanspruchungen in den Querträgern zur Folge. Die Querträger über den Pfeilern sind deshalb kräftig ausgebildet, konnten nicht nachträglich betoniert werden und besitzen allgemein eine Breite von 1,80 m und an den Bewegungsfugen von je 1,20 m. In

Brückenachse ist ein Mannloch 60/100 cm vorgesehen. Die Bewehrung ist der großen Querkraftbeanspruchung entsprechend kräftig ausgefallen (Abb. 102). Die Querträger wurden mit Rücksicht auf die Betonpressung an den Lagerplatten mit einem Beton der Güte B 400 hergestellt, während für die übrigen Bauwerksteile ein B 300 ausreichte. Jeweils acht bzw. neun Felder sind zu Teilabschnitten des langen Bauwerkes zusammengefaßt, die sich in Brückenlängsrichtung frei gegeneinander bewegen können. Der Brückenüberbau liegt fast durchwegs mittels Rollenlagern oder Gummilagern auf den Pfeilern auf. Auf diese Weise ist der Brückenüberbau von den niederen und daher steifen

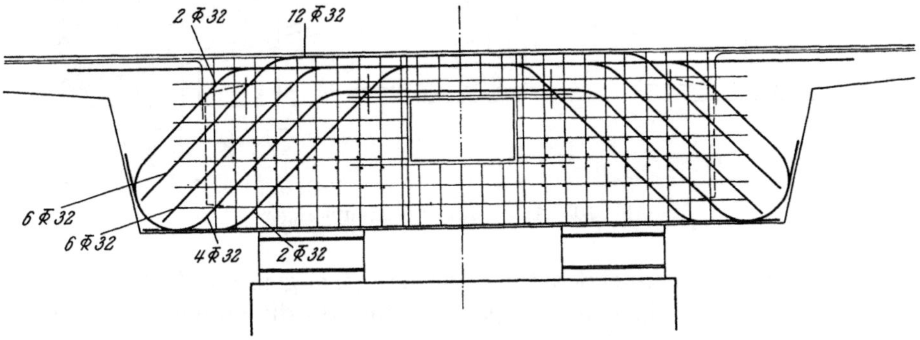

Abb. 102. Querträger über dem Pfeiler

Pfeilern unabhängig. Nur bei hohen Pfeilern, deren statische Rückwirkung auf das Tragwerk gering ist, verzichtete man auf den Einbau von Lagerkörpern.

Das Tragwerk ist in der Längsrichtung nach dem BBRV-Verfahren voll vorgespannt. Verwendet wurde Spannstahl St 160/180 Delta 100 A ∅ 6 mm, welcher zu 55 Stück zu Spanngliedern mit einer zulässigen Spannkraft von 154 t zusammengefaßt wurde. Je Steg wurden im Regelfeld acht solche Spannglieder verlegt, deren Höhenlagen dem Momentenverlauf angepaßt sind. Die Kupplungsstelle der Spannglieder liegt im Regelfeld 5,65 m vom Pfeiler in Richtung des Baufortschrittes entfernt. Im weiter gespannten Feld über der Abfahrtsspur ist die Anzahl der Spannkabel je Steg auf 14 erhöht. In der Querrichtung ist das Bauwerk mit Rippentorstahl 50 schlaff bewehrt. Besonders zu beachten wären die Haarnadeln ähnlichen Spaltzugbewehrungen in den Stegen hinter den Verankerungskörpern der Spannglieder (Abb. 103).

Diese sehr lange Hangbrücke wurde mit einem freitragenden, längsverfahrbaren Gerüstwagen gebaut, welcher nach einem Entwurf der Firma Rella & Co. von der Stahlbauunternehmung Waagner-Biro hergestellt wurde (Abb. 104). Im Einsatz waren zwei solcher Wagen, mit welchen unter Zuhilfenahme von Zusatzunterstellungen auch die großen Felder betoniert werden konnten. Die beiden Hauptträger des Gerüstwagens liegen mit Rollenböcken auf Hilfsstützen auf, welche auf den Pfeilerfundamenten stehen. Die Rollenböcke dienen zum Vorfahren des Gerüstes in die nächste Arbeitsstellung. Solange der Wagen seine Aufgabe als Lehrgerüst zu erfüllen hat, liegen die Hauptträger in angehobener Lage auf Pressen auf, welche zwischen den Rollen angeordnet sind. Diese Pressen dienen zum Einrichten der Höhenlage, aber auch zum allmählichen Absenken des Lehrgerüstes während des Spannvorganges. Am rückwärtigen Ende wurde das Gerüst mit

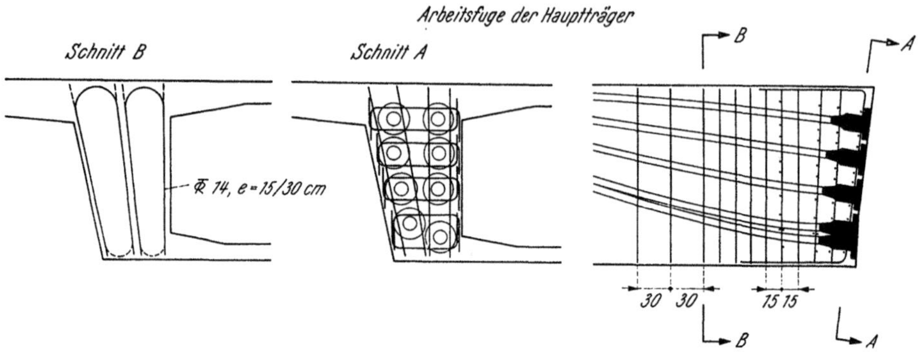

Abb. 103. Arbeitsfuge der Hauptträger

Hängekabeln an den zuletzt betonierten Kragarm gepreßt. Auf den Hauptträgern liegen Querträger mit Kragarmen und auf diesen die Blechschalungen. Der Mittelteil der Querträger konnte ausgeschoben werden, wodurch die Fahrt des Gerüstwagens an den Pfeilern vorbei ermöglicht wurde. Am

Abb. 104. Rüstwagen. Untersicht (Photo K. Gerlach, Wien)

Außenrand der Querträger waren horizontale Spindeln befestigt, mit denen die Schalungen der Brückenkragplatten, entsprechend der gekrümmten Linienführung der Straße und in ihrer Höhenlage genau eingerichtet werden konnten. Die Fugen am Rand der Schalkasten wurden durch T-förmige Blechstreifen überdeckt, die durch Keile an die Schalung angepreßt wurden. Die Fugen zwischen den einzelnen Platten eines Schalkastens wurden ausgekittet. Die richtige Höhenlage des Schalbodens wurde durch das Einlegen von Futterblechen zwischen Hauptträger und Querträger erreicht. Bei der Fahrt ins nächste Feld wurde das Gerüst gezogen. Das Seil wurde um den nächsten Pfeiler geschlungen, und die Winden standen am Gerüstwagen. Die Schalung zur Herstellung des Hohlraumes bestand aus Aluminiumrahmen in 1 m Abstand, auf welche Leichtmetalldielen aufgekeilt wurden. Auch die einzelnen Rahmenteile wurden mit Keilen verbunden. Diese Verbindungsart hatte den Vorteil, daß der Auf- und Abbau der Innenschalung sehr rasch vor sich ging. Die Leichtmetallrahmen wurden auf Betonklötzchen gestellt, deren Höhe der Stärke der Bodenplatte des Hohlkastens entsprach. Die Einzelteile der Innenschalung mußten durch das Mannloch des Brückenquerträgers hindurch ins nächste Feld gebracht werden.

Betoniert wurde in etwas gestaffelter Folge der ganze Querschnitt, und zwar beginnend am auskragenden Ende. Der Anschlußbereich gegen das vorhergehende Feld kam zuletzt dran. Das Betonieren der Bodenplatte erfolgte durch Öffnungen in der Schalung der Fahrbahnplatte. Für ein 30 m langes Regelfeld waren etwa 210 m^3 Beton einzubringen. Nach einer Erhärtungsdauer von 4 Tagen wurde eine Teilvorspannung aufgebracht, die es gestattete, das Tragwerk vom Gerüst freizusetzen und das Gerüst zu verfahren. Die volle Vorspannung wurde nach einer Erhärtungszeit von einer Woche aufgebracht. Man verfolgte auf dieser Baustelle während des Vorspannens sehr gründlich den Spannweg und die Spannkraft und stellte fest, daß es sehr wichtig für eine befriedigende Übereinstimmung der beiden Werte ist, daß am Spannende die Kabel keine kleinen Knicke aufweisen. Die Krümmungen müssen stetig sein und der Verankerungskörper muß senkrecht auf das Kabel stehen. Beim Spannen wurde an sorgfältig verlegten Kabeln ein Reibungsbeiwert $\mu = 0{,}18$ gemessen. Für einen Takt, also vom Betonieren eines Feldes bis zum Betonieren des nächsten Feldes, brauchte man 10 bis 14 Tage. Beim Einsatz von 2 Gerüstwagen entspricht dies einer Leistung von 4,3 bis 6,0 m/Tag des 14 m breiten Brückenüberbaues.

Talübergang Obernberg der Brennerautobahn

Der Talübergang Obernberg gehört zu den bedeutendsten Spannbetonbrücken der Brennerautobahn zwischen Innsbruck und dem Brennerpaß [26 bis 28 und 71]. Diese Brücke liegt, in Richtung zum Brenner betrachtet, in einem Linksbogen mit dem Halbmesser von 400 m (Abb. 105). Gegen das Brückenende schließen dann ein Übergangsbogen und eine Gerade an. Das Tal wird mit den Stützweiten, gemessen in der Straßenachse, von $45{,}0 + 55{,}0 + 4 \times 65{,}0 + 55{,}0 + 45{,}0$ m $= 460$ m überspannt. Jede Richtungsfahrbahn der Straße liegt auf einem einzelligen Hohlkastenträger

Abb. 105. Talübergang Obernberg, fertiges Bauwerk
(Photo W. Albrecht, Innsbruck)

die nacheinander gebaut, jedoch im Endzustand durch die Fahrbahnplatte miteinander verbunden worden sind. Die Gesamtbreite der Brücke ist einschließlich der Gesimskappen 21,10 m. Der Hohlkastenquerschnitt

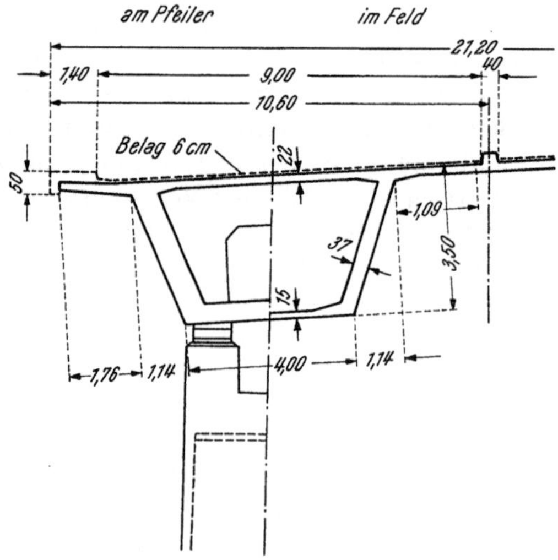

Abb. 106. Hohlkastenquerschnitt

hat über die ganze Brückenlänge eine gleichbleibende Höhe von 3,50 m = 1 / 18,6 der größten Stützweite (Abb. 106). Die Seitenwände der beiden Kasten sind 37 cm breit und wurden über den Pfeilern, je nach den statischen Erfordernissen, bis auf 60 cm nach innen verstärkt. Die Breite der Kasten beträgt an ihrer Unterseite 4,00 m und an der Unterkante der Fahrbahnplatte 6,88 m. Aus dem Hohlkasten kragt die Fahrbahnplatte noch 1,76 m aus. Der 4,52 m breite Teil der Fahrbahnplatte, welcher zwischen den beiden Kastenträgern liegt, wurde bei der Herstellung unterteilt. Mit den Kastenträgern wurde jeweils ein Teilstück der Platte als Kragplatte mitbetoniert. Ein kurzes Reststück wurde auf einer an den schon fertigen Brückenteilen hängenden Schalung betoniert, als die beiden Hohlkastenträger fertiggestellt waren. Die Fahrbahnplatte ist im allgemeinen 22 cm dick. An den Anschnitten mit den Stegen des Kastens ist sie auf 32 cm verstärkt, am freien Rand der Kragplatten beträgt die Plattendicke 15 cm. Die Bodenplatte des Kastens ist 15 cm stark, mit Schrägen wächst ihre Dicke zum Knoten mit den Stegen auf 34 cm an. Im Bereich der negativen Momente ist je nach deren Größe die Bodenplatte auf ihre ganze Breite mit größerer Dicke, bis zu 50 cm, ausgeführt. Über den Widerlagern und den Pfeilern ist jeder Hohlkasten mit kräftigen Querscheiben ausgesteift, welche in der Kastenachse eine Durchgangsöffnung von etwa 1,80 m × 1,80 m aufweisen. An den Widerlagern sind diese Scheiben untereinander mit einem Querträger verbunden, der auch unter den größten Teil der Kragplatten reicht. Dieser 1,50 m hohe Querträger hat unter anderem die Aufgabe, den Rand der Fahrbahnplatte auszusteifen und den Einbau der Fahrbahnübergangskonstruktionen zu erleichtern.

Das Tragwerk ist in der Längsrichtung beschränkt vorgespannt, wobei jedoch unter den Gebrauchslasten an Zugspannungen nur die halben Werte zugelassen wurden, welche nach DIN 4227 gestattet sind. Als Spannstahl wurden Dywidag-Stangen ⌀ 32 mm aus Sigmastahl St 80/105 verwendet. Die Spanngliedführung wurde so gestaltet, daß in den Seitenwänden der Hohlkasten jeweils 20 Stangen ⌀ 32 verlegt wurden, welche im Feld in zwei Reihen unten und über den Zwischenstützen vierreihig oben liegen. Dieses Bündel aus 20 ⌀ 32 mm bestehend, ist über die ganze Brückenlänge geführt. Eine Angleichung der Spannbewehrung auf die unterschiedlichen Beanspruchungen in den einzelnen Feldern wurde dadurch erreicht, daß in der Bodenplatte des Kastens bzw. in der Fahrbahnplatte die notwendigen zusätzlichen Spannstangen verlegt wurden, welche dann von Lisenen im Inneren des Kastens bzw. von Nischen in der Fahrbahnplatte ausgespannt wurden. Da der Brückenüberbau abschnittsweise, etwa vom Momentennullpunkt bis zu jenem des nächsten Feldes, hergestellt wurde, wurden die Spannstangen des durchgehenden Bündels im Bereich vom Stützenquerschnitt bis zur Arbeitsfuge aufgefächert, um an der Fuge die Zwischenverankerungen unterzubringen (Abb. 107). Die Arbeitsfuge wurde lotrecht abgeschalt. Nach dem Vorspannen und Freisetzen vom Gerüst wurden dann an die Zwischenverankerungen die 20 Stangen ⌀ 32 mm des nächsten Feldes angemufft und bis zur nächsten Arbeitsfuge geführt.

Die Pfeiler der Brücke bestehen aus Stützenpaaren. Die beiden Stützen eines Pfeilers sind am Fuß, unter dem Gelände liegend, miteinander verbunden, ansonsten stehen sie frei und haben Höhen von 14 bis 74 m. Bei allen Stützen ist der Querschnitt ein Hohlkasten. An den Stützenköpfen hat er überall die gleichen Abmessungen, nach unten werden sie linear größer. Die Wandstärken des Querschnittes betragen im oberen Teil der Stützen 25 cm und nehmen in den tieferen Abschnitten erst auf 30 cm und bei den sehr hohen Pfeilern auf 35 cm zu. Hergestellt wurden die Stützen im Gleitverfahren, wobei jeweils ein Pfeilerpaar gemeinsam hochgeführt wurde. Am Stützenkopf ist der Hohlraum mit einer 1,00 m dicken Platte abgeschlossen, auf welcher die Sockel für die Lager stehen. Die Brücke ist so auf den Stützen gelagert, daß in der Längsrichtung Verschiebungen möglich sind und daß Kippbewegungen an den Auflagerpunkten nicht behindert werden. Quer

Abb. 107. Auffächerung der Spannglieder an der Arbeitsfuge

zur Brückenachse ist jedoch die Übertragung von waagrechten Kräften und von Biegemomenten von den Hohlkastenquerschnitten der Brücke auf die Pfeiler erwünscht, denn das Bauwerk war auch auf Erdbebenkräfte zu bemessen. Diese wurden bei Gründung auf Lockerböden mit einer Horizontalbeschleunigung von $\frac{g}{40}$, bei einer Gründung auf Fels mit $\frac{g}{80}$ angesetzt. Infolge der geringen Biegesteifigkeit der hohen Stützen werden die Bebenkräfte gegenüber starren Systemen jedoch vermindert. Die Rollenlager an den Widerlagern und den Pfeilerköpfen wurden deshalb mit seitlichen Führungen versehen. Am Kopf der drei mittleren hohen Pfeiler sind keine beweglichen, sondern Linienkipplager angebracht. Diese drei Pfeiler bilden mit dem Überbau ein System, welches die in Längsrichtung der Brücke wirkenden Kräfte aufnehmen kann. Die Stützen sind infolge ihrer großen Höhe andererseits so biegeweich, daß sie Längenänderungen des Überbaues kaum behindern und nur geringe Zwängungsspannungen entstehen. Die Gründung der Pfeiler mußte den stark wechselnden Baugrundverhältnissen angepaßt werden. Zum Teil genügten verhältnismäßig flach liegende Streifenfundamente, es wurden jedoch auch Tiefgründungen in ähnlicher Art wie für die Pilzbrücken der Brennerautobahn ausgeführt. Interessant ist die Ausbildung des Widerlagers Innsbruck, dessen Auflagerbank und Abschlußwand gegen die Hinterfüllung von zwei kreisrunden Stahlbetonsäulen mit dem Durchmesser von 1,80 m getragen werden (Abb. 108). Diese Stützen sind bis auf eine Tiefe von 19 m so ummantelt, daß geringe waagrechte Bewegungen der hohen Dammschüttung die Stützen nicht beein-

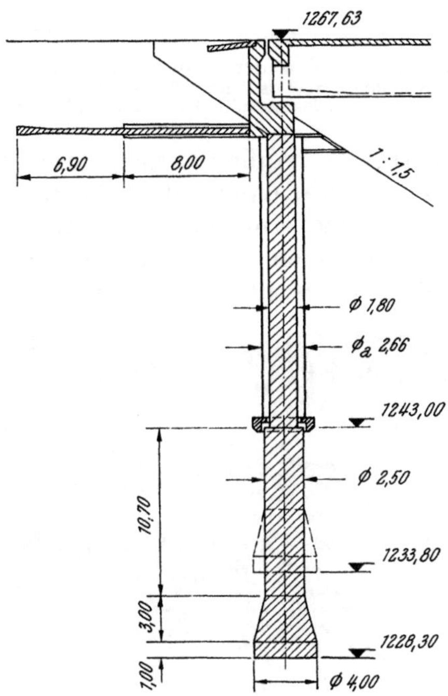

Abb. 108. Widerlager

flussen und Erddruckkräfte von ihnen ferngehalten werden. Diese Ummantelung besteht aus Stahlbetonringen großen Durchmessers, welche mit der Dammschüttung fortschreitend übereinandergelegt wurden. Die Säulen finden ihre Fortsetzung mit fest im Boden sitzenden Schäften von 2,50 m Durchmesser, die nochmals 10 bis 14 m tiefer reichen und Aufstandsflächen mit 4,0 m Durchmesser besitzen. Waagrechte Kräfte, herrührend vom Erddruck auf die Abschlußwand des Widerlagers, werden von der Gründung durch eine in der Höhe der Auflagerbank waagrecht liegende, rund 100 m² große Platte ferngehalten, welche diese Kräfte durch Reibung auf den Boden überträgt. Die Einleitung der Kräfte in die Platte erfolgt mit 16 m langen Spanngliedern. Wegen der zum Teil sehr großen Höhe über dem Gelände benützte man zur Herstellung des Brückenüberbaues einen Gerüstwagen, welcher in der Betonierstellung am Kragarm des zuletzt hergestellten

Brückenfeldes hängt und mittels einer am nächsten Pfeiler befestigten Querträgerkonstruktion auf diesem aufliegt (Abb. 109). Am vorderen Ende der beiden 2,56 m hohen Hauptträger sind waagrecht verschwenkbare, gelenkig angeschlossene, lange Schnabelfortsätze vorhanden, mit welchen bei der Vorfahrt des Wagens in die nächste Arbeitsstellung, auch bei den

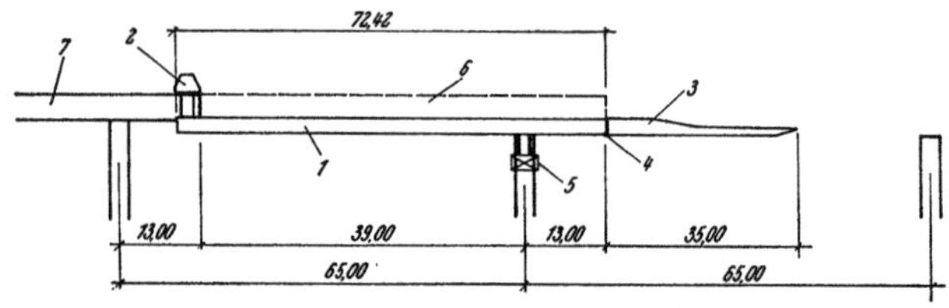

Abb. 109. Maurer-Gerüst, Betonierstellung (aus ÖIZ 1970, S. 58, Abb. 9)
1 Hauptträger, *2* Oberwagen, *3* Vorfahrschnabel als Vollwandkastenträger, *4* Schwerpunkt des Vorfahrschnabels, *5* Stützenkonstruktion, *6* Betonierabschnitt, *7* Betontragwerk nach der Fertigstellung

weitgespannten Feldern, die Auflagerkonstruktion am vorausliegenden Pfeiler erreicht werden konnte (Abb. 110). Die waagrechte Verschwenkbarkeit der Schnabelfortsätze ermöglichte die Kurvenfahrt. Die beiden Gerüsthauptträger hatten einen 2,12 m breiten Kastenquerschnitt. Sie lagen unterhalb des Tragwerkes, und zwar so, daß sie bei der Vorfahrt den

Abb. 110. Gerüstwagen (Photo H. Lauffer)

Pfeiler zwischen sich ließen. Beim Vorfahren glitt der Wagen einerseits über Böcke, welche an der am Pfeiler hängenden Auflagerkonstruktion montiert waren, andererseits fuhr er mit einem Fahrgestell am Wagenende auf der Fahrbahntafel. Die Fahrbahn dieses Oberwagens lag über den Stegen des Brückenträgers. Sein Fahrgestell trug einen über die ganze Trägerbreite reichenden Querrahmen, an welchen beidseits des Brückenhohlkastens seitlich verschiebbare Bühnen hingen. Die Hohlkastenhauptträger des Gerüstwagens waren beim Vorfahren an diese Bühne gehängt. Die Außenschalungen des Kastenquerschnittes der Brücke waren mit den Hauptträgern starr verbunden. Ausgeschalt wurde durch eine geringe seitliche Verschiebung der Hauptträger nach außen. Die Bodenschalung und ihre Stützkonstruktion konnten nach Lösen einer Verbindung nach unten geklappt werden und wurden, wie die Außenschalung, mit dem Wagen ins nächste Feld gefahren. Die Innenschalungen wurden durch die Öffnungen in den Querrahmen über den Pfeilern nach vorn gebracht, sobald der Wagen seine neue Betonierstellung erreicht hatte. Die an den Pfeilern hängenden Auflagerkonstruktionen wurden, sobald sie frei wurden, abgeseilt, zum übernächsten Pfeiler gebracht

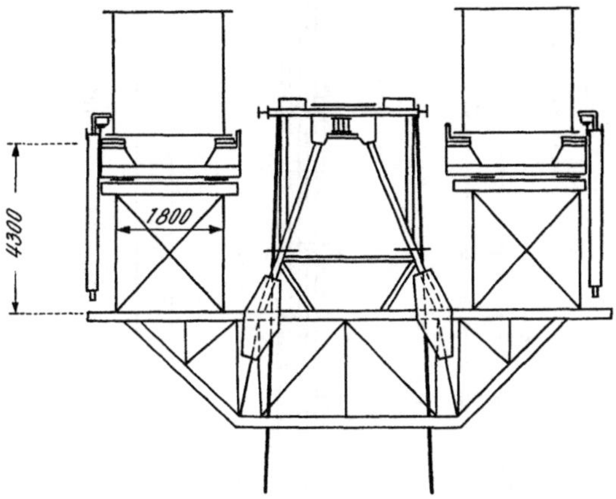

Abb. 111. An den Pfeilern aufgehängter Fachwerkträger

und dort wieder montiert. Am Pfeilerkopf konnte zwischen den Sockeln der Brückenlager in der Achse des Hohlkastens ein Jochträger eingeschoben werden. An diesen Träger wurden vor und hinter dem Pfeiler mit je zwei schrägen Zuggliedern, Hosenträger genannt, Fachwerkquerträger gehängt, die die Auflagerböcke mit den Gleitlagern und hydraulischen Einstellvorrichtungen für den Gerüstwagen tragen mußten (Abb. 111). Da diese Konstruktionen sehr schwer waren und in zum Teil unwegsamem Gelände zum übernächsten Pfeiler gebracht werden mußten, um dort wieder hochgezogen zu werden, war das Umsetzen dieser Teile eine mühsame und zeitraubende Arbeit.

Das Vorfahren des Gerüstes in die nächste Arbeitsstellung benötigte etwa 2 Tage. Die Höheneinstellung konnte hydraulisch vorgenommen werden. Als die Brücke für eine Richtungsfahrbahn fertiggestellt war, wurde das Gerüst beim Widerlager ausgefahren und gewendet. Das Nachbarbauwerk wurde nun in gleicher Art, jedoch in entgegengesetzter Richtung fortschreitend, gebaut. Die Gerüstkonstruktion wurde von der Firma Maurer & Söhne, München, geliefert. Das Bauen mit dem Gerüstwagen brachte neben den Einsparungen hoher Gerüsttürme die Vorteile einer weitgehenden Mechanisierung der Arbeitsabläufe. Zur Herstellung eines 65 m langen

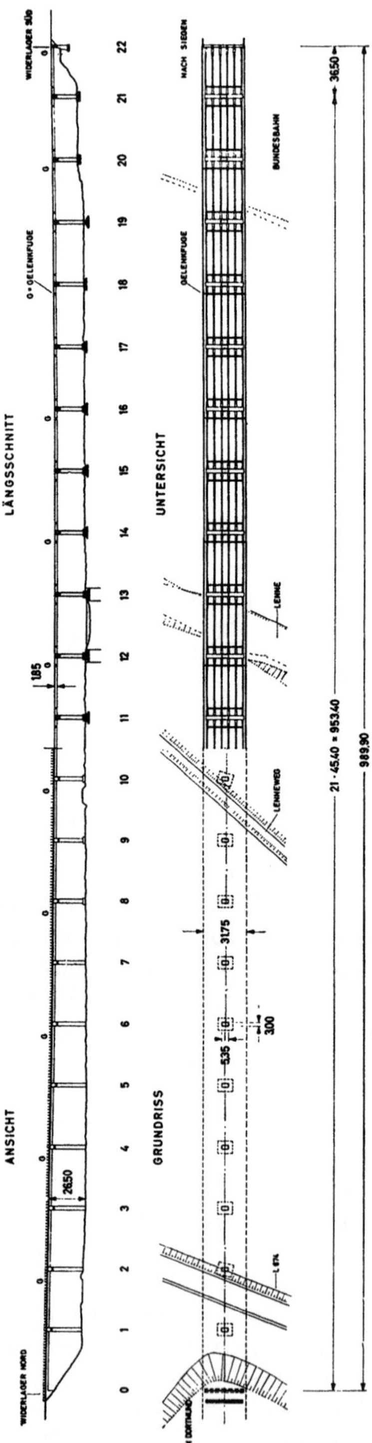

Abb. 112. Lennetalbrücke. Übersicht (aus Dywidag-Berichte 2—1967, S. 1, Bild 1)

Feldes mit einer Brückenfläche von rund 650 m² benötigte man 16 Tage. Der Baustoffaufwand für den Brückenüberbau war sparsam und betrug je 1 m² Brückengrundriß

Beton B 450	0,63 m³
Spannstahl St 80/105	32,5 kg

Der Bauherr für diese Brücke war die Brennerautobahn AG. Entworfen, berechnet und gebaut wurden der Talübergang Obernberg und die fast gleich gestaltete, in der Nähe liegende Felperbrücke von der Bauunternehmung Hoch- und Tiefbau Alfred Kunz, Bludenz.

Lennetalbrücke der Autobahn Hagen—Gießen

Mit einer Brücke mit den Stützweiten $21 \times 45{,}40 + 36{,}50 = 989{,}90$ m Gesamtlänge führt die Autobahn Hagen—Gießen über das Tal der Lenne (Abb. 112) [72]. Beide Richtungsfahrbahnen der Autobahn wurden

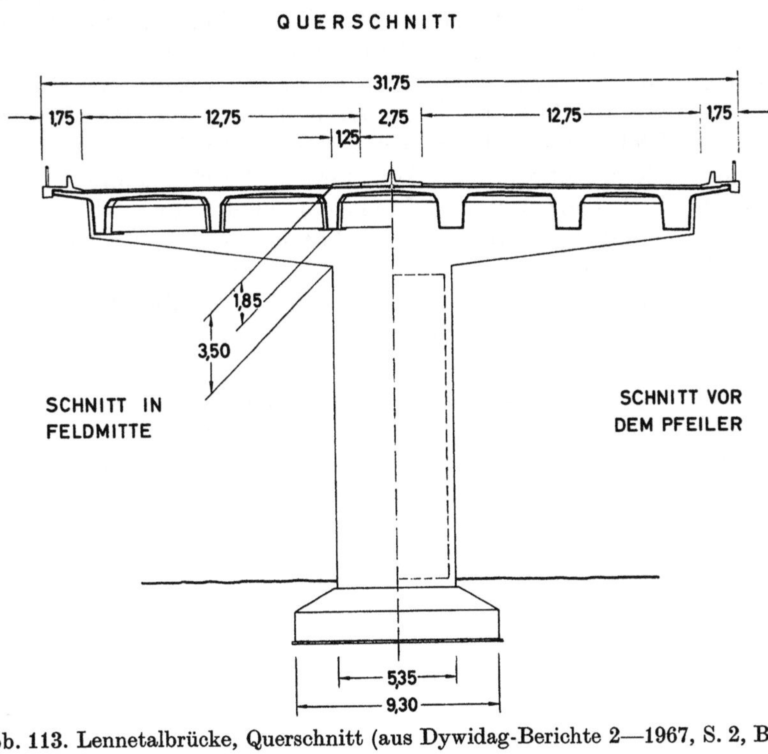

Abb. 113. Lennetalbrücke, Querschnitt (aus Dywidag-Berichte 2—1967, S. 2, Bild 2)

auf einem 31,75 m breiten Brückenquerschnitt untergebracht (Abb. 113). Die Länge des Talüberganges ließ es zweckmäßig erscheinen, die Brücke nach einem Taktverfahren herzustellen. Die Bauunternehmung Dyckerhoff & Widmann hat dieses Bauwerk nach dem gleichen Verfahren errichtet, nach welchem auch die schon früher besprochene Elztalbrücke gebaut wurde. Ein ähnlicher, wie bei der Elztalbrücke verwendeter Gerüstwagen kam hier zum Einsatz, ein Wagen, der sich frei von den schon fertiggestellten Brückenteilen zur nächsten Stütze spannte und die Betonierlasten aufzunehmen hatte (Abb. 24). Der Auftrag zum Bau dieser fast 1 km langen Brücke, mit welcher nicht nur die Lenne, sondern auch Gleise einer Bahnlinie und zwei Straßen gequert werden, wurde vom Autobahnneubauamt Unna der Unternehmung Dyckerhoff & Widmann auf Grund eines Sondervorschlages, den diese Firma angeboten hatte, erteilt. Der Brückenquerschnitt besteht aus sechs Hauptträgern mit 5,35 m Achsabstand, zwischen welchen sich die Fahrbahnplatte mit parabolisch veränderlicher Dicke spannt. Die kleinste Dicke dieser Platte beträgt 24 cm. Die Hauptträger besitzen eine Höhe von 1,85 m = 1/24,5 der Stützweite der Mittelfelder. Die Breite der Stege ist an der Unterseite 47 cm und nimmt nach oben bis zum Anschnitt mit der Fahrbahnplatte auf 1,20 m zu. Über den Pfeilern wächst die Trägerbreite auch an der Unterseite an. Das Bauwerk wird von im Mittel 24 m hohen, in den Fundamenten eingespannten, rechteckigen Pfeilern mit den Abmessungen 3,00 m in Brückenlängsrichtung und 5,35 m quer hiezu getragen. Diese Pfeiler aus Stahlbeton sind hohl und weisen eine Wandstärke von 30 cm auf. Die Lastübertragung von der Brückentafel auf die Pfeiler erfolgt über einen mächtigen Hauptquerträger mit 3,0 m Breite und 3,50 m Höhe am Anschnitt mit der Stütze. Dieser Hauptquerträger kragt aus dem Pfeiler bei Abnahme seiner Höhe so weit aus, daß die Randhauptträger noch gefaßt werden (Abb. 114a). Die Fahrbahntafel ist über diesen Hauptquerträgern mit den Pfeilern monolithisch verbunden. Betoniert wurde die Fahrbahntafel in zwei Abschnitten. Der erste Abschnitt ist 15,70 m lang und liegt symmetrisch zur Pfeilerachse. An den Abschnittsenden sind Querträger mit etwas geringerer Höhe als die Hauptträger angeordnet. Diesen Querträgern fällt die Aufgabe der Lastverteilung und die Erhöhung der Torsionssteifigkeit der Längsträger zu, und sie ermöglichten auch eine vorübergehende Abstützung des Gerüstwagens im Bereich dieser Querträger. Der zweite Betonierabschnitt erstreckte sich bis zur Arbeitsfuge bzw. bis zur Dehnfuge des in der vorhergehenden Arbeitsstellung des Gerüstwagens hergestellten Brückenabschnittes. Die Vorspannbewehrung ist an den Abschnittsgrenzen, welche nicht gleichzeitig Dehnfugen sind, gekoppelt bzw. über die Fugen hinweggeführt. Durch das Vorspannen wurden die Arbeitsfugen unter Druck gesetzt und damit gesichert. Die monolithische Verbindung der Fahrbahntafel mit den steifen Pfeilern erforderte, daß jeweils in jedem zweiten Feld, dies ist im Abstand von 90,80 m, eine Dehnfuge ausgebildet werden mußte. Die Dehnfuge wurde an die Stelle der Feldquerträger gelegt. Der Querträger ist an diesen Stellen der Höhe nach geteilt, und die langen Längsträgerteile liegen mit Konsolen auf den auskragenden Längsträgerteilen auf. Die Lagerung ist frei drehbar und in der Brückenlängsrichtung verschiebbar. Als Lagerkörper kamen Teflongleitlager der Maschinenfabrik Eßlingen zum Einbau. Im Fahrbahnbelag wurde die Fuge mit Übergangskonstruktionsbändern aus Neoprene überbrückt (Abb. 114 *b*). Die Lage dieser Gelenke und damit auch die Lage der Feldquerträger wurde so gewählt, daß der Mittelpfeiler infolge der ständigen Lasten keine Biegemomente erhält. Der Brückenüberbau aus Beton der

Güte B 450 wurde in der Längs- und Querrichtung nach dem Dywidag-Verfahren mit Spanngliedern ∅ 26 und ∅ 32 mm aus St 80/105 beschränkt vorgespannt. Die Anzahl der Spannglieder und ihre Lage folgen dem Momentenverlauf. Der Gerüstwagen ist in seiner Konstruktion sehr ähnlich jenem, welcher bei der Elztalbrücke zum Einsatz kam. Er besteht hier aus zwei Längsträgern, die etwa die Länge eines Brückenfeldes haben. Auf diese Längsträger mit 10,70 m Achsabstand stützen sich 9 Querträger, welche weit auskragen und mit lotrecht und waagrecht abgewinkelten Fortsätzen den Brückenquerschnitt umgreifen (Abb. 24). Diese Fangarme dienen zum Ablegen der Schalungselemente bei der Fahrt des Wagens ins nächste Feld. Die Schalungselemente hängen während des Betonierens und vor dem Vorspannen und Ausrüsten mit Hängestangen am oberen,

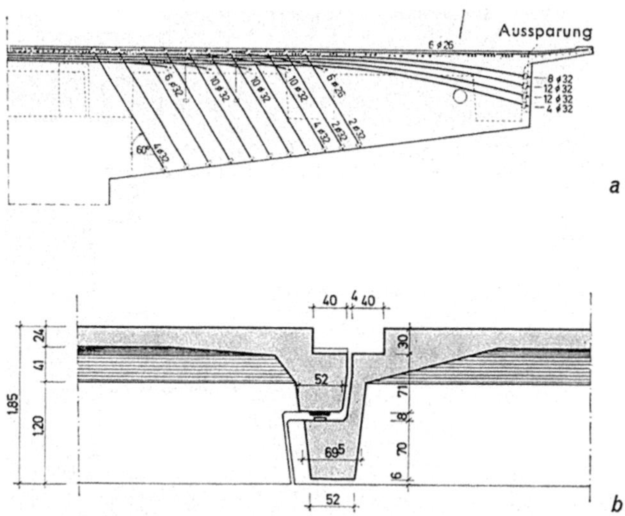

Abb. 114. Lennetalbrücke, *a* Spannbewehrung des Hauptquerträgers, *b* Gelenkausbildung (aus Dywidag-Berichte 2—1967, S. 2, Bild 3, 4)

waagrechten Teil der eigentlichen Querträger. Vor der Fahrt zur nächsten Arbeitsstellung wird der Wagen auf seitliche Stützböcke gelagert, der große, mittlere Stützbock wird entlastet und entlang des Schnabelfortsatzes zum nächsten Pfeiler gebracht. Sobald der mittlere Stützbock am Pfeiler verankert ist, kann der Wagen über die Stützenböcke rollend und mit seinem rückwärtigen Fahrwerk auf der Brückentafel sich fortbewegend ins nächste Feld gebracht werden. Die neue Arbeitsstellung ist erreicht, und die Arbeitsvorgänge werden wiederholt. Durch die weitgehende Mechanisierung dieser Arbeitsvorgänge war es möglich, ein Brückenfeld von 1440 m² Grundrißfläche innerhalb von zwei Wochen herzustellen.

Die Luegbrücke der Brennerautobahn

Die Luegbrücke mit einer Gesamtlänge von 1804 m ist das längste Brückenbauwerk an der Nordrampe der Brennerautobahn [26 bis 28, 30, 71

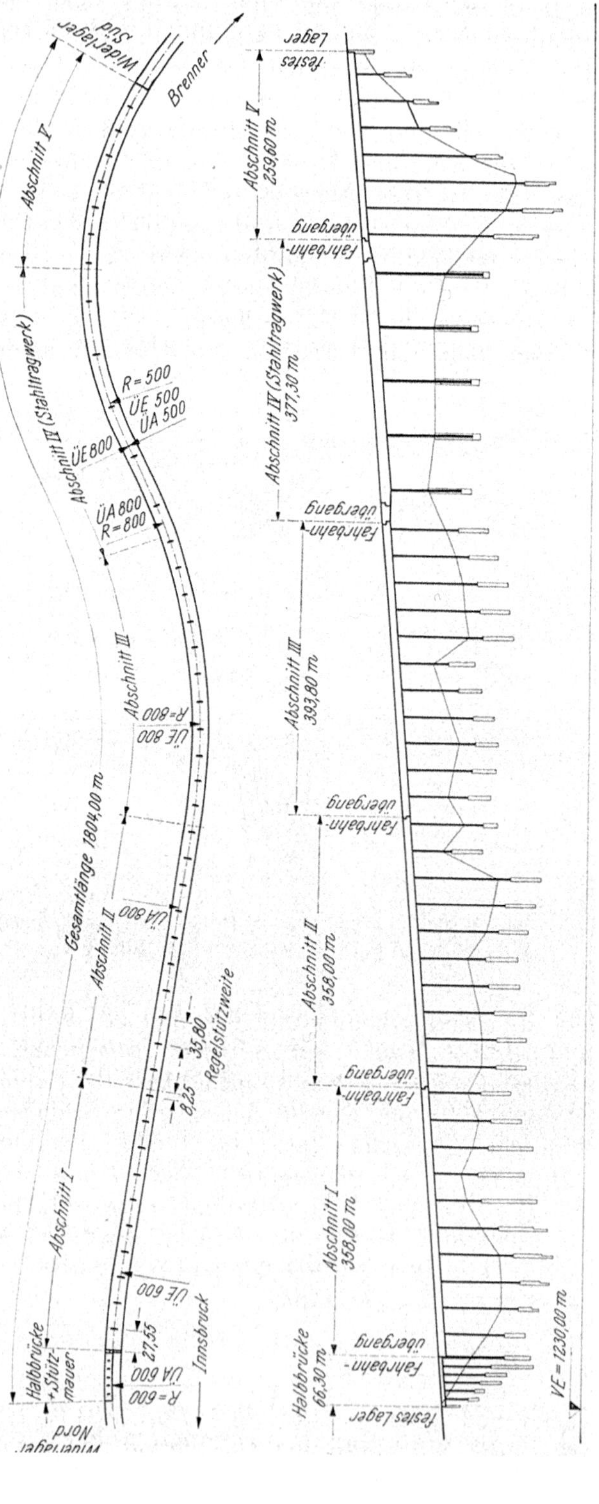

Abb. 115. Luegbrücke der Brenner-Autobahn. Übersicht (aus ÖIZ 1970, S. 68, Abb. 1)

und 73]. Sie ist eine Hangbrücke mit Stützenhöhen bis zu etwa 30 m über dem Gelände (Abb. 115). Die ganze Brückenlänge ist in 5 Abschnitte unterteilt, deren Längen zwischen 260 und 358 m liegen. An den einzelnen Abschnittsgrenzen sind längsbewegliche Gelenke und Fahrbahnübergänge eingebaut. Leider konnte aus bodenmechanischen Gründen nicht das gesamte Tragwerk als Spannbetontragwerk ausgeführt werden. Im Bereich des Abschnittes IV wurden Hangbewegungen befürchtet, und so erschien es ratsam, den Brückenüberbau dieses Abschnittes in einer gegenüber Baugrundbewegungen unempfindlicheren Stahlkonstruktion auszuführen. Die Luegbrücke ist nicht nur hinsichtlich ihrer Länge, sondern ebenso in bezug auf ihre Herstellung und Querschnittsgestaltung eine der interessantesten Brükken, die in den letzten Jahren in Österreich zur Ausführung kamen. Die gesamte Autobahn mit einer Breite von 21 m wurde auf einem einzigen, einzelligen Hohlkasten untergebracht (Abb. 116). Der Kasten besitzt

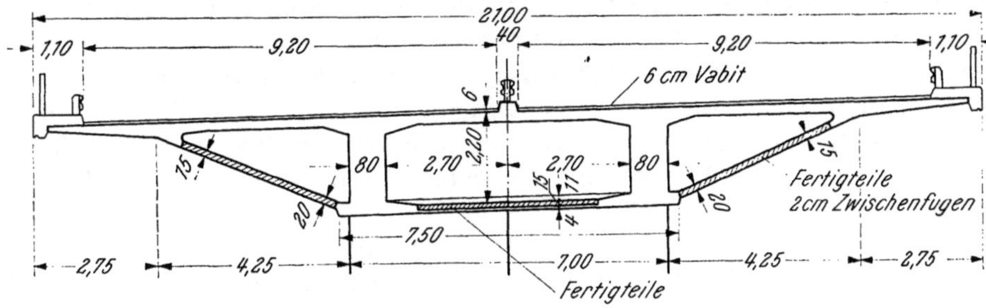

Abb. 116. Querschnitt (aus ÖIZ 1970, S. 70, Abb. 4)

eine Breite von 7 m, und die Fahrbahntafel kragt beidseits 7 m aus dem Kasten aus. Zur konstruktiven Beherrschung dieser großen Kraglänge wurde die Kragkonstruktion in einen waagrechten, in der Fahrbahnplatte liegenden Zuggurt und in eine schräge Druckplatte aufgelöst, welche sich gegen die Bodenplatte des Hohlkastens stützt. Aus dieser 4,25 m auskragenden Dreieckskonstruktion ladet die Fahrbahnplatte weitere 2,75 m als Massivplatte aus. Der Abstand der 80 cm dicken Hauptträgerstege ist mit 6,20 m gegenüber der Brückenbreite verhältnismäßig klein. Die Kastenbreite wurde so schmal gewählt, um die Hauptträger unmittelbar auf schmale Pfeiler stützen zu können, welche wiederum zur Schonung des Hanges auf vergleichsweise schmalen elliptischen Fundamenten stehen. Die Gründung von Hangbrücken auf kreisrunden oder ovalen Fundamentschäften, deren Baugruben durch einen Spritzbetonmantel gesichert werden, hat sich beim Bau der Brennerautobahn außerordentlich bewährt, wie dies schon anläßlich der Beschreibung der Pilzbrücken erwähnt wurde. Die Pfeiler dieser Hangbrücke haben einen flachen, sechseckigen Querschnitt mit nur 90 cm Seitenlänge an den Stirnflächen. Bis zur Mitte des Pfeilers nimmt seine Breite auf 1,50 m zu. Quer zur Brückenlängsrichtung haben die Pfeiler eine Abmessung von 7 m und sind damit genauso breit wie der Hohlkasten. Die Pfeiler sind hohl und besitzen in Brückenachse einen Mittelsteg. Alle 48 Stützen, mit Ausnahme der bis zu 55 m langen im Abschnitt V neben der Sill, wurden mit dem gleichen Querschnitt ausgeführt. Etwa 70% dieser Stützen konnten, da sie, in der Brückenlängsrichtung betrachtet, sehr biegeweich sind, mit dem Brückenüberbau monolithisch verbunden werden. Auf kurzen, biegesteifen Stützen und solchen, welche nahe an den Abschnittsgrenzen liegen, wurden oben Linienkipplager oder bewegliche Lager eingebaut. Am Fuß sind die Stützen durchwegs im Fundament eingespannt. Da der sehr breite Brückenüberbau auf schmalen Pfeilern aufruht und die Hauptträger aus herstellungstechnischen Gründen unmittelbar auf die Pfeiler gestützt wurden, mußte der Brückenquerschnitt torsionssteif gestaltet werden, wofür sich der Hohlkasten von vornherein anbot. Die Herstellung des Brückenüberbaues erfolgte mittels eines Gerüstwagens, welcher sich auf die vorweg betonierten Pfeiler stützte und welcher die Herstellung eines gesamten Brückenfeldes von 750 m² Grundrißfläche in einer Arbeitsstellung gestattete.

Die Stützweite der einzelnen Felder beträgt durchwegs 35,8 m, und die Arbeitsfugen liegen jeweils 8,25 m von den Stützen entfernt, etwa in den Momentennullpunkten. Die Arbeitsfugen stehen senkrecht zur Spannkabellage. Die endgültigen Dehnfugen zwischen den Rahmenabschnitten unterscheiden sich von den Arbeitsfugen dadurch, daß sie als längsbewegliche Querkraftgelenke gestaltet sind. Es wurden Teflongleitkipplager eingebaut, da solche Lager nur eine sehr kleine Konstruktionshöhe benötigen.

Die Herstellung des Brückenüberbaues erfolgte so, daß erst einmal die Bodenplatte des Hohlkastens als Fertigteilplatte auf den Gerüstwagen gelegt wurde. Diese einzelnen Fertigteile waren, in Brückenlängsrichtung gemessen, 2,35 m lang, und zwischen den einzelnen Teilen ließ man eine Lücke von 40 cm Breite, welche genügte, eine schubfeste Verbindung zwischen den einzelnen Platten herzustellen. Der rechteckige Hohlkasten erfährt ja infolge der großen Breite des Tragwerkes, aber auch durch die Lage der Brücke im Bogen beträchtliche Torsionsbeanspruchungen, und der Schubfluß in der Bodenplatte mußte ermöglicht werden. Die Seitenwände, welche die weit auskragende Fahrbahnplatte zur Bodenplatte hin abstützen, wurden ebenfalls als Fertigteile auf den Gerüstwagen gelegt, doch verzichtete man hier auf eine schubfeste Verbindung der Fertigteile untereinander, und stellte diese nur mit den Hauptträgerstegen und der Fahrbahnplatte her. Die schrägen Fertigteilplatten wurden daher mit einer 2 cm breiten offenen Fuge aneinandergelegt. Da der Brückenquerschnitt über die ganze Brückenlänge beibehalten wurde, konnte die Innenschalung der rechteckigen Zelle und der beiden Dreieckzellen mit einer nur wenig absenkbaren und längsverschieblichen Konstruktion ausgeführt werden. Allerdings hatte dies zur Voraussetzung, daß der Querträger über den Pfeilern und an den bleibenden Gelenksfugen erst nachträglich betoniert wurde, wenn die Innenschalung bereits in den nächsten Betonierabschnitt gebracht war. Mit Rücksicht auf das Verschieben dieser Innenschalungen wurde auch die Stegstärke der Hauptträger von 80 cm über die ganze Brückenlänge beibehalten und man verzichtete bewußt darauf die Stegdicke in den Feldmitten schwächer auszuführen.

Der Gerüstwagen wurde von der Firma Mannesmann-Leichtbau AG. konstruiert und geliefert (Abb. 117 und 118). Er mußte das Betonieren des Tragwerkes von Momentennullpunkt zu Momentennullpunkt ermöglichen. Die Konstruktion besteht aus zwei Hauptträgern mit Hohlkastenquerschnitt von 46 m Länge, an welche an den Enden, mit ihnen kraft-

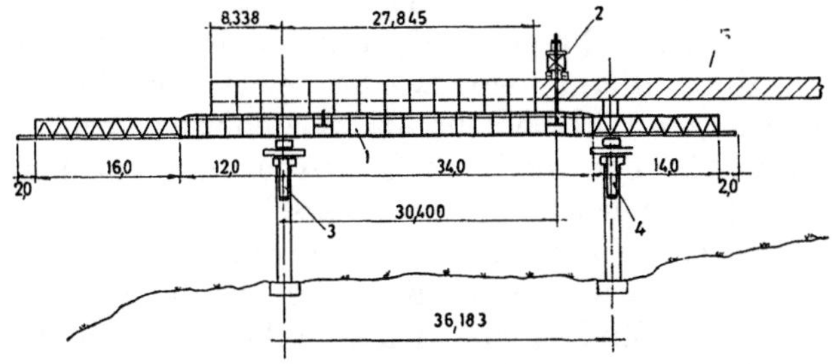

Abb. 117. Mannesmann-Gerüst, Betonierstellung (aus ÖIZ 1970, S. 57, Abb. 5)
1 Hauptträger, *2* Querträger mit Aufhängung, *3* Konsolenpaar, belastet, *4* Konsolenpaar, unbelastet, *5* fertiggestelltes Betontragwerk

schlüssig verbunden, Fachwerkträger von 16,0 bzw. 14,0 m Länge anschließen. Der gesamte, 76 m lange Wagen reichte über zwei Regelfelder. Über den Hauptträgern liegen Querträger mit schräg aufwärtsgerichteten Fachwerkkragarmen. Die Schalung liegt auf dieser Querkonstruktion. Weitgehend war der Wagen aus den Regelprofilen der Mannesmann-Leichtbau

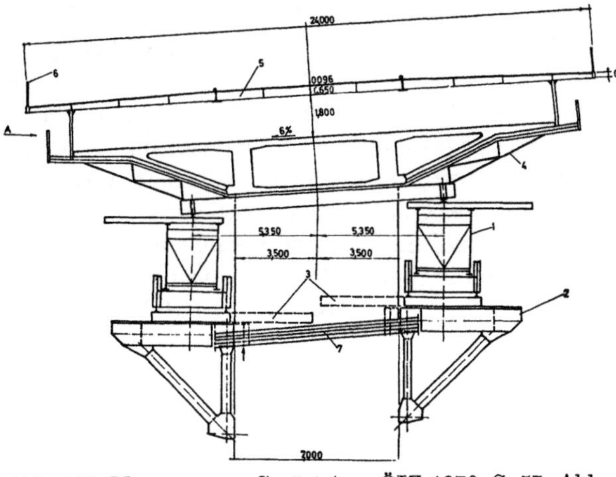

Abb. 118. Mannesmann-Gerüst (aus ÖIZ 1970, S. 57, Abb. 6)
1 Hauptträger, *2* Konsole, *3* Pfeiler-Umklammerung, *4* Schalrahmen, seitlich verschiebbar, *5* Dachteil, abnehmbar bzw. klappbar, *6* Geländer, abnehmbar bzw. klappbar, *7* Vorspannstähle

AG. zusammengesetzt. Die Hauptträger lagen am Wagenvorderteil beiderseits des freistehenden Pfeilers auf kräftigen Dreieckskonsolen. Diese ruhten am Fuß in Nischen des Pfeilers und wurden oben mit einem Zugband gegen den Pfeiler gepreßt. Am hinteren Wagenteil hing während des Betonierens der Wagen mittels einer Querträgerkonstruktion am Kragarm des zuletzt betonierten und bereits vorgespannten Brückenfeldes. War ein Feld der Brücke fertiggestellt, so wurde mit hydraulischen Pressen an der Konsolenlagerung das Gerüst gesenkt und durch Lösen der hinteren Aufhängung auf das zweite, vorher unbelastete Konsolenpaar gelegt. Der Wagen wurde nun so weit vorgefahren, daß die Verlängerung des Hauptträgers den nächsten freistehenden Pfeiler erreichte. In dieser Stellung wurde nun mittels der hinteren Aufhängevorrichtung und noch einer zweiten der gesamte Wagen an das fertiggestellte Feld gehängt, wodurch man die beiden Konsolenpaare entlastete. Die Konsolenpaare konnten nun entlang der Hauptträger um eine Feldweite zu den nächsten Pfeilern gefahren und an diesen befestigt werden. Hierauf wurden die Aufhängungen wieder gelöst, und der Wagen konnte, auf den Konsolen liegend, in die neue Arbeitsstellung gebracht werden. Hinten hängte man den Wagen wieder an den Brückenkragarm, und damit war das eine Konsolenpaar wieder entlastet. Verschoben wurde der Wagen nur auf den Stahlkonsolen, auf welchen er über Teflonlager glitt. Die Übertragung der Reibungskräfte von den Konsolen auf die Pfeiler besorgten Gabeln, welche mit ihren Zinken die Pfeiler umklammerten. Das Vorfahren, Einrichten und Absenken des Gerüstwagens erfolgten mit hydraulischen Pressen. Beim Fahren im Bogen mußten die beiden Hauptträger voneinander getrennt werden, was manche Schwierigkeit mit sich brachte. Trotzdem gelang es im allgemeinen, in etwa einem Tag das Gerüst in seine neue Arbeitsstellung zu schieben. Die Brücke wurde in der Längsrichtung nach dem Spannverfahren Held-Francke beschränkt vorgespannt, wobei als zulässige Zugspannungen des Betons die halben Werte festgesetzt wurden, welche die DIN 4227 zuläßt. In einem Regelfeld benötigte man je Hauptträger 18 Spannglieder, bestehend aus 7 ⌀ 12 aus St 140/160 mit einer zulässigen Spannkraft von 69,7 Mp. Die Spanngliedführung entspricht dem Momentenverlauf, und an den Arbeitsfugen werden diese Spannglieder aufgefächert und gekuppelt. Die etwa 20 cm dicke Fahrbahnplatte ist in der Querrichtung schwach vorgespannt, und zwar so, daß infolge der ständigen Belastung keine Zugspannungen im Beton auftreten, unter voller Verkehrslast jedoch die Zugzone des Querschnittes als gerissen betrachtet wird. Die Bemessung erfolgte im Stadium II unter Berücksichtigung der Vordehnung des Spannstahles. Als Spannglieder für die Quervorspannung der Fahrbahnplatte wurden Kabel aus 7 ⌀ 8 der Güte St 140/160 in 60 bis 65 cm Abstand verlegt. Die schlaffe Bewehrung der Fahrbahnplatte, der Kastenstege und Querträger bestand größtenteils aus Sondermatten aus geripptem Stahl IV und, wo man mit den Matten nicht bewehren konnte, aus Rippentorstahl 50.

Der Baustoffaufwand für ein Regelfeld des Überbaues ist sehr gering und beträgt je m² Brückengrundriß:

Beton B 300	0,504 m³
Spannstahl St 140/160	16,4 kg/m²
Baustahlmatten und Rippentorstahl	40 kg/m²

An den Bewegungsfugen über den Gelenken wurden RUB-Fahrbahnübergänge eingebaut. Die Bewegungsmöglichkeit dieser Konstruktion mußte an den Brückenenden über den Trennpfeilern 160 mm und an den Fugen zwischen den einzelnen Rahmenabschnitten 200 mm betragen.

Diese lange Hangbrücke wurde im Auftrag der Brennerautobahn AG. erbaut.

Der Entwurf stammt von Zivilingenieur Dipl.-Ing. K. Wenzel, Linz, in dessen Büro auch die statische Berechnung und die Ausführungspläne ausgearbeitet wurden. Die Bauausführung besorgte eine Arbeitsgemeinschaft der Firmen Innerebner und Mayer, G. Hinteregger, Weller & Co., alle in Innsbruck.

2.1.3. Rahmenbrücken und rahmenähnliche Konstruktionen

Allgemeines

Unter Rahmenbrücken und rahmenähnlichen Konstruktionen sollen solche Brücken verstanden werden, bei welchen in den Brückenbalken durch Rahmenwirkung eine wesentliche Änderung der Schnittkräfte gegenüber jenen bei einfachen oder durchlaufenden Balken auftritt. Rahmen, die etwa dadurch entstehen, daß schlanke Stützen mit dem Brückenüberbau monolithisch verbunden werden und bei welchen der Einfluß dieser Verbindung wohl auf die Stützung, nicht aber auf den Brückenüberbau von Bedeutung ist, werden hier nicht als Rahmenbrücken behandelt, sondern fallen unter den Begriff Balkenbrücken und wurden auch dort besprochen.

Murbrücke Bruck/Mur

Als Beispiel einer vorgespannten Rahmenkonstruktion mit schrägen Rahmenstielen sei hier die Brücke über die Mur bei Bruck/Mur angeführt (Abb. 119). Der Rahmenriegel hat die Spannweiten $26{,}77 + 54{,}52 + 26{,}77 = 108{,}56$ m. Die Riegelhöhe nimmt von den Endauflagern von 1,38 m bis zur Stützung durch die Schrägstiele auf 2,80 m zu, um dann gegen die Brückenmitte hin wieder auf 2,00 m abzunehmen, dies ist $^1/_{34}$ der Entfernung der Fußpunkte der schrägen Stiele. Die gegen die Lotrechte um 30° geneigten Schrägstiele sind mit unvollkommenen Betongelenken auf den Fundamenten gelagert.

Die Unterkante des Brückenbalkens ist leicht gekrümmt. Der Querschnitt der insgesamt 10,95 m breiten Straßenbrücke besteht aus einem einzelligen, rechteckigen Hohlkasten von 4,95 m Breite, aus welchem die Fahrbahntafel beidseits 3,0 m auskragt (Abb. 119 *b*). Die Fahrbahnplatte ist im Bereich des Hohlkastens 18 cm dick und hat 80 cm lange und 10 cm hohe Schrägen gegen die Seitenwände des Kastens hin. Die Stärke der Kragplatten nimmt von 28 cm an der Einspannstelle auf 14 cm am Plattenrand ab. Die Dicke der Bodenplatte schwankt, den Beanspruchungen entsprechend, von 12 bis 35 cm. Die Stegstärken nehmen von 32 cm auf 61 cm über den Stützungen zu. An den Brückenenden ist der Brückenbalken auf die Querriegel von Brückenjochen längsbeweglich aufgeklaut. Auf den gleichen Querriegeln liegen Fertigteilbalken einer Hochstraße, welche beidseits der Rahmenbrücke anschließt. Die stützenden Schrägstiele haben am Fuß einen vollen Rechtecksquerschnitt von $0{,}80 \text{ m} \times 3{,}55$ m, der geradlinig bis zum Anschnitt mit dem Riegel auf $1{,}60 \text{ m} \times 4{,}50$ m zunimmt. In der Verlängerung der Schrägstiele sind kräftige Querträger angeordnet.

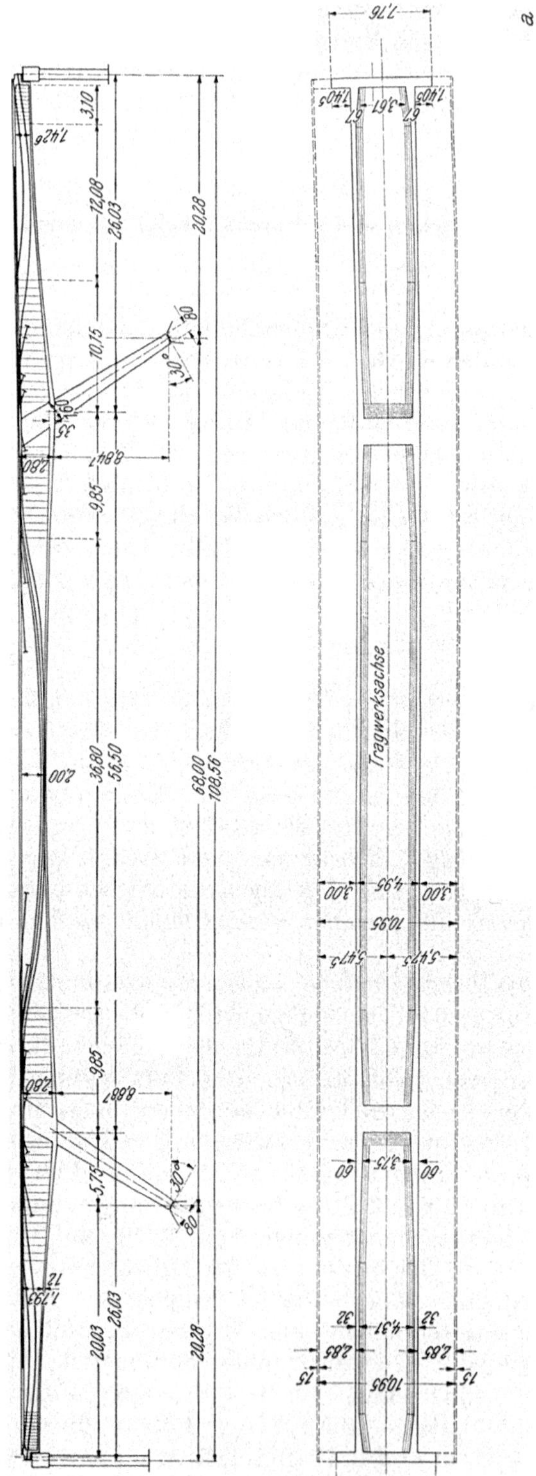

Abb. 119. Murbrücke bei Bruck/Mur
Abb. 119 *a*. Längsschnitt und Grundriß

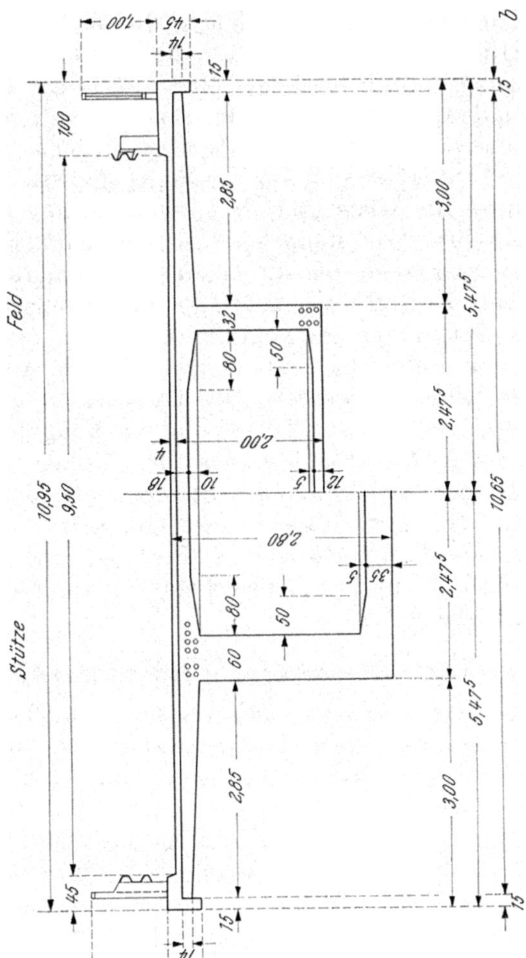

Abb. 119 b. Querschnitt

Der Brückenbalken aus Beton B 300 ist in der Längsrichtung mit dem BBRV-Verfahren beschränkt vorgespannt. In der Querrichtung ist das Tragwerk mit Sternstahl Cs 50 schlaff bewehrt. Da die waagrechte Komponente der Stützkräfte der Schrägstiele den Mittelteil des Riegels unter Druck setzt, ist die erforderliche Vorspannkraft zur Erzielung der vollen Vorspannung nicht sehr groß. In Brückenmitte sind im ganzen Brückenquerschnitt nur 12 Spannglieder zu je 55 ⌀ 6 aus Delta 100 erforderlich. Über dem Knoten mit den Schrägstielen sind, dem größeren Moment entsprechend, 20 Spannglieder aus 55 ⌀ 6 vorhanden. In den Seitenfeldern nimmt die Zahl der Spannglieder bis auf 8 Stück ab, die am Brückenende verankert sind. Je m^2 Brückengrundriß brauchte man nur 14 kg Spannstahl. Das Spannen der Spannglieder erfolgte vom Brückenende und von Höckern der Kastenseitenwände aus. Hergestellt wurde diese Brücke auf einem Lehrgerüst. Eine Arbeitsfuge ergab sich am Anschnitt der Stiele an den Riegel an dessen Unterkante. Die Stiele sind, da vorwiegend nur auf Druck beansprucht, schlaff bewehrt. Das Fußgelenk ist sehr einfach gestaltet. Der Betonquerschnitt ist von 80 cm bis auf 24 cm Breite eingeschnürt, und die Gelenkfuge wird von zwei Reihen kräftiger Bewehrungsstäbe gekreuzt, welche sich in der Gelenkfuge spitzwinklig schneiden. Gemäß der österreichischen Norm mußte diese Gelenkbewehrung für die Aufnahme der gesamten Gelenkkraft bemessen werden. Das Bauwerk mußte im Zuge des Ausbaues der Bundesstraße Wien—Villach und der Neugestaltung der Umfahrung der Stadt Bruck/Mur gebaut werden. Der Bauherr war das Bundesministerium für Bauten und Technik, Bundesstraßenverwaltung. Ausführende Firma war die Arge „Hochbrücke Bruck/Mur", bestehend aus den Firmen Allgemeine Baugesellschaft A. Porr AG und Baugesellschaft H. Rella & Co., beide in Wien. Der Entwurf stammt von der der Arge angehörenden Firma H. Rella & Co.

Straßenüberführung über die Westautobahn S 106 bei Aurach

Zweigelenkrahmen mit schrägen Stielen werden mit Vorteil zur Überführung von Verkehrswegen über Autobahnen u. dgl. verwendet, wenn diese in Einschnitten liegen. Solche Rahmenbrücken gestatten die Freihaltung des zu kreuzenden Verkehrsweges von Stützen, welche die Sicht behindern. Ein treffendes Beispiel dieser Art ist das Überführungsbauwerk S 106 bei Aurach in Oberösterreich, mit welchem eine Nebenstraße die Autobahn kreuzt (Abb. 120) [74]. Die Spannweiten sind hier $27{,}0 + 40{,}0 + 27{,}0 = 94$ m Gesamtlänge. Die Entfernung der Fußgelenke beträgt 55,0 m. Das Tragwerk ist 72° schief. Bemessen wurde das Tragwerk für die Brückenklasse II entsprechend ÖN B 4002.

Der Querschnitt des Brückenbalkens ist ein zweistegiger Plattenbalken mit 4,20 m Achsabstand der Stege. Die Stege haben durchwegs eine gleichbleibende Breite. Die Höhe des Plattenbalkens beträgt in der Mitte zwischen den Schrägstielen $1{,}20 \text{ m} = {}^1/_{46}$ der Entfernung der Fußgelenke. Querträger sind an den Brückenenden, in Brückenmitte und an den Knoten mit den Schrägstielen vorhanden. Die Balkenhöhe nimmt in leicht geschwungener Form von der Mitte zum Knoten mit den Schrägstielen zu. Hier wurden

Abb. 120. Autobahnüberführung bei Aurach, Oberösterreich. Ansicht. (Photo K. Gerlach, Wien)

stetige und ausgerundete Übergänge geschaffen. Die vier schrägen Stiele mit Parallelogrammquerschnitt verjüngen sich nach unten, und die Balkenhöhe nimmt ebenfalls in leicht geschwungener Form zu den Endauflagern hin ab. Das insgesamt nur 7,20 m breite Bauwerk ist an den Enden auf Pendelstützen gelagert, deren Beweglichkeit gegenüber dem Erdreich durch eine, ein genügendes Spiel gewährende Ummantelung ermöglicht wird.

Der Rahmenriegel ist in der Längsrichtung mit dem BBRV-Spannverfahren vorgespannt. Verwendet wurde Spannstahl Delta 100 ⌀ 5 mm. Bauherr war wiederum die Bundesstraßenverwaltung des Bundesministeriums für Bauten und Technik. Entworfen und ausgeführt wurde dieses sehr ansprechende Überführungsbauwerk, dessen Form vielfach nachgeahmt wurde, von der Allgemeinen Baugesellschaft H. Rella & Co., Wien.

Der Baustoffbedarf war sehr gering, man benötigte je m² Brückengrundriß für den Überbau:

Beton der Güte B 300 und B 400	0,563 m³
Spannstahl Delta 100	14 kg
Torstahl 40	38 kg
Baustahlgitter	2,2 kg

Murbrücke St. Lorenzen, Steiermark

Ein etwas anderes Rahmensystem, welches bei Spannbetonbrücken über ein einziges Feld mit mittleren bis großen Stützweiten verwendet wird, ist jenes, wie es bei der Murbrücke St. Lorenzen zur Ausführung kam (Abb. 121). Der Rahmenriegel ist bei diesem System in eine aufgelöste Scheibe eingespannt, welche aus einer lotrechten Unterstützung des Riegels, aus der Fortsetzung des Brückenbalkens gegen das Land zu und aus einer vorgespannten Zugstrebe besteht. Die Zugstrebe ist so angeordnet, daß ihre Systemlinie jene der lotrechten Stützung in der Schwerlinie der Aufstandsfläche schneidet. Im Falle der hier beschriebenen Brücke beträgt die Stützweite 60 m, die nach rückwärts ausladenden Teile des Riegels sind je 14,5 m lang und die Höhe der mit dem Riegel monolithisch verbundenen kreisrunden Stützen, von der Oberkante des Fundamentes bis zur Unterkante des Tragwerkes, ist etwa 5,90 m. Die schräge Rückspannung ins Fundament besteht aus einem 1 m breiten und 40 cm hohen vorgespannten Band aus Beton B 300. Die Dehnsteifigkeit, d. h. der ideelle Querschnitt dieses Bandes, ist neben der Gestalt des Riegels für die Einspannverhältnisse des Riegels an der Stütze sehr entscheidend. Auch durch die Wahl des Riegelquerschnittes kann der Einspanngrad wesentlich beeinflußt werden. Der Querschnitt des Brückenbalkens ist ein einzelliger Hohlkasten, dessen 4,4 m

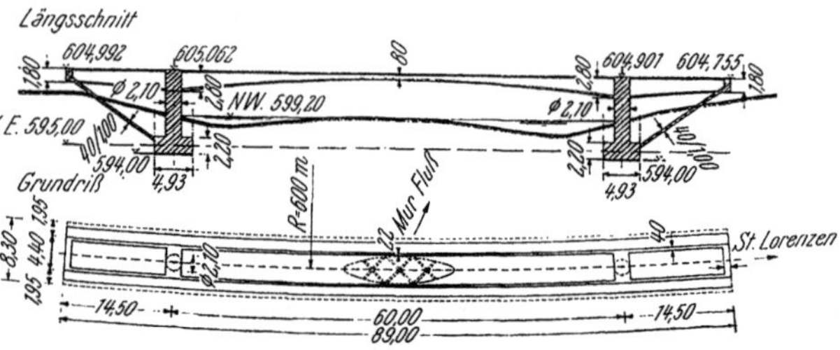

Abb. 121. Die Murbrücke bei St. Lorenzen, Steiermark. Übersichtsplan

breite Bodenplatte im Bereich der Brückenmitte in ein Rautenfachwerk aufgelöst ist. Mit dieser Maßnahme wurde das Eigengewicht der Brücke dort vermindert, wo es den größten Einfluß auf die Schnittkräfte hat. Die Höhe des Hohlkastens ist in Brückenmitte extrem nieder und beträgt mit 80 cm Höhe nur $^1/_{75}$ der Stützweite. Von der Brückenmitte gegen die stützenden Pfeiler mit 2,10 m Durchmesser nimmt die Höhe des Kastens parabolisch auf 2,80 m zu, um dann wieder gegen das Riegelende auf 1,80 m abzu-

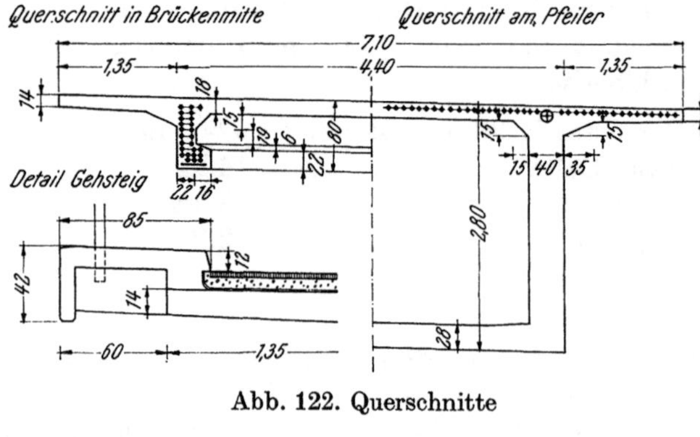

Abb. 122. Querschnitte

nehmen. Der Hohlkasten ist über den tragenden Säulen und an den Brückenenden mit Querträgern ausgesteift. Die Breite des Querträgers über den Stützen beträgt 2,10 m, um ein sattes Aufsitzen auf der Stütze zu erreichen. Die Stegstärken des Kastens nehmen von der Brückenmitte von 22 cm bis auf 40 cm über der Querstützung zu und behalten diese Stärke dann bis zum Brückenende bei. Die Fahrbahnplatte ist ebenfalls sehr leicht konstruiert, denn ihre Dicke beträgt nur 18 cm, die an den Kragenden bis auf 14 cm abnimmt (Abb. 122). Ebenfalls zur Gewichtsersparnis ist die Gesimskappe in eine mit Rippen verstärkte Platte aufgelöst. Die Dicke der Bodenplatte des Hohlkastens nimmt, den statischen Erfordernissen entsprechend, von 12 cm bis auf 28 cm zu. Da die Biegesteifigkeit des Brückenquerschnittes in Feldmitte bewußt sehr klein gewählt wurde, sind die Biegemomente in der Mitte des Feldes sehr klein. Die Brücke hat eine Gesamtlänge von 89 m und liegt in einer flachen Krümmung. Der Brückenüberbau wurde in der Längsrichtung vorgespannt, in der Querrichtung ist das Tragwerk schlaff bewehrt. Als Spannverfahren kam das Dywidag-Verfahren mit Spanngliedern aus St 80/105 ⌀ 26 mm zur Anwendung. Die Spannglieder folgen in ihrer Anordnung dem Momentenverlauf. In Brückenmitte waren 50 Spannglieder ⌀ 26 mm über der Stütze 76 ⌀ 26 notwendig. Die ganze Brücke hat eine Grundrißfläche von 739 m². Je m² Brückengrundriß benötigte man für den Brückenüberbau einschließlich der schrägen Abspannungen und der runden Säulen:

Beton B 300 und B 450	0,50 m³
Spannstahl St 80/105	33,8 kg
Torstahl 50	41 kg

Die Brücke wurde im Auftrag der Steiermärkischen Landesregierung erbaut. Entworfen und ausgeführt wurde dieses Bauwerk von der Bauunternehmung Ingenieure Mayreder, Keil, List & Co., Graz.

Ennsbrücke Trautenfels, Steiermark

Eine Straßenbrücke über die Enns bei Trautenfels wurde sowohl als Rahmentragwerk als auch als ein auf frei drehbaren und verschieblichen Lagern gestütztes Balkensystem berechnet, da nicht mit Sicherheit gesagt werden konnte, wie nachgiebig in waagrechter Richtung die je Widerlager

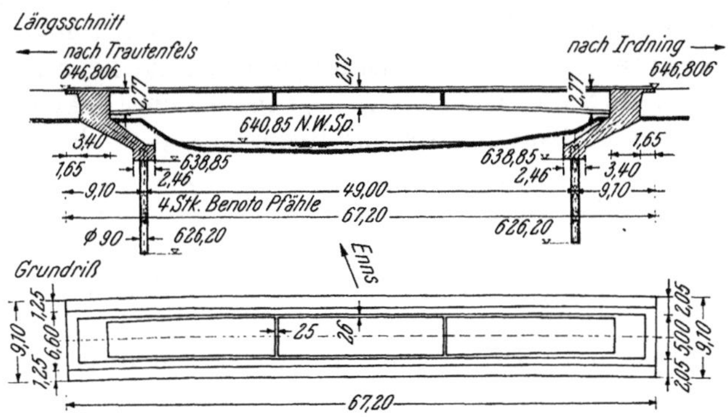

Abb. 123. Ennsbrücke bei Trautenfels, Steiermark. Übersicht

aus vier Pfählen bestehende Gründung ist und auch mit der Möglichkeit des Freispülens der Pfähle gerechnet werden mußte (Abb. 123). Um dennoch die Beanspruchung des Brückenbalkens in der Brückenmitte zu vermindern und gleichzeitig den Rahmenschub von vornherein klein zu halten, folgen die massiven Rahmenstiele der Uferböschung schräg nach hinten. Die massiven Stiele und die ebenfalls massiv ausgebildete Rahmenecke wirken wie ein

Gegengewicht und ergeben auch bei Fehlen eines Rahmenschubes Einspannmomente für den Brückenbalken. Die gesamte Brückenlänge beträgt 67,20 m, die lichte Stützweite von Rahmenknoten zu Rahmenknoten 57,10 m und der Achsabstand der beiden Pfahlreihen 49,0 m.

Der Brückenquerschnitt ist ein zweistegiger Plattenbalken mit einer Höhe in Feldmitte von 2,12 m = $^1/_{27}$ der lichten Balkenspannweite (Abb. 124). In leicht geschwungener Form nimmt die Bauhöhe zur Rahmenecke hin auf 2,77 m zu. Die Balkenstege haben von außen zu außen gemessen einen Abstand von 5,0 m. Ihre Stärke nimmt von 26 cm im Feldbereich auf 56 cm an der Rahmenecke zu. Der Fuß der Hauptträgerstege ist zur Aufnahme der Druckspannungen, aber auch zur Unterbringung der Vorspannbeweh-

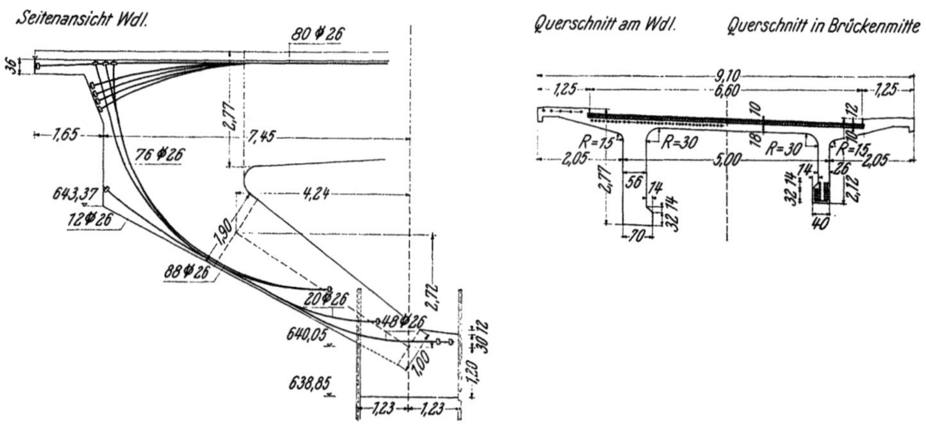

Abb. 124. Querschnitte und Spanngliedführung im Rahmenstiel

rung nach innen zu verstärkt. Die Fahrbahnplatte ist zwischen den Stegen 18 cm stark und kragt beiderseits 2,05 m aus. Die Gehsteigkonstruktion ist ein Teil der Fahrbahnplatte. Die auskragende Platte ist an der Einspannstelle 36 cm dick, die schwächste Stelle liegt mit 16 cm Dicke unter der Bordsteinkante. In den Drittelpunkten des Brückenträgers sind schlanke Querträger vorhanden. Die Rahmenecke besteht aus einem etwa 3,40 m × 3,40 m × 5,00 m großen Betonblock, an den die nach unten sich verjüngenden Stiele anschließen, deren Querschnitt von 1,90 m × 5,00 m auf 1,00 m × 5,00 m abnimmt. Mit einer kräftigen Kopfschwelle sitzt das Bauwerk auf den Pfählen auf.

Das Bauwerk ist in der Brückenlängsrichtung voll vorgespannt, wenn das Brückensystem als Rahmen betrachtet wird, und beschränkt vorgespannt, wenn man es als frei aufliegenden Balken ansieht. In der Querrichtung wurde mit Rippentorstahl 50 schlaff bewehrt. Als Spannverfahren kam das System Dywidag mit Spannstangen ∅ 26 mm aus St 80/105 zur Anwendung. Für den ganzen Brückenquerschnitt benötigte man in Brückenmitte 62 ∅ 26, an den Rahmenecken, in den Stegen und über die Fahrbahnplatte verteilt 80 ∅ 26. Schlaffe Bewehrungen, am unteren Rand der Fußverstärkung der Stege zur Zugkeildeckung verlegt, wurden beim Bruchsicherheitsnachweis herangezogen. Die Spannstrangführung folgt dem Momentenverlauf. Die schrägen

Rahmenstiele sind mit je 88 Spannstangen ⌀ 26 mm ebenfalls vorgespannt (Abb. 124). Die Vorspannbewehrung der Stiele übergreift sich mit jener des Rahmenriegels im Bereich der Rahmenecke. Der Baustoffaufwand hat für diese, für die Brückenklasse I entsprechend ÖN B 4002 bemessene Brücke je m^2 Grundriß betragen:

Beton B 450	0,79 m^3
Spannstahl St 80/105	56,2 kg
Rippentorstahl 50	32,0 kg

Dieses interessante Bauwerk wurde im Auftrag der Steiermärkischen Landesregierung von der Bauunternehmung Ingenieure Mayreder, Keil, List & Co. entworfen, berechnet und gebaut.

Fußgängerbrücke über die Südautobahn in Wien

Ein in seiner Form sehr eigenwilliges Bauwerk, welches man unter die Rahmenbrücken einreihen kann, ist ein vorgespannter Fußgängersteg über die Südautobahn im Stadtbereich von Wien (Abb. 125). Der Übergang

Abb. 125. Wendelbrücke über die Autobahn in Wien, Brückenansicht (aus Spannbeton Österreich 1966—1970, S. 7, Bild 3, Photo Mayer)

ist als Rampenbrücke mit einer größten Steigung von 7% gebaut, um auch die Benützung des Steges Personen mit Kinderwagen zu ermöglichen. Da jedoch zur Entwicklung der Auffahrten der Platz beengt war, mußte auf einer Seite der Autobahn eine Auffahrtswendel gebaut werden. An der Stelle des Überganges ist die Autobahn gekrümmt. Infolge des Quergefälles der Autobahn stand an der Innenseite des Bogens die größte Konstruktionshöhe für den Steg zur Verfügung, also dort, wo die Wendel gebraucht wurde. Man stellte an diese Stelle eine Stütze, von welcher aus der Steg mit einem geraden Feld die Autobahn bis zu dem fast vollständig eingeschütteten Endwiderlager überspannt, an welche aber auch in der anderen Richtung

Abb. 126. Bauzustand (aus Spannbeton Österreich 1966—1970, S. 7, Bild 2)

als zweites gekrümmtes Brückenfeld die Wendel angeschlossen wurde. Die Höhe des trapezförmigen Querschnittes der Brücke nimmt von dieser Mittelstütze nach beiden Seiten stetig ab. Zur Verminderung des Eigengewichtes wurden außerdem kreisrunde Hohlräume mit den Durchmessern von 40 bis 120 cm im Querschnitt ausgespart. Die Innenschalung bestand aus verlorenen Blechrohren (Abb. 126). Das Tragwerk ist in der Längsrichtung mit Spanngliedern VT 120 aus dem Stahl Delta 100 A (St 135/155) voll vorgespannt. 20 Spannglieder gehen auf die ganze Tragwerkslänge durch. Sie sind 94,45 bis 116,85 m lang und konnten von beiden Enden her gespannt werden. Elf Glieder wurden zusätzlich im Bereich der Zwischenstütze verlegt, und weitere drei benötigte man, um das eingeschüttete und nachträglich betonierte Brückenstück, welches über den Fuß der Wendel hinaus noch auskragt, an die Brücke zu spannen. Der Beton des Tragwerkes entspricht der Güte B 450. Die Mittelstütze läuft vom Kopf schräg so zum Fuß der Wendel herab, daß die Wendel mit ihrem Fuß den Stiel tangiert. Am Kopf ist die Stütze mit dem Brückenträger über eine Fläche von 1,80 m × 1,80 m monolithisch verbunden. Nach unten zu ist der Stützenquerschnitt auf die Maße 4,20 m × 0,65 m verzogen und endet an einem Betongelenk. Die Stütze und der Fußpunkt der Wendel sitzen auf einer gemeinsamen, 1,20 m dicken Stahlbetonplatte, welche einem ringförmigen Stampfbetonfundament aufsitzt. Durch diese gemeinsame Gründung von Stütze und Wendelfuß hat man ungleichmäßige Setzungen zwischen dem Stiel und der Wendel vermieden, welche beim vorliegenden Baugrund bei Einzelgründungen zu befürchten gewesen wären.

Die Berechnung dieses achtfach statisch unbestimmten Brückensystems gestaltete sich schwierig und umfangreich. An äußeren Belastungen wurden außer dem Eigengewichtslastfall noch folgende Zustände für eine Verkehrslast von 500 kp/m² untersucht:

1. Riegel belastet, Wendel unbelastet.
2. Riegel unbelastet, Wendel an der Bogeninnenseite halbseitig belastet.
3. Riegel unbelastet, Wendel an der Bogenaußenseite halbseitig belastet.

Die Schnittgrößen für die einzelnen Belastungszustände wurden mittels einer elektronischen Rechenanlage ermittelt. Die stetig gekrümmte Wendel wurde hiebei durch ein Polygon mit 21 Seiten angenähert. Der Lastfall Vorspannung wurde ebenfalls mit diesem Polygon untersucht, wobei die durch die gekrümmte Lage der Vorspannglieder auftretenden Umlenkkräfte in den Knoten des Polygons zu Einzelumlenkkräften zusammengefaßt wurden. Um durch die Vorspannung nicht nur den Biegemomenten, sondern auch den Torsionsmomenten entgegenzuwirken, wurden die Spannglieder zum Teil spiralig verlegt, so daß nicht nur in lotrechter, sondern auch in waagrechter Richtung ihre Lage zur Querschnittsachse stetig zu verändern war. Dies brachte beim Einbau im Zusammenhang mit dem Verlegen der Hohlraumrohre viel Mühe mit sich. Die Form des Tragwerkes stellte auch an die Herstellung der Schalung und der Stahlrohrrüstung ungewöhnliche Anforderungen. Betoniert wurde der ganze Brückenbalken innerhalb von zwei Tagen. Das Betonierprogramm war so aufgestellt, daß man keine Abbindeverzögerer der Betonmischung zugeben mußte. Vier Tage nach dem Betonieren wurde eine Teilvorspannung zur Vermeidung von Schwindrissen aufgebracht.

Der Bauherr für diesen Steg war der Magistrat der Gemeinde Wien, Magistratsabteilung 28, Bundesstraßenverwaltung. Der Entwurf stammt von Zivilingenieur Dipl.-Ing. A. Pauser, Wien, dessen Büro auch die baureife Ausarbeitung des Entwurfes besorgte. Die Bauausführung wurde der Firma Neue Baugesellschaft Auteried & Co., Wien, übertragen.

2.1.4. Seilverspannte Brücken

Allgemeines

Zur Bewältigung großer Spannweiten mit Spannbetonbalken wurde auch schon der Versuch unternommen, den Balken mit Schrägseilen auf einen Pylon abzuspannen. Eine der bekanntesten Ausführungen dieser Art

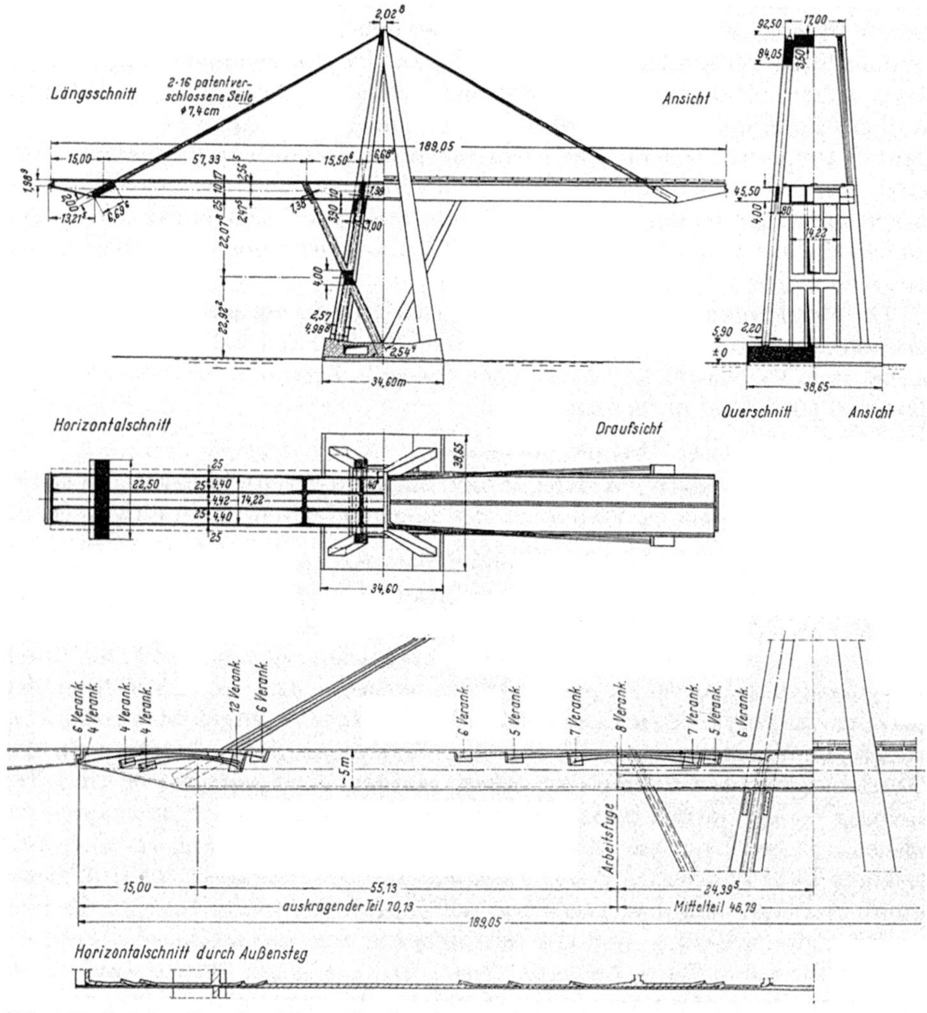

Abb. 127. Brücke über den Maracaibo-See, Längsschnitt, Querschnitt, Grundriß und Bewehrung der abgespannten Tischkonstruktion (aus Beton- und Stahlbetonbau 1963, S. 205, Bild 28 und 29)

ist die 1962 vollendete, nach einem Entwurf von Morandi erbaute Brücke über die Maracaibosee in Venezuela (Abb. 127) [156, 165]. Sie besteht im wesentlichen aus von Pfeilern auskragenden Balken, die an ihrem auskragenden Ende mit einem Schrägseil an den Pylon gehängt sind. Zwischen diesen, an den Enden mit Seilen gehaltenen Balken wurden vorgespannte und vorgefertigte Einhängträger angeordnet. Man erzielte so eine Entfernung der Pfeilerachsen von 235,0 m. Als Abspannseile wurden patentverschlossene Seile verwendet, deren Verankerungen am Pylon und im Brückenbalken nach den Konstruktionsgrundsätzen des Stahlbaues erfolgten. Die Kragbalken erhalten nicht nur durch das Spannen von Stahlkabeln, die im Balken untergebracht sind, eine Vorspannung, sondern auch durch das Anspannen der Schrägseile. Es muß hier allerdings unterschieden werden zwischen den Druckkräften, die bei jedem Belastungszustand vom Seil auf den Balken übertragen werden, und echten Vorspannkräften, welche durch Verkürzung der Seile in den Brückenbalken geweckt werden und welche auch nach Wegnahme der gesamten äußeren Belastung noch bestehen bleiben. Seilverspannte Brücken mit Versteifungsträgern aus Stahlbeton oder Spannbeton stellen somit einen Sonderfall der vorgespannten Konstruktionen dar [75], wenn die Wirkung der Abspannung durch Anspannen der Seile erhöht wird. Gegenüber einer Spannbetonkonstruktion mit Verbund oder mit nachträglichem Verbund beteiligen sich die Seile bei Steigerung der Belastung über die Werte beim Vorspannen hinaus, nur noch in dem Maße, als dem Verhältnis ihrer Steifheit zu jener des Balkens entspricht. Bei einer Bruchsicherheitsbetrachtung für den Brückenbalken erhält man für diesen große Momente und damit auch hohe Bewehrungsanteile. Es kommt bei diesen Betrachtungen allerdings sehr darauf an, mit welchem Sicherheitskoeffizienten die einzelnen Belastungszustände eingesetzt werden. Wird die gesamte Belastung mit Ausnahme der Vorspannung gesteigert, so erhält man sehr ungünstige, jedoch auf der sicheren Seite liegende Verhältnisse. Je steifer die Seile im Verhältnis zum Balken sind, desto besser ist dies für den Beanspruchungszustand des Versteifungsträgers. Daher geht das Bestreben dahin, statt der verschlossenen Seile, deren Elastizitätsmodul verhältnismäßig klein ist, Paralleldrahtbündel zu verwenden, welche gegenüber den patentverschlossenen Seilen einen etwa um 25% höheren E-Modul aufweisen [76]. Ja, das Bestreben, die Seilabspannung möglichst steif zu gestalten, hat dazu geführt, daß Morandi beim Autobahnviadukt Viadotto sul Polcevera in Genua als Abspannseil ein Spannbetonseil, bestehend aus einem Paralleldrahtbündel und einer vorgespannten Betonumhüllung, benützte [77]. Bei Verwendung von Paralleldrahtbündeln ist das Herstellen des notwendigen Korrosionsschutzes nicht einfach, vor allem dann, wenn man mit einer langen Baudauer rechnen muß. Dies ist wohl der Grund, weshalb bei Brücken mit Schrägabspannungen meist verschlossene Seile und nicht Paralleldrahtbündel verwendet werden, obwohl diese in statischer Hinsicht Vorteile brächten.

Entwurf Donaubrücke Hainburg

Ein sehr interessanter, jedoch nicht zur Ausführung gekommener Entwurf einer Schrägseilbrücke mit einem Betonversteifungsträger ist jener von Dipl.-Ing. A. Pauser für die Donaubrücke bei Hainburg (Abb. 128). Hier wird der Versteifungsträger von einer Harfe aus patentverschlossenen Seilen an den beiden 67,60 m hohen Pylonen gehalten. Die eigentliche

Abb. 128. Donaubrücke Hainburg (Modellphoto)

Strombrücke hat die Spannweiten 48,0 + 48,0 + 48,0 + 269,50 + 48,0 + 48,0 + 48,0 m.

In den Seitenfeldern ist der Balken alle 16,0 m, im Mittelfeld alle 14,17 bzw. 14,185 m an verhältnismäßig flach geführte Seile der Harfe gehängt. In den Seitenfeldern liegt der Aufhängepunkt jedes dritten Seiles über einem Pfeiler und ist somit in lotrechter Richtung unverschieblich. Diese Festhaltung ist für die Steifheit des Brückensystems im Endzustand, vor allem jedoch aber während der Bauherstellung, von entscheidender Bedeutung. Hergestellt wird das System im freien Vorbau, von den Hauptpfeilern beginnend nach beiden Seiten, wobei die Vorbauabschnitte die Länge der Entfernung der Aufhängepunkte haben. Jeder neu hinzukommende Abschnitt wird ans Seil gehängt, und dieses wird gespannt. Dieses System stellt mehr oder minder eine Weiterentwicklung der Freivorbaumethode mit Hilfsabspannungen dar, doch sind nun die Seile nicht mehr Hilfskonstruktionen während des Baues, sondern endgültige, im System verbleibende Elemente. Im mittleren Bereich des langen Feldes hätte der Versteifungsträger, der aus zwei Randhauptträgern und einer auf diesen liegenden Kassettendecke besteht, eine Längsvorspannung durch im Träger verlegte Spannglieder erhalten. Gegen die Pylonen hin wird die Längsvorspannung durch die waagrechten Komponenten der Seilkräfte erzeugt. Diese Vorspannkräfte sind im Pfeilerbereich am größten, und es war deshalb vorgesehen, dem Anstieg der Druckkräfte folgend, die Kassetten durch volle Plattenstreifen zu ersetzen. Ist bei einer Schrägseilbrücke der Versteifungsträger eine Stahlkonstruktion, so kann durch Verkürzen der Seile ein beliebiger Momentenzustand im Träger erzeugt werden, der dann auch erhalten bleibt. Bei einem Versteifungsträger aus Stahlbeton oder Spannbeton ist dies nun nicht so einfach. Wohl könnte man auch hier die Kräfte in den Seilen so wählen, daß ein möglichst ausgewogenes Momentenbild im Versteifungsträger erhalten wird, doch das Schwinden und Kriechen des Trägers und auch der Pylonen führen zu zeitabhängigen Veränderungen des anfänglich vorhandenen Beanspruchungszustandes [1, 75, 78, 79, 80]. Setzt man, wie üblich, den zeitlichen Verlauf des Schwindens affin zu jenem des Kriechens an

$$\varepsilon_s(t) = \varepsilon_{s\infty} \cdot \frac{\varphi(t)}{\varphi_\infty}$$

und bezeichnet $X_i(t)$ die Kraft im Seil, so gilt für diese Seilkraft X_i, wenn sie als eine der statisch überzähligen Größen aufgefaßt wird,

$$X_i = D_i + \sum_{m=1}^{n} C_{im} \cdot e^{-\lambda_m \varphi(t)} .$$

D_i ist hiebei ein zeitlich unabhängiger Wert, der für die n statisch überzähligen Größen aus den n Gleichungen, $i = 1$ bis n:

$$\sum_{k=1}^{n} D_k \cdot \delta_{ik,\,\mathrm{Beton}} + \delta_{ig,\,\mathrm{Beton}} + \frac{\delta_{is}}{\varphi_\infty} = 0$$

gewonnen wird.

Die Werte λ_m folgen als Eigenwerte der beiden Matrizen

$$\det\left[\Delta_{\mathrm{Beton}} - \lambda \Delta\right] = 0$$

mit

$$\Delta_{\mathrm{Beton}} = \begin{vmatrix} \delta_{11,\,\mathrm{Bet.}} & \delta_{12,\,\mathrm{Bet.}} & \dots & \delta_{1n,\,\mathrm{Bet.}} \\ \delta_{21,\,\mathrm{Bet.}} & \delta_{22,\,\mathrm{Bet.}} & \dots & \delta_{2n,\,\mathrm{Bet.}} \\ \vdots & \vdots & & \\ \delta_{n1,\,\mathrm{Bet.}} & \delta_{n2,\,\mathrm{Bet.}} & \dots & \delta_{nn,\,\mathrm{Bet.}} \end{vmatrix},$$

$$\Delta = \begin{vmatrix} \delta_{11} & \delta_{12} & \dots & \delta_{1n} \\ \delta_{21} & \delta_{22} & \dots & \delta_{2n} \\ \vdots & \vdots & & \\ \delta_{n1} & \delta_{n2} & \dots & \delta_{nn} \end{vmatrix}.$$

Die Verhältnisse der Konstanten $\frac{C_{im}}{C_{km}}$ folgen, wenn die Konstanten λ_m ermittelt wurden, aus den Gleichungsgruppen

$$\sum_{\substack{i=1\,bis\,n\\ k=1\,bis\,n}} C_{im}\left(-\lambda_m \delta_{ik} + \delta_{ik,\,\mathrm{Beton}}\right) = 0,$$

oder das Verhältnis

$$\frac{C_{im}}{C_{km}} = -\frac{M_{ii}}{M_{ik}} = -\frac{M_{ki}}{M_{kk}},$$

wobei M_{ik} der Minor ist, welcher zum Element $(-\lambda_m \delta_{ik} + \delta_{ik,\,\mathrm{Beton}})$ der Matrix $-\lambda_m \Delta + \Delta_{\mathrm{Beton}}$ gehört.

Zur Bestimmung der Konstanten stehen dann noch die Randbedingungen zur Verfügung, denn zur Zeit $t = 0$ sind die Werte der Überzähligen infolge der ständigen Belastung g und infolge des Schwindens des Balkens bekannt.

Die Randbedingungen lauten:

$$X_{i,0} = D_i + \sum_{m=1}^{n} C_{im}$$

Soll sich nun die Beanspruchung im Versteifungsträger infolge der ständigen Belastung zeitlich nicht ändern, dann muß der Ausdruck

$$\sum_{m=1}^{n} C_{im} \cdot e^{-\lambda_m \varphi(t)}$$

zu Null werden.

Dies ist nur möglich, wenn alle Konstanten $C_{im} = 0$ sind. Damit ist auch

$$\sum C_{im} = 0 .$$

Dann muß jedoch der Anfangswert $X_{i,0} = D_i$ sein. Da $X_{i,0}$ für den Lastfall g nicht D_i ist, so muß das Seil i zum Zeitpunkt $t = 0$ so gespannt werden, daß in ihm die Kraft D_i wirkt. Man muß eine Zwangskraft (Vorspannung) $X_{z,0}$ zusätzlich aufbringen, so daß $X_{iz,0} + X_{ig,0} = D_i$ wird. Die Größen D_i entsprechen jedoch dem Zustand bei unendlich steifen Seilen.

In ähnlicher Weise kann man verfahren, wenn man das Bauwerk in Abschnitten herstellt. Jeder Abschnitt hat dann gegenüber dem vorhergehenden bzw. nachfolgenden ein anderes Kriechvermögen. Es treten mit dem Hinzukommen eines jeden Abschnittes Systemänderungen auf. Eine analytische Untersuchung gelingt, wenn man als Kriechfunktion die e-Funktion $\varphi(t) = \varphi_\infty(1 - e^{-\beta t})$ annimmt. Sind die Zeitdifferenzen in der Herstellung der Abschnitte $a, b, c, \ldots$ gegenüber dem letzten hergestellten Abschnitt j

$$\Delta t_a, \quad \Delta t_b, \quad \Delta t_c \ \ldots$$

und bezeichnet man

$$e^{-\beta \Delta t_a} = k_a, \quad e^{-\beta \Delta t_b} = k_b, \quad e^{-\beta \Delta t_c} = k_c, \quad \ldots,$$

so kann an jedem jeweilig vorhandenen Zwischensystem und auch am endgültigen der zeitliche Verlauf der Schnittkräfte mit dem gleichen Verfahren untersucht werden. Die δ_{ik}-Werte werden wie üblich ermittelt, doch die $\delta_{ik,\,\text{Beton}}$-Werte sind abschnittsweise mit Berücksichtigung des verschiedenen Kriech- und Schwindverhaltens aufzustellen. An den Betonteilen ermittelt man

$$\begin{aligned}
\delta_{ik}^* &= k_a \delta_{ik,a} + k_b \delta_{ik,b} + k_c \delta_{ik,c} + \ldots \delta_{ik,j} \\
\delta_{ig}^* &= k_a \delta_{ig,a} + k_b \delta_{ig,b} + k_c \delta_{ig,c} + \ldots \delta_{ig,j} \\
\delta_{is}^* &= k_a \delta_{is,a} + k_b \delta_{is,b} + k_c \delta_{is,c} + \ldots \delta_{is,j}
\end{aligned}$$

Die $\delta_{i,\,\text{Beton}}$-Werte werden durch die δ_i^*-Werte ersetzt.

Für jedes System, welches während der Herstellung der Brücke vorhanden ist, und auch für das endgültige System ist ein Beanspruchungszustand erreichbar, welcher durch das Kriechen des Betons nicht verändert wird, wenn die Seile so gespannt werden, daß in ihnen die Kräfte D_i auftreten. Diese Werte D_i ändern sich mit dem System, d. h. daß man beim Hinzufügen eines neuen Abschnittes sämtliche Kräfte der schon eingebauten Seile auf die dem neuen System entsprechenden Kräfte D_i bringen muß, wenn man einen von Kriecherscheinungen unabhängigen Beanspruchungszustand im Versteifungsträger erreichen will. Alle Momentenverteilungen des Versteifungsträgers, die von diesem besonderen Zustand abweichen, können wieder als Zwangsbeanspruchungen aufgefaßt werden, die im Laufe der Zeit abgebaut werden. Der Beanspruchungszustand des Betonversteifungsbalkens wird sich auch bei abschnittsweiser Herstellung je nach dem Kriechvermögen mehr oder weniger jenem Zustand nähern, welcher den Seilkräften D_i entspricht.

Mit sehr guter Näherung kann mit folgenden Gleichungen der zeitliche Verlauf der Schnittkraftänderungen infolge des Kriechens für jedes während des Baues vorhandene und auch für das endgültige System verfolgt werden [1].

$$\delta_{ig}{}^* \cdot \overline{\varphi} + \frac{\delta_{is}{}^*}{\varphi_\infty} \cdot \overline{\varphi} + \sum_{k=1}^{n} X_{k0}\,\delta_{ik}{}^*\overline{\varphi} + \sum_{k=1}^{n} X_{kt}\,(\delta_{ik}{}^*\psi\overline{\varphi} + \delta_{ik}) = 0$$

mit

$$\psi = \frac{\overline{\varphi} - (1 - e^{-\overline{\varphi}})}{\overline{\varphi}(1 - e^{-\overline{\varphi}})} \approx 0{,}5 + 0{,}08\overline{\varphi}\,.$$

X_{kt} bedeutet hier nur die zeitliche Veränderung und nicht den Gesamtwert der n statisch überzähligen Größen X_k. $\overline{\varphi}$ ist die Kriechzahl für die Dauer des betrachteten Zeitabschnittes.

Autobahnbrücke Viadotto sul Polcevera

Eine der ersten Ausführungen einer Schrägseil-Spannbetonbrücke dürfte die Brücke über die Maracaibosee in Venezuela gewesen sein, welche nach Entwürfen von Prof. Ing. R. Morandi gebaut wurde. Ein ähnlicher Entwurf wie für die Maracaibobrücke, ebenfalls von Morandi stammend, kam für die Autobahnbrücke Viadotto sul Polcevera im Zuge der Autobahn Genua—Savona zur Ausführung (Abb. 129) [77, 81]. Während jedoch bei

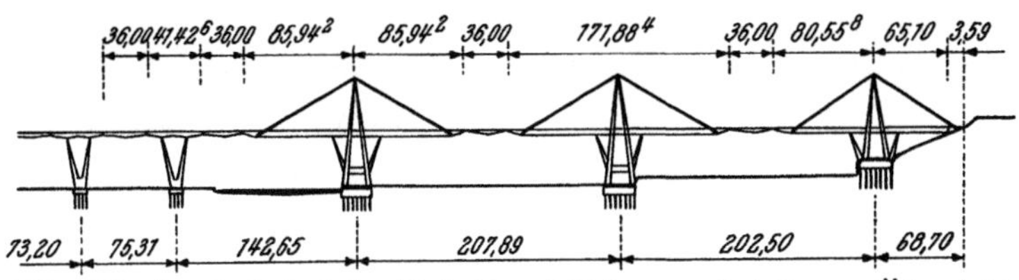

Abb. 129. Autobahnbrücke Viadotto sul Polcevera bei Genua. Übersicht (aus L'Industria Italiana del Cemento, Dez. 1967, Tav. I, 10)

der Brücke über die Maracaibosee als Abspannseile verschlossene Seile in stahlbaumäßiger Ausführung verwendet wurden, bestehen die Seile bei der Brücke Viadotto sul Polcevera aus parallel geführten Litzen aus Spannstahl, die einen besonderen Korrosionsschutz erhielten.

Die Gesamtanlage dieses großen Bauwerkes besteht aus der eigentlichen Hauptbrücke und aus drei Anschlußrampen, in welchen ansehnliche, zum Teil in scharfen Krümmungen liegende Brückenbauwerke notwendig waren. Hier soll die Hauptbrücke kurz beschrieben werden. Sie führt als Hochstraße mit den Spannweiten $43{,}0 + 5 \times 73{,}20 + 75{,}31 + 142{,}66 + 207{,}88 + 202{,}50 + 65{,}10 = 1102{,}45$ m Gesamtlänge über Straßen, Häuser und

Bahnanlagen hinweg. Neben der Besonderheit des Abspannens des Brückenträgers mit Seilen auf Pylonen ist bemerkenswert, daß trotz der verschiedenen Stützweiten für die Brückenträger ein vorgespannter Fertigteil von 36 m Länge zur Anwendung kam. Das Brückensystem besteht nun im wesentlichen aus Tischen, auf welche die vorhin erwähnten vorgespannten Fertigteile als Einhängeträger gelegt wurden. Für die mittleren Spannweiten von 73,20 bis 75,31 m Stützweite bestehen diese Stahlbetontische aus nach

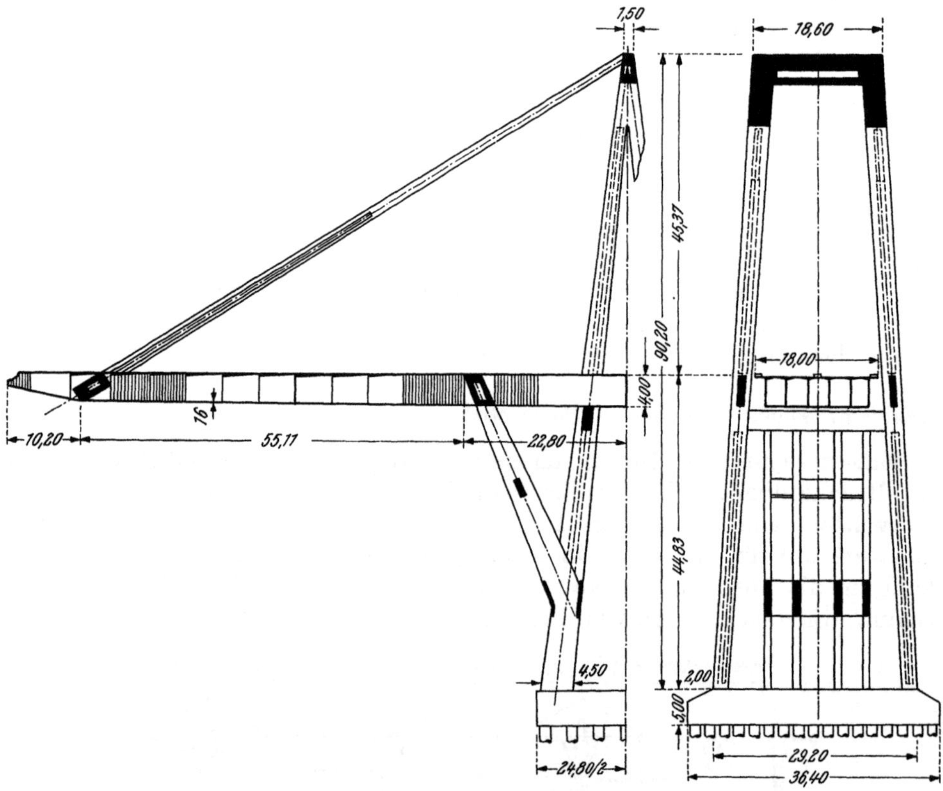

Abb. 130. Längs- und Querschnitt
(aus L'Industria Italiana del Cemento, Dez. 1967, Tav. V, 33 u. 34)

oben zu weiter werdenden V-Jochen, auf welchen die Tischplatten, bestehend aus drei Hohlkasten und der die Kastenträger verbindenden Fahrbahnplatte, aufliegen. Die Gesamtbreite des Brückenquerschnittes beträgt 18,0 m, die Höhe des Hohlkastens ist über den Stützungen 3,42 m, sie nimmt gegen die Jochmitte und gegen die Tischenden zu geradlinig ab. Diese Tische, die schlaff bewehrt sind, liegen mit einem Balkenrost von 10,80 m × 15,85 m im Geviert auf langen Pfählen auf, da ein genügend tragfähiger Boden erst in sehr großer Tiefe angetroffen wurde. Zwischen den schlaff bewehrten Tischkonstruktionen wurden die vorhin erwähnten, 36 m langen und vorgespannten Fertigteilträger mit einem fahrbaren Montagegerät verlegt. Die an den I-förmigen Fertigteilträgern anfallenden Lasten werden von Konsolen unmittelbar auf die Hauptträgerstege der Tischkonstruktion abgegeben. Die Fahrbahnplatte und die Querträger wurden in Ortbeton hergestellt. Bei den weit gespannten Feldern baute man auch Tische, zwischen welchen wieder die 36 m langen Fertigteilträger eingehängt wurden (Abb. 130). Die Tischplatte, welche nun die Länge von 176,22 Metern hat, liegt einerseits auf X-förmigen Jochen auf und wird zusätzlich 10,20 m von den Enden entfernt mit Schrägseilen auf die Spitze eines etwa 90 m hohen Pylons gehängt. Dieser Pylon, bestehend aus 4 Stützen, steht auf der gleichen, über die Gründungspfähle gelegten Kopfplatte wie die X-Stützen, hat jedoch mit diesen und dem Brückenbalken keine Verbindung.

In Brückenlängsrichtung hat der Pylon die Gestalt eines A, in Querrichtung ist er ein Trapezrahmen. Die Tischplatte ist als fünfzelliger, 4 m hoher Hohlkasten ausgebildet, der 10,20 m über den Punkt der Seilaufhängung auskragt und in einer Gelenkkonsole endet. Die Stützung auf dem X-Joch ist von der Aufhängung 55,1 m entfernt. Von Schrägstütze zu Schrägstütze des Joches sind es in Längsrichtung der Brücke gesehen 45,60 m. An den Stellen der Seilaufhängung und am Knoten der Tischplatte mit den Schrägstielen des Joches sind kräftige, als Hohlquerschnitte gestaltete und in der Richtung der Seil- bzw. Stützenkräfte orientierte Querträger angeordnet. Der Hohlkastenträger ist in der Brückenlängsrichtung vorgespannt, in der Querrichtung begnügte man sich mit schlaffen Bewehrungen.

Die Herstellung der weit gespannten Brückenfelder erfolgte so, daß zuerst der Pylon bis zur Brückenoberkante, das X-Joch und der Hohlkastenträger etwas über den Jochbereich hinaus errichtet wurden. Diese Teile wurden mit Gleitschalungen, üblichen Lehrgerüsten und Schalungen gebaut. Nun wurden jeweils 5,13 m lange, vorgefertigte Elemente im Freivorbau angefügt und mit Hilfskabeln, die man frei, in leicht gesprengter Form, oberhalb der Fahrbahntafel auslegte, an die bereits fertigen Tischteile gespannt. Gleichzeitig wurde der Pylon vollendet und die Schrägseile ausgelegt. Beim Erreichen des Anschlußpunktes der endgültig verbleibenden Schrägseile mußten die Hilfsseile entlastet und gleichzeitig die endgültigen Seile belastet werden. Diese spannte man so an, daß für die ständig vorhandene Belastung die Seilaufhängung für den Brückenträger als eine frei drehbare, jedoch lotrecht starre Lagerung betrachtet werden konnte.

Die Schrägseile sind an der Spitze des Pylons über einen Kabelsattel geführt und verankert. Diese Seile laufen außen, in der Ebene der Pylonenstützen an der Fahrbahntafel vorbei (Abb. 131). Das einzelne Schrägseil bestand vorerst aus 352 Spanndrahtlitzen, die zur Aufnahme der ständigen Belastung gespannt wurden. Nach dem Aufbringen aller ständigen Lasten wurden dann diese Seile mit Betonfertigteilen umgeben, die nun ihrerseits mit zusätzlichen Litzen, 112 Stück, vorgespannt wurden. Schließlich, nachdem Hauptkabel und Zusatzkabel auf die gleiche Spannung vorgespannt waren, wurden die Hohlräume innerhalb der Ummantelung mit Injektionsgut gefüllt. Durch das Vorspannen der Umhüllung der Seile und durch das Herstellen eines Verbundes zwischen den Seilen und der Umhüllung wird nicht nur ein guter Korrosionsschutz erreicht, sondern auch die Steifigkeit der Seile wesentlich erhöht. Für alle Belastungszustände, welche nach der Herstellung des Verbundes auftreten, steht in den Schrägseilen der ideelle Querschnitt und nicht nur der Stahlquerschnitt zur Verfügung. Für die Wirksamkeit der Schrägseilabspannung bei Verkehrsbelastung ist dies von großer Bedeutung.

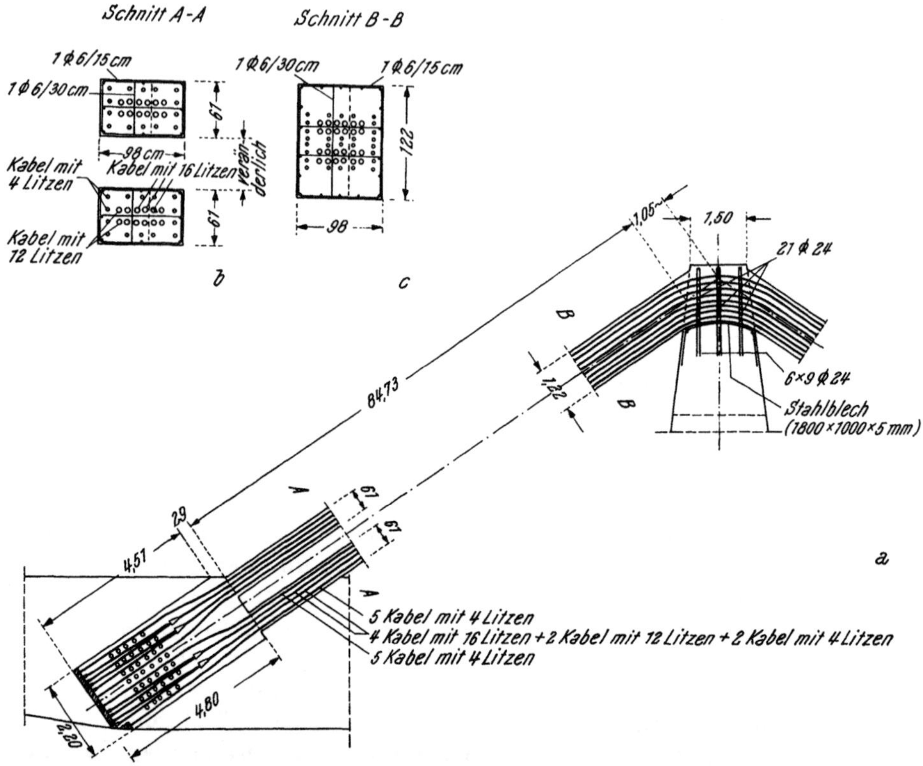

Abb. 131. Schrägseilverankerung am Versteifungsträger und Umlenkung am Pylon (aus L'Industria Italiana del Cemento, Dez. 1967, Tav. VI, 38)

Dieses Bauwerk, bei welchem sehr sorgfältig nicht nur alle Belastungszustände, die am endgültigen statischen System wirken, sondern auch alle Bauzustände untersucht werden mußten, wurde von der Unternehmung Socienta Italiana per Condette d'Acqua, Rom, gebaut.

Brückenentwurf über den Großen Belt

Ein in seiner Kühnheit kaum zu überbietender Entwurf einer Schrägseilbrücke mit einem vorgespannten Versteifungsträger ist jener der Unternehmung Dyckerhoff & Widmann KG. für die Brücke über den Großen Belt. Dieser Entwurf wurde ausgezeichnet, kam jedoch nicht zur Ausführung (Abb. 132) [82, 83].

158,50 m über den Wasserspiegel erheben sich die Pylonen. Sie sind oberhalb der Fahrbahntafel in zwei schmale Dreieckscheiben aufgelöst, deren Ebenen 12,0 m voneinander entfernt sind. Unterhalb der Fahrbahn besteht jeder Pylon aus zwei Querscheiben, die knapp oberhalb des Wasser-

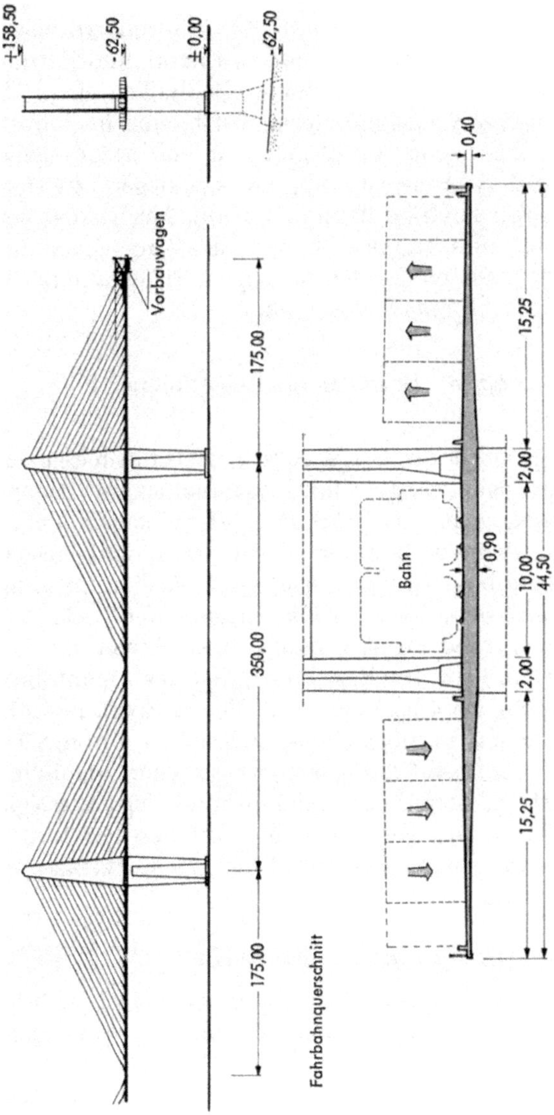

Abb. 132. Brücke über den Großen Belt. Entwurf
(aus Der Bauingenieur 1967, S. 405, Abb. 31 *a*)

spiegels auf den Pfeilerschäften aufsitzen, welche in einer Tiefe von 62,5 m unter dem Wasserspiegel gegründet werden sollten.

In zwei Längsebenen ist eine Harfe paralleler Seile gespannt, welche die 44,50 m breite Fahrbahnplatte tragen, die mit waagrechten Komponenten der Seilkräfte in der Längsrichtung unter Druck gesetzt wird. Von den Pylonen beginnend, sollte der nur aus der Fahrbahnplatte bestehende Versteifungsträger von Aufhängepunkt zu Aufhängepunkt frei vorgebaut werden. Diese Platte ist zwischen den beiden Seilharfen 90 cm dick und hat beiderseits 16,25 m lange Kragarme, deren Dicke sich bis zum freien Rand auf 40 cm verjüngt. Die große Auskragung ist bei diesen schlanken Querschnitten nur mit einer Quervorspannung zu bewältigen. Zwischen den Seilebenen wären eine doppelspurige Eisenbahn, auf den Kragarmen der Fahrbahntafel die Richtungsfahrbahnen für den Straßenverkehr untergebracht worden. Jeweils in den Mitten der 350 m langen Brückenfelder hat man ein längsbewegliches Querkraftgelenk vorgesehen.

2.1.5. Brücken aus Leichtbeton

Allgemeines

Mehr und mehr gewinnt für vorgespannte Betonbrücken der konstruktive Leichtbeton an Bedeutung. Unter konstruktivem Leichtbeton wird Beton mit dem Raumgewicht von 1,20 bis 2,0 t/m³ verstanden. Das Gefüge dieses Leichtbetons, wenn er bewehrt werden soll, muß geschlossen sein, und wenn er für Spannbetonbauten verwendet wird, muß seine Festigkeit mindestens jener der Betongüte B 300 entsprechen. Als Zuschläge für solchen Leichtbeton werden meist geblähte Tonschiefer mit einem Zusatz von Natursanden verwendet. Die Druckfestigkeit des Leichtbetons steigt im allgemeinen mit seinem Raumgewicht an. Die im Spannbetonbau verwendeten Leichtbetone haben Raumgewichte zwischen 1,6 und 1,9 t/m³.

Die Anwendung von Leichtbeton bringt vor allem bei weit gespannten Konstruktionen Vorteile, denn bei genügend hoher Druckfestigkeit des verwendeten Betons kann das Eigengewicht, welches bei weit gespannten Konstruktionen den wesentlichsten Anteil der Gesamtbelastung ausmacht, erheblich gesenkt werden.

Fußgängerbrücke über den Rheinhafen Schierstein

Als Beispiel einer mit konstruktivem Leichtbeton erstellten Spannbetonbrücke großer Spannweite sei hier der 96,40 m weit gespannte Fußgängersteg über die Einfahrt des Rheinhafens Schierstein angeführt (Abb. 133) [84, 85]. Das statische System der Brücke ist ein Zweigelenkbogen, an welchem landseits die Rampen als ein Fachwerkdreieck angefügt sind.

Der Querschnitt des Steges ist T- bis I-förmig, die Höhe ist veränderlich. Die Breite des Gehweges beträgt 3,0 m. Die Zugänge zu den Podesten an den landseitigen Brückenenden sind schmäler und paarweise angeordnet. Sie haben ebenfalls T-förmigen Querschnitt und wirken statisch als Druckstäbe des Fachwerkdreiecks. Hergestellt wurde dieser Fußgängersteg zum Teil auf Lehrgerüsten, zum Teil im freien Vorbau mit 3,05 m langen Abschnitten, wobei 10 m vom Fußgelenk des Bogens entfernt ein Hilfsjoch benützt wurde. Die Dreieckskonstruktion und der Bogenteil bis zum Hilfsjoch bestehen aus Schwerbeton, die Brückenabschnitte zwischen den Hilfsjochen aus Leichtbeton der Güte LB 300.

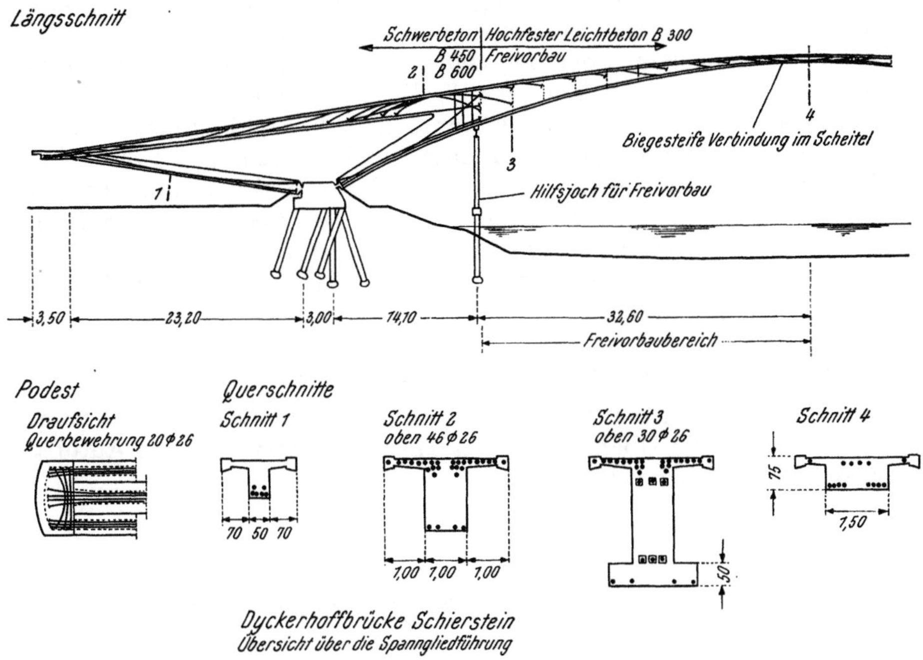

Abb. 133. Fußgängersteg Schierstein, Längsschnitt und Querschnitte (aus D. u. W. Archiv: Werkphoto)

Die Zuschlagstoffe für diesen Leichtbeton bestanden aus

Feinsand	0—0,2 mm	8,5%	39,5 Gewichtsprozent
Sand	0—3 mm	31,0%	
Blähschiefer	2—3 mm	19,5%	60,5 Gewichtsprozent
Blähschiefer	3—7 mm	18,0%	
Blähschiefer	7—15 mm	23,0%	
		100%	

Als Bindemittel wurde Zement Dyckerhoff-Weiß 350 kg/m³ verwendet. Verarbeitet wurde der Beton mit einem Wasserzementwert von 0,57. Nach 28tägiger Erhärtungszeit erreichte man im Mittel eine Würfeldruckfestigkeit von 390 kp/cm² bei einem Variationskoeffizienten von 6,9%. Das Raumgewicht des Leichtbetons wurde nach dieser Erhärtungszeit mit 1,608 t/m³ festgestellt. Der Elastizitätsmodul des Leichtbetons wurde mit 170.000 kp/cm² ermittelt. Das statische System im Bauzustand ist von jenem im Endzustand, nach dem Schließen des Bogenscheitels, grundverschieden. Es kam infolge der Systemänderung jedoch zu keinen nennenswerten Spannungsumlagerungen, denn die Vorspannung konnte während des Freivorbaues so aufgebracht werden, daß im Bogenteil vor dem Schließen des Bogens in den Querschnitten nahezu gleichmäßig verteilte Druckspannungen auftraten, eine Beanspruchungsart, die auch am endgültigen System vorhanden ist. Das Bauwerk ist nach dem Dywidag-Verfahren in der Längsrichtung vorgespannt. Für das Zugglied des Dreiecks (obere Rampe) ist die Vorspannbewehrung auch im Endzustand notwendig, für den Bogen selbst war das Vorspannen eine Baumaßnahme.

Dieser Fußgängersteg, der wahrscheinlich derzeit eine der weitestgespannten Leichtbetonbrücken der Welt ist, wurde vom Dyckerhoff-Zementwerk Wiesbaden-Amöneburg anläßlich des 100jährigen Bestehens dieses Werkes der Stadt Wiesbaden zum Geschenk gemacht. Entwurf und Ausführung des wohlgelungenen Bauwerkes lagen in den Händen der Bauunternehmung Dyckerhoff & Widmann KG. Der Spender dieser Brücke legte besonderen Wert auf eine gute Gestaltung des Bauwerkes, und so arbeitete Dr.-Ing. E. h. G. Lohmer als Architekt bei der Erstellung des Entwurfes maßgebend mit.

Überführung des Hermannweges über die Autobahn Münster—Bremen

Eine Ausführung einer Brücke in vorgespanntem Leichtbeton für größere Nutzlast ist die Überführung des Hermannweges über die Autobahn Münster—Bremen (Abb. 134) [86].

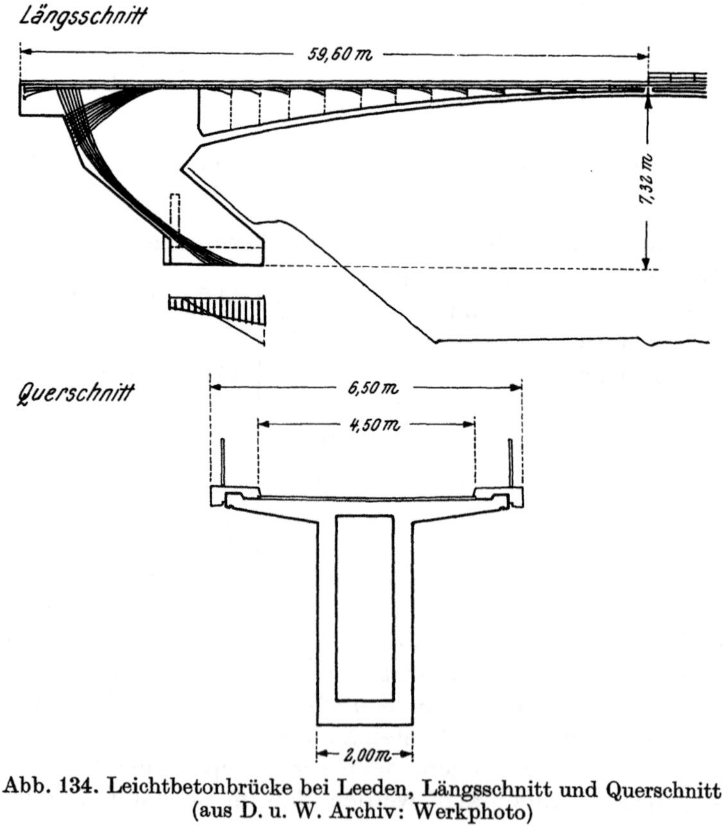

Abb. 134. Leichtbetonbrücke bei Leeden, Längsschnitt und Querschnitt (aus D. u. W. Archiv: Werkphoto)

Die Brücke entstand im Auftrag des Landschaftsverbandes Westfalen-Lippe. Der Entwurf stammt vom Ingenieurbüro Dr.-Ing. N. Zahlten in Zusammenarbeit mit dem Architekten Dr.-Ing. G. Lohmer, gebaut wurde das Objekt von der Unternehmung Dyckerhoff & Widmann KG.

Das Brückensystem besteht aus zwei Balken, welche von schrägen Widerlagerscheiben auskragen. In Feldmitte sind die beiden Balkenarme durch ein Querkraftgelenk miteinander verbunden. Die lichte Stützweite zwischen den Widerlagern beträgt 85,0 m, die Gesamtlänge der Brücke 119,20 m. Die nur 6,50 m breite Brücke wurde für die Brückenklasse 12, entsprechend DIN 1072, bemessen. Der Brückenbalken ist ein 2,0 m breiter, rechteckiger Hohlkasten, dessen Bauhöhe im Scheitel 1,20 m $= {}^{1}/_{71}$ der lichten Stützweite beträgt. An den Einspannstellen hat der Kasten eine Höhe von 5,80 m $= 1/14{,}6$ der lichten Stützweite. Mit dem Dywidag-System sind die Widerlagerscheiben und der Brückenbalken in der Haupttragrichtung vorgespannt. Die Kragbalken wurden im Freivorbau gebaut, wobei jeweils nach 36 Stunden Erhärtungszeit gespannt werden konnte. Man verwendete Leichtbeton der Güte LB 300 mit folgenden technologischen Daten:

PZ-Zement Dyckerhoff-Weiß		400 kg/m³
Wasserzementwert W/Z		0,45
Ausbreitmaß		48 cm
Zuschlagstoffe:	Feinsand 0—0,2 mm	10% des Festraumes
	Sand 0—3 mm	25% des Festraumes
	Berwilit 3—7 mm	30% des Festraumes
	Berwilit 7—15 mm	35% des Festraumes
Raumgewicht des Frischbetons		1,79 t/m³
Raumgewicht nach 28 Tagen		1,76 t/m³
Zusätze:	Verflüssiger	0,30% des Zementgewichtes
	Titanoxyd	2% des Zementgewichtes
Druckfestigkeit nach 20 Stunden		115 kp/cm²
Druckfestigkeit nach 3 Tagen		250 kp/cm²
Druckfestigkeit nach 7 Tagen		294 kp/cm²
Druckfestigkeit nach 28 Tagen		424 kp/cm²
Biegezugfestigkeit nach 28 Tagen		45 kp/cm²
Spaltzugfestigkeit nach 28 Tagen		38 kp/cm²
E-Modul nach 7 Tagen		199.000 kp/cm²
E-Modul nach 28 Tagen		212.000 kp/cm²

Brücke über die San Diego Bay

Als Beispiel eines Brückenbaues, bei welchem große, vorgefertigte und vorgespannte Fertigteilträger Verwendung fanden, ist die Brücke von San Diego nach Coronado über die San Diego Bay [87]. In den USA wird Konstruktionsleichtbeton schon seit längerer Zeit mit Erfolg zur Lösung der verschiedensten Aufgaben herangezogen, weit häufiger, als dies derzeit in Europa der Fall ist. Die Hauptöffnungen der Brücke mit 170 bis 200 m Stützweite sind mit Stahlkonstruktionen überspannt, die bis zu 60 m über dem Wasser liegen. Die kleineren Nebenöffnungen wurden teils mit Verbundkonstruktionen, teils mit am Ort hergestellten Spannkonstruktionen überbrückt. Die vorgespannten Fertigteilträger aus Leichtbeton fanden für Spannweiten unter 45 m Verwendung.

Von der Rockwin Corporation of Santa Fe Springs wurden für diese Brücke 307 vorgefertigte Balken mit T-Querschnitt hergestellt. 206 Stück haben eine Höhe von 1,68 m und 41 sind 2,26 m hoch. Die kleineren Balken haben eine mittlere Länge von 29 m (Abb. 135). Die hohen Träger sind

Abb. 135. Brücke über die San Diego-Bay, Verlegung der Fertigteilbalken (Palomar Pictures, San Diego)

46 m lang, haben eine 61 cm breite Druckplatte und 20 cm dicke Stege (Abb. 136). Obwohl diese Balken aus Leichtbeton gefertigt sind, haben sie dennoch ein Montagegewicht von 76 t. Sie sind derzeit wahrscheinlich die längsten Fertigteilbalken der Welt, die aus Leichtbeton hergestellt wurden. Es wurde Leichtbeton mit einer 28-Tage-Druckfestigkeit von 390 und 420 kp/cm^2 verwendet. Die Balken wurden mit 720 Mp vorgespannt. Die Spannglieder sind siebendrähtige Litzen aus einem Stahl mit der Festigkeit von 190 kp/mm^2. Die kleineren Balken wurden von der Erzeugungsstätte mit Lastkraftwagen, die großen jedoch mittels der Eisenbahn zur Brückenbaustelle gebracht. Zum Versetzen der schweren Teile wurden zwei Kräne von 115 t Tragkraft benützt. Nach dem Versetzen wurden die Balken durch eine am Ort betonierte Druckplatte und durch Querträger miteinander verbunden und zu einem vierstegigen Plattenbalkenquerschnitt verbunden. Die Brücke wurde vom Departement of Public Works des Staates Kalifornien, Division of Bay Toll Crossings, entworfen und berechnet und

von einer Arbeitsgemeinschaft der Firmen Murphy-Pacific Company, W. F. Maxwell, Inc., und Guy F. Atkinson Company ausgeführt.

Abb. 136. Brücke über die San Diego-Bay, Fertigteilbalken

Redesdale-Brücke in Northumberland

Die Forestry Commission in Northumberland baute eine kleinere Brücke aus vorgespannten und vorgefertigten Leichtbetonelementen (Abb. 137) [88]. Sie ist die erste dieser Art in Britannien. Die Brücke ist ihrem statischen System nach eine frei aufliegende Platte mit 16,8 m Stützweite. Bei ihrer Herstellung wurden acht 17,4 m lange, T-förmige Balken, mit dem Flansch unten liegend, Mann an Mann verlegt. Die einzelnen Balken entsprechen in ihrer Form Regelausführungen, wie sie in England für vorgespannte Träger aus Schwerbeton üblich sind. Sie sind am Fuß rund 1 m, am Kopf 40 cm breit und haben einen 16 cm dicken Steg. Knapp oberhalb des unten liegenden Flansches sind in Abständen von 60 cm 8 cm hohe Schlitze vorhanden, durch welche die untere Querbewehrung der Platte eingeschoben wird. Für die hier beschriebene Brücke, die Redesdale Bridge, wurden die Balken jedoch aus Leichtbeton mit einem Raumgewicht von 1890 kg/m³ hergestellt. Die groben Zuschläge bestanden aus leichtem Material, die feinen aus Natursand. Die Festigkeit dieses Betons betrug zum Zeitpunkt des Transportes der Balken zur Baustelle 360 kp/cm². Zum Erzeugen der Längsvorspannung wurden je Balken 17 Drähte ⌀ 12,7 mm verlegt. Zwischen den Mann an Mann verlegten Balken wurde als Ortbeton ebenfalls Leichtbeton

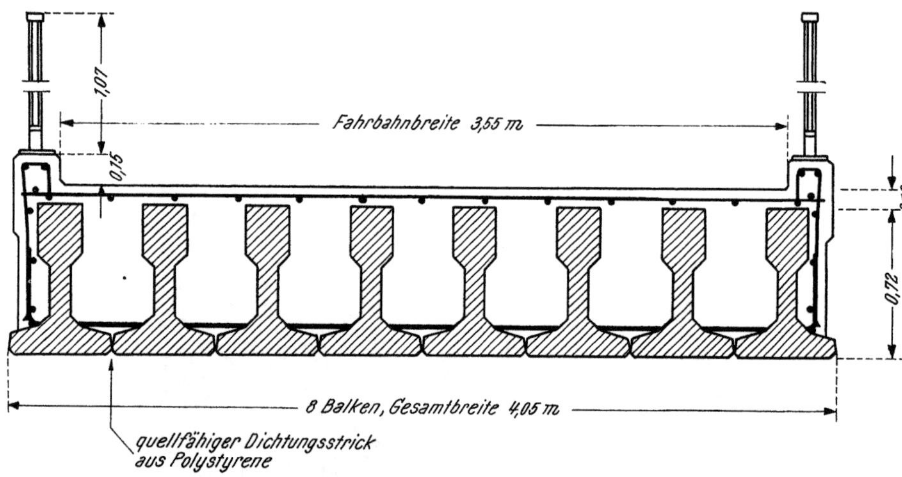

Abb. 137. Brücke über den Redesdale, England, aus vorgespannten Leichtbetonelementen (aus FIP Notes, Nov. 1969, S. 3)

mit einem Raumgewicht von 1760 kg/m³ eingebracht. Die Festigkeit dieses Füllbetons betrug nach 28 Tagen 380 kp/cm², die Zuschlagstoffe bestanden durchwegs aus leichtem Material.

Diese kleine Brücke wurde errichtet, um an ihr das Verhalten des vorgespannten Leichtbetons beobachten zu können. In die Balken wurden Spannungsmeßgeräte und Thermoelemente eingebaut, um das Kriech- und Schwindverhalten und die elastischen und physikalischen Eigenschaften des Leichtbetons bestimmen zu können. Meßinstrumente wurden auch in den Füllbeton und den Deckenbeton eingebaut. Außerdem werden 4 Fertigteilbalken in einer Prüfanstalt Lastwechselversuchen unterzogen, um die Bildung der Risse und die damit zusammenhängende Umlagerung der Spannungen zu untersuchen. Die Belastung soll bis zum Bruch der Balken gesteigert und die Art des Bruches wird untersucht werden. Weiters will man an kleinen Prüfkörpern aus Leichtbeton die Frage studieren, ob der Leichtbeton imstande ist, den eingebetteten Bewehrungsstahl vor der korrosionsfördernden Wirkung der Tausalze zu schützen. Alle diese Untersuchungen werden angestellt, um die Brauchbarkeit des hochfesten Leichtbetons in Verbindung mit dem System und der Herstellungsart der Redesdale-Brücke für Autobahnbrücken zu erkunden. Der Brückenüberbau wurde entworfen vom Ministry of Transport, Bridges Engeneering Design Standards Division. Die Balken stellte die Firma Dow-Mac Concrete Limited, Tallington, Stanford Lincs, her. Die Versuche wurden und werden am Bauwerk und an den Probebalken vom Road Research Laboratory vorgenommen.

2.2. Anwendungen im Hoch- und Industriebau

Allgemeines

Bei Hochbauten und Industriebauten findet die Vorspannung, wenn man von vorgefertigten Spannbetondecken für den Wohnhausbau absieht, im Vergleich zum Brückenbau verhältnismäßig selten Anwendung. Dies liegt wohl daran, daß im Hochbau meist Spannweiten der Konstruktionen auftreten, die auch mit schlaff bewehrten Konstruktionen ausgeführt werden können, doch auch daran, daß es bei Hochbauten oft sehr schwer ist, endgültig oder auch nur vorübergehend jene Lagerungsbedingungen herzustellen, die die als Folge des Vorspannens auftretenden Stauchungen ermöglichen. Wird diese Stauchung ganz oder zum Teil verhindert, dann wirken bei einer Vorspannung gegen den bereits erhärteten Beton die Verankerungskräfte ganz oder zum Teil auf die Lagerungen der vorzuspannenden Konstruktionen und nicht auf diese selbst. Nur Umlenkkräfte, welche durch gekrümmte Führung der Spannstränge entstehen, würden in voller Größe auf die vorzuspannenden Bauteile wirken. Spannt man Bauteile in Hochbauten vor, deren Bewegungsmöglichkeit durch Deckenscheiben, Wände oder andere Bauteile behindert werden kann, so muß man entweder durch konstruktive Maßnahmen endgültiger oder vorübergehender Natur die Möglichkeit des Verkürzens für den vorzuspannenden Bauteil schaffen, oder man muß das Verformungsverhalten infolge des Zustandes Vorspannen und die Folgen auch einer nur teilweisen Verhinderung des Stauchens sorgfältig untersuchen. Man läuft sonst Gefahr, daß Risse entstehen, welche für den Bestand des Bauwerkes sehr gefährlich werden können. Auch die Kriecherscheinungen des Betons und ihre Auswirkungen auf die Schnittgrößen und Verformungen müssen in solchen Fällen eingehend untersucht werden. Eine gewisse Milderung der Gefahren kann die Verwendung von Fertigteilen bringen, denn dann sind wenigstens die elastischen Verformungen aus der Vorspannung bei solchen Betrachtungen nicht mehr zu beachten, und wenn man die Fertigteile erst längere Zeit nach ihrer Herstellung einbaut, dann sind auch die Schwind- und Kriechverformungen zum Teil bereits abgeklungen. Der Verwendung großer Fertigteile wird jedoch sehr oft durch die Art der zur Verfügung stehenden Versetzgeräte und durch schwierige Zufahrten zur Baustelle eine Grenze gesetzt.

Philipshaus in Wien

Das Verwaltungsgebäude der Philips GmbH in Wien, welches am südlichen Stadtrand von Wien errichtet wurde, sollte durch eine besondere Formgebung auf die Bedeutung der Firma Philips hinweisen. Prof. Dr.-Ing.

K. Schwanzer, Wien, hat dieses nicht zu übersehende Gebäude entworfen, welches aus einem Hochhaus mit 2 Keller- und 12 Obergeschossen und einem das Hochhaus durchdringenden Flachbau mit einem Kellergeschoß und 2 Obergeschossen besteht (Abb. 138 und 139) [89, 90].

Spannbetonkonstruktionen kamen beim Hochhausbau in den Obergeschossen zur Anwendung. Die elf Obergeschosse des Gebäudes werden von

Abb. 138. Verwaltungsgebäude der Philips GmbH in Wien (aus D. u. W. Archiv - Phot.: Grünzweig, Wien)

vier Hauptstützen getragen, welche in den Ecken eines Rechteckes mit den Seitenlängen 14 und 39 m stehen. Eine Fläche von nahezu 1000 m² ist je Geschoß stützenfrei und bietet jede Möglichkeit der Gestaltung. Diese Stützen haben einen flachgedrückten, achteckigen Querschnitt von 4,60 m² Querschnittsfläche. Das umschriebene Rechteck hat die Seitenlängen 1,585 und 3,40 m. Diese Stützen sitzen auf dem die Höhe des Tiefkellers umfassenden Fundamentkörper auf, der durch seine biegesteife Konstruktion für eine Verteilung der Gebäudelasten auf die Aufstandsfläche sorgt. Das erste

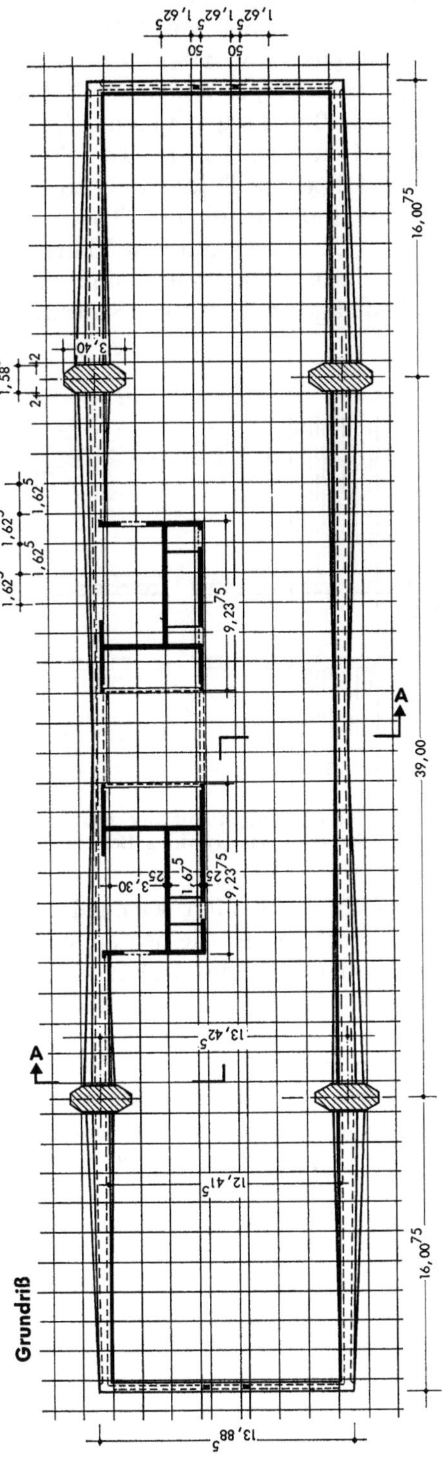

Abb. 139. Verwaltungsgebäude der Philips GmbH in Wien, Grundriß (aus Dywidag-Berichte 1965, Nr. 1, S. 12, Bild 1)

Obergeschoß des Hochhausteiles liegt 9,50 m über dem Erdgeschoß, die weiteren Geschosse folgen in Abständen von 3,60 m. Die Lasten der Obergeschosse werden im wesentlichen von zwei 71 m langen Trägern auf die Hauptstützen übertragen. Diese Träger mit einer Stützweite von 39 m und beidseitigen Kragarmen von 16 m Länge haben I-Querschnitt und haben auf ihre ganze Länge die Höhe von 1,70 m. Die Stärke der Balkenstege nimmt von 37,5 cm in der Mitte des Feldes und an den Balkenenden auf 65 cm an den Stützen zu. Die Breite des oberen Flansches wächst entlang der Stegachse von 73,5 cm auf 1,01 m, des unteren Flansches von 73,5 cm auf 1,40 m an. Diese Träger sind vorgespannt und sind am unteren Flansch so ausgebildet, daß die Deckenträger mit 12,40 m Stützweite frei drehbar auf-

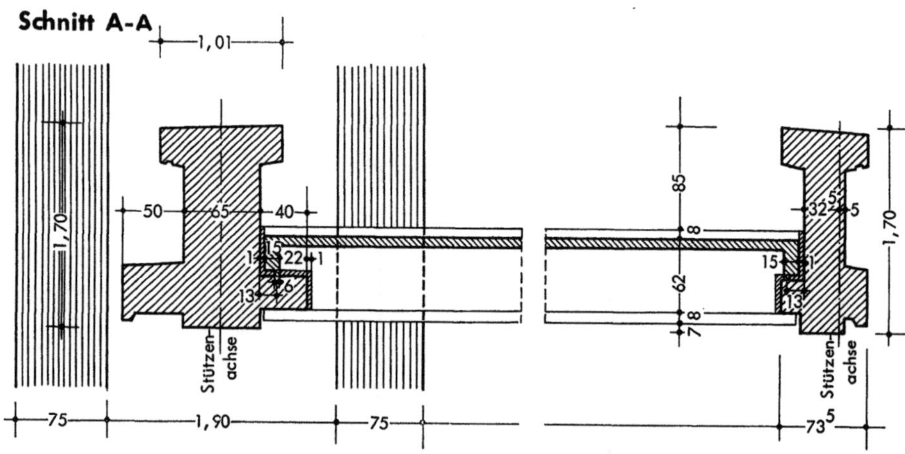

Abb. 140. Querschnitt der beiden Geschoßriegel mit der frei drehbar gelagerten Plattenbalkendecke von 12,4 m Stützweite (aus Dywidag-Berichte 1964, S. 12, Bild 2)

gelegt werden konnten (Abb. 140). Man vermied so große, zusätzliche Torsionsmomente in den Hauptträgern. Die beiden je Geschoß vorhandenen Hauptträger sind an den Stirnseiten des Gebäudes mit Querträgern verbunden. Die Verbindung der Hauptstützen mit den Trägern ist monolithisch. Die Außenflächen der Geschoßträger und auch der Querträger an den Stirnseiten sind unverkleidet Bestandteil der Sichtflächen des Gebäudes. Die Vorspannkräfte dieser Träger wurden deshalb so gewählt, daß nicht nur Zugspannungen aus den Belastungen, sondern auch jene überdrückt werden, die aus dem Temperaturgefälle zwischen den Außen- und Innenflächen der Träger auftreten.

Um ungleichmäßige Durchbiegungen der Kragarmenden in den einzelnen Geschossen infolge verschieden großer Nutzlasten zu vermeiden, wurden die übereinanderliegenden Endquerträger mit Stahlstützen verbunden, welche je nach Belastung der Geschosse Zug- oder Druckbeanspruchungen erhalten. Die Geschoßdecken, bemessen für 350 kp/m² Nutzlast und 150 kp/m² Ausbaulast, bestehen aus Stahlbetonplatten, welche im Abstand von 3,25 m von Querträgern gestützt sind, welche mit Federgelenken auf den Hauptträgern aufliegen. Über diese Gelenke ist die Übertragung von waagrechten

Kräften, wie Wind- und Bebenkräften, möglich, welche dann von der Geschoßdecke durch Scheibenwirkung zu einer steifen Kerngruppe von Stahlbetonwänden getragen werden. Diese in waagrechter Richtung steife Kerngruppe, in welcher die Treppen, Aufzüge und Versorgungsleitungen untergebracht sind, reicht vom Gründungskörper bis unters Dach. Besondere Beachtung verlangten bei diesem Bau die Zwängungsbeanspruchungen infolge der Vorspannung und der Schwind- und Kriecherscheinungen des Betons. Auch die Bauzustände mußten sorgfältig untersucht werden, und der Bauvorgang mußte so gewählt werden, daß keine gefährlichen Belastungszustände auftraten.

Beim Vorspannen verkürzen sich die Hauptträger, und diese Verkürzung nimmt durch Schwind- und Kriecherscheinungen des Betons noch zu. Die biegesteifen Gebäudestützen widersetzen sich jedoch einer solchen Verkürzung. Die geringsten Zwängungsbeanspruchungen hätte man erhalten, wenn man die Hauptträger aller Geschosse gleichzeitig gespannt hätte. Die Verkürzung des gesamten Überbaues hätte in den 11 m hohen Stützen, mit welchen der Überbau auf dem Gründungsgeschoß steht, wegen der geringen Biegesteifigkeit dieser langen Stützen nur geringe Zwängungsmomente zur Folge gehabt. Ein Einrüsten sämtlicher Geschosse kam aus wirtschaftlichen Gründen jedoch nicht in Frage. Die ungünstigsten Verhältnisse hätte man erhalten, wenn man Geschoß für Geschoß hergestellt und beim Ausrüsten jeden Geschosses jeden Hauptträger mit der vollen Vorspannkraft gespannt hätte. Die freie Stützenhöhe von nur 1,90 m hätte vorübergehend zu sehr hohen Momenten in den Stützen infolge der Vorspannung des Riegels geführt. Man wählte einen Mittelweg und spannte jeden Hauptträger in zwei Stufen, wobei die zweite Stufe der Vorspannung dann aufgebracht wurde, wenn der darüberliegende Hauptträger mit der ersten Stufe gespannt wurde. Beim Aufbringen der zweiten Vorspannstufe auf den Hauptträger war es notwendig, daß die zugehörige Decke bereits tragfähig war und durch die Vorspannung auch beansprucht wurde. Dies war erwünscht, um spätere Kriechumlagerungen der Schnittkräfte gering zu halten.

Der voll vorgespannte Träger und der halb gespannte, darüberliegende waren imstande, das Frischbetongewicht des nächst höher gelegenen zu tragen. So konnten die Obergeschosse nur mit zwei Stockwerkgerüsten hergestellt werden, deren Elemente, immer ein Geschoß überspringend, mit dem Kran hochgezogen wurden (Abb. 141). Als Spannverfahren fand das System Dywidag Verwendung.

Verbaut wurden oberhalb des Tiefkellers im Hochhaus mit seinem 47.000 m³ umbauten Raum:

Beton	5000 m³
Rippentorstahl 50 und 60	550 t
Spannstahl St 80/105	140 t

Durch eine gründliche Arbeitsvorbereitung, die ein Ineinandergreifen der einzelnen Arbeitsgänge und die Wiederholung gleicher Arbeitstakte ermöglichte, war es möglich, innerhalb von 3 Wochen ein Geschoß im Rohbau herzustellen.

Die Firma Dyckerhoff & Widmann, München, erstellte die statische Berechnung des Hochhauses und führte auch die technische Bearbeitung durch. Die Rohbauarbeiten wurden von einer Arbeitsgemeinschaft der Bauunter-

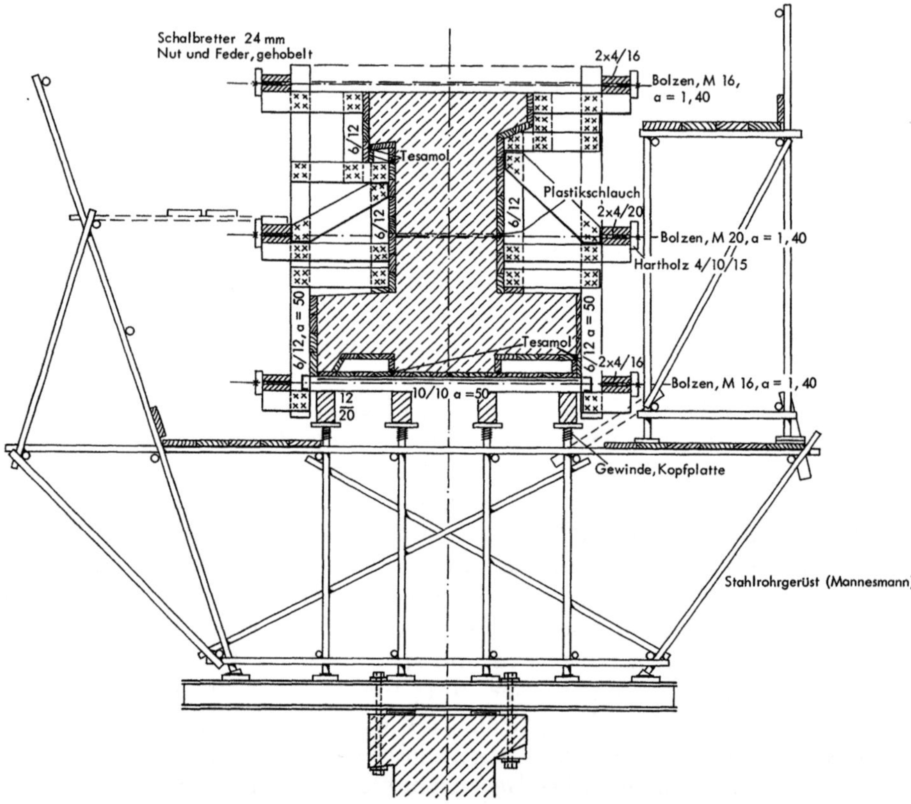

Abb. 141. Querschnitt des Schalungsgerüstes für den Geschoßträger (aus Dywidag-Berichte 1964, S. 19, Bild 13)

nehmungen Dyckerhoff & Widmann KG., München, Hofmann & Maculan, Wien, Ingenieure Mayreder, Kraus & Co., Wien, ausgeführt.

Chemiehochhaus der Technischen Hochschule Wien

Die Obergeschosse des Chemiehochhauses der Technischen Hochschule in Wien stehen auf einer Platte mit den Grundrißabmessungen von rund 50,0 m × 25,0 m (Abb. 142) [92]. Diese Platte ruht auf neun runden Stützen ⌀ 1,70 m und einigen Wandscheiben auf. Die Stützen sind in zwei Reihen mit dem Abstand von 12,80 m angeordnet. Beiderseits kragt die Platte noch je 6,10 m über diese Stützenfluchten aus. Die Dicke der Platte ist zwischen den Stützenreihen 1,30 m, an den Rändern der auskragenden Teile 70 cm. Die Platte hat die Lasten aus den Obergeschossen, eine auf ihr ruhende Nutzlast von 500 kp/m² und ihr Eigengewicht auf die Rundstützen und Wandscheiben des Erdgeschosses zu übertragen. Je Mittelstütze der Obergeschosse fallen 520 Mp, je Randstütze 150 Mp, an. Die Stützen der

Obergeschoße stehen innerhalb und nicht über den Stützenreihen des Erdgeschosses, um die positiven und negativen Plattenmomente in gleicher Größenordnung zu erhalten. Bei den vorliegenden Abmessungen und Beanspruchungen schien es ratsam, die Platte in zwei zueinander senkrecht stehenden Richtungen vorzuspannen. Als Spannstähle verwendete man Dywidag-Spannstäbe aus St 80/105, wobei die Spanngliedführung in den Längs- und Querschnitten dem Momentenverlauf angepaßt wurde.

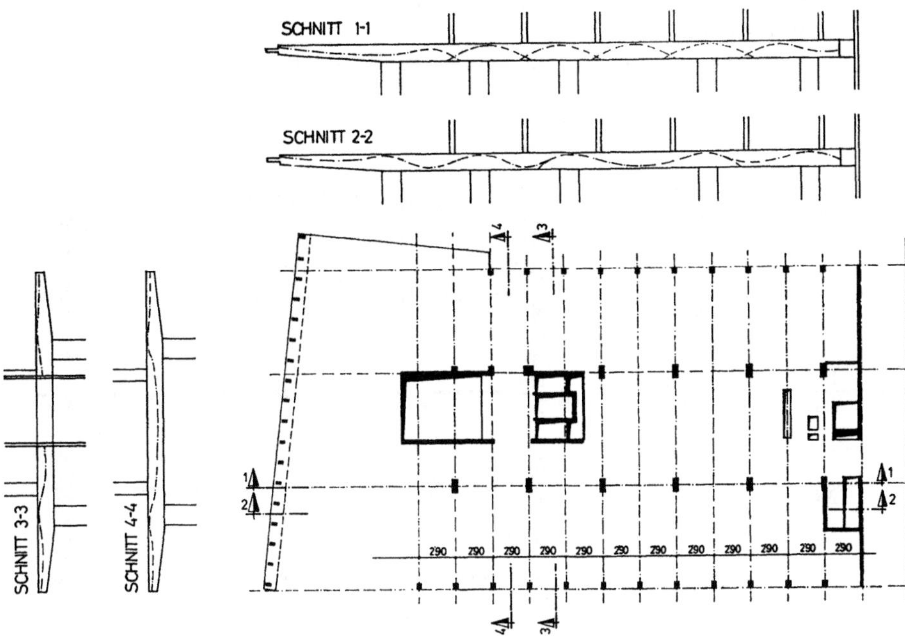

Abb. 142. Chemiehochhaus der Technischen Hochschule in Wien. Spannbetondecke im ersten Obergeschoß (aus Ast 1970, S. 4)

Der Baustoffaufwand für die Platte betrug:

Beton B 400	1325 m³ bzw. 1,06 m³/m² Grundriß
Spannstahl St 80/105	79 t bzw 63 kg/m² Grundriß
Rippentorstahl 50	70,0 t bzw 56,0 kg/m² Grundriß

Der Bauherr für dieses Hochschulgebäude ist die Österreichische Bundesgebäudeverwaltung, den architektonischen Entwurf verfaßte o. Prof. Dr. K. Kupsky, Wien, die statische und konstruktive Bearbeitung erfolgte durch Prof. Dipl.-Ing. Dr. techn. R. Krapfenbauer, Wien. Die Bauarbeiten wurden von den Firmen Ingenieure Ed. Ast & Co., Graz, und Strassgschwandtner & Ambros besorgt.

Tabakwarenfabrik in Bremen

In einem Gebäude der Tabakwaren erzeugenden Firma M. Brinkmann in Bremen, welches vom Architekt Dipl.-Ing. K. Strohecker, Bremen, geplant wurde, kamen Stahlbeton-Stockwerkrahmen zur Ausführung, deren bis zu

19,60 m weit gespannte Riegel vorgespannt wurden (Abb. 143) [93]. Das Gebäude hat vier Geschosse. Nur im untersten Geschoß ist eine Mittelstützenreihe vorhanden, alle anderen sind stützenfrei. Die Rahmen haben einen Achsabstand von 5,10 m. Die Nutzlasten, für welche die Geschoßdecken zu berechnen waren, waren infolge der Aufstellung von Maschinen außergewöhnlich hoch. Sie betrugen für die Kellerdecke 1500 kp/m² und für die übrigen Decken 1000 kp/m². Für die Bemessung der Rahmen wurden die Nutzlasten wegen der Unwahrscheinlichkeit einer Belegung großer Deckenflächen mit so großen Lasten um 250 kp/m² vermindert. Vorgespannt wurden nun die weit gespannten Riegel von 50 cm Breite und 1,00 m Höhe, die mit

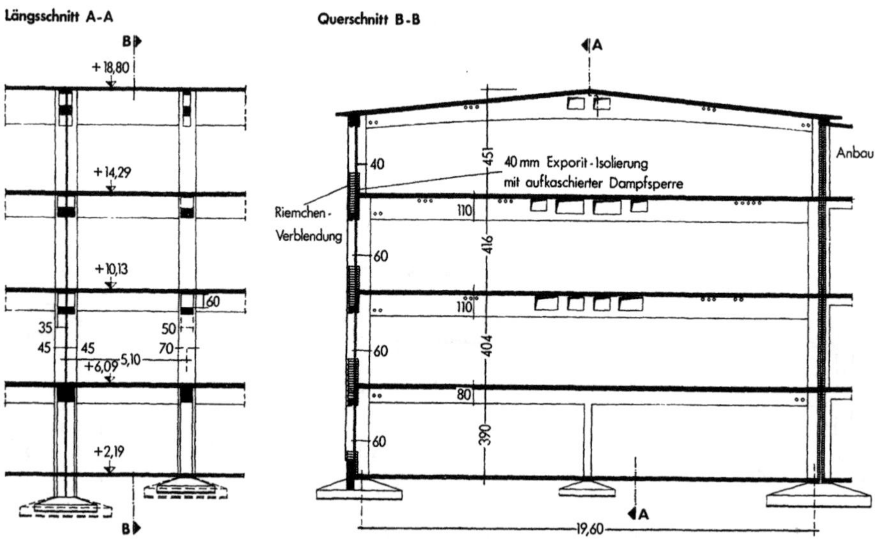

Abb. 143. Fertigungsgebäude der Firma M. Brinkmann AG in Bremen. Längs- und Querschnitt (aus Dywidag-Berichte 5—1967, S. 11, Bild 2)

der Decke einen Plattenbalkenquerschnitt bilden. Als Spannverfahren kam das System der ausführenden und auch projektierenden Firma Dyckerhoff & Widmann KG. zur Ausführung. An Spanngliedern wurden in den Stegen der Riegel 14 Spannstäbe ∅ 26 mm aus St 80/105 verlegt (Abb. 144). Durch die nach aufwärts gerichteten Umlenkkräfte der Spannglieder werden nicht nur die Feldmomente, sondern auch die Einspannmomente der Riegel an den Rahmenstielen wesentlich vermindert. Beim üblichen Bruchsicherheitsnachweis, nach DIN 4227, bei welchem die Belastung auf das 1,75fache gesteigert wird, hätte man jedoch für die Rahmen eine sehr ungünstige Momentenverteilung erhalten. Man berechnete hier das Bruchmoment nach der Beziehung $M_U = 1{,}75\,M_{g+p} + 1{,}30\,M_v$. Dies entspricht der Vorstellung, daß die Laststeigerung um 75% stellvertretend verwendet wird für Unsicherheiten in den Festigkeitswerten der Baustoffe, für Mängel der Ausführung und Berechnung und schließlich noch für eine geringe Erhöhung der Belastung über die Gebrauchslast hinaus. Dieser Ansatz für das Bruchmoment berücksichtigt die Unsicherheit für die Festigkeitswerte der Baustoffe mit

30% [4]. Neben den äußeren Belastungen mußten bei diesem System bei der Bemessung auch die Zwängungsmomente aus der Riegelverkürzung berücksichtigt werden, die sich aus dem Vorspannen, dem Schwinden und dem Kriechen ergeben haben. In den Feldmitten der Riegel waren sehr große Aussparungen bis zu 0,75 m² Fläche für die Kanäle der Klimaanlage anzuordnen. So hatten die Riegel im mittleren Bereich die Gestalt von Vierendeellträgern und mußten auch als solche berechnet werden. Weitere Installationsleitungen führte man durch knapp unterhalb der Deckenplatte liegende, kreisrunde Öffnungen. Mit schlaff bewehrtem Beton hätte man kaum so schlanke Deckenbalken bauen können. Diese schlanken Konstruktionen brachten durch ihre niederen Eigenschwingzahlen noch den Vorteil, daß durch den Betrieb der Maschinen, deren Drehzahlen weit über diesen Eigenfrequenzen lagen, das Auftreten von gefährlichen Schwingungen nicht zu befürchten war.

Industriehallen

Im Industriehallenbau ist eine der häufigsten Ausführungen die einschiffige Halle, welche mit einem Satteldach überspannt ist. Die Dachbinder sind meist in Abständen angeordnet, die Vielfachen von 1,25 m entsprechen, somit 3,75, 5,00, 6,25, 7,50 und 10,0 m. Bei Spannweiten der Binder von mehr als 20 m ist auf jeden Fall zu empfehlen, die Dachbinder vorzuspannen, um große Durchbiegungen zu vermeiden und um die Bildung von Rissen in der Betonzugzone zu vermeiden. Die Hallenbinder werden je nach den Gegebenheiten der Baustelle in Ortbeton oder aus Fertigteilen errichtet. Zu achten ist darauf, daß selbst dann, wenn die Dachbinder als Fertigteile gelenkig auf Stützen gelagert werden, durch die Schwind- und Kriechverformungen des Riegels Zwängungsbeanspruchungen in den Stielen auftreten, die man untersuchen muß. Wird der Dachbalken am Ort gespannt, so ist dafür zu sorgen, daß die aus der Vorspannung auftretende Stauchung sich auch einstellen kann, zumindest nicht allzusehr behindert wird. Bei einer symmetrischen, einschiffigen Halle ist die Horizontalkraft H, welche vom gelenkig gelagerten Riegel durch die Vorspannung nach Abschluß der Schwind- und Kriecherscheinungen auf die Stiele übertragen wird, wenn diese im Fundament eingespannt sind, angenähert

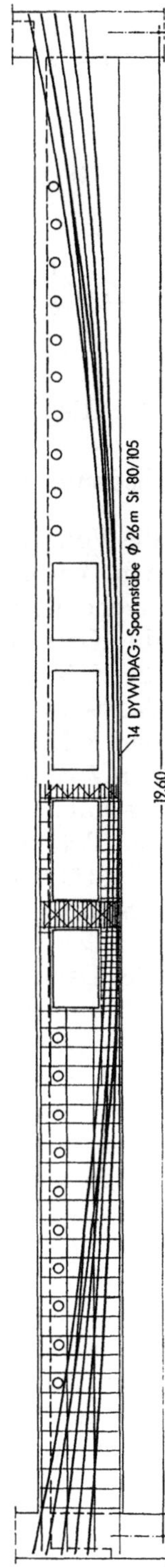

Abb. 144. Spannbewehrung eines Rahmenriegels (aus Dywidag-Berichte 5—1967, S. 12, Bild 3)

$$H \doteq \frac{1}{2} \cdot \frac{V_0\left[1+\varphi_R-\frac{V_{sk}}{V_0}\left(1+\frac{\varphi_R}{2}\right)\right]+\varepsilon_s E_R F_R}{1+\frac{\varphi_R}{2}+\frac{h^3}{3\,l}\frac{E_R\,F_R}{E_{st}\,J_{st}}\left(1+\frac{\varphi_{st}}{2}\right)},$$

wenn der Riegel am Ort gespannt wird, oder

$$H \doteq \frac{1}{2} \cdot \frac{V_0\left[\varphi_R-\frac{V_{sk}}{V_0}\left(1+\frac{\varphi_R}{2}\right)\right]+\varepsilon_s E_R F_R}{1+\frac{\varphi_R}{2}+\frac{h^3}{3\,l}\frac{E_R\,F_R}{E_{st}\,J_{st}}\left(1+\frac{\varphi_{st}}{2}\right)},$$

wenn der Riegel bereits vorgespannt, als Fertigteil versetzt wird.

Es bedeuten:

V_0 die Vorspannkraft zum Zeitpunkt des Spannens,
V_{sk} den Verlust an Vorspannkraft infolge der Schwind- und Kriecherscheinungen,
φ_R die Kriechzahl des Riegels,
φ_{st} die Kriechzahl der Stützen,
ε_s das Schwindmaß des Riegels,
E_R den E-Modul des Betons im Riegel,
E_{st} den E-Modul des Betons in der Stütze,
F_R die mittlere Querschnittsfläche des Riegels,
J_{st} das Trägheitsmoment der Stützen,
l die Stützweite des Riegels,
h die Höhe der Stützen.

Solche Dachbinder werden von vielen Firmen in Typen erzeugt, wie der Abb. 145 und der angefügten Tabelle zu entnehmen ist [160]. Es sind dies Formen von gesattelten und parallelgurtigen Einfeldträgern, wie sie z. B. für Spannweiten von 10 bis 30 m von der Unternehmung Dyckerhoff & Widmann in den Betongüten B 450 bis B 600 erzeugt werden. Die Träger haben Höhen von 55 bis 185 cm, besitzen T-Querschnitt und haben 8 bis 10 cm dicke Stege, welche im Bereich der Hauptbewehrung wenn nötig auf 20 cm verbreitert sind. Die Druckplatte ist 25 bis 42 cm breit und 10 bis 15 cm dick. Sind die Biegemomente in den Dachbindern größer als 35 bis 40 Mpm, so werden sie in der Längsrichtung vorgespannt, wobei die Firma ihr eigenes Verfahren, das Dywidag-System, verwendet. Ehe die Träger aus der Schalung gehoben werden, erhalten sie eine schwache Teilvorspannung. Die endgültige Vorspannkraft wird erst aufgebracht, wenn der Träger zur Baustelle gebracht werden soll. Man vermindert so die Spannkraftverluste aus Schwinden und Kriechen beträchtlich. Oft ist es sogar zweckmäßig, die volle Vorspannkraft erst aufzubringen, wenn der Träger versetzt und die Dachhaut bereits aufgebracht wurde. Der Träger wird vorher nur mit einem solchen Grad vorgespannt, daß ihm die Beanspruchungen während des Transportes und des Versetzens nicht gefährlich werden können.

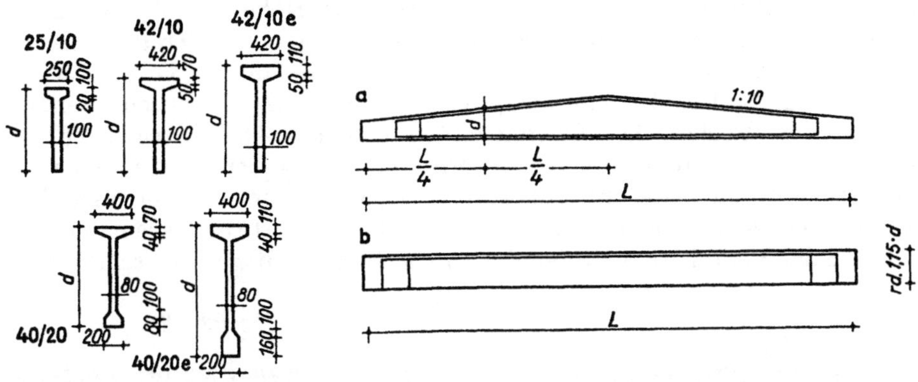

BINDERHÖHEN FÜR DEN ENTWURF

Dacheindeckung	Binderprofil	Binderabstand a [mm]	Binderhöhe d [mm] bei einer Spannweite L [m] von: 10	12,5	15	17,5	20	22,5	25	27,5	30
8 cm Leichtbetonplatten	25/10	5000	550	750	900	1000					
		7500	750	950	1100	1250					
		10000	950	1100	1250						
Lastannahmen: 2 Lagen Pappe, 75 kp/m² Schnee	40/20 42/10	5000			800	900	1050	1250	1350		
		7500			1000	1150	1300	1450	1550		
		10000			1050	1300	1500				
Dachneigung bei Pappdeckung mind. 3° (~ 1:20)	40/20e 42/10e	5000						1150	1250	1450	1650
		7500						1400	1500	1600	1850
		10000						1550	1650	1850	
Asbestzement-Wellplatten	25/10	5000	550	650	750	850					
		7500	650	750	900	1100					
		10000	750	900	1100						
Lastannahmen: Isolierung, 75 kp/m² Schnee	40/20 42/10	5000			650	750	950	1150	1300		
		7500			800	1000	1150	1300	1400		
		10000			950	1200	1350	1500			
Dachneigung bei Wellasbestdeckung mind. 6° (~ 1:10)	40/20e 42/10e	5000						1000	1100	1250	1400
		7500						1200	1300	1450	1650
		10000						1400	1500	1650	1850

Abb. 145. Typen von vorgefertigten Dachbindern
(aus MOKK: Montagebau im Stahlbeton, S. 57, Bild 1106)

Maschinenhalle der Papierfabrik Leykam-Josefsthal in Gratkorn

Mit vorgespannten Fachwerksträgern ist eine Maschinenhalle der Papierfabrik Leykam-Josefsthal AG. in Gratkorn bei Graz überspannt (Abb. 146) [94]. Die Fachwerksträger haben die Stützweiten 25,0 m und 33,0 m. Außer durch das Gewicht der Dachhaut und die Schneelast sind die Fachwerksträger auch durch eine untergehängte Decke und durch Kranlasten beansprucht. Die in 10 m Abstand liegenden Träger waren für eine Gleichlast von 5,5 Mp/m und für Einzellasten von 36 Mp in der Mitte der großen Stützweite und von 17 Mp in der Nähe des Auflagers zu bemessen. Da ein großer Teil des neuen Hallendaches bestehende Werksanlagen überdecken mußte, in welchen der Betrieb während des Baues nicht gestört werden durfte, entschloß man sich, die Dachbinder aus Fertigteilen zusammenzusetzen, die mit Ortbeton zur endgültigen Konstruktion ergänzt wurden. Die Fachwerksträger haben am Endauflager des kurzen Feldes eine Höhe von 2,07 m. Diese nimmt dann gegen die Mitte des 33 m weit gespannten Trägers bis auf 4,21 m zu. Von diesem höchsten Punkt des Daches fällt die Trägerhöhe bis zum Auflager auf 3,32 m und entspricht dort der Höhe des anschließenden, bestehenden Daches. Die Obergurtstäbe mit den Abmessungen 71 × 35 bzw. 71 × 41 cm wurden vorerst als dünnwandige Trogquerschnitte als Fertigteile versetzt und später mit Ortbeton zum vollen Querschnitt ergänzt. Man erhielt auf diese Art kleinere Montagegewichte und hatte außerdem den Vorteil, daß das Verankern der Spannbewehrung der Zugdiagonalen sehr einfach

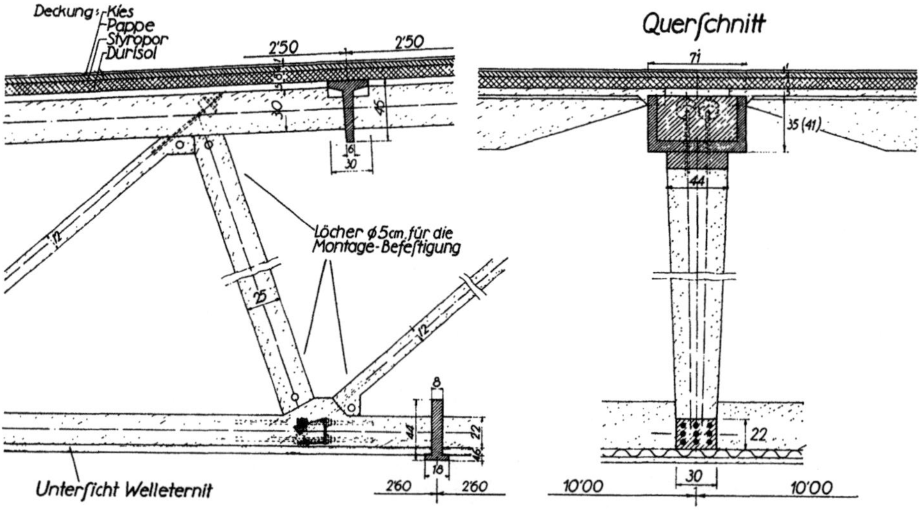

Abb. 146. Vorgespannter Fachwerkträger (aus Mayreder-Nachrichten Juli 1965, S. 20)

war. Der Untergurt besteht als reines Zugglied aus Spannstählen ⌀ 26 mm, St 80/105, die mit Ortbeton ummantelt wurden. Für die Untergurtknoten konstruierte man Verankerungsschuhe aus zusammengeschweißten Stahlplatten, in welchen die Spannstangen der Diagonalen und die entsprechenden Stangen des Untergurtes mittels Bundmuttern verankert wurden.

Die 10 m weit gespannten Dachpfetten, welche in 2,50 m Abstand liegen, sind schlanke, schlaff bewehrte T-Balken, die auf dem Obergurt des Fachwerksträgers aufgeklaut sind. Da die gleichmäßige Pfettenausteilung mit den Knotenabständen der Fachwerksträger nicht zusammenfällt, wird der Obergurt zusätzlich auf Biegung beansprucht. Für die Auflagerung der untergehängten Decke am Untergurt sind ähnliche Verhältnisse vorhanden.

Entworfen und konstruktiv bearbeitet wurden diese vorgespannten Fachwerksträger von der Bauunternehmung Ingenieure Mayreder, Keil, List & Co., Graz.

Der Bau der Halle erfolgte von einer Arbeitsgemeinschaft der Firmen Ingenieure Mayreder, Keil, List & Co., Graz, und Universale, Hoch- und Tiefbau AG., Wien.

Leichtbauweise der Firma A. Porr AG., Wien

Wie schlank und leicht man mit Spannbeton bauen kann, so daß man diese Bauweise als Leichtbau bezeichnen könnte, zeigen einige Ausführungen von Hallenbindern, welche von der Firma Allgemeine Baugesellschaft A. Porr AG., Wien, nach einem patientierten Verfahren ausgeführt wurden. Dieses Unternehmen stellt in seinem Betonwerk vorgespannte Dachbinder aus Schwerbeton und auch aus Konstruktionsleichtbeton her, deren Stegdicken sehr dünn sind und bis herab zu $^1/_{45}$ der Trägerhöhe betragen (Abb. 147, [95]).

Die Abb. 147 a zeigt den Querschnitt eines 21,15 m langen Binders von 1,60 m Trägerhöhe, 41 cm Flanschbreite und mit nur 4 cm Stegdicke. Neben Verstärkungen über den Endlagern sind die Stege noch mit vier schrägen

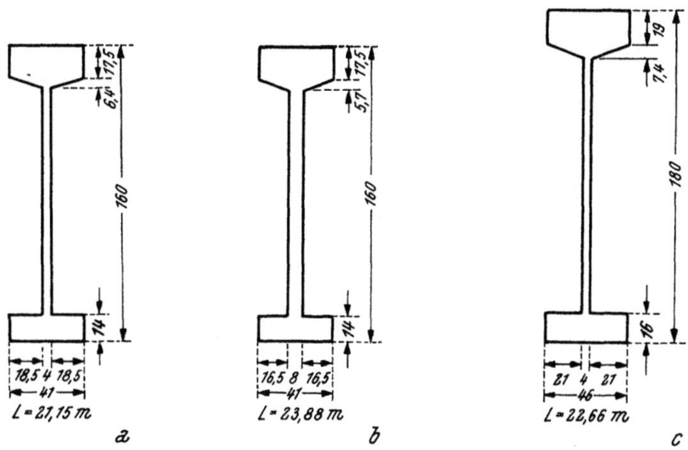

Abb. 147. Leichtbauquerschnitte (aus Beton- und Stahlbetonbau 1968, S. 242, Bild 2*b*, 2*d*, 2*g*)

Betonstreben, die eigentlich nur Stegrippen sind, verstärkt. Vorgespannt wurden die Dachbinder im Spannbett. Das Montagegewicht dieses 21,15 m langen Trägers hat 12,86 t betragen.

In Abb. 147 *b* ist der Querschnitt eines vom gleichen Erzeuger stammenden Dachbinders von 23,88 m Länge zu sehen. Der wiederum im Spannbett vorgespannte Träger hat ebenfalls eine Höhe von 1,60 m und eine Gurtbreite von 41 cm, jedoch ist sein Steg 8 cm dick, denn innerhalb des Steges waren drei größere Öffnungen vorzusehen. Der Steg ist an den Enden durch lotrechte, im Feld durch vier schräge Verstärkungen ausgesteift. Das Eigengewicht dieses Dachbinders hat 15,0 t betragen. Das Verlegen der Binder auf die Hallenstützen konnte mit einem einzigen 25-t-Autokran vorgenommen werden. Mit der Betongüte B 600, einer Höhe des Dachbinders in Feldmitte von 1,90 m und über dem Auflager von 0,78 m und mit einer Stegstärke von nur 6 cm konnte eine Spannweite von 37,6 m erreicht werden. Das Montagegewicht hatte nur 26,4 t betragen. Die Eindeckung der Halle besteht aus gefalteten, wärmeisolierten Blechen und ist somit ebenfalls sehr leicht [162].

Nach eingehenden Versuchen und Beobachtungen an solchen schlanken, vorgespannten Trägern aus Leichtbeton der Güte LB 450 baute die Firma A. Porr AG. im Auftrag des Bundesministeriums für Bauten und Technik, Bundesgebäudeverwaltung II, in Solbad Hall in Tirol eine Kraftfahrzeugwerkstätte, welche mit vorgespannten Leichtbetonbindern von 22,65 m Spannweite und nur 13,5 t Montagegewicht überdeckt wurde. Die Gesamthöhe des Binders beträgt 1,80 m, die Gurtbreite 46 cm und die Stegdicke nur 4 cm. Auch hier wurde der Steg durch schräg liegende Rippen verstärkt (Abb. 147*c*). Das Raumgewicht des Betons betrug weniger als 1800 kg/m^3. Als Leichtzuschlagstoff wurde Leca verwendet. Mit einer Zementbeigabe von weniger als 400 kg/m^3 fertigem Beton erreichte man 28-Tage-Druckfestigkeiten des Leichtbetons bis zu 600 kp/cm^2. Sicherheitshalber wurde den Berechnungen dieser aus Leichtbeton hergestellten und im Spannbett vorgespannten Binder nur eine Betongüte B 450 zugrunde gelegt. Die Leichtbetone wurden mit dem von der Österreichischen Leca-Ges. m. b. H., Wien, erzeugten Leca-Blähton in hochfester Qualität (Leca HD) gemischt. Mit diesem Leca HD erreicht man in Abhängigkeit von der Rohdichte folgende Betongüten:

Rohdichte des Betons (t/m^3)	1,25—1,35	1,35—1,45	1,45—1,60	1,60—1,70	1,70—1,80
Betongüte	LB 160	LB 225	LB 300	LB 400	LB 450

Die Trockenrohdichten liegen um etwa 10% niedriger. Das Schwindmaß des Leichtbetons kann gegenüber jenem von Kiesbeton gleichen Zementgehaltes um 5 bis 10% höher, das Kriechmaß um etwa 10% höher angenommen werden. Die dünnen Stege erfordern besondere Maßnahmen beim Betonieren, die wohl nur bei einer Fertigung im Betonwerk getroffen werden können. Für die Bewehrung gilt nach [95], [161], daß sie sehr gute Verbundeigenschaften mit dem Beton aufweisen muß, um die Gefahr des Auftretens unzulässig hoher Druckspannungen in den Stegen zu bannen.

Finnlandhochhaus in Hamburg

Ein Hochbau besonderer Art ist das Finnlandhaus in Hamburg (Abb. 148) [151]. Es besteht aus einem Hochhaus mit 13 Obergeschossen, aus einer zweigeschossigen Tiefgarage und aus einem Büro- und Ladentrakt. Bei den Tiefgaragen fallen sofort die mächtigen Abmessungen der Decke unter dem Erdgeschoß und die der Außenwände auf. Sie sind notwendig, da diese Garagen gegebenenfalls als Luftschutzräume dienen sollen. Im Hinblick auf den Spannbeton ist das Hochhaus von Bedeutung. Es besteht im wesentlichen aus einem turmartigen Kern, auf dessen Kopf eine nach allen Richtungen auskragende und vorgespannte Betonkonstruktion aufliegt, an welche sämtliche Geschoßdecken gehängt wurden.

Der Kern hat quadratischen Grundriß mit den Außenabmessungen 6,85 m × 6,85 m. Seine Wände sind 45 bis 55 cm dick. Er ist mit einer ebenfalls quadratischen Stahlbetonplatte mit den Seitenlängen von 13,0 m gegründet. Die Herstellung dieses, alle waagrechten Kräfte aufnehmenden

Schaftes erfolgte geschoßweise mit einer Kletterschalung. Die Aussteifung des quadratischen Hohlkastens besorgen Podestplatten und Stiegenläufe, deren Herstellung jener der Wände folgte. Auf der Decke über dem 12. Obergeschoß wurden nun, in den Ebenen der Außenwände des Kernes liegend, vier trapezförmige und sich rechtwinklig kreuzende Scheiben er-

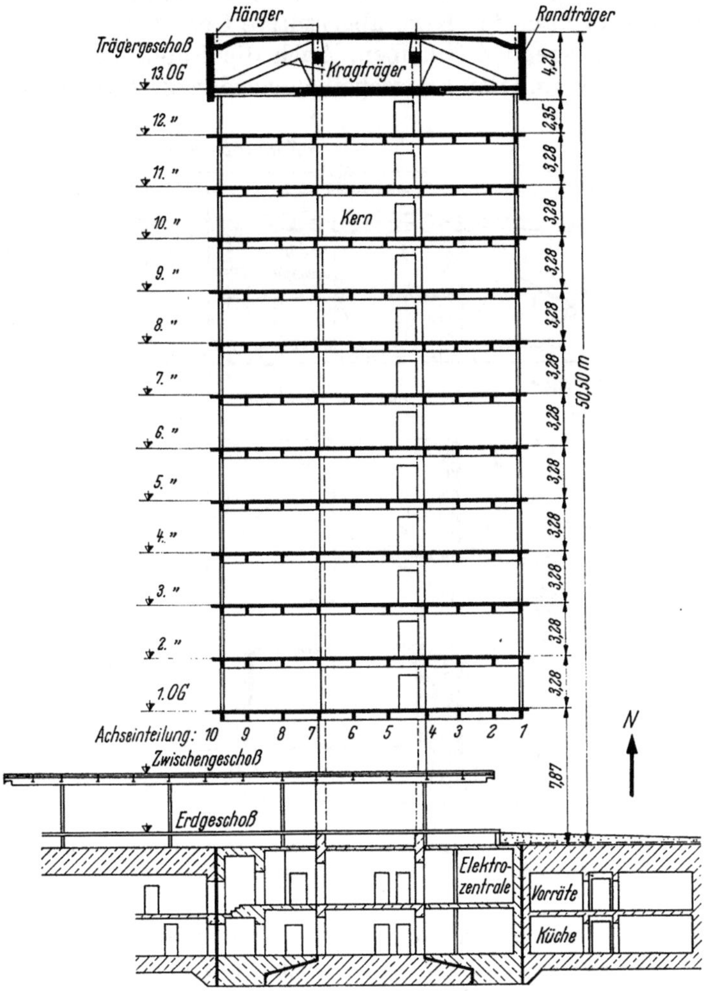

Abb. 148. Finnlandhaus in Hamburg (aus Beton- und Stahlbetonbau 1967, S. 58, Bild 1)

richtet, deren 6,90 m auskragende Teile in ein Dreiecksfachwerk aufgelöst sind (Abb. 149). Diese auskragenden Teile tragen 4,20 m hohe Außenwandscheiben entlang des Umfanges eines Quadrates mit 20,83 m Seitenlänge. In den Ecken dieses Quadrates und entlang seines Umfanges sind 12 Stahlbänder befestigt, an welche die 12 Obergeschoßdecken gehängt wurden. Innen liegen die Decken gelenkig auf dem Kern auf. Die Decken wurden von oben nach unten fortschreitend auf einer Bühne betoniert, der gleichen Bühne, welche auch zur Herstellung des Kopftragwerkes diente.

Diese Bühne wurde noch während der Herstellung des Kernschaftes auf der Erdgleiche zusammengebaut und dann am Kern hochgezogen. Man benützte sie als Schalungsgerüst für die auskragenden Dreiecksfachwerke. Nach genügender Erhärtungszeit spannte man diese Fachwerke teilweise vor und hängte nun die Bühne noch zusätzlich an die Enden der Fachwerke. Nun wurden die Randscheiben hergestellt. An der Aufnahme der Betonierlasten beteiligten sich das auf den Kern abgestützte Gerüst und die teilweise vorgespannten, auskragenden Scheiben. Auch die Randscheiben wurden vorgespannt. An ihnen und den Kragscheiben wurden die Hänger befestigt, und

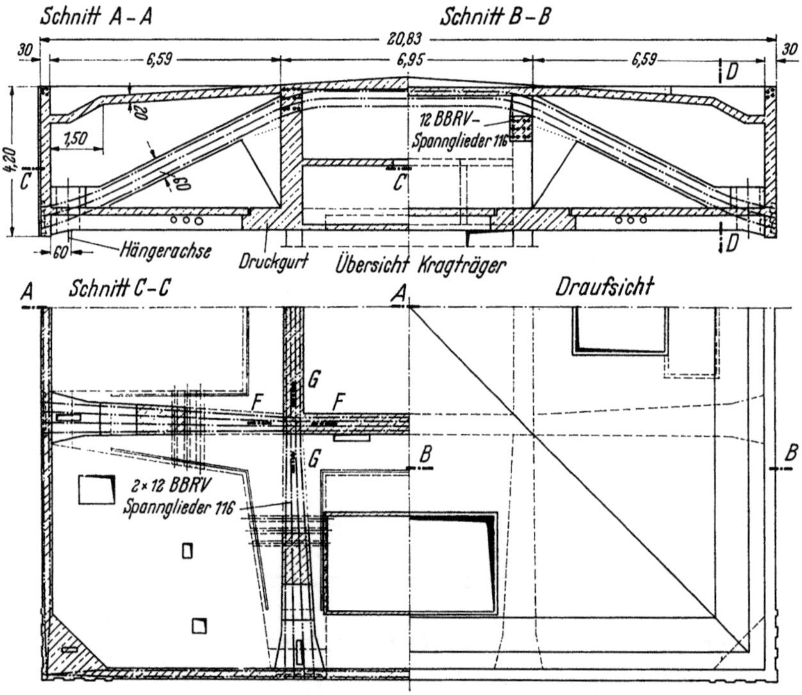

Abb. 149. Grundriß und Schnitte des Trägergeschosses mit Spanngliedführung (aus Beton- und Stahlbetonbau 1967, S. 63, Bild 8)

die Herstellung der Decken konnte, von oben nach unten fortschreitend, beginnen. 57% der gesamten Lasten werden auf den Kern über die Kopfkonstruktion eingeleitet. Mit dem Fortschritt in der Herstellung der Decken wurde nach und nach auch die Vorspannung in der Kopfkonstruktion verstärkt, bis die volle Vorspannung mit dem Ende der Deckenherstellung erreicht war. Eingehende Untersuchungen hatten ergeben, daß es bei diesem System besser ist, die Decken von oben nach unten statt von unten nach oben zu bauen. Die Beanspruchungen in den Hängern unterscheiden sich bei den beiden Herstellungsmöglichkeiten nicht, jedoch beim Bau der Decken von oben nach unten erreicht man mit am Ort betonierten Decken im Endzustand geringere Abweichungen der Deckenoberfläche von der Horizontalen als beim Bau von unten nach oben. Die auskragenden

Scheiben wurden mit je 12 Stück 116-Mp-BBRV-Spanngliedern vorgespannt. Sie wurden, dem Fortschritt der Deckenherstellung folgend, zu je vieren gespannt. Verankert sind sie am verbreiterten Fuß der Zugstrebe, folgen ihrem Verlauf und sind mit ziemlich scharfer Krümmung im Kernbereich zur waagrechten Lage im oberen Scheibenbereich umgelenkt. Die Umlenkkräfte aus dieser Krümmung werden durch dreieckige Wandzwickel in die Kernwände geleitet. Die 30 cm dicken und 4,20 m hohen Randscheiben sind mit je 4 Stück 85-Mp-BBRV-Spanngliedern bewehrt. Sie liegen am oberen Scheibenrand und sind gegen die Ecken hin aufgefächert und gleichmäßig über die Wandhöhe verteilt verankert. Das Aufbringen der Vorspannung erfolgte bei diesen Scheiben, dem Anwachsen der Belastung entsprechend, in 2 Stufen, um das Auftreten von gefährlichen Zugspannungen infolge zu hoher Vorspannung und zu kleiner Belastung zu vermeiden. Der Beton des Schaftes und der Kopfkonstruktion entspricht der Güte B 450.

Die Hänger, welche innerhalb der wärmedämmenden Außenhaut des Gebäudes liegen und außerdem zur Erzielung einer ausreichenden Feuerwiderstandsdauer zusätzlich wärmedämmend und feuersicher ummantelt werden mußten, machen Temperaturschwankungen der Außenluft nur ganz geringfügig mit. Aus Temperaturänderungen waren deshalb keine nennenswerten Bewegungen und Schiefstellungen der Decken zu befürchten. Senkungen der Deckenränder treten durch ihr Eigengewicht, durch die Nutzlasten und durch Schwind- und Kriechverformungen des Kernes und der Kopfkonstruktion auf. Die Hänger bestehen aus einem Flachstahlband 240/24 mm (bei den Eckhängern 120/24 mm) und beiderseitig 4 Flachstählen 240/12 (Eckhänger 120/12). Nach unten zu entfallen nach und nach die seitlichen Flachstähle, so daß innerhalb der zwei untersten Geschosse nur noch die mittleren Flachstahlbänder vorhanden sind. Weiche Zwischenlagen aus Styropor an den Lagerpunkten sorgen dafür, daß die Hänger möglichst frei von Biegemomenten bleiben. Notwendige Stöße der Stahlbänder wurden in die Decken gelegt. Mit den Schrauben für die Stöße wurden gleichzeitig die Auflagerwinkel für die Decken befestigt.

Der Bauherr für dieses Gebäude war die Firma M. u. K. Vogel KG., den architektonischen Entwurf verfaßten Prof. Dr.-Ing. Hentrich und Dipl.-Ing. Petschnigg. Die konstruktive und statische Bearbeitung lag in den Händen der Herren Dipl.-Ing. K. Boll, Partner der Bürogemeinschaft Beratender Ingenieure VBI Leonhardt und Andrä, Stuttgart, und Dr.-Ing. J. Schlaich, ebenfalls Mitarbeiter dieses Büros.

Die Bauausführung besorgte die Unternehmung Lehmann und Co., Hamburg.

2.3. Behälterbauten

Allgemeines

Im Behälterbau findet die Spannbetonbauweise große Anwendung. Die Behälterwandungen werden infolge des Druckes, den das Füllgut auf die

Wandungen ausübt, auf Zug oder auf Zug und Biegung beansprucht, und es ist naheliegend, durch Vorspannung den Beton zur Aufnahme dieser Zugkräfte zu befähigen. Hinsichtlich des Füllgutes muß man unterscheiden zwischen Flüssigkeitsbehältern, bei welchen neben der Forderung der Standsicherheit auch noch jene nach der Dichtheit der Behälterwandung hinzutritt, und den Behältern mit Füllgut, welches innere Reibung besitzt. Bei solchen Behältern können im Zustand der Füllung Haarrisse hingenommen werden, wie sie auch im schlaff bewehrten Beton geduldet werden. Wenn die Behälterwände jedoch auf reinen Zug beansprucht werden, so soll auch in diesen Fällen vermieden werden, daß es zur Ausbildung von Rissen kommt, welche dann den ganzen Wandquerschnitt erfassen. Für Behälterwandungen wird man daher für den Zustand der Füllung, wenn dieser Zustand im ganzen Querschnitt Zugspannungen erzeugt, im allgemeinen die volle Vorspannung anwenden. Bei Berücksichtigung von Temperaturunterschieden und anderen Zwängungsbeanspruchungen, die nicht im ganzen Querschnitt Zugspannungen hervorrufen, wird man auch geringe Zugspannungen unterhalb der Zugfestigkeit des Betons zulassen. Kommt es dennoch zur Bildung von Haarrissen, so geht infolge des Steifigkeitsverlustes die Zwängungsbeanspruchung sofort zurück.

Spannbeton ist für den Behälterbau selbst bei großen Wanddrücken ein brauchbarer, anpassungsfähiger und auch wirtschaftlicher Baustoff. Sein besonderer Vorteil liegt daran, daß hochwertige Stähle auf einfache Weise zur Aufnahme hoher Wandzugkräfte verwendet werden können. An Behälterformen für größere Spannbetonbehälter stehen Rotationsschalen im Vordergrund und unter ihnen wieder der Zylinder, da er in einfacher Art im Gleit- oder Kletterschalverfahren hergestellt werden kann. Vorgespannt werden diese Rotationsschalen meist mit Spannsträngen, die in Ebenen senkrecht zur Rotationsachse und in den Meridianebenen liegen. Die gespannten Kabel ergeben Umlenkkräfte, welche in den Schmiegungsebenen der Kabel wirken und welche als äußere Kräfte den Spannungszustand „Vorspannung“ in der Rotationsschale erzeugen. Bei genügend enger Lage der Vorspannbewehrung können diese Umlenkkräfte als Flächenbelastungen der Schale aufgefaßt werden. Die Spannbewehrung soll möglichst so in den Behälterwänden angeordnet werden, daß die Umlenkkräfte gegen den Beton der Wände drücken und nicht quer zur Spannbewehrung Zugkräfte auf den Beton wirken. Die Spannbewehrung ist somit bei den meisten Behälterformen nahe der äußeren Oberfläche der Wände oder an dieser angeordnet. Beachten muß man auch, daß die anfänglich aufgebrachten Vorspannkräfte, wenn nicht alle Kabel gleichzeitig, sondern nach und nach gespannt werden, schon während des Spannvorganges durch die allmählich anwachsende elastische Verformung der Behälterwände eine Verminderung erfahren. Dieser Verlust an Spannkraft ist vergleichbar mit jenem, der bei Spannbettvorspannung von der ursprünglich beim Spannen vorhandenen Vorspannkraft der Spannstähle $V_0^{(0)}$ auf die nach dem Lösen vom Spannbett und Übertragung der Vorspannkräfte auf den Beton noch vorhandenen Vorspannkraft V_0 eintritt. Das erste gespannte Kabel eines Behältermantels wird den vollen Verlust an Spannkraft erleiden, während am letzten gespannten Kabel nur noch ein ganz kleiner Bruchteil dieser Spannkraftverminderung zu merken sein wird.

Aus schalungstechnischen Gründen wird der Zylinder als Behälterform bevorzugt, obwohl er den statischen Nachteil besitzt, daß mit zunehmender Füllhöhe die Ringzugkräfte anwachsen, während z. B. bei einem auf der Spitze stehenden Kegelmantel dem zunehmenden Wanddruck mit zunehmender Füllhöhe enger werdende Breitenkreise gegenüberstehen und damit eine viel günstigere Verteilung der Ringzugkräfte vorhanden ist.

Beim Zylindermantel werden vorwiegend zwei Arten des Vorspannens angewendet:

1. das Aufwickeln von hochwertigem, unter Spannung stehendem Stahldraht auf den Mantel, das Wickelverfahren;
2. das Spannen von Vorspannstählen von Lisenen aus, die gleichmäßig über den Umfang des Zylindermantels angeordnet sind und an welchen die Spannbewehrungen verankert sind und sich übergreifen.

Das Wickeln hat den Vorteil, daß keine Reibungsverluste beim Spannen auftreten. Bei großen Vorspannkräften ist es jedoch oft unmöglich, den erforderlichen Spannstahl in einer Lage unterzubringen, und es muß in mehreren Lagen gewickelt werden. Jede Lage wird nach Beendigung des Wickelvorganges mit einer Torkretschicht zugedeckt. Nach genügender Erhärtung dieser Schicht kann die nächste Lage aufgewickelt werden und so fort. Die außen liegende Spannbewehrung muß mit einem Korrosionsschutz versehen werden. Als solcher dient meist eine sorgfältig aufgebrachte Torkretschicht.

Beim Wickeln wandert infolge der im Beton auftretenden Druckspannungen und der dadurch entstehenden Verengung des Zylinderdurchmessers eine Beanspruchungswelle nach oben, die den Zylindermantel in der Richtung der Erzeugenden auf Biegung beansprucht. Beim Vorspannen von Lisenen aus kann man durch möglichst gleichmäßiges Aufbringen der Vorspannkräfte über die Höhe des Zylinders diese Momentenbeanspruchungen weitgehend ausschalten, doch muß man Reibungsverluste der Spannkräfte und die aufwendigere Herstellung durch die Ausbildung der Lisenen in Kauf nehmen. Der Korrosionsschutz wird bei Vorspannung von Lisenen aus durch Auspressen der Spannkanäle erzielt.

Wird ein Zylindermantel durch Umwickeln mit Spannstahl oder durch Vorspannung von Lisenen aus vorgespannt, so ist die Erfassung der Schnittgrößen und der Verformungen, welche durch seitlichen Wanddruck und durch die Vorspannung entstehen, dank der Analogie, die im statischen Verhalten zwischen einer rotationssymmetrisch belasteten, dünnen Zylinderschale $d \ll r$ und einem elastisch gebetteten Träger besteht, sehr einfach [96—102]. Die Kennlänge L, welche beim elastisch gelagerten Balken zu

$$L = \sqrt[4]{\frac{4EJ}{C}}$$

erhalten wird, lautet für die Zylindererzeugende

$$L = \sqrt{\frac{rd}{\sqrt{3(1-\nu^2)}}}$$

mit r = Zylinderradius, d = Wandstärke, ν = Querdehnung des Betons. Für $\nu = 0$ erhält man $L = 0{,}760\sqrt{rd}$, für $\nu = {}^1/_6$ $L = 0{,}765\sqrt{rd}$.

So können die Momente, welche in der Erzeugendenrichtung im Zylindermantel während des Spannvorganges entstehen, sehr einfach durch Auswerten der m_x-Momenteneinflußlinie mit den durch die Vorspannung erzeugten Umlenkkräften erfolgen. Die Einflußlinie ist die des elastisch gelagerten Balkens mit den gleichen Randbedingungen wie für den Zylindermantel [103]. Die Auflagerbedingungen an den Enden des Zylindermantels entsprechen nur selten jenen, welche der Membranspannungszustand erfordert. Die Herstellung der Rand-(Auflager-)Bedingungen führt zu Schnittgrößen, die von den Rändern weg in der Erzeugendenrichtung abklingen und die man als Randstörungen bezeichnet. Auch diese Randstörungen können mit der Balkenanalogie berechnet werden. Sind die Ränder des Zylinders weit voneinander entfernt, $l \geq 4L$, so ist die gegenseitige Beeinflussung der von den beiden Rändern ausgehenden Störungen so klein, daß die beiden Randstörungen unabhängig voneinander an einem vom Rand sich ins Unendliche erstreckenden Zylindermantel berechnet werden können. Zweckmäßig ist es, wenn mehr als zwei rotationssymmetrische Elemente in einem Knoten zusammenkommen, die Schnittgrößen im Zylindermantel erst einmal für die Einheitsverschiebung in radialer Richtung $w_0 = 1$ und für die Einheitsverdrehung $w_0' = 1$ zu bestimmen.

Für die Berechnung der Werte w_0 und w_0' am Zylindermantel infolge der einzelnen Belastungszustände, aber auch für die Berechnung der Schnittgrößen für die Verformungszustände $w_0 = 1$ und $w_0' = 1$ längs der Zylindererzeugenden wird man mit Vorteil wieder die Analogie mit dem elastisch gelagerten Balken benützen, die angenähert nicht nur für den Zylinder, sondern auch für andere Rotationsschalen gilt [96 bis 99].

Wie ist nun die Vorspannungsbewehrung anzuordnen? Im allgemeinen wird man sie affin zum Verlauf der Wanddrücke wählen, doch im Bereich der Randstörungen, an der Behältersohle, würde dies zu sehr großen Biegebeanspruchungen des Behältermantels führen, wenn der Behälter leer ist. Erst wenn der Behälter gefüllt ist, verschwinden die Schnittgrößen aus den Randstörungen in einem solchen Fall fast vollständig. Übrigens treten Störungen des Membranspannungszustandes nicht nur an den Zylinderenden, sondern auch an Unstetigkeitsstellen der Belastung auf, also z. B. jeweils in jenen Höhenlagen, bis zu welchen der Behälter gerade gefüllt ist. Diese Störungen sind ähnlich jenen, die während des Vorspannens auftreten. Eine weitere Unzulänglichkeit tritt auf, wenn man für die Biegebeanspruchung aus der Randstörung eine Bruchsicherheitsbetrachtung anstellt. Nach der üblichen Berechnung des Bruchmomentes wäre $m_{xU} = s \cdot m_{xp} + m_{xv}$. Wenn nun $m_{xv} = -m_{xp}$ ist, wäre $m_{xU} = (s-1)\,m_{xp}$. Beispielsweise wäre bei $s = 1{,}7$ der Querschnitt auf ein Moment von $0{,}7\,m_{xp}$ zu bemessen, während für die Gebrauchslast $m_x = 0$ bei Füllung und $m_x = -m_{xp}$ bei leerem Behälter auftritt. Im Falle einer Einspannung des Zylindermantels in die Sohle kommen die m_x-Momente dadurch zustande, daß auf eine gewisse, von der Kennlänge L abhängige Höhe der Seitendruck nicht mehr allein durch Ringzugkräfte aufgenommen wird, sondern vorwiegend durch Kragmomente in der Erzeugendenrichtung in die Sohle getragen wird. Umlenkkräfte aus der Vorspannung werden im Bereich der Einspannung ebenfalls nur noch zum Teil Ringdruckkräfte erzeugen und werden, je näher der Sohle sie wirken, durch Kragträgerwirkung in die Sohle abgetragen werden. Wenn man also die Vorspannkräfte nicht nach der Belastungslinie, sondern etwa nach dem Verlauf der tatsächlich auftretenden Ringzugkräfte $n_{\varphi p}$ stuft, so wird man Ringdruckkräfte erhalten, die immerhin noch überall die Ringzugkräfte aus dem Innendruck überdrücken, jedoch werden die Schnittgrößen der Randstörung aus der Vorspannung wesentlich vermindert. Man kann durch entsprechende Wahl des Verlaufes der Vorspannkräfte das Verhältnis von m_{xv} zu m_{xp} in weiten Grenzen je nach Wunsch verändern. Damit hat man die Möglichkeit, die Beanspruchungen sowohl für den leeren wie auch für den gefüllten Behälter im Bereich der Randstörungen in mäßigen Grenzen zu halten.

o. Prof. Dr. Ing. E. h. Dr. Ing. H. Rüsch hat [4], um die Härten des Bruchsicherheitsnachweises für Randstörungsmomente zu mildern, vorgeschlagen, den Sicherheitskoeffizienten in drei Faktoren aufzuspalten:

$$s = s_g \cdot s_q \cdot s_s$$

s_g Sicherheitsbeiwert für die Werkstoffgüte
s_q Sicherheitsbeiwert für die Lastannahmen
s_s Sicherheitsbeiwert für die Schnittkraftberechnung

Für die Berechnung des Bruchmomentes schlägt nun Rüsch folgenden Ansatz vor:

$$M_u = s_g \cdot s_q \cdot s_s \cdot M_{g+p} + s_g \cdot s_s \cdot M_{\varphi+s} + s_g \cdot s_s M_T + \frac{s_g \cdot s_s}{s_q} M_{v,\infty}$$

M_{g+p} Moment aus ständiger Last + Nutzlast
$M_{\varphi+s}$ Zwangsmomente aus Schwinden und Kriechen
M_T Zwangsmoment z. B. aus Temperaturwirkungen
$M_{v,\infty}$ Endmoment aus Vorspannung

Mit $s_g = 1{,}30$, $s_q = 1{,}15$, $s_s = 1{,}15$ wird $s = 1{,}30 \cdot 1{,}15 \cdot 1{,}15 = 1{,}70$, und man erhält $M_U = 1{,}70\, M_{g+p} + 1{,}50\,(M_{\varphi+s} + M_T) + 1{,}30\, M_{v,\infty}$.

Im Falle des Randstörungsmomentes infolge der Lastfälle p und v erhielte man mit dieser Sicherheitsbetrachtung

$$m_{xU} = 1{,}70\, m_{xp} + 1{,}30\, m_{xv},$$

und wenn $m_{xv} = -m_{xp}$ ist, so wird $m_{xU} = 0{,}40\, m_{xp}$ gegen sonst $0{,}70\, m_{xp}$.

Man hat verschiedentlich den Anschluß der Behälterwände an den Boden so konstruiert, daß die dem Membranspannungszustand entsprechenden Verformungen der Behälterwände auftreten können, zumindest jedoch nicht so weit behindert werden, wie dies bei starrer Einspannung der Wände in die Sohle oder in ein starres Fundament der Fall ist. Von der Möglichkeit der unbehinderten waagrechten Verschiebung und Drehung des Meridianschnittes bis zur starren Einspannung gibt es alle Zwischenstufen (Abb. 150). Hat man es mit Flüssigkeitsbehältern zu tun, so tritt die Schwierigkeit des Dichtens des Anschlusses der Wände an die Sohle auf. Liegt jedoch ein Füllgut mit innerer Reibung vor, z. B. Zement, Zucker u. dgl., so kann man nicht erwarten, daß die für die Berechnung getroffene Annahme einer rotationssymmetrischen Belastung der Behälterwände, wie sie bei einem Flüssigkeitsbehälter eindeutig vorliegt, auch hier tatsächlich zutrifft. Über ein größeres Stück des Behältermantels betrachtet, werden sich die waagrechten Belastungen ausgleichen, jedoch in einem beliebigen Schnitt senkrecht zur Rotationsachse muß dies nicht der Fall sein. Es wird

stat. Wirkung	starr	elastisch verdrehbar	gelenkig	reibungsbehindert	elastisch beweglich
	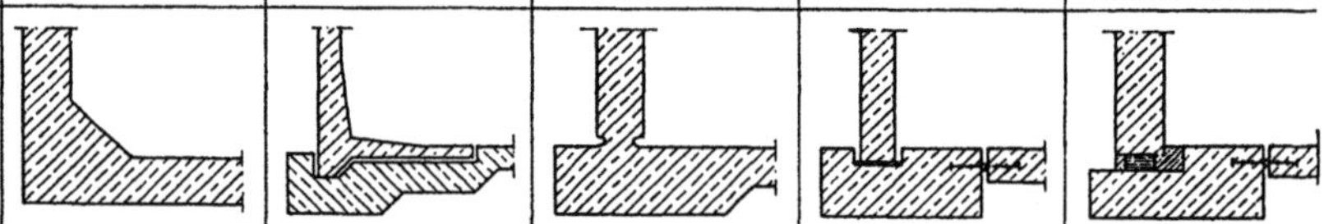				
Behältergröße	klein bis mittelgroß	klein bis groß	klein bis groß	alle	groß bis sehr groß
Bauweise	meist Stahlbeton monolithisch	Stahl- + Spannbeton monolithisch	Stahl- + Spannbeton monolithisch	Spannbeton monolithisch + Montage	Spannbeton monolithisch + Montage

Abb. 150. Anschluß der Behälterwand an das Fundament und den Behälterboden (aus Theorie und Praxis des Stahlbetonbaues. Festschrift Gotthard Franz, 1969, S. 177, Bild 8)

daher nicht nur Membrankräfte in der Ringrichtung n_φ und in der Meridianrichtung n_x geben, sondern es werden infolge der Unsymmetrie der Belastung auch Schubkräfte in Schnitten parallel und senkrecht zur Rotationsachse $n_{x\varphi}$ auftreten. Solche Schubkräfte $n_{x\varphi}$ sollten dann aber auch von der Behälterwand auf den Boden oder den die Schale aussteifenden Fundamentring übertragen werden können, da sonst die Wirkung des Mantels als Schale verlorengeht. Ist diese Möglichkeit zerstört, so gelingt der Ausgleich der Wanddrücke nur noch über Biegemomente in der Ring- und Meridianrichtung. Momente, die man an einer Stelle durch konstruktive Maßnahmen vermieden hat, treten dann in solchen Fällen in unkontrollierbarer Form an anderen Stellen auf. Wenn es nicht unbedingt sein muß, sollte man bei Behältern für Schüttgut mit innerer Reibung die Verbindung mit den aussteifenden Elementen an den Rändern nicht zerstören. Um Unsymmetrien der Belastungen zu vermeiden, muß bei Behältern mit großem Fassungsraum im Betrieb darauf geachtet werden, daß die Füllhöhen entlang des Behälterumfanges möglichst gleich sind.

Zuckersilo in Tulln

Als Beispiel eines großen zylindrischen Behälters wird ein großer Silo der Zuckerfabrik Tulln angeführt (Abb. 151). Die Planung und auch die Ausführung dieses Behälters lagen in den Händen der Bauunternehmung Ingenieure Ed. Ast & Co., Graz. Der zylindrische Mantel besitzt einen lichten Durchmesser von 32,20 m und eine Wandstärke von 25 cm. Die Verteilerdecke liegt 37,62 m über dem Siloboden. In der Zylinderachse ist ein turmartiger Schaft mit 3,40 m Außendurchmesser und 20 cm Wandstärke angeordnet. Er dient zur Auflagerung der Verteilerdecke und knapp oberhalb des Silobodens zum Unterbringen der Luftkanäle. An den Außenwänden sind gleichmäßig über den Umfang 8 Lisenen verteilt, mit 1,50 m Länge und 25 cm Vorsprung vor die Außenwand, von welchen aus die Ringbewehrung vorgespannt wurde. Die Bodenplatte ist eine Pilzdecke mit 45 cm

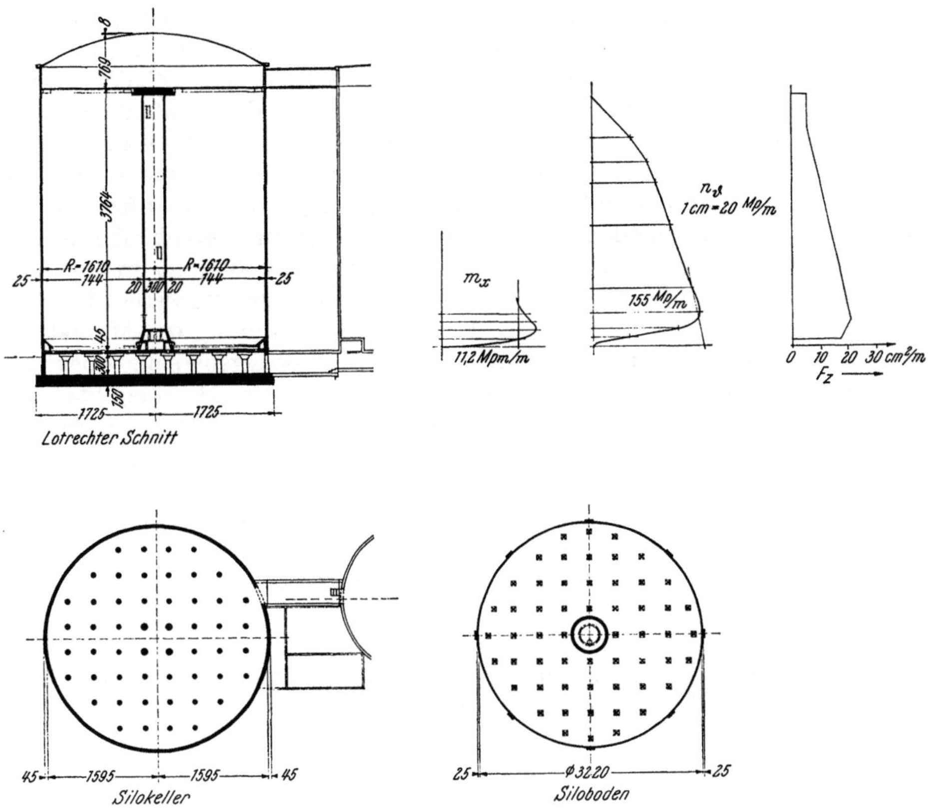

Abb. 151. Silo der Zuckerfabrik Tulln

Dicke und mit Stützenabständen von 3,60 m bis 3,75 m. Die Stützen der Decke mit ⌀ 70 cm und ⌀ 90 cm sowie der nach unten verlängerte Mantel des Zylinders stehen auf einer 1,20 cm dicken Stahlbetonplatte, der Gründungsplatte. Die Ausspeicheröffnungen sind in den Mittelpunkten der Felder zwischen den Stützen angeordnet. Die Außenwände des Silos sind mit der Bodenplatte monolithisch verbunden und sind somit in ihr fast starr eingespannt.

Der Silomantel und das Zentralrohr wurden gleichzeitig im Gleitverfahren hergestellt. Die Außenwände wurden gleich bis zum Kuppelring hochgeführt. Die radial liegenden, vorgefertigten Balken der Verteilerdecke wurden in ausgesparten Nischen der Außenwand aufgelagert. Innen liegen sie über Neoprenezwischenlagen auf einer am Zentralrohr aufruhenden Kopfplatte. Von Radialbalken zu Radialbalken spannen sich 10 cm starke Fertigteilplatten. Die Einspeicheröffnungen, Einstiegsöffnungen und Lüftungslöcher sind in diesen Platten untergebracht. Am Fuß ist das Zentralrohr kegelstumpfartig verbreitert. In dieser Verbreiterung des Zentralrohres und auch entlang des Behälterumfanges sind Luftkanäle ausgespart, von welchen aus unter dachartigen Vorsprüngen trockene Luft in den Speicherraum geblasen wird.

Der Fußring der Kuppel, der nur schlaff bewehrt ist, liegt 3,0 m über der Verteilerdecke. Das Kuppeldach ist eine Kugelkalotte mit dem Stich von 4,70 m und einem Halbmesser von 30,0 m. Die Dicke der Schale beträgt 8 cm, nur im Bereich des Fußringes wächst die Schalendicke auf 16 cm an.

Der Mantel des Behälters ist so vorgespannt, daß infolge des waagrechten Druckes, den das Füllgut ausübt, und infolge möglicher Temperaturunterschiede zwischen außen und innen keine Ringzugspannungen auftreten. Im Bereich des Behälterbodens treten im Zylindermantel erhebliche Randstörungen auf. Das Moment an der Einspannstelle beträgt infolge der Füllung 11,2 Mpm/m, welches jedoch durch die Vorspannung wesentlich vermindert wird. Andererseits werden durch die Einspannung des Mantels in der Bodenplatte die Ringzugkräfte im Randstörungsbereich ebenfalls vermindert. Die Vorspannbewehrung, bestehend aus Dywidag-Stangen ⌀ 26 mm aus St 80/105, muß in dieser Zone nicht im Verhältnis des Seitendruckes auf den Mantel zunehmen, sondern kann etwa dem tatsächlichen Verlauf der durch den Innendruck hervorgerufenen Ringzugkräfte folgen (Abb. 151). Es nehmen dann die Randzugstörungsmomente im Zustand Vorspannung allein und im Zustand Belastung + Vorspannung Werte an, die ohne besondere Schwierigkeiten zu beherrschen sind.

Kühlturm der Hütte Donawitz

Für die Hütte Donawitz der Oesterreichisch-Alpine Montangesellschaft wurden wegen der beengten Verhältnisse in diesem Werk ein Dorreindicker und ein Kühlturm übereinanderliegend gebaut, obwohl diese beiden Objekte nicht in unmittelbarem betrieblichem Zusammenhang stehen (Abb. 152) [104—106]. Auf der 2,50 m hohen Umfassungswand des zylindrischen Behälters mit 32 m Innendurchmesser für den Dorreindicker, die auf einem breiten Ringfundament gegründet ist, stehen 16 Stützen, welche gleichmäßig auf den Wandumfang verteilt sind. Diese Stützen tragen den Kühlturm und sein Auffangbecken. Die Kühlturmwand ist hyperbolisch geformt und aus schlaff bewehrten Dreieckselementen zusammengesetzt. Das Auffangbecken besteht aus dem 4,45 m hohen, 40 cm dicken Zylindermantel mit 32 m Durchmesser, der die Seitenwand des Beckens bildet, und einer 16 cm starken Kugelschale mit dem Radius von 42,84 m als Boden. Die Kugelschale ist gleichzeitig die Decke des Dorreindickers. Sie hat einen Stich von 3,10 m und ist unter den Auflagerstreifen der Windleitwände verstärkt. Die Umfassungswand des Beckens trägt oben eine 1,60 m auskragende ringförmige Tasse. Das Turmgewicht wird tangential zur Hyperboloidfläche auf den Unterbau übertragen. Die Horizontalkomponenten beanspruchen die

Beckenwand rotationssymmetrisch. Weitere rotationssymmetrisch wirkende Belastungen sind der Wasserdruck und der Kuppelschub. Die aus diesen Beanspruchungen entstehenden Zugspannungen wurden durch eine in Ringrichtung aufgebrachte Vorspannung überdrückt. Die Vorspannung wurde durch Umwickeln der Behälterwand mit einem unter der Spannung von 8,5 Mp/cm^2 stehenden Draht, ⌀ 4 mm aus Spannstahl Delta 100, aufgebracht. Entsprechend der Lage der einwirkenden äußeren Kräfte wurde die Spannbewehrung in zwei Drahtpaketen aufgewickelt (Abb. 153). Das untere ist 1,50 m hoch und besteht aus fünf übereinandergewickelten Drahtlagen mit insgesamt 1240 ⌀ 4 mm. Das obere ist wesentlich kleiner, nur

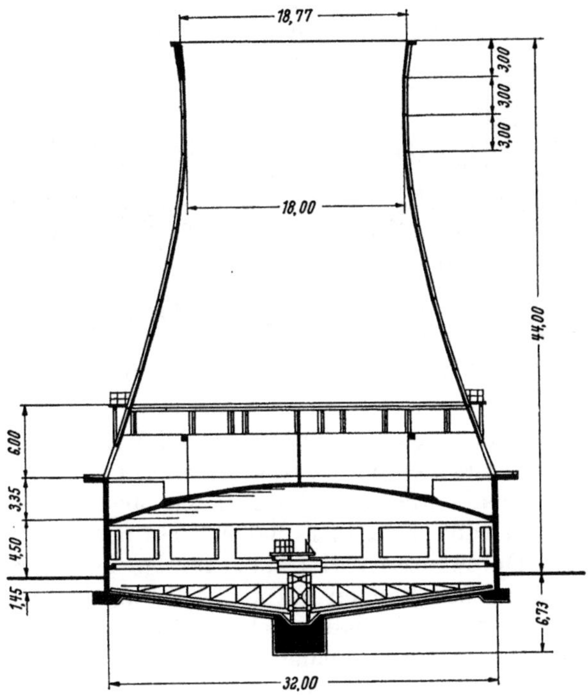

Abb. 152. Hyperbolischer Kühlturm mit vorgespanntem Auffangbehälter (aus W. DRECHSEL: Turmbauwerke. Bauverlag GmbH, Wiesbaden, Berlin 1967, S. 358, Bild 304)

50 cm hoch und umfaßt zwei Drahtlagen mit zusammen 80 ⌀ 4 mm. Nach dem Wickeln jeder Lage wurde als Korrosionsschutz eine rund 1 cm dicke Mörtelschicht aufgebracht. Erst nach dem Erhärten einer solchen Schicht konnte die nächste Lage gewickelt werden. Zur Verkürzung der Erhärtungszeit verwendete man Zusätze, welche keine, die Korrosion des Spannstahles fördernden Bestandteile enthielten. Leider können diese schützenden Mörtelschichten meist nicht am gefüllten Behälter aufgebracht werden. Wird der Behälter gefüllt, so erhalten sie Zugspannungen, und es besteht die Gefahr, daß die schützende Mörtelschicht Risse bekommt. Verschärft wird diese Gefahr durch das Schwinden der Mörtelbeschichtung und durch Temperatureinwirkungen, gemildert wird sie durch Spannungsumlagerungen in-

Abb. 153. Kuppelboden. Ansicht (Photo Rella, Graz)

folge von Kriecherscheinungen des Betons der Behälterwand. Durch das Vorspannen trat eine kleine Verengung des Beckendurchmessers ein, und der Scheitel der Kugelschale stieg um 17 mm nach oben. Die 16 Stützen, auf welchen das Becken ruht, sind in radialer Richtung nicht sehr biegesteif und konnten die Durchmesserverkürzung infolge des Vorspannens ohne große Zwängungsbeanspruchungen mitmachen. Das Umwickeln des Zylindermantels erfolgte mit einer Wickelmaschine, Bauart BBRV (Abb. 154).

Sie besteht aus einem Drehschemel mit Schwenkkran, einem Antriebswagen, einem Spannwagen und dem lotrechten Antriebsgestänge. Um den Behälter ist eine Kette geschlungen, an welcher sich die Maschine mit eigener Kraft weiterbewegt. Die Reibung zwischen der Kette und dem Zylindermantel ist wesentlich größer als die Spannkraft im Draht. Der Spanndraht läuft über eine Art Bremstrommel ab, wobei ihm die gewünschte Vorspannkraft erteilt wird. Diese Kraft kann vor dem Wickeln an der Maschine eingestellt werden. Die Ganghöhe der Wicklung ist mit dem lotrechten Gestänge einfach einstellbar. Im vorliegenden Fall war die größtmögliche Kraft, welche mit der Bremseinrichtung aufgebracht werden konnte, 1,07 Mp. Die Spannung im 4-mm-Draht hat nur 8,5 Mp/cm^2 betragen, und die Festigkeitseigenschaften des Spanndrahtes aus St 160/180 konnten nicht voll ausgenützt werden. Die Kraft im Spanndraht kann nach dem Aufwickeln mit einem einfachen Gerät überprüft werden. Man mißt die Kraft, die in der Mitte einer Meßlänge quer zur Drahtachse aufgewendet werden muß, um den Draht um ein bestimmtes Maß aus seiner Achse auszulenken. Diese Kraft quer zur Drahtachse ist ein Maß für die im Draht vorhandene Vorspannkraft. Insgesamt wurden auf die Außenwand des Auffangbeckens des Kühlturmes mit rund 100 m Umfangslänge 134 km

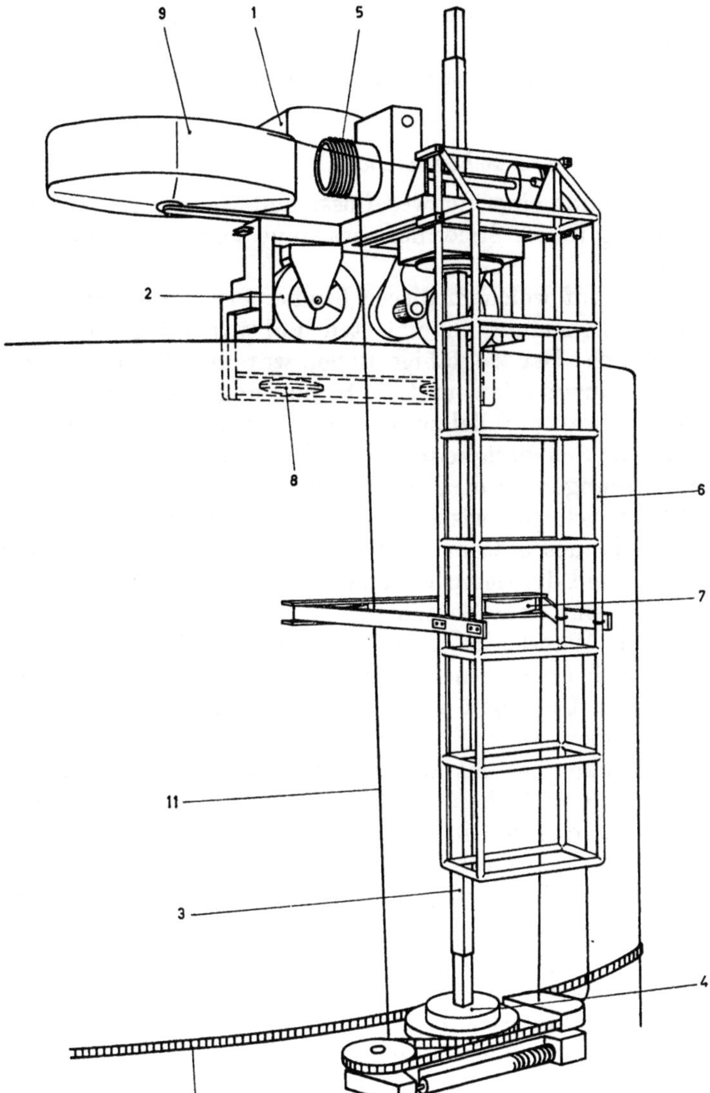

Abb. 154. Wickelmaschine, Bauart BBRV. *1* Antriebsmotor, *2* Laufwerk, *3* lotrechte Welle, *4* Wickelwerk, *5* Hubvorrichtung, *6* aussteifende Konstruktion, *7* äußere Laufrollen, *8* innere Laufrollen, *9* Drahthaspel, *10* endlose Rollenkette, *11* Hubseil

Draht in 1300 Windungen aufgewickelt. Um im Falle eines Drahtrisses einen Verlust der Vorspannkraft über viele Windungen zu verhüten, wurde jeweils nach etwa 2000 m Drahtlänge, somit nach rund 20 Windungen, eine Klemmvorrichtung eingebaut.

Die auskragende, ringförmige Tasse am oberen Rand der Behälterwand wurde erst hergestellt, nachdem der Zylindermantel umwickelt war. Um das Wickeln nicht zu stören, wurde die aus der Beckenwand in die Kragplatte reichende Anschlußbewehrung erst in der Wandrichtung verlegt und dann um 90° in der Verwinderichtung des Torstahls in die richtige Lage eingeschwenkt.

Der Bauherr für diesen interessanten Bau war die Oesterreichisch-Alpine Montan AG., entworfen und ausgeführt wurde er von der Bauunternehmung H. Rella & Co., Wien.

Vorbunkeranlage am Steirischen Erzberg

Bei der Errichtung einer Schwereflüssigkeitswäsche zur Aufbereitung des Erzes am Erzberg in der Steiermark war eine Vorbunkeranlage zu erstellen (Abb. 155) [107].

Das Gelände, auf welchem dieser Bunker errichtet werden mußte, war mit etwa 40° Hangneigung äußerst steil und war mit groben, abgestürzten Blöcken durchsetzt. Der tragfähige Boden war zum Teil erst 15 m unter der Hangoberfläche anzutreffen, und die Schichtung des Felsuntergrundes verlief obendrein nahezu parallel zum Hang. So bot die Gründung dieses Bauwerkes erhebliche Schwierigkeiten. Der Vorbunker ist über einem Rechteck mit den Abmessungen 14 m × 29,40 m errichtet, dessen Längsseite in der Fallinie des Hanges liegt. Zwischen den Geländehöhen an der Rück- und Vorderseite des Gebäudes besteht ein Unterschied von 32 m. Die Längswände des Unterbaues sind die eigentlich tragenden Wände, zwischen welchen sich an der Bergseite eine hohe Stützmauer und an der Talseite die Stirnmauer spannen. Auf die Wände des Unterbaues stützen sich noch einige Decken, welche die Einrichtungen einer Nachbrecheranlage zu tragen haben. Nach oben zu wird der Unterbau auf Kote 25,80 von einer 2,40 m mächtigen Decke abgeschlossen, welche den Boden der Vorbunker bildet. Der Nutzraum der Vorbunker besteht aus zwei Zylinderzellen mit 11,90 m lichtem Durchmesser, 27,20 m Höhe und 20 cm Wandstärke. Oben sind die beiden Zellen von einer gemeinsamen Decke abgeschlossen. Auf ihr liegen die Erzzuförderungen von den Grobbrechern und die Verteilereinrichtungen. Die Raumhöhe oberhalb der Bunkerdecke beträgt 9,0 m, da auch ein Montagekran unterzubringen war. Oberhalb des Verteilerraumes sind noch zwei Wasserbehälter von je 550 m³ Inhalt untergebracht. Die Seitenwand der Behälterkammer ist ein Zylindermantel mit ebenfalls 11,90 m Innendurchmesser und 20 cm Wandstärke. Der Behälterboden und die Behälterdecke werden von einer Kugelkalotte gebildet, deren Stich 2,10 m beträgt. Die Seitenwände der Behälter und der Bunkerzellen sowie die Kuppelfußringe wurden nach dem BBRV-Verfahren in Ringrichtung vorgespannt. Die Vorspannung wurde von vier am Zylinderumfang gleichmäßig verteilten Lisenen aus aufgebracht. Vorgespannt wurde aber auch ein zu einem Unterzug verstärkter Teil der Bodenplatte der Bunkerzelle, denn diese Decke hat bei einem Eigengewicht von 6,0 t/m² die ungewöhnlich hohe Nutzlast von 45 t/m² aufzunehmen. Die Decke spannt sich kreuzweise einerseits zwischen den Längswänden, andererseits zwischen der Stirnwand bzw. der Stützmauer und einem in der Decke ausgebildeten Unterzug (Abb. 156). Dieser

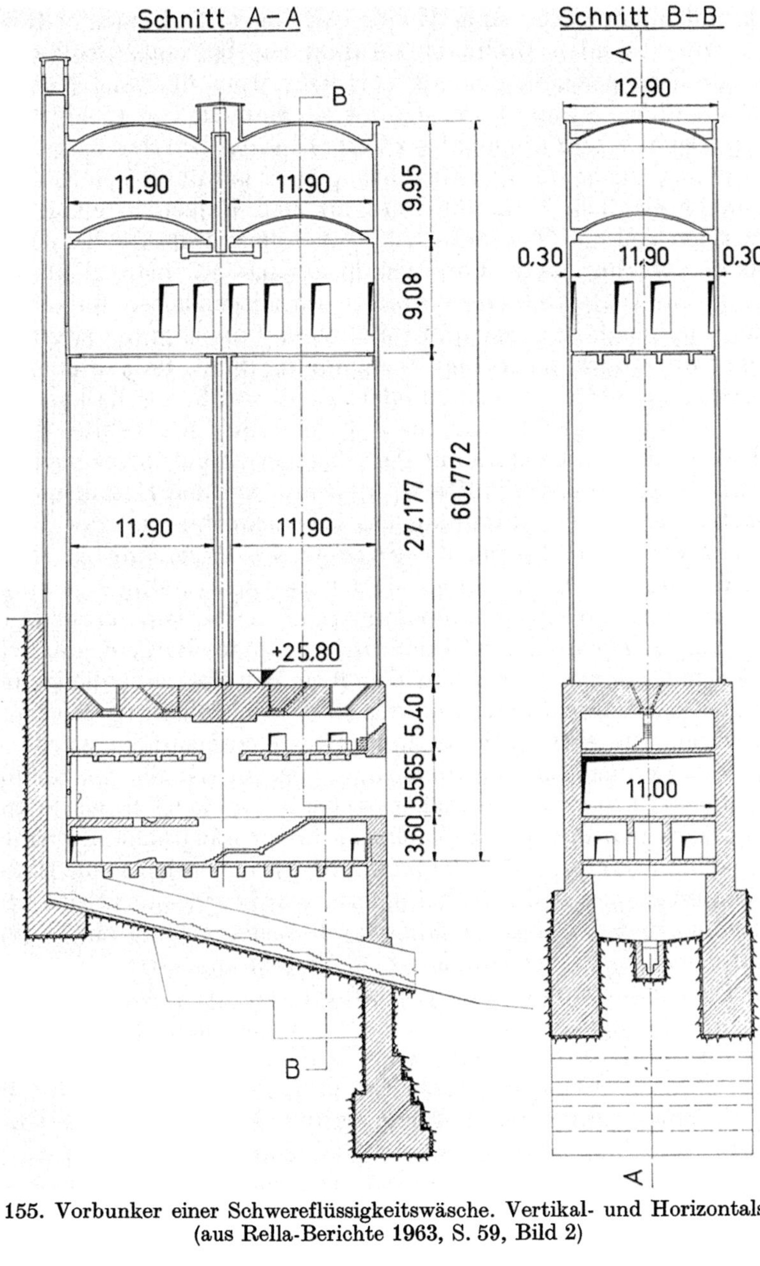

Abb. 155. Vorbunker einer Schwereflüssigkeitswäsche. Vertikal- und Horizontalschnitt (aus Rella-Berichte 1963, S. 59, Bild 2)

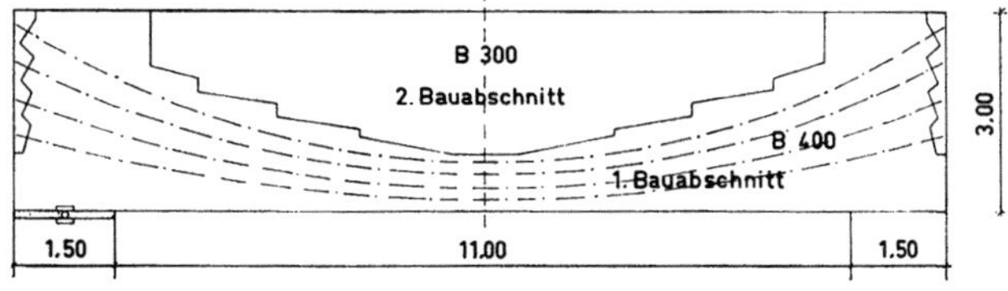

Abb. 156. Unterzug in der Bodenplatte des Erzbunkers (aus Rella-Berichte 1963, S. 60, Bild 4)

Unterzug mit 3,0 m Höhe, einer Breite von 5,20 m und einer in Rechnung gestellten mitwirkenden Breite von 9,10 m hat bei einer Stützweite von 12,50 m ein Eigengewichtsmoment von 2787 Mpm und aus Nutzlast ein Moment von 12.660 Mpm, also insgesamt ein Moment von 15.447 Mpm aufzunehmen. Bei dem sehr ungünstigen Verhältnis des Nutzlastmomentes zum Eigengewichtsmoment war die Ausführung eines gewöhnlichen Spannbetonbalkens nicht möglich. Man teilte deshalb den Balken in einen unteren, wannenartigen Teil und das Reststück, wobei diese Teile wie bei einem Verbundbalken verzahnt sind. Von den insgesamt 56 Spanngliedern zu je 55 ⌀ 6 mm aus Delta 100 wurde vorerst am ausgehöhlten Balken nur die Hälfte und die nicht voll gespannt. Mit dieser Vorspannung erreichte man mehr oder minder eine zentrische Vorspannung dieses Balkenteiles, der die Zugzone des endgültigen Balkens bildet. Dann wurde der Balken auf seine endgültige Gestalt ergänzt, und man spannte nun die zweite Hälfte der Spannglieder voll und die erste mit dem Restbetrag auf ihre volle aufnehmbare Kraft. Diese Vorspannkräfte wirkten nun auf den Gesamtquerschnitt des Balkens. Mit dieser Aufteilung des Querschnittes und der Vorspannkräfte steht bei Vollbelastung als Zugzone des Querschnittes ein vorgespannter Betonstab zur Verfügung, dessen Druckspannung erst aufgezehrt werden muß, ehe es zu Zugspannungen kommt. Außerdem vermied man das Auftreten von Zugspannungen in der Druckzone des Balkens, die bei ungeteiltem Querschnitt bei der starken Randlage der Vorspannglieder in Feldmitte infolge der Vorspannung und der ständigen Belastung unvermeidbar gewesen wären. Die gesamte Vorspannkraft, die aufgebracht wurde, betrug 7400 Mp. Zur Vermeidung von Zugspannungen im Bereich der Spanngliedverankerungen wurden je 6 Kabel, bestehend aus 55 ⌀ 6 aus Spannstahl Delta 100, zwischen den Längskabellagen in der waagrechten Ebene parabolisch gekrümmt verlegt. Um die beim Vorspannen auftretende Stauchung des Deckenunterzuges nicht zu behindern, wurde auf einer Seite zwischen dem Unterzug und der Gebäudelängswand vorübergehend ein bewegliches Lager durch Einlagen von Rundeisen ⌀ 26 mm geschaffen. Später wurde die Lagerfuge mit Stampfbeton ausgestopft. Der Teil des Unterzuges, in welchem die Spannglieder liegen und der vorerst für sich allein gespannt wurde, wurde mit einem Beton der Güte B 400 hergestellt; der nachträglich betonierte und nur schlaff bewehrte Teil besteht aus Beton B 300. Weiters brachte die Unterteilung des Unterzuges den Vorteil, daß die Unterstellungen zur Aufnahme der Frischbetonlasten nicht auf das ganze Unterzugsgewicht bemessen werden mußten. Die Bunker- und Behälterwände sowie auch die Wände des über den Bunkern liegenden Förderbandraumes wurden mit Gleitschalung hergestellt. Von den 85 Höhenmetern, die das Gebäude von der tiefsten Fundamentlage bis zum Scheitel der Kuppel aufweist, konnten so immerhin 46 m in dieser Art hergestellt werden. Allerdings mußte die Gleitschalung in den einzelnen Abschnitten infolge der verschiedenen Grundrißformen verändert werden, doch blieben wesentliche Teile der Schalung gleich.

An diesem Bauvorhaben wurde gezeigt, daß die Vorspannung auch in Fällen mit recht ungünstigen Voraussetzungen durch Querschnittswahl und

Querschnittsteilung zweckmäßige Konstruktionen ermöglicht. Im Auftrag der Österreichisch-Alpine Montangesellschaft wurde diese Anlage von der Bauunternehmung H. Rella & Co., Wien, entworfen und gebaut.

Wasserbehälter der Stadt München

Für die Grundwasserversorgung der Stadt München wurden zwei Behälter von je 65.000 m³ Fassungsraum gebaut [108]. Die Form der Behälter wurde nach strömungstechnischen Gesichtspunkten so gewählt, daß ein

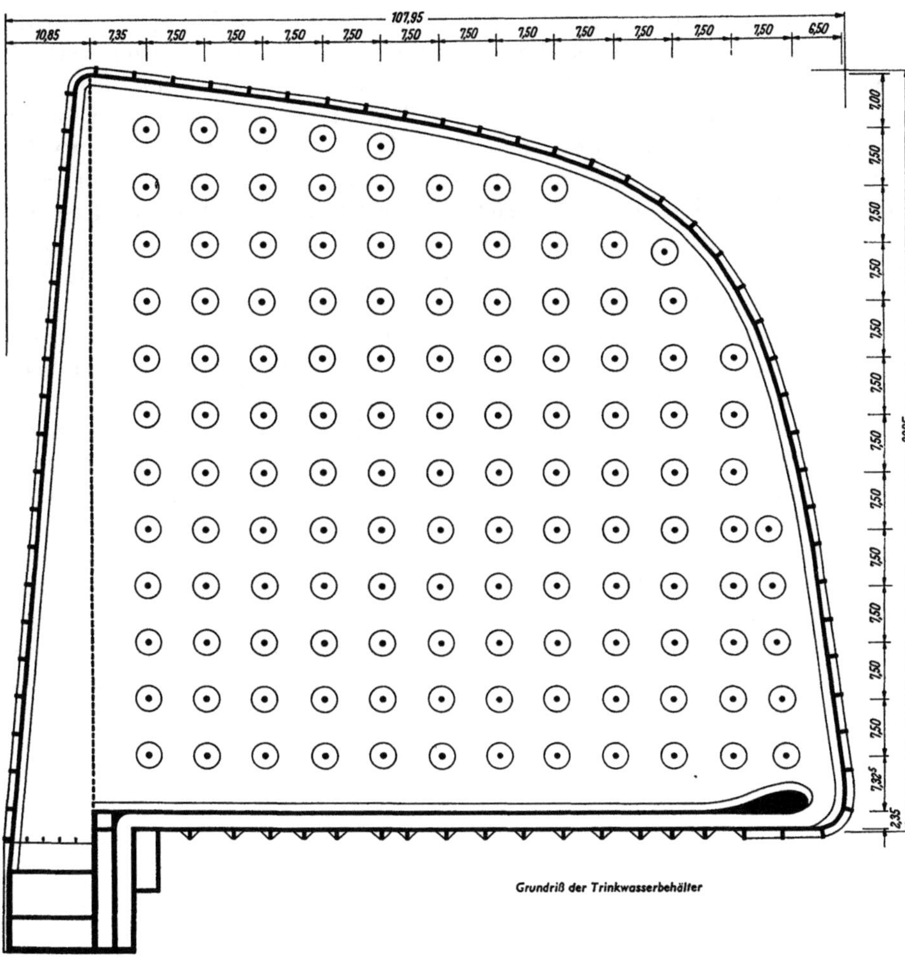

Abb. 157. Grundriß des Trinkwasserbehälters (aus D.u.W. Archiv-Phot.: Werkphoto)

voller Massenaustausch des Wassers und der darüber lagernden Luft im Betrieb vorhanden ist. Nach Möglichkeit sollte durch die besondere Formgebung das Strömungsbild des Wassers keine Totzonen zeigen und die Verweildauer jedes Wasserteilchens im Behälter gleich sein (Abb. 157). Das Wasser strömt in einem sich verjüngenden Einlaufkanal zu und wird an einer Schlitzwand beim Einströmen in den eigentlichen Behälterraum etwa rechtwinklig abgelenkt. Die einzelnen Wasserfäden strömen dann gegen einen tropfenförmigen Pfeiler und um diesen herum in den Auslaufkanal. Die Grundrißfläche des Behälters findet in einem Rechteck mit den Seitenlängen 108 m × 100 m Platz. Die Sohle des Behälters und auch die Decke sind massive Stahlbetonplatten von 25 cm Dicke. Die Decke wird mit Säulen — Durchmesser 50 cm — auf die Sohle abgestützt. Die Säulen sind in den Schnittpunkten eines quadratischen Netzes mit 7,50 m Maschenweite angeordnet. Sowohl am Kopf wie am Fuß sind diese Säulen zur besseren Lastaufnahme und Lastverteilung trompetenartig verstärkt. Aus strömungstechnischen Gründen wurde ein möglichst steter Übergang von den Säulen zur Decke und Bodenplatte geschaffen. Außerdem mußten sämtliche Oberflächen möglichst glatt aus der Schalung kommen. Um dies zu erreichen, verwendete man im Bereich der Stützenverstärkungen als Schalung sehr genau hergestellte Betonmatrizen. Die Seitenwände von etwa 9 m Höhe sind 35 cm dick und mit lotrecht verlaufenden Rippen von 40/100 cm im Abstand von 5 m an der Außenseite ausgesteift. Bemerkenswert ist, daß dieser große Behälter im Endzustand keine Dehnfugen aufweist. Die fugenlose Ausbildung war nur dadurch zu erreichen, daß man die Decke und Sohle des Behälters in zwei zueinander senkrecht stehenden Richtungen vorgespannt hat. Auch die Außenwände wurden in waagrechter und lotrechter Richtung vorgespannt und in den Aussteifungsrippen wurden Spannglieder entsprechend dem Momentenverlauf verlegt (Abb. 158).

Hinsichtlich der Rissesicherheit wurde die Vorspannung so festgelegt, daß bei wasserbenetzten Flächen keine größere Betonzugspannung als 30 kp/cm² auftritt und daß bei ungünstigster Lastkombination an Flächen mit Wärmedämmungen eine Betonzugspannung von 45 kp/cm² nicht überschritten wird. In der Decke des Behälters folgen die Spannglieder aus Spannstahl St 80/105, ⌀ 26 mm, dem Momentenverlauf (Abb. 159). In der Sohlplatte ist die Spannbewehrung jedoch gerade und in der Mitte der Platte verlegt. Die Wirkung der Vorspannung ist um so besser, je schwächer die Abmessungen der Decke und Wände gehalten werden können. Man war daher bestrebt, die Decke nicht wie üblich mit 1,0 bis 1,5 m hohen Erdschichten zu belasten. Um die tote Auflast zu vermindern, ersetzte man die wärmedämmende Wirkung einer solchen Überschüttung durch eine 6 cm dicke, expandierte Korklage. Zum Schutz vor Nässe ist diese von Kupferriffelbahnen umhüllt. Darüber liegt als Isolierung eine auf Glasvlies aufgebrachte Bitumenaufgußschicht, welche durch einen 5 cm dicken Estrich geschützt wird. Die Erdaufschüttung konnte so, einschließlich einer 20 cm starken Humusschicht, auf 40 cm vermindert werden. Bei der Sohlplatte mußte darauf geachtet werden, daß die durch das Vorspannen auftretende Stauchung nicht verhindert wurde. Auf den 10 cm dicken Unterbeton wurde ein Glasvlies aufgeklebt, welches für eine Aufgußschicht aus gefülltem Bitumen als Träger diente. Diese Schicht wirkte als Gleitschicht zwischen dem Unterbeton und der Sohlplatte. Die Herstellung des Behälters erfolgte in vier Abschnitten, zwischen welchen sowohl in der Sohle als auch in der Decke und den Umfassungswänden Streifen frei gelassen wurden. Jeder Abschnitt erhielt eine Teilvorspannung. Nach Fertigstellung des letzten Abschnittes

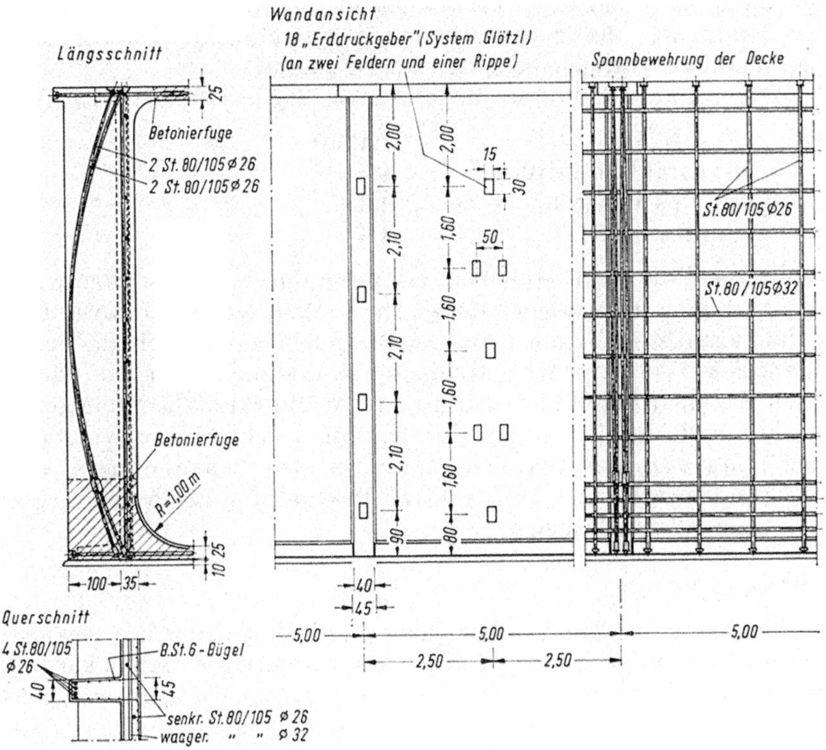

Abb. 158. Einzelheiten der Behälterwand
(aus Beton- und Stahlbetonbau 1967, S. 110, Bild 15)

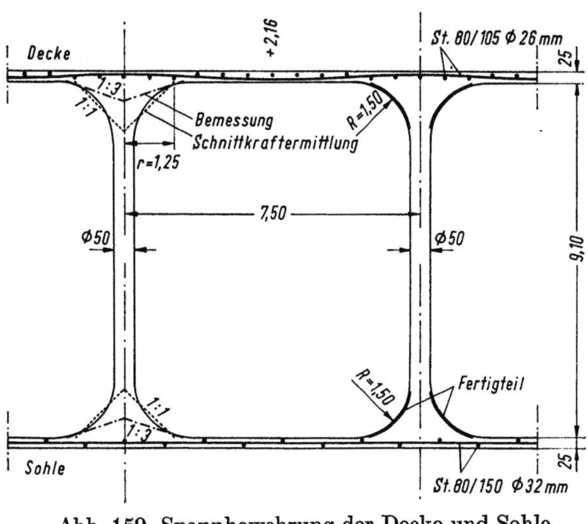

Abb. 159. Spannbewehrung der Decke und Sohle
(aus Beton- und Stahlbetonbau 1967, S. 110, Bild 14)

wurden auch die bisher offen gehaltenen Fugen geschlossen und nach genügender Erhärtung die Restvorspannung aufgebracht. Die Arbeitsfugen wurden hiedurch ausreichend unter Druck gesetzt.

Der Baustoffaufwand dieses Behälters beträgt je 1000 m³ Nutzinhalt:

Beton B 300	160 m³
Spannstahl St 80/105	4,5 t
geripptes Baustahlgewebe	3,6 t
Betonstahl St III	6,8 t

Bauherr war die Stadt München, vertreten durch die Stadtwerke-Wasserwerke, Abteilung Wassergewinnung. Diese Dienststelle verfaßte den Entwurf und vergab die Bauarbeiten an die Arbeitsgemeinschaft der Firmen Dyckerhoff & Widmann KG., Heilmann & Littmann Bau AG., Ernst Liebergesell, Leonhard Moll KG. und Eduard Schmucker, alle München.

Die Federführung lag in den Händen von Dyckerhoff & Widmann, von welcher Seite auch der Vorschlag stammte, den Behälter fugenlos herzustellen. Die statische und konstruktive Bearbeitung oblag dem Ingenieurbüro L. Obermeyer, München.

Turmbehälter

Im Flachland werden Wasserbehälter zur Erzeugung des gewünschten Druckes in den Versorgungsleitungen auf turmartigen Gebäuden untergebracht. Für die Form des Behälters bieten sich hier vor allem vorgespannte Rotationsschalen an. Am häufigsten werden die Zylinderschale und die sich nach unten verjüngende Kegelstumpfschale verwendet, welche wieder auf einem zylindrischen, polygonalen, kegelstumpfartigen oder hyperbolisch geformten Schaft aufsitzen. Die Ringzugkräfte, welche durch die Wasserfüllung in den Behälterwänden entstehen, werden durch Vorspannung überdrückt. Die Spannbewehrung verläuft entlang der Breitenkreise. Auch in der Meridianrichtung können Zugspannungen auftreten, teils schon im Membranspannungszustand, vorwiegend jedoch durch die Erfüllung der Auflagerbedingungen an den Schalenrändern durch die sogenannten Randstörungen.

Es bereitet jedoch keine Schwierigkeiten, auch in der Meridianrichtung Spannkabel zu verlegen, diese zu spannen und damit diese Zugspannungen zu überdrücken. Wenn es sich um Trinkwasserbehälter handelt, so müssen die Behälter gedeckt werden, und sie müssen auch eine Wärmeisolierung erhalten, um die Trinkwassertemperatur auf gewünschter Höhe halten zu können. Die Formgebung des Behälters und seiner Unterstützung sowie die konstruktive Gestaltung der wärmedämmenden Umschließung bietet Möglichkeiten zur reizvollen architektonischen Gestaltung. Hiefür können als treffende Beispiele Behälter genannt werden, die während der letzten Jahre in Finnland gebaut wurden. Abb. 160 zeigt den Wasserturm in Lahti [45, 105]. Entwurf und Konstruktion stammen vom Ingenieurbüro Paavo Simula et Co., Helsinki, die Bauausführung erfolgte durch Boman et Katajamäki, LAHTI, und dem Ingenieurbüro Ponti Kaista et Co., Helsinki. Der Architekt war Reino Koivula.

Die Oberkante des eigentlichen Behälters liegt 43,20 m über dem Gelände. Er besteht aus zwei übereinanderliegenden Kegelstumpfschalen und faßt 1000 m³ Wasser. Der sechseckige, prismatische und innen hohle Schaft ist durch den Behälter hindurch bis an dessen Oberkante geführt. Die Behälteraußenwände sind nach dem Dywidag-Spannverfahren in der Ringrichtung vorgespannt. In seinem oberen Teil ist der Behälter mit einer Holzkonstruktion verkleidet, der untere Teil des Schaftes ist mit hellen Eternitplatten belegt. Von den Kanten des Schaftes ausgehend, verlaufen bis zur Oberkante des Behälters sich verjüngende, ebenfalls mit Eternit verkleidete Rippen. Diese Verkleidung — teils aus Holz, teils aus Eternit — bestimmt die äußere Gestalt des Behälters und ergibt im Wechsel der dunklen

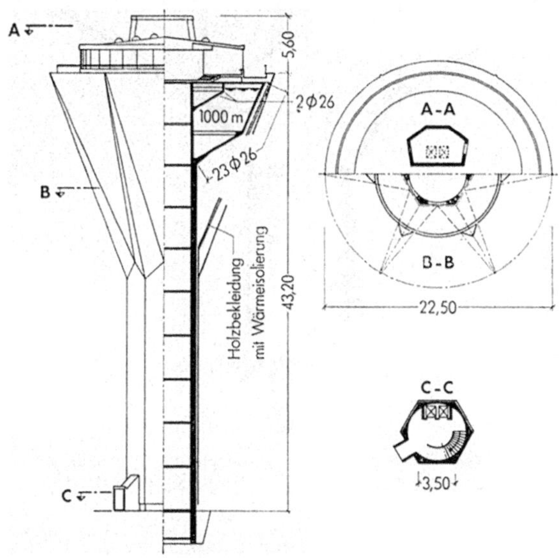

Abb. 160. Wasserturm Lahti, Übersichtsplan (aus Dywidag-Berichte 2—1968, S. 4, Bild 12)

Holzflächen und hellen Eternitverkleidungen ein sehr ansprechendes Bild. Im zylindrischen Aufbau über der Behälterdecke ist ein Restaurant untergebracht.

Ein etwas älterer, im Jahre 1958 gebauter Wasserturm, jedoch mit 4530 m³ Fassungsraum, ist der Wasserturm von Helsinki Lauttasaari (Abb. 161) [45]. Der eigentliche Behälter besteht aus 2 Kammern, die ineinandergeschachtelt sind. Die äußere Behälterwand bildet ein Kegelstumpfmantel mit etwa 38 m Durchmesser am oberen Rand. Am unteren Rand beträgt der Durchmesser etwa 16 m. In dieser Kegelstumpfschale steht zentrisch ein Zylinder, der die äußere von der inneren Kammer trennt. Der Boden der inneren Kammer ist ein aufrecht stehender Kegelstumpf, auf den oben ein zylindrischer Schacht aufgesetzt ist. Der äußere Kegelstumpfmantel, die zylindrische Trennwand und der innere Kegelstumpfboden sitzen auf einem gemeinsamen Stützring auf, der entlang des Umfanges von 24 schräg stehenden Stützen auf den zylindrischen Schaft des Turmes gestützt wird. Dieser Schaft hat einen Durchmesser von ungefähr 9 m. Die Behälterwände sind mit dem Spannverfahren Dyckerhoff & Widman vorgespannt. Auch bei diesem Wasserturm sind die Behälterkammern durch eine wärmedämmende Umschließung geschützt, als deren tragende Konstruktion 2 Kegelstumpfschalen dienen. Die Gesamthöhe dieses Turmes ist 34,5 m. Die Dachschale ist mit Mineralwolle, die untere Kegelschale mit Kork und der Behälterschaft mit Leca-Beton isoliert.

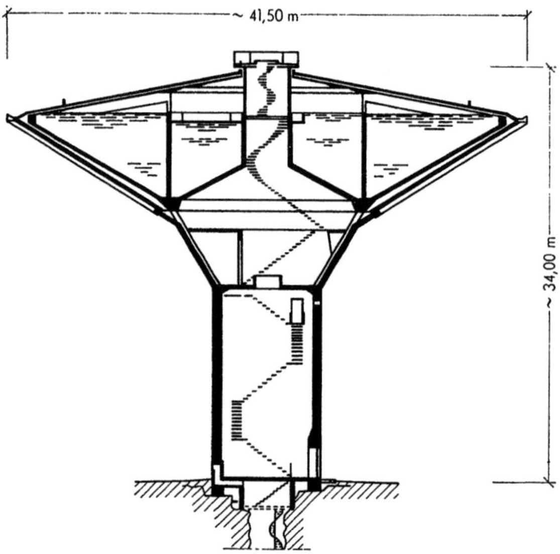

Abb. 161. Wasserbehälter Lauttasaari, Querschnitt (aus Dywidag-Berichte 2—1968, S. 5, Bild 13)

Entworfen und konstruiert wurde dieser Wasserturm vom Ingenieurbüro Paavo Simula et Co., Helsinki, die Ausführung erfolgte durch Yleinen Insinööritoimisto Oy, A-Betoni Oy, Helsinki.

Ein ähnlicher Behälter, jedoch mit dem großen Fassungsraum von 12.000 m³ wurde im Auftrag des Wasser- und Landwirtschaftsministeriums in Saudi-Arabien für die Stadt Riyadh gebaut. Der Entwurf und die Berechnung stammen von dem schwedischen Ingenieurbüro Vattenbyggnadsbyran, Stockholm. Der Behälter ist eine auf einem zylindrischen Schaft aufsitzende Kegelstumpfschale (Abb. 162) [109].

Der Behälter ist in 17,0 m Tiefe auf einer Kreisplatte gegründet. In der Baugrube wurde der Behälter samt seiner Decke, dem verjüngten und durch den Speicherraum geführten oberen Schaftteil, dem Boden und einem Ansatzstück des Schaftes hergestellt, wobei die Schalungen auf die Böschungen der Baugrube abgestützt wurden. Nachdem die Kegelschale genügend erhärtet und mit Dywidag-Gewindestäben ⌀ 26,5 mm aus St 80/105 und glatten Stäben ⌀ 32 mm in der Ringrichtung vorgespannt war, wurde der ganze Behälter mit hydraulischen Pressen hochgedrückt. Ein Schaftring in der Höhe eines Hubes wurde betoniert, und wenn er genügend fest war, erfolgte der nächste Hub usf., bis die planmäßige Höhe erreicht war. Die Behälterdecke liegt 50,50 m über dem Gelände und 67,50 m über der Gründungssohle. Die Kegelschale hat am oberen Rand einen Durchmesser von rund 52 m, der Schaftdurchmesser ist etwa 11 m. Die Behälterdecke ist als

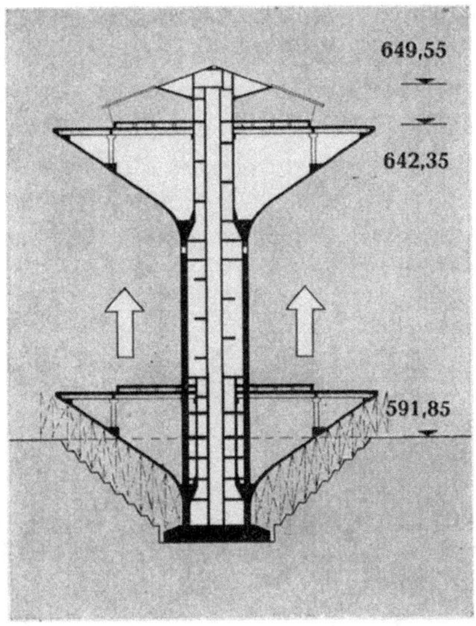

Abb. 162. Wasserturm Riyadh, Schnitt und Bauvorgang (aus Dywidag-Berichte 2—1969, S. 16)

Aussichtsplattform ausgestattet. Der nach oben verlängerte Schaft trägt 7,20 m über der großen Plattform nochmals einen kleinen, kegelstumpfförmigen Ausgleichsbehälter mit 350 m^3 Inhalt.

Faulschlammbehälter

Vorgespannte Rotationsschalen eignen sich vorzüglich für die Faulschlammbehälter großer Kläranlagen. Eine zweckmäßige Formgebung wird durch betriebliche Forderungen bestimmt. So soll die Behältersohle möglichst steil geneigt sein, damit sich der ausgefaulte Schlamm von selbst an der Entnahmestelle, am tiefsten Punkt des Behälters, sammelt. Nach oben zu soll der Behälter enger werden, damit die sogenannte Schwimmdecke, die sich beim Faulprozeß bildet, leichter zerstört werden kann. Scharfe Kanten und tote Ecken sollen bei der Formgebung vermieden werden, um das Ablagern von Faulschlamm an den Wänden zu verhindern. Weiters soll der Rauminhalt des Behälters möglichst groß im Vergleich zu seiner Oberfläche sein, um die Wärmeabgabe an der Behälteroberfläche möglichst klein zu halten. Um das Einschalen der Behälterwände zu vereinfachen und um den vorhin gestellten Forderungen einigermaßen zu entsprechen, wird sehr oft ein Zylindermantel mit oben und unten angesetzten Kegelschalen verwendet. Diese Behälterform hat jedoch den Nachteil, daß im Meridianschnitt Knickstellen vorhanden sind, die zu Schlammablagerungen Anlaß geben können. An den Knickstellen treten außerdem Störungen des Membranspannungszustandes auf, welche Biegebeanspruchungen der Behälterwände zur Folge haben. So kann es zu Biege-Zug-Spannungen und damit zur Bildung von Rissen in den Behälterwänden kommen, auch dann, wenn diese in der Ringrichtung vorgespannt sind.

Alle diese Nachteile werden bei einer Behälterform mit stetig gekrümmter Meridianlinie vermieden, und die Eiform in ihren verschiedensten Abwandlungen setzte sich daher für große Faulschlammbehälter immer mehr und mehr durch (Abb. 163) [110, 157]. Solche eiförmige Behälter wurden bis zu etwa 10.000 m³ Inhalt gebaut. Das Problem der schwierigeren Herstellung der Schalung der Wände eines solchen Behälters im Vergleich zum Schalen eines Zylindermantels wurde so gelöst, daß man die Rotationsschale

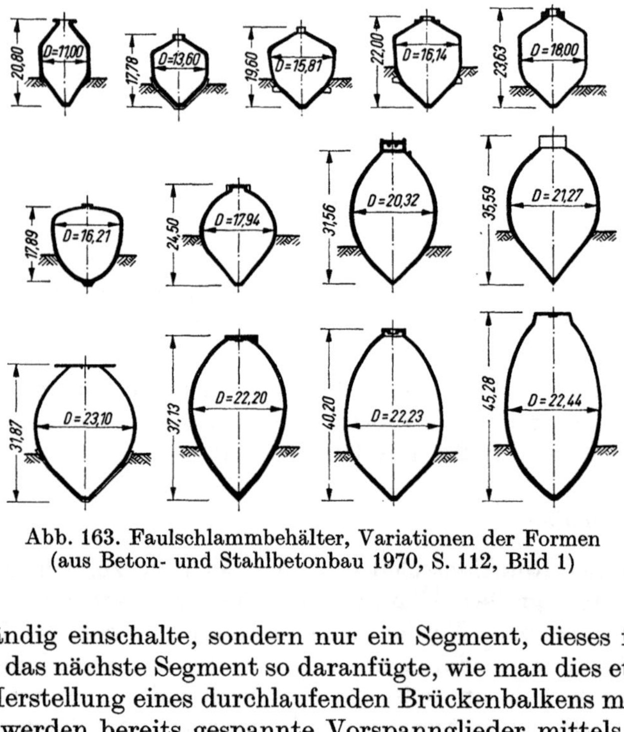

Abb. 163. Faulschlammbehälter, Variationen der Formen
(aus Beton- und Stahlbetonbau 1970, S. 112, Bild 1)

nicht vollständig einschalte, sondern nur ein Segment, dieses für sich vorspannte und das nächste Segment so daranfügte, wie man dies etwa bei einer feldweisen Herstellung eines durchlaufenden Brückenbalkens macht. An der Arbeitsfuge werden bereits gespannte Vorspannglieder mittels Kupplungselementen verlängert, in verrohrtem Zustand einbetoniert und nach genügender Erhärtung des Betons des neu hinzugefügten Segments gespannt. Durch das Vorspannen wird die Arbeitsfuge zwischen den Segmenten unter Druck gesetzt und damit ein Öffnen der Fuge im gefüllten Zustand des Behälters vermieden. Diese Segmentbauweise ermöglicht es, nur einen Bruchteil der gesamten Oberfläche einzuschalen, die Schalung und Rüstung wiederholt zu verwenden und damit die Ausführung eines solchen Behälters wirtschaftlicher zu gestalten. Je nach den Bodenverhältnissen wird der Behälter entweder ohne jede Zutat auf den Baugrund aufgesetzt, mit ringförmigen Aufstandsflächen versehen oder mit Pfählen, Brunnen od. dgl. gegründet

(Abb. 164). Die Herstellung geht meist so vor sich, daß der untere Teil der Rotationsschale gegen die Baugrube und etwas über das Gelände hinaus betoniert wird. Die weiteren Teile werden dann in der Segmentbau-

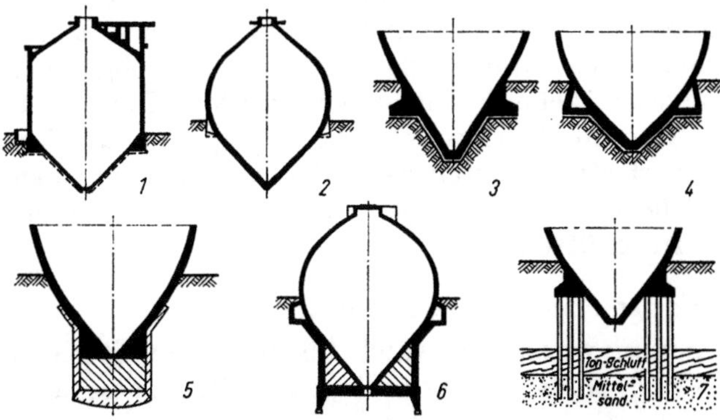

Abb. 164. Gründungsarten der Faulschlammbehälter
(aus Beton- und Stahlbetonbau 1970, S. 112, Bild 2)

weise hergestellt, wobei bei großen Behältern noch eine Unterteilung in untere und obere Segmente vorgenommen wird (Abb. 165). Die waag-

Abb. 165. Bauzustand eines Faulbehälters
(aus D.u.W. Archiv-Phot.: Müller-Grah, München)

rechten Arbeitsfugen, die sich dadurch ergeben, stehen entweder durch das Eigengewicht schon unter Druckspannungen oder werden zusätzlich durch eine Vorspannung überdrückt. Der Meridianschnitt solcher Behälter ist länglich eiförmig. Die Wandstärke nimmt von der Oberkante des Behälters bis zum größten Breitenkreis zu und vermindert sich dann rasch auf einen sehr kleinen Wert im Tiefstpunkt des Gefäßes. In der Höhe des Geländes ist rund um die Behälter oft ein Gaseinpreßgang angeordnet, dessen Seitenwand meist durch Fugen von der Betonwand getrennt ist. Bei schlechteren Baugrundverhältnissen kann die Sohle solcher Einpreßgänge zur Vergrößerung der Aufstandsfläche herangezogen werden. Diese Behälter werden meist in der Ring- und Meridianrichtung vorgespannt. Zur Vermeidung von großen Wärmeverlusten erhalten sie an den Außenflächen wärmedämmende Schichten, welche ihrerseits wieder mit einem Schutzmantel gegen Witterungseinflüsse zu schützen sind.

Holzschnitzelsilo der Papierfabrik Frantschach

Die Vorspannung wurde angewandt für die 25 m weit gespannten Wandscheiben eines Holzschnitzelsilos der Papierfabrik Frantschach im Lavanttal

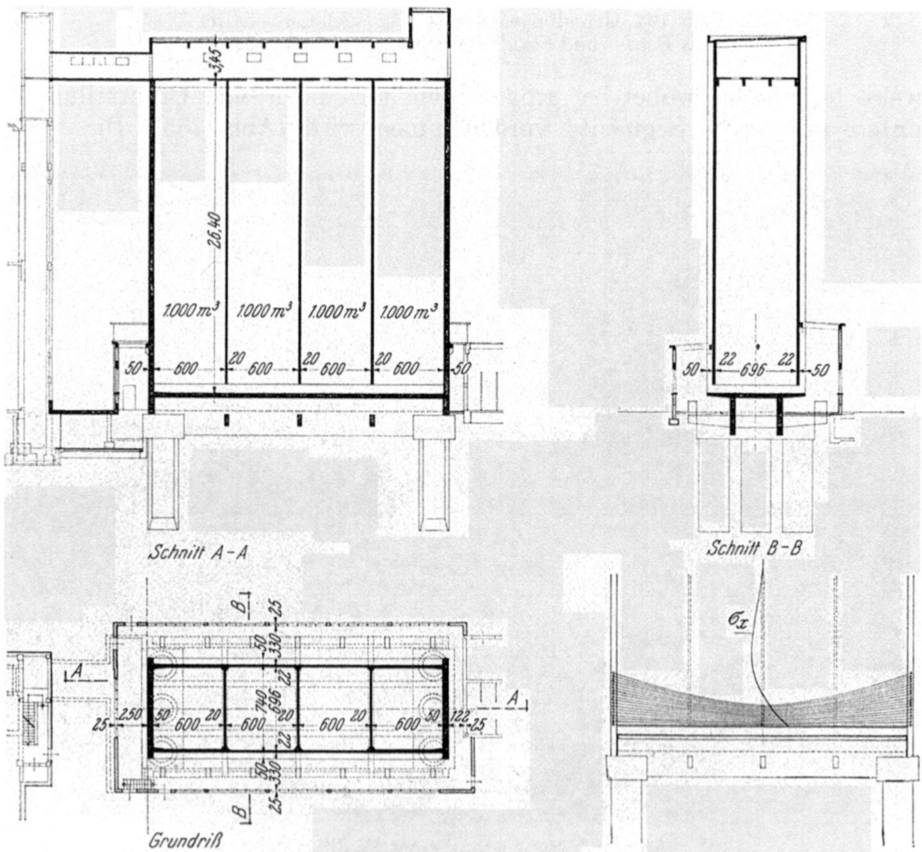

Abb. 166. Holzschnitzelsilo der Papierfabrik Frantschach, Kärnten; Grundriß, Quer- und Längsschnitt und Spannstranglage

(Abb. 166). Dieser Behälter besteht aus vier nebeneinanderliegenden rechteckigen Zellen mit den Lichtmaßen 6,0 m × 6,96 m. Die Höhe der

Zellen beträgt 26,40 m. Die Zwischenquerwände reichen nicht bis zur Bodenplatte. Sie spannen sich von Längswand zu Längswand, und es verbleibt ein rund 70 cm hoher Spalt. Auch die Längswände ruhen nicht auf der Bodenplatte auf, sondern stützen sich auf die in 25 m Entfernung stehenden Stirnwände des Silos. Die Ausbildung des Spaltes zwischen den Silowänden und dem Siloboden erleichtert wesentlich das Ausspeichern des sperrigen Füllgutes, erfordert jedoch besondere Maßnahmen an der Konstruktion des Gebäudes und dessen Gründung. Der gesamte Silo ist auf sechs Brunnen gegründet, die zu je dreien unter den Stirnwänden angeordnet sind, welche die lotrechten Lasten, die aus den Längs- und Querwänden, aus der Einspeicherdecke und aus dem Dach anfallen, auf den Baugrund übertragen. Ihrer tragenden Funktion entsprechend sind die Stirnwände mit einer Wandstärke von 50 cm ausgeführt worden, während die Quer- und Längswände nur 20 und 22 cm dick sind. Die weit gespannten Längswände mußten jedoch im Bereich der Stirnzellen etwas stärker ausgeführt werden. Die Bodenplatte des Silos spannt sich ebenfalls über 25 m von Brunnenreihe zu Brunnenreihe. Sie ist als ein mächtiger, zweistegiger Plattenbalken ausgebildet. Die beiden 25 m langen Längsscheiben wurden mit Dywidag-Spanngliedern in der Längsrichtung vorgespannt, wobei die Spannbewehrung über die Höhe der Zugzone der Scheibe verteilt wurde. Bei der Berechnung der Scheibenspannungen berücksichtigte man den Einfluß der Verstärkung des Scheibenrandes durch die kräftigen Stirnwände [111]. Das Einbeziehen der Randverstärkung in die Berechnung der Spannungen zeigt, daß durch solche Verstärkungen, wie sie hier gegeben waren, der Hebelarm der inneren Kräfte der Scheibe gegenüber der sonst üblichen Betrachtung größer wird.

Die Entwurfsarbeit, die Berechnung und konstruktive Arbeit sowie die Bauausführung wurden von der Unternehmung Ingenieure Ed. Ast & Co., Graz, geleistet.

2.4. Anwendungen im Tiefbau und konstruktiven Wasserbau

Allgemeines

Bei Verwendung der Spannbetonbauweise im Tiefbau und Wasserbau kommt es nicht so sehr darauf an, für den Gebrauchslastfall nachzuweisen, daß die tragenden Querschnitte frei von Zugspannungen bleiben oder die Zugfestigkeit nicht überschritten wird, als vielmehr darauf, daß die über die Vordehnung hinaus zusätzlich auftretende Dehnung des Stahles infolge der Traglasten in jenen Grenzen bleibt, wie sie sonst im Stahlbetonbau als erträglich angesehen wird. In diesem Anwendungsgebiet wird deshalb sehr häufig die schwache Vorspannung ausgeführt. Die schwach vorgespannten Konstruktionen bieten gegenüber schlaff bewehrten den Vorteil, daß hochwertige Bewehrungsstähle eingebaut werden können, daß die Rißlast höher liegt, daß auf jeden Fall ein Teil des Querschnittes unter Druckspannung steht und daß die konstruktive Ausbildung der Arbeitsfugen sehr einfach zu lösen ist.

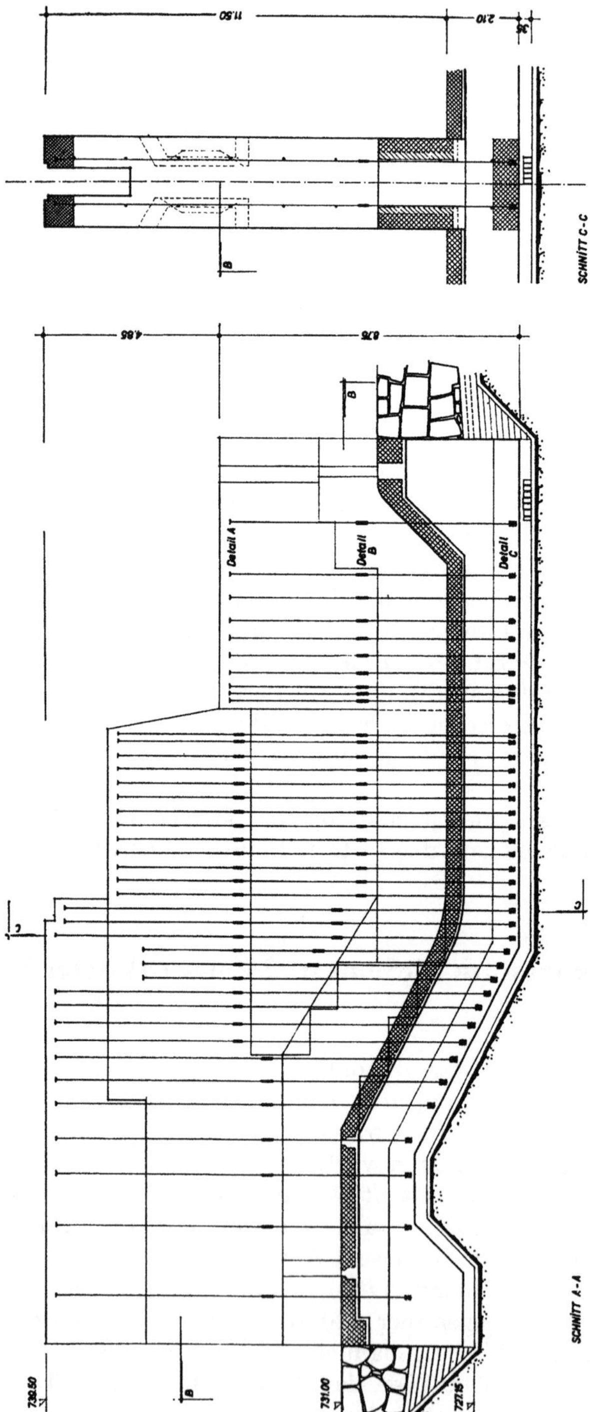

Abb. 167. Wehranlage Högmoos an der Salzach, Bewehrung der Wehrpfeiler (aus Mayreder-Nachrichten Mai 1961, S. 19)

Wehranlage Högmoos an der Salzach

Bei einer Wehranlage an der Salzach hat man mit lotrecht angeordneten Spannstangen, welche von der Wehrsohle in den Pfeilerschaft reichen, getrachtet, das Klaffen der Fuge zwischen Sohle und Schaft zu vermeiden. Ungünstige Beanspruchungen für diese Fuge treten bei einem solchen Pfeiler dann auf, wenn etwa wegen Reparatur an einem Wehrverschluß eine Wehröffnung mit den Dammbalken verschlossen und trockengelegt ist, während die Nachbaröffnungen zur Hochwasserabfuhr geöffnet sind. Nebenbei brachte die lotrechte Vorspannung des Pfeilerschaftes eine Erhöhung der Gleitsicherheit in den waagrechten Arbeitsfugen, da die in den Fugen wirkende Normalkraft um die Vorspannkraft erhöht wurde. Diese Vorspannkraft hat im vorliegenden Fall 2400 Mp betragen (Abb. 167) [112].

Bei diesem Wehrpfeiler wurde die Einleitung der Auflagerkräfte des Segmentschützes in den Pfeilerschaft mittels schlaffer Bewehrung und großer Vorkopflänge ausgeführt. Die Wehranlage wurde für die Tauernkraftwerke AG. gebaut. Die Ausführung der Bauarbeiten erfolgte durch die Arbeitsgemeinschaft der Firmen Ingenieure Mayreder, Kraus & Co., Linz, und Universale Hoch- und Tiefbau AG., Wien.

Wehranlage Altenmarkt/Enns

Eine andere Ausführung vermeidet große Vorkopflängen im Pfeilerschaft. Mit Spannstangen wird die Auflagerkonstruktion des Segmentschützes gefaßt und im Bereich des Pfeilerkopfes verankert. Fast gleichzeitig und unabhängig voneinander wurde diese Bauart an einer Wehranlage bei Baygorria in Uruguay und an einer Anlage an der Enns in der Steiermark angewandt (Abb. 168) [112, 113]. Hier an der Enns bei Altenmarkt wurden die Auflager des Segmentschützes mit je 16 Dywidag-Spannstangen ⌀ 26 aus St 80/105 gefaßt. Die Vorspannung wurde so gewählt, daß bei keinem möglichen Betriebszustand ein Abheben der Lagerkörper von der Betonunterlage eintreten kann. Je Spannstange wurde eine Vorspannkraft von 30 t aufgebracht. Die beiden Stahllagerkörper sind getrennt. Die Querverschließung erfolgte mit 15 Spannstangen ⌀ 26 mm, so daß der Verankerungskopf ein zweiachsig unter Druck stehender Betonblock ist. Diese Ausbildung hat das einwandfreie Umhüllen der Lagerkörper mit Beton sehr erleichtert. Die Rückspannung der Lagerkräfte brachte konstruktiv nicht nur den Vorteil der kürzeren Pfeilerlänge, sondern sie gestattete auch eine einfache, jedoch für den Pfeiler eines Segmentwehres ungewöhnliche Anordnung der Arbeitsfuge. Diese wurde 4,50 m vom Pfeilerkopf entfernt in eine lotrechte Ebene gelegt. Zuerst wurde der stauseitige Teil des Pfeilerschaftes ausgeführt, um möglichst frühzeitig die für die Baudurchführung notwendigen Wehrbrücken ausführen zu können. Die Druckkraft, die auf die Arbeitsfuge wirkt, beträgt infolge der Vorspannung 7200 Mp. Demgegenüber ist die Druckspannung des Betons an der Fuge gering und beträgt nur 3,0 kp/cm^2. Die Betondruckspannungen steigen gegen den Lagerblock hin an und betragen unmittelbar hinter ihm 20 kp/cm^2.

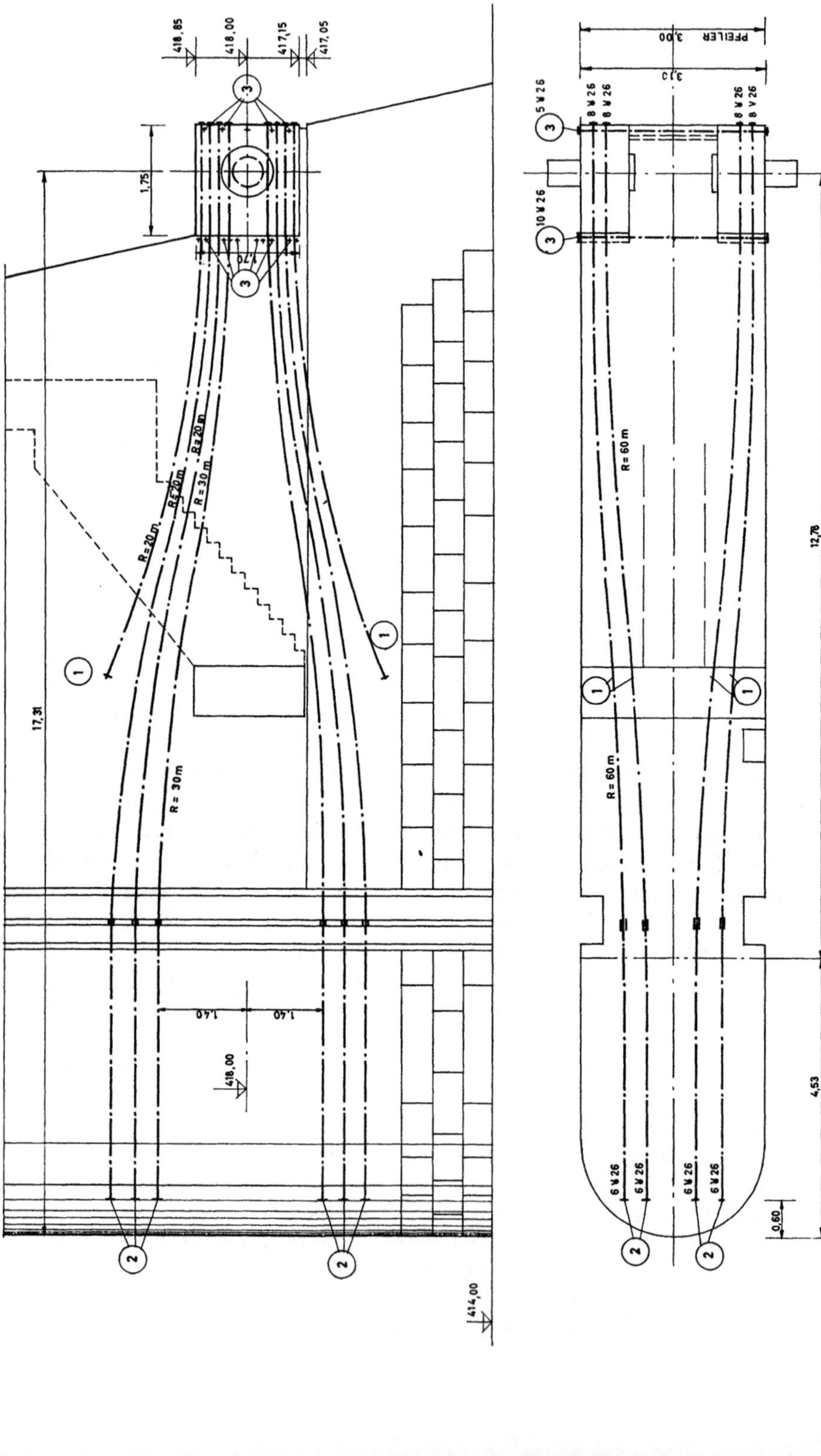

Abb. 168. Wehranlage Altenmarkt an der Enns. Verankerung der Segmentauflager. Längsschnitt und Grundriß (aus Mayreder-Nachrichten Mai 1961, S. 21)

Diese Spannungen sind im Vergleich zu den aufgebrachten Vorspannkräften sehr klein, doch muß man bedenken, daß die Abmessungen eines Wehrpfeilers nicht allein durch statische Gesichtspunkte festgelegt werden.

Der Bauherr dieser Anlage ist die Steirische Wasserkraft- und Elektrizitäts-Aktiengesellschaft. Die Ausführung erfolgte durch die Bauunternehmung Ingenieure Mayreder, Keil, List & Co., Graz.

Wehranlage Thurnsdorf an der Enns

Der nächste Schritt in der Ausbildung dieser Rückspannung der Segmentlager bei gleichzeitiger Vorspannung des Pfeilerschaftes in der Längsrichtung ging nun dahin, die Rückspannung nicht über die ganze Pfeilerlänge zu führen, sondern sie in dem Maße abzustufen, als die Lagerkraft in die Gründung abwandert. Wie Erfahrungen gezeigt haben, muß man sich jedoch davor hüten, die Verankerungsstangen allzu kurz auszuführen, um nicht Rißbildungen zu begünstigen. Die rechnerische Verfolgung der Beanspruchung infolge der Vorspannung im Pfeilerschaft ist bei solchen Wehrrückspannungen meist nur mit idealisierten Annahmen möglich. Zur Klärung der Beanspruchungsverhältnisse werden häufig Modellversuche herangezogen.

Abb. 169. Wehranlage Thurnsdorf an der Enns; Verankerungsbesen (Photo-Archivbild Mayreder, Kraus & Co., Linz)

Als Beispiel einer solchen Ausführung wird die Anordnung der Rückspannbewehrung im Pfeiler der Wehranlage Thurnsdorf an der Enns gezeigt (Abb. 169). Der Lagerkörper aus Stahl für das Segmentschütz wird mit

Spannstangen ∅ 32 mm aus St 80/105 an den Pfeiler gepreßt. Gegen die Pfeilervorderseite sind die Spannstangen aufgefächert und enden, entsprechend der Kraftabgabe, in den tiefer gelegenen Pfeilerteilen. An den Endverankerungen sind die Stäbe paarweise zusammengefaßt. Die Ankerplatten sind so bemessen, daß die örtliche Pressung dem Pfeilerbeton, welcher der Güte B 225 entsprach, zugemutet werden konnte. Die Übertragung der Vorspannkräfte von den Spannstangen erfolgte über eine Mutternverankerung mit aufgerolltem Gewinde, wie sie bei den Dywidag-Spannstangen üblich ist. Der ganze Verankerungsbesen ist in einem Betonierabschnitt untergebracht, und die Arbeitsfugen zu den Nachbarblöcken waren so angeordnet, daß bei Belastung des Wehrverschlusses durch den Stau die Fugen unter Druck stehen. Die Vorspannkraft verhindert auch bei größter Kraft im Segmentlager ein Abheben der Lagerplatten vom Pfeiler. Der Querschnitt der Spannstäbe wurde jedoch auch so gewählt, daß eine 1,7fache Laststeigerung möglich ist, ehe in den Spannstäben die Fließgrenze erreicht wird.

Diese Ausführung zeigt, wie kurz die Pfeilerlängen gehalten werden können, wenn man die Lagerkräfte des Segmentschützes mit einer Vorspannbewehrung im Pfeiler verankert.

Die Wehranlage Thurnsdorf wurde im Auftrag der Gesellschaft Ennskraftwerke AG gebaut. Die konstruktive Bearbeitung besorgte die Firma Siemens Ges. m. b. H., Linz, Abteilung Bautechnik. Die Bauausführung oblag einer Arbeitsgemeinschaft der Firmen E. Hamberger, Linz, und Ingenieure Mayreder, Kraus & Co., Linz, und Unionbau AG., Wien.

Senkkasten des Trennpfeilers des Donaukraftwerkes Aschach

Beim Bau des Donaukraftwerkes Aschach wurde ein langer Trennpfeiler zwischen dem Krafthaus und der Wehranlage mit Druckluftsenkkasten gegründet. Die Abmessungen der geplanten Senkkasten waren nicht alltäglich. Es wurde auf einer Inselschüttung ein großer Kasten mit einer Länge von 46,0 m, einer Breite von 15,8 m und einer Höhe von 7,0 m hergestellt und abgesenkt (Abb. 170) [114]. Oberhalb dieses Senkkastens wurde ein Dock gebaut, in welchem fünf schwimmfähige Senkkasten mit je 40,4 m Länge, 12,3 m Breite und 5,0 m Höhe nacheinander gebaut werden sollten. Schwimmend sollten diese Kasten an ihre Einbaustelle gebracht werden und, in einer Linie angeordnet, die Gründung des Trennpfeilers bilden. Die Konstruktion des großen Kastens, der das Dock trug und der Muttersenkkasten genannt wurde, bestand aus einem rechtwinkligen Rost aus hohen Längs- und Querträgern. Betrachtet man den Kastenquerschnitt, so fällt auf, daß kein oberer Verband vorhanden ist. Der Kasten wird Torsionsbeanspruchungen daher keinen großen Widerstand entgegensetzen können. Innerhalb der Arbeitsgemeinschaft der ausführenden Firmen waren die Meinungen geteilt, ob der Kasten in der hier gezeigten Form oder mit einem aussteifenden oberen Verband hergestellt werden sollte. Schließlich setzte sich die Ansicht durch, das Absenken mit einem torsionsweichen Kasten vorzunehmen, da er Unterschiede in der Höhenlage der Schneiden wesentlich besser verträgt als ein steifer Kasten. Vor allem war zu bedenken, daß die Schneiden am

Ende des Absenkvorganges auf harten Gneis mit unregelmäßiger Oberflächengestaltung aufgesetzt werden mußten.

Die verlängerten Außenwände des Kastens bilden nach oben zu die Umschließungswände des Docks. Die Höhenlage der Wandoberkante von 9,0 m über der Docksohle entspricht im abgesenkten Zustand des Caissons dem Pegelstand eines Hochwassers, bei welchem laut Bauvertrag die Unternehmerhaftung endete. Die stromab gelegene Stirnwand mußte zum Ausschwimmen der Senkkastenkinder leicht entfernt werden können und war daher von Spundbohlen gebildet, die sich oben gegen einen waagrecht liegenden Träger und unten gegen die Sohle stützten.

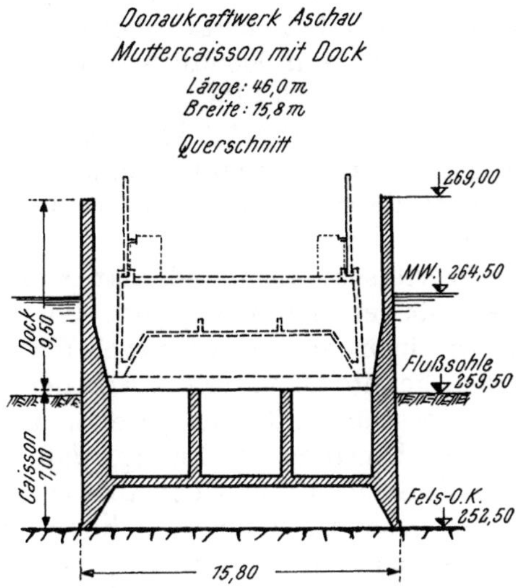

Abb. 170. Donaukraftwerk Aschach. Muttercaisson mit Dock

In den Querscheiben liegen Spannstäbe ⌀ 26 mm aus St 80/105 an der Unterseite. Sie wurden nach einem Tragsicherheitsnachweis für jene Lastzustände bemessen, die das größte, die Schneide nach außen drehende Biegemoment ergeben haben. Die Vorspannung der Stäbe wurde kleiner als der zulässige Wert gewählt, um bei der vorhandenen Betongüte B 225 die für besseren Beton ausgelegten, üblichen Verankerungselemente verwenden zu können. Die Vorspannspannung hat 4,25 Mp/cm² gegenüber dem zulässigen Wert von 5,8 Mp/cm² betragen.

Die Funktionsdauer eines solchen Kastens ist kurz, und da während des Absenkens infolge der Feuchtigkeit im Beton eher Quell- als Schwinderscheinungen zu erwarten sind, brauchte man hinsichtlich der Schwind- und Kriechverluste der Stahlspannung, selbst bei niedrig gewählter Vorspannspannung, nicht zu ängstlich zu sein. Die je Querscheibe aufgebrachte Vorspannkraft hat 180 Mp betragen. Die möglichen negativen Momente, die wesentlich kleiner als die positiven waren, wurden mit schlaffer Bewehrung aus Torstahl 40 gedeckt.

Welche Belastungszustände beim Absenken auftreten können bzw. welche Belastungszustände zugemutet werden müssen, erfährt man aus dem

Absenkdiagramm. In einem solchen Diagramm werden die nach unten wirkenden Lasten, also das Senkkastengewicht und sonstige Auflasten, den nach aufwärts gerichteten Kräften, das sind der Luftdruck in der Arbeitskammer und die Wandreibung, für verschiedene Höhenlagen der Schneide gegenübergestellt. Soll der Kasten beim Absenken nicht hängenbleiben, müssen die abwärts wirkenden Kräfte größer sein als die auftreibenden, doch wieder nicht zu groß, da sonst das Absenken nicht mehr beherrscht wird. Der Kasten würde davonlaufen, sich schief stellen und was dergleichen unliebsame Dinge noch geschehen könnten.

Die Außenlängswände wurden zentrisch vorgespannt. Unten im Schneidenbereich liegen in jeder Wand 20 Vorspannstangen ⌀ 26 mm, und im oberen Wandteil ist die gleiche Stangenzahl vorhanden. Die gesamte Vorspannkraft hat in einer Längswand 900 Mp betragen. Die durch diese Vorspannung erzielte Druckspannung des Betons der Längswände ist allerdings gering und beträgt nur 13 kg/cm^2 bzw. 7,5 kg/cm^2, je nachdem nur der reine Wandquerschnitt oder der gesamte Senkkastenquerschnitt als mitwirkend betrachtet wird. Zwischen diesen beiden Grenzen muß die tatsächlich vorhandene Druckspannung liegen.

Obwohl nun diese Werte sehr klein sind, war es dennoch sinnvoll, den Kasten vorzuspannen, da er dadurch gegen unvorhergesehene Beanspruchungen, gegenüber einem nur schlaff bewehrten Kasten widerstandsfähiger gemacht werden konnte. Ermittelt wurde der erforderliche Spannstahlquerschnitt der Längswände für die sogenannte Freilagenbeanspruchung. Diese trägt dem Umstand Rechnung, daß beim Absenken des Kastens der Druck auf die Schneide ungleichmäßig verteilt sein kann. In den Umfassungswänden des Kastens können dadurch sowohl positive wie negative Momente entstehen. Diese wurden je Längswand zu $\pm pl^2/30$ angenommen, wobei p den Schneidendruck bei gleichmäßiger Lastverteilung und l die Länge des Senkkastens bedeuten. Die möglichen Werte des Schneidendruckes entnimmt man dem Absenkdiagramm.

Der Baustoffaufwand für den Muttersenkkasten hat einschließlich der Dockwände betragen:

Beton B 225	2100 m^3 bzw. 2,9 m^3/m^2 Grundrißfläche
Torstahl 40	185 t bzw. 255 kg/m^2 Grundrißfläche
Spannstahl St. 80/105	21 t bzw. 29 kg/m^2 Grundrißfläche

Im Dock wurde nun ein schwimmfähiger Kasten hergestellt, bei welchem ebenfalls die Quer- und Längswände vorgespannt wurden (Abb. 171). Entsprechend der Forderung der Schwimmfähigkeit wurden die Decken und Scheiben sehr dünn ausgebildet. Auch bei diesem Kasten entschied man sich für eine verwindungsweiche Ausführung und verzichtete auf die Anordnung eines oberen Verbandes. Die dem Kasten aufgesetzte Spundwand hatte die Baugrubenumschließung für den Bau des Trennpfeilers zu bilden. In der statischen Berechnung und Bemessung des Kastens war auch die Schwimmstabilität nachzuweisen. Vor allem mußte untersucht werden, ob die Schwimmstabilität auch dann vorhanden ist, wenn durch Einblasen von

Luft in die Arbeitskammer die Tauchtiefe verringert wird. Die Querscheiben wurden an der Unterseite mit 6 und oben mit 4 Dywidag-Spannstangen ⌀ 26 mm aus St 80/105 vorgespannt (Abb. 172). Die je Spannstange auf-

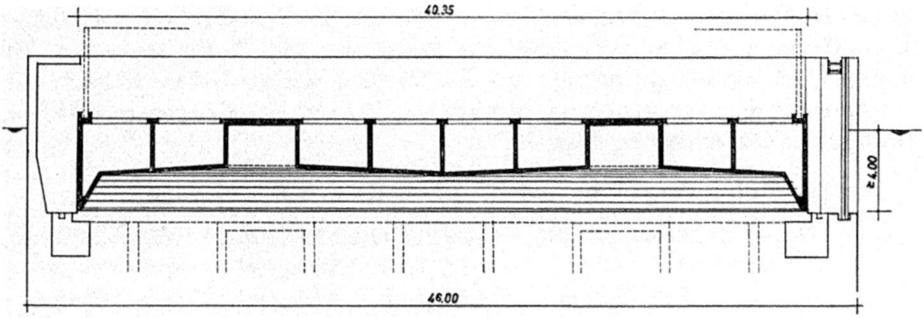

Abb. 171. Herstellen des Kindersenkkastens (aus Mayreder-Nachrichten September 1960, S. 8)

gebrachte Kraft hat hier, der besseren Betongüte entsprechend, 28 Mp betragen, was einer Vorspannspannung von 5,25 Mp/cm² entspricht. Die durch die Vorspannung auf eine Querscheibe wirkende Druckkraft hat den

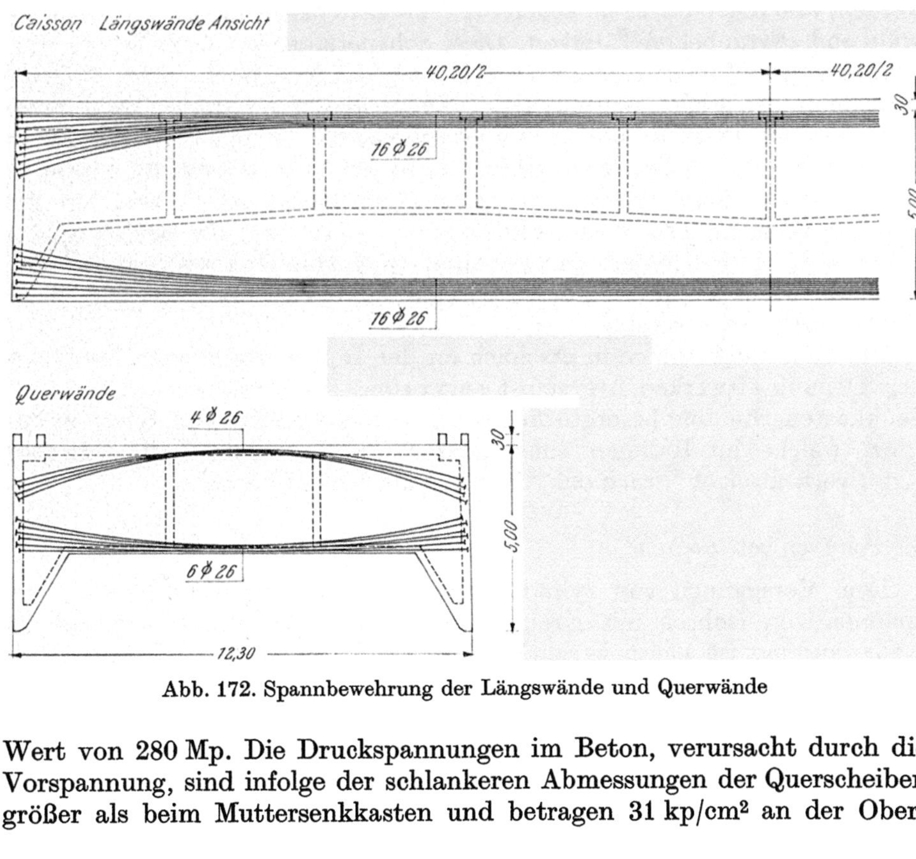

Abb. 172. Spannbewehrung der Längswände und Querwände

Wert von 280 Mp. Die Druckspannungen im Beton, verursacht durch die Vorspannung, sind infolge der schlankeren Abmessungen der Querscheiben größer als beim Muttersenkkasten und betragen 31 kp/cm² an der Oberseite und 24 kp/cm² an der Unterseite. Für die Beanspruchung der Längsscheiben waren die Schwimmzustände und die ungünstigsten Absenkzustände zu untersuchen. Für die Absenkzustände wurde wieder die Größe des Biegemomentes mit $\pm pl^2/30$ angenommen. Die zur Aufnahme dieser Biegemomente verlegte Spannbewehrung beträgt je Wand oben wie unten 16 ⌀ 26 mm aus St 80/105. Jede Stange wurde mit 28 Mp gespannt. Die gesamte, in der Längsrichtung auf den Kasten wirkende Druckkraft, herrührend aus der Vorspannung, beträgt somit 1850 Mp, die gesamte Druckkraft in der Querrichtung 2500 Mp.

Der Baustoffaufwand für einen solchen Kasten hat betragen:

Beton der Güte B 300	420 m³ bzw. 0,85 m³/m² Grundrißfläche
Torstahl 40	68 t bzw. 138 kg/m² Grundrißfläche
Spannstahl St 80/105	15 t bzw. 30 kg/m² Grundrißfläche

Die Absicht, in rascher Folge fünf gleiche Senkkasten im Dock herzustellen, auszuschwimmen und abzusenken, konnte nicht verwirklicht werden, da das Absenken viel mehr Zeit in Anspruch nahm, als dies ursprünglich geplant war. Vor Erreichen des Felsens traf man beim Abteufen auf ein ausgedehntes Blockfeld, welches aus den Probebohrungen nicht zu erkennen war. Die Blöcke mußten zum Teil im Arbeitsraum des Kastens zerkleinert werden, und auch das Freimachen der Senkkastenschneiden war eine mühevolle und zeitraubende Tätigkeit. Diese Schwierigkeiten traten bereits beim Abteufen des Muttersenkkastens auf, und um terminlich nicht allzusehr zurückzufallen, stellte man nur einen Kindersenkkasten her und wählte für den Rest des Pfeilers eine andere Gründungsart. Wenn auch der Zweck dieser nicht alltäglichen Bauausführung nicht vollends erreicht wurde, so gaben diese beiden Senkkasten jedoch Gelegenheit, das Verhalten nur schwach vorgespannter Konstruktionen zu beobachten. Die beiden Kasten haben sich beim Absenken gut gehalten, es zeigten sich weder Risse noch Betonabplatzungen, obwohl beim Durchfahren der Blockstrecke den beiden Kasten manches zugemutet wurde.

Die Kraftwerksanlage in Aschach an der Donau wurde vom Bauherrn, den Donaukraftwerken AG, selbst entworfen. Die Detailplanung für diese Senkkastengründung besorgte die Firma Ingenieure Mayreder, Kraus & Co., Linz, welche im Rahmen einer großen Arbeitsgemeinschaft, „Donau-Kraftwerk Aschach“, auch das Absenken der Kasten vornahm.

Vorspannen von Rohren

Dem Vorspannen von zylindrischen Behältern verwandt ist das Vorspannen von Rohren mit Kreisringquerschnitt. Der Innendruck auf die Rohrwandung ist meist wesentlich größer als jener, der auf die Wände eines Flüssigkeitsbehälters oder eines Silos wirkt, doch sind die Durchmesser der Rohre wesentlich kleiner. Da die Ringzugkraft im unendlich langen Zylinder (ungestörter Bereich) aus dem Produkt Innendruck mal Halbmesser erhalten wird, sind die Zugkräfte wegen des kleinen Durchmessers mit verhältnismäßig kleinen Vorspannkräften zu überdrücken. Das Aufwickeln von hochfesten Drähten ist auch bei Rohren die gebräuchlichste Art des Vorspannens, wenn sie im Werk in transportierbaren Schüssen erzeugt werden [5]. Meist wird das Rohr liegend oder stehend gedreht und hiebei der Draht, unter der gewünschten Spannung stehend, aufgewickelt. Es gibt aber auch Verfahren, bei welchen das Rohr fest steht und mit einer umlaufenden Wickelmaschine, ähnlich wie bei Behältern größeren Durchmessers, der Draht aufgespult wird. Nach dem Wickeln muß noch der Korrosionsschutz, z. B. eine Torkretschicht, aufgebracht werden.

Druckrohrleitung des Lutzmündungskraftwerkes in Vorarlberg

Haben die Rohre größere Durchmesser, so erfolgt ihre Herstellung an der Baustelle, und da ein Wickeln kaum möglich ist, werden die Spannglieder von Lisenen aus gespannt.

Ein Beispiel dieser Art ist die 4 km lange Druckrohrleitung des Lutzmündungskraftwerkes in Vorarlberg, von welcher 3,1 km als vorgespanntes Druckrohr ausgeführt wurden. Diese Druckrohrleitung weist einen Kreisquerschnitt mit 2,80 m Innendurchmesser auf und hat eine Wandstärke von 25 cm. Das Rohr ist für 15 m^3/sec bei einer Fließgeschwindigkeit von 2,5 m/sec ausgelegt. Die höchste Lage der Rohrachse unter dem Stauziel der Wasserfassung beträgt 11 m, die tiefste Lage 52 m. Der statische Druck, bezogen auf die Rohrachse, liegt somit zwischen 11 und 52 t/m^2 und führt zu Ringzugspannungen im Rohr. Wasserstöße wurden mit einem 15%igen Zuschlag zu diesen Werten berücksichtigt. Leider sind diese Ringzugkräfte nicht die einzige Beanspruchung. Durch den Druckunterschied zwischen Rohrscheitel und Sohle, das Eigengewicht des Rohres und das Gewicht der 1 m hohen Überschüttung werden noch erhebliche Biegemomente hervorgerufen. Sie werden entscheidend durch die Lagerung des Rohres beeinflußt. Die Folge sind Zugspannungen, im Bereich des Rohrscheitels und der Sohle an der Innenseite, im Kämpferbereich dagegen an der Außenseite. Die Stützung des Rohres erfolgte auf einem 2,30 m breiten, durchgehenden Unterbetonsockel. Dem Verlauf der Biegemomente Rechnung tragend, wurde die Spannbewehrung verlegt (Abb. 173). Von je drei Spannstangen wurde eine an der Rohrinnenseite, eine an der Rohraußenseite und eine, dem Momentenverlauf folgend, von außen nach innen wechselnd angeordnet. Die Umlenkkräfte der inneren Ringbewehrung wurden von Bügeln in Zickzack-form aufgenommen. Als Spannbewehrung wurde Sigmastahl St 125/140, ⌀ 10,8 und 12,8 mm, verwendet. Der Abstand der Stäbe wurde dem Innendruck angepaßt und bewegte sich zwischen 66 und 30 cm. Für die Bauausführung wäre es wohl einfacher gewesen, die Spannbewehrung nur an der Rohraußenseite zu verlegen. Die Umlenkkräfte der Spannstäbe hätten dann einen dem Innendruck entgegenwirkenden Belastungszustand erzeugt, welcher die Rohrwandung auf nahezu zentrischen Druck beansprucht hätte. Die Biegemomente müßten bei einer derartigen Führung der Spannstäbe, wenn Zugspannungen an der Rohrinnenseite auftreten, von schlaffer Bewehrung aufgenommen werden. Das Spannen der Stangen erfolgte von zwei Lisenen aus, welche in der Höhe des waagrechten Durchmessers liegen. Die Verankerung der Stäbe geschah mit aufgerollten Gewinden und Verankerungsglocken. Hergestellt wurden die Rohre am Ort in 16 m langen Abschnitten. Drei solche Abschnitte wurden durch Längsvorspannung zusammengefaßt. Die Längsvorspannung, mittels 14 Stangen ∅ 26 mm aus St 80/105 erzeugt, wurde von der Mitte dieses 48 m langen Abschnittes aufgebracht. Zur Dichtung der Dehnfugen wurden Gummilippendichtungen

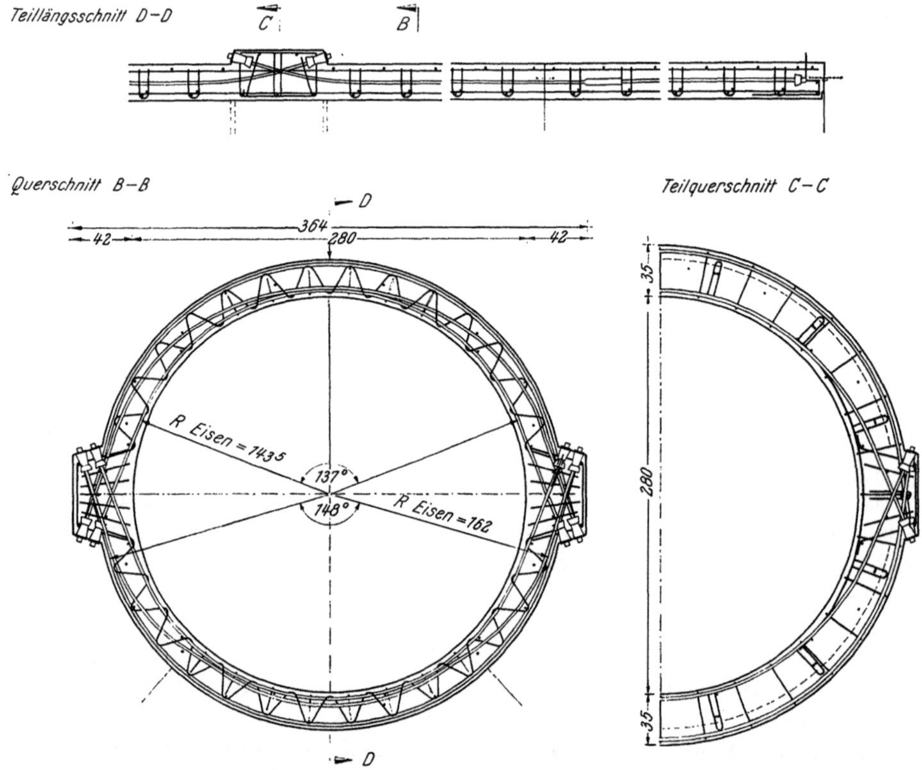

Abb. 173. Druckrohrleitung des Lutzmündungskraftwerkes in Vorarlberg. Querschnitt

verwendet. Nach außen ist die Dehnfuge durch eine Stahlbetonmuffe geschützt. Der Beton des Rohres entspricht der Güte B 400. Für die Betriebslastfälle wurde volle Vorspannung im Sinne der DIN 4227 gewählt.

Entwurf, Konstruktion und Bauausführung dieser Druckrohrleitung erfolgten durch die Unternehmung Ingenieure Ed. Ast & Co., Graz.

Tor des Trockendockes Elbe 17 in Hamburg

Ein Spannbetonbau, welcher zeigt, wie vielfältig die Bauaufgaben sind, die mit der Spannbetonbauweise bewältigt werden können, ist ein Docktor des großen Trockendockes Elbe 17 in Hamburg-Steinwerder (Abb. 174) [115].

Das 60 m breite und 342 m lange Dock war instand zu setzen. An Stelle der sonst üblichen Verschließung des Dockes mit einem Stahlschwimmtor kam eine Spannbetonkonstruktion zur Ausführung. Man mußte das Tor so formen, daß es in die vorhandenen Nischen der Dockseitenwände hineinpaßt,

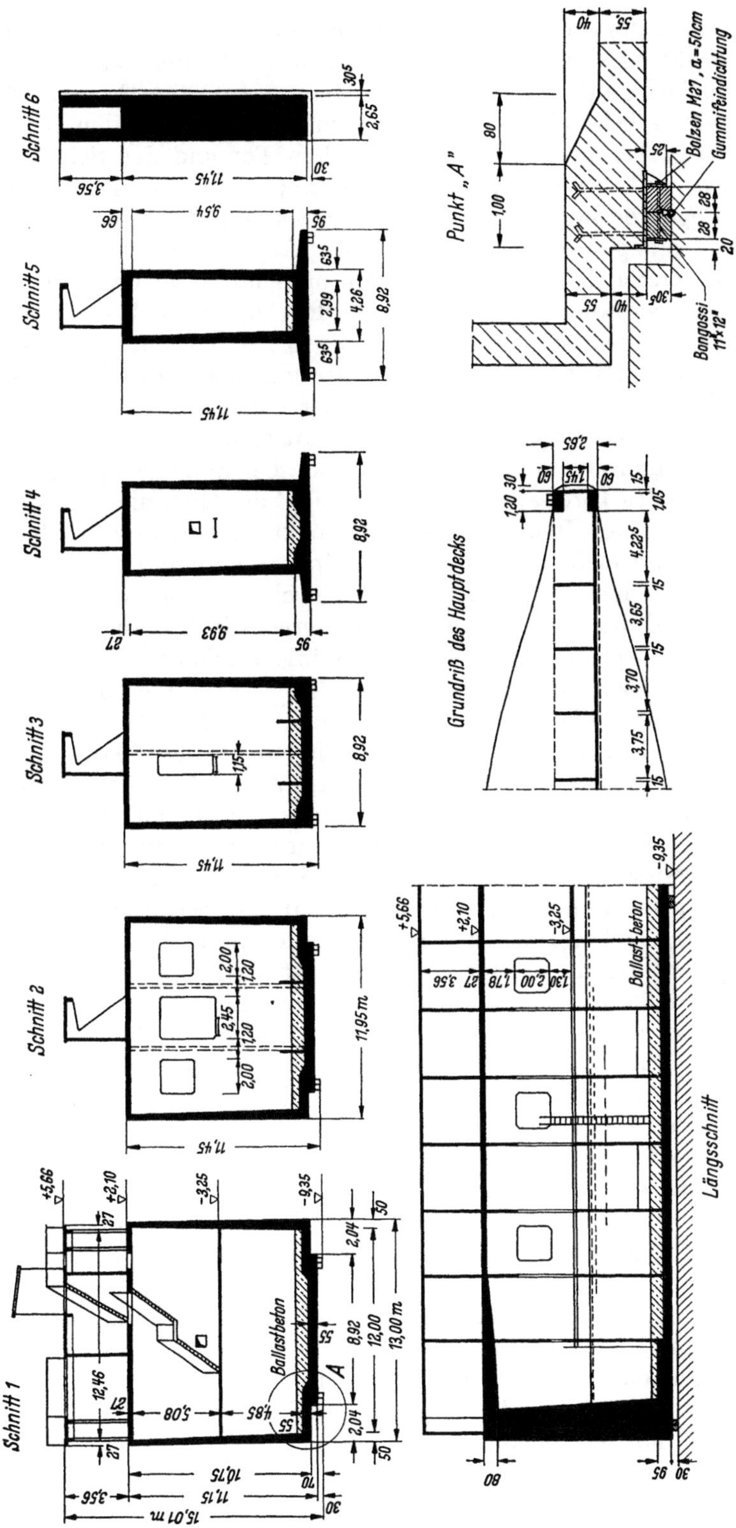

Abb. 174. Schwimmendes Docktor, Schnitte
(aus Beton- und Stahlbetonbau 1959, S. 81, Bild 2)

und mußte auch darauf achten, daß das Ein- und Ausdrehen des Tores in dem zur Verfügung stehenden Raum möglich ist. Weiters wählte man die Toraufstandsfläche auf dem mit Stahlplatten gepanzerten Drempel etwa in der Form, wie sie beim ehemaligen Tor vorhanden war. Für den Betrieb ist es sehr wichtig, daß die Fugen zwischen dem Tor und den Seitenwänden bzw. dem Tor und der Sohlschwelle wasserdicht sind. Die Abdichtung der lotrechten Fugen entlang der Wandnischen war nicht schwer zu lösen, da in ihnen bei leergepumptem Dock ein hoher Anpreßdruck herrscht. Dieser beträgt im untersten Teil der Fuge 425 Mp/m. Schwieriger war es, die waagrechte Fuge an der Sohle zu dichten, denn der Anpreßdruck kann in ihr bis auf 50 Mp/m absinken. Man bildete die Fuge so aus, daß unterhalb der Sohlplatte des Tores, entlang der schmalen Aufstandsflächen, zwei Bongossikanthölzer 28,5/30,5 cm befestigt wurden. An der Unterseite ist an der Berührungsfläche der Hölzer eine schwalbenschwanzförmige Nut vorhanden, in welche ein Gummischlauchprofil mit 25 mm Überstand eingeklemmt ist. Beim Aufsetzen des Tores auf den Drempel wird das Gummihohlprofil gegen die Abkantungen der Bongossihölzer gedrückt und dichtet so die Fuge. Außerdem ist wasserseits eine Gummischleifplatte vorhanden, die durch den Wasserdruck vor dem Dock an die Sohlschwelle gepreßt wird.

Das Tor wird im wesentlichen in waagrechter Richtung durch den Wasserdruck beansprucht, den es auf die Längswände des Dockes zu übertragen hat. Die Gesamtlänge des Tores beträgt 62,60 m, die Spannweite von Lagerlinie zu Lagerlinie 61,0 m. Das Moment, welches der gesamte Torquerschnitt aus dem Wasserdruck aufzunehmen hat, ist 50.000 Mpm, der Auflagerdruck an jeder Wandnische 3240 Mp. Zur Aufnahme der Momente wählte man die statisch günstige Form eines Fischbauchträgers mit zur Längsachse des Tores symmetrisch verlaufender, parabelförmiger Begrenzung. In der Mitte beträgt die Breite des Tores (Konstruktionshöhe des Fischbauchträgers) 13,0 m. Sein Tiefgang war aus betrieblichen Gründen mit 8,50 m festgelegt worden. Aus dieser Forderung und aus der Wahl der äußeren Begrenzung des waagrechten Schnittes war das Gesamtgewicht, welches das Tor haben durfte, bestimmt. Nach Abzug des Gewichtes der Einrichtung lag somit die Betonmasse fest, welche für die Konstruktion zur Verfügung stand und die eingehalten werden mußte. Aus Gründen der Schwimmstabilität mußte man bemüht sein, den Schwerpunkt der Massen tief zu legen. Da die gesamte Höhe des Tores zum Schutze vor Hochwässern 15,0 m über der Sohlschwelle betragen muß und man die Massen möglichst tief legen wollte, entschloß man sich, den Schwimmkörper mit einer Decke abzuschließen, welche 11,45 m über der Sohlschwelle liegt. Auf diese Decke wurde bis auf die gewünschte Höhe von 15,0 m eine mit Rippen ausgesteifte Stahlbetonwand aufgesetzt, welche oben mit einem Laufsteg abgeschlossen ist. Die Sohle des Schwimmkörpers ist eine 55 cm dicke Stahlbetonplatte. Die Außenwände, das sind die Gurte des Fischbauches, sind unten 50 cm dick und verjüngen sich auf 27 cm in der Höhe der abschließenden Decke. Diese ist 27 cm stark. Der Hohlkörper, gebildet aus der Sohlplatte, den Seitenwänden und der Decke, ist in Abständen von 3,80 bis 4,0 m durch 15 bis 20 cm dicke Querscheiben ausgesteift. Die Querscheiben sind untereinander mit Längsaussteifungen so verbunden, daß im Grundriß annähernd ein quadratisches Netz entstand.

Die großen waagrechten Momente werden durch Zug- und Druckkräfte in den Außenwänden des Fischbauches aufgenommen. Infolge der Parabelform der Wände bleiben diese Kräfte über die ganze Torlänge konstant, und es treten Schubkräfte nur dort auf, wo die Trägergurte von der Parabel abweichen. Dies ist in den Auflagerbereichen der Fall, in welchen wesentliche Verstärkungen der Wände erforderlich wurden. Zur Vermeidung von Zugspannungen in den Gurten des Fischbauchträgers wurden diese vorgespannt. Im inneren Gurt wurden 213 Dywidag-Spannstangen ⌀ 26 mm aus St 80/105 und im äußeren 24 Stangen ⌀ 26 mm eingebaut. Sie liegen in waagrechten Ebenen und sind der Höhe nach im Verhältnis der Teilträgheitsmomente der Querschnitte verteilt. Insgesamt wurde eine Vorspannkraft von rund 8000 Mp aufgebracht. Das Vorspannen der Spannstähle konnte jedoch nur zu einem kleinen Teil sofort nach genügender Erhärtungszeit der Wandabschnitte vorgenommen werden. Die Herstellung brachte es mit sich, daß lange Zeit der Torquerschnitt ein offenes U bildete, welcher die vollen Vorspannkräfte nicht aufnehmen konnte. Erst nach dem Schließen des Schwimmkörpers konnten die unsymmetrisch zur Längsachse angeordneten Stangen gespannt werden. Das Tor wird jedoch nicht nur in waagrechter, sondern auch in lotrechter Richtung beansprucht, denn die Verteilung der Gewichte entlang des Tores stimmt mit jener der Auftriebskräfte nicht überein. Es entstehen hiedurch Biegemomente und Querkräfte in der lotrechten Ebene. Außerdem treten Torsionsbeanspruchungen auf, die ihre Ursache im unterschiedlichen elastischen Verhalten der Lagerungen des Tores an den Wandanschlägen und an der Sohle haben. Die rechnerische Verfolgung aller möglichen Betriebszustände und auch der Bauzustände hat große Mühe verursacht, doch mußten diese Untersuchungen mit größter Sorgfalt vorgenommen werden, um die Vorspannkräfte richtig zu wählen und zu verteilen und um den Schwimmkörper rissefrei zu halten.

Die Herstellung des langen Schwimmkörpers brachte manche Schwierigkeiten mit sich. Mit besonderer Sorgfalt mußte die Sohlplatte hergestellt werden, denn ihre Maßgenauigkeit ist entscheidend dafür, ob der Verschluß dicht hält. Es stand weder ein Trockendock noch eine entsprechende Helling zur Verfügung, die es gestattet hätten, das Schwimmtor in einfacher Art herzustellen, ins Wasser zu bringen und zur Einbaustelle zu verholen. Man entschloß sich, den Schwimmkörper in Teilen und am Kopf stehend herzustellen (Abb. 175). In einer langen, jedoch verhältnismäßig seichten Baugrube, die als Trockendock verwendbar war, wurden die Decke und die Seitenwände bis auf 4,0 m Höhe hergestellt. Mit Unterstützung von Schwimmkörpern, welche so angebracht wurden, daß die Längsbiegemomente aus der unterschiedlichen Verteilung der Gewichte und der Auftriebskräfte vermindert wurden, wurde nun diese oben offene Schachtel in tieferes Wasser ausgeschwommen und ins Dock Elbe 17 gebracht. Die weiteren Arbeiten bis zu einer Wandhöhe von 10,20 m erfolgten nun in frei schwimmendem Zustand. In dieser Bauphase war es nicht einfach, eine maßgenaue Ausführung zu erreichen, da Schräglagen bis zu 80 cm in jeder

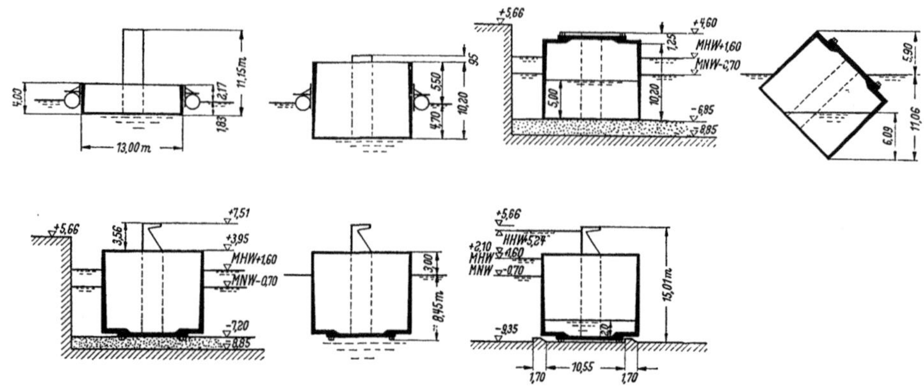

Abb. 175. Bauzustände (aus Beton- und Stahlbetonbau 1959, S. 83, Bild 5)

Abb. 176. Herstellung der Sohlplatte und der Dichtungsschwellen im Dock
(D. u. W. Archiv-Phot.: Kleinhempel, Hamburg)

Richtung infolge der wechselnden Gewichtsverteilung auftraten. Die Sohlplatte, die nun oben lag, konnte nicht im schwimmenden Zustand betoniert werden. Die Schwimmstabilität wäre nicht mehr vorhanden gewesen. Die noch offene Schachtel wurde deshalb auf eine auf der Docksohle aufgebrachte Sandschüttung durch Fluten der Innenräume abgesetzt (Abb. 176). Nach Fertigstellung der Sohlplatte und der Montage der Bongossihölzer wurde der nunmehr geschlossene Schwimmkörper wieder flottgemacht, mit seitlich angebrachten zusätzlichen Schwimmkörpern stabilisiert und in tieferes Wasser ausgeschwommen, wo er in einem komplizierten Manöver um 180° um seine Längsachse in die endgültige Schwimmlage gewendet wurde. Das schwimmende Tor wurde nochmals ins Dock eingeschwommen und mit fallender Flut nochmals auf die inzwischen etwas vertiefte Schüttung gesetzt. Das Tor wurde nun vollendet, und das Ballastwasser war noch abschnittsweise durch Ballastbeton zu ersetzen, ehe es an die Anschläge eingeschwommen werden konnte.

Das Docktor wurde im Auftrag der Ottensener Eisenwerke AG. von der Firma Dyckerhoff & Widmann KG., Niederlassung Hamburg, gebaut. Die Entwurfs- und Konstruktionsarbeit wurde ebenfalls von Dyckerhoff & Widmann geleistet.

Wehranlage an der Eider

Ein bemerkenswertes Spannbetonbauwerk ist eine Wehrbrücke mit Feldern von 5 m × 40 m Lichtweite an einer Abdämmanlage in der Nähe der Mündung der Eider (Abb. 177) [157].

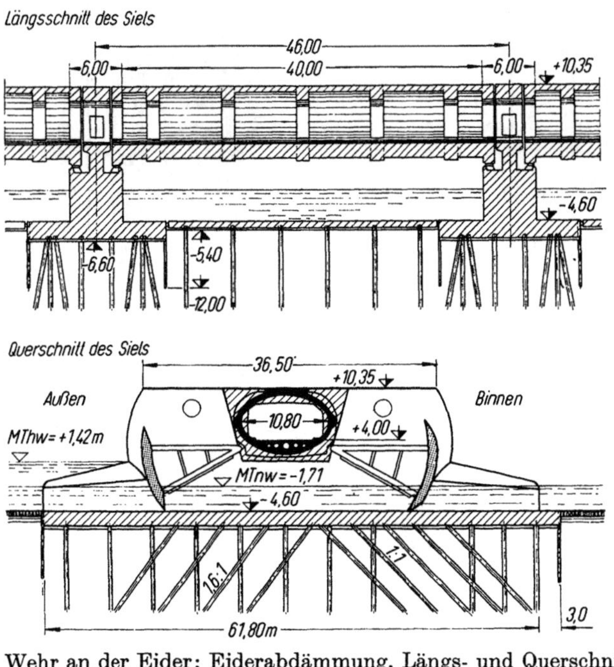

Abb. 177. Wehr an der Eider; Eiderabdämmung, Längs- und Querschnitt des Siels (aus Beton- und Stahlbetonbau 1970, S. 119, Bild 24)

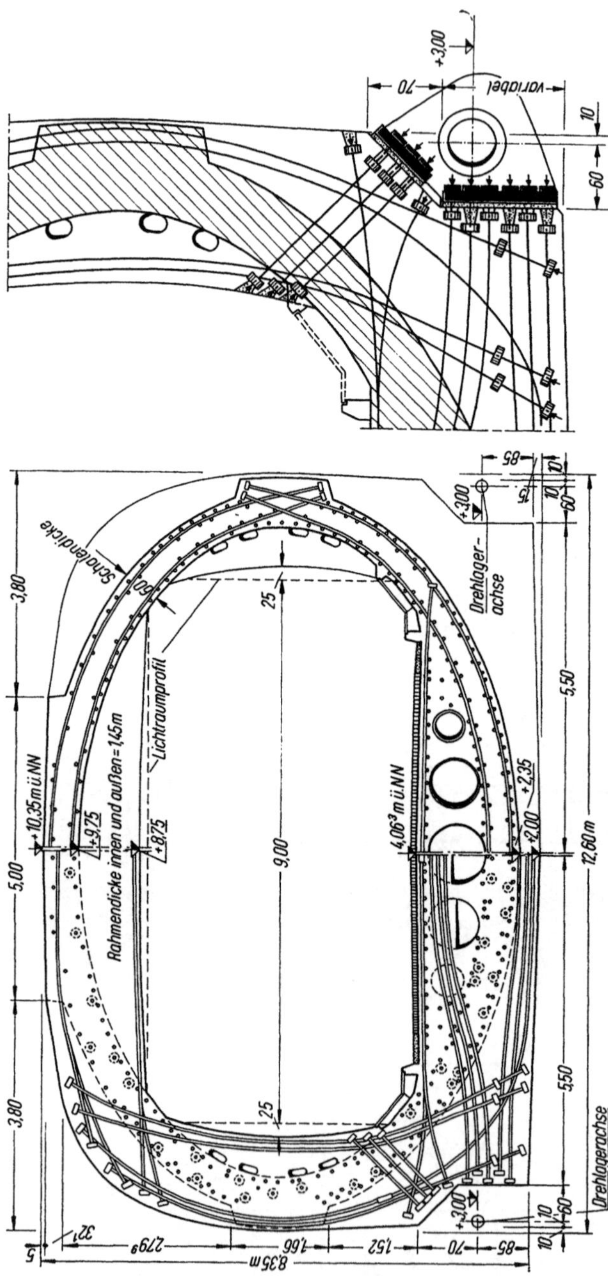

Abb. 178. Querschnitte, Spanngliedführung und Auflagereinzelheit (aus Beton- und Stahlbetonbau 1970, S. 120, Bild 25, 26)

Diese Wehrbrücke besteht aus frei aufliegenden Trägern, gegen welche sich beiderseits die Segmente der Wehrverschlüsse stützen. Die Anlage dient zum Schutz der Niederungen gegen Sturmfluten, und der Wehrbalken hat Wasserdruck in wechselnder Richtung, flußab oder flußauf, aufzunehmen. Aus Sicherheitsgründen wurde jeder Verschluß auf Wasserdruck in beiden Richtungen bemessen, und so mußte auch die Lagerung der Segmente nicht nur zur Aufnahme von Druck-, sondern auch von Zugkräften ausgebildet werden.

Der Wehrträger besitzt einen Hohlquerschnitt von elliptischer Gestalt. Im Hohlraum führt eine Straße, gut geschützt vor Sturm und Flut, über das Wehr. Jedes Trägerfeld ist mit 2 Endrippen und 5 Feldrippen ausgesteift. In den unteren Ecken der Aussteifungsrahmen liegen die Segmentlager. Die Krafteinleitung der Lagerdrücke erfolgt über die Querrippen in das elliptische, sehr torsionssteife Rohr. Den wechselnden Beanspruchungen entsprechend, erhielt die Wandung des Hohlträgers eine zu seiner lotrechten Achse symmetrisch angeordnete Vorspannbewehrung (Abb. 178). Auch die aussteifenden Querrippen sind so bewehrt. Die Segmentlager wurden mit Spanngliedern an die Betonflächen gedrückt. Um mit dem Spannen der Spannglieder, welche an den Segmentauflagern enden, nicht warten zu müssen, bis die Lager versetzt waren, wurde der Lagerverankerung eine Koppelstelle vorgeschaltet. Hergestellt wurde jeder Wehrträger abschnittsweise von Rippe zu Rippe. Unter den Rippen blieben Hilfsstützen so lange stehen, bis ein 40 m langes Trägerfeld betoniert und zur Aufbringung der Vorspannkräfte genügend erhärtet war.

Die Ausführung dieser Wehranlage oblag einer Arbeitsgemeinschaft der Firmen Philipp Holzmann, Dyckerhoff & Widmann, Siemens-Bauunion und Max Giese.

2.5. Schalen- und Hängedächer

Schalen und Faltwerke

Allgemeines

Die Anwendung der Vorspannung hat die Konstruktion der Überdachung von großen, stützenfrei zu haltenden Flächen sehr beeinflußt, denn durch das Vorspannen ist es möglich geworden, nicht nur Schalenformen auszuführen, welche vorwiegend Druckspannungen erhalten. Die Hängeschale und auch das reine Hängedach aus vorgespanntem Beton wurden, wie an einzelnen Beispielen zu sehen ist, mit Erfolg gebaut. Doch auch bei Druckschalen bietet das Vorspannen jener kleinen Bereiche, welche ohne Vorspannung durch die Gebrauchslasten Zugspannungen erhalten würden, Vorteile. Vielfach ist es möglich, durch Vorspannung der Randglieder der Schalen an ihren Rändern jene Auflagerbedingungen zu schaffen, die zu biegemomentenfreien Spannungszuständen in der Schale führen oder diesen Zuständen sehr nahe kommen. Durch solche Maßnahmen wird das oft sehr verwickelte Problem der Berechnung der Randstörungen wesentlich entschärft. Die ersten Ausführungen weit gespannter Tonnenschalen mit Spannweiten von rund 40 m erfolgten nach dem Freyssinet-Verfahren in Pakistan. Nach dem Krieg folgten dann auch Ausführungen vorgespannter Zylinderschalen in England und Deutschland. Die Berechnung des Belastungszustandes Vorspannung ist verhältnismäßig einfach, wenn nur das Schalenrandglied vorgespannt wird und nur die Randstörung aus der Verformungsgleichheit von Randglied und Schale zu ermitteln ist. Liegen die Vorspannglieder auch in der Schale und sind sie so nahe am Schalenrand angeordnet, daß die Umlenkkräfte und Verankerungskräfte als am Schalenrand angreifend betrachtet werden können, so ist eine Näherungsberechnung wieder über die Berechnung der Randstörung möglich. Sind jedoch die Spannglieder über große Bereiche der Schale verteilt, so glückt infolge mathematischer Schwierigkeiten eine genaue analytische Erfassung des Belastungszustandes Vorspannen nur selten. Im Falle einer Zylinderschale kann man diesen Zustand jedoch an einem sich dem Zylinder angleichenden Faltwerk berechnen. Die Genauigkeit der Berechnung steigt mit der Anzahl der Scheiben, die man zum polygonalen Faltwerk zusammenfaßt. Der Spannungs- und Verformungszustand der gedrungenen Scheibe ist auch bei Vorspannung leicht zu erfassen, und so kann die Rechengenauigkeit beliebig weit getrieben werden. Mit der Anzahl der Scheiben steigt allerdings auch der Rechenaufwand erheblich an, doch läßt sich dieser mit elektronischen Rechengeräten bewältigen.

Shedhalle in Hamburg-Harburg

Als Beispiel einer vorgespannten Zylinderschale sei eine in Hamburg-Harburg gebaute Shedhalle angeführt (Abb. 179) [167]. Die Schale hat Spannweiten von zweimal 26,22 m, einen inneren Krümmungsradius von

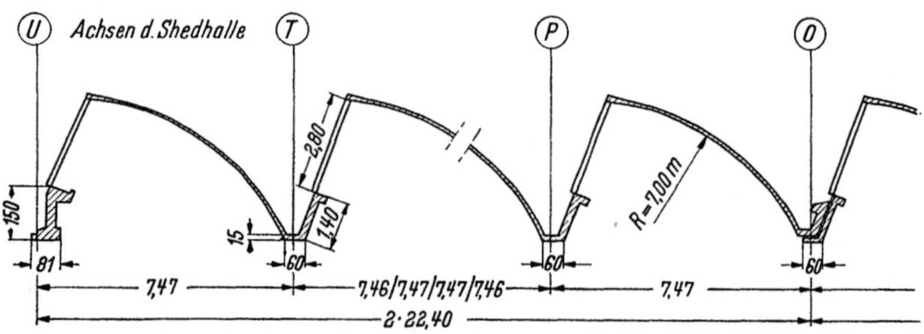

Abb. 179. Shedhalle in Hamburg-Harburg, Querschnitt (aus Beton- und Stahlbetonbau 1960, S. 146, Bild 3)

7,00 m und ist 7,5 cm dick. An den Binderscheiben nimmt die Schalendicke auf etwa 14 cm zu. Am oberen Schalenrand, der in kurzen Abständen von den schräg liegenden Stahlbetonsprossen gestützt wird, endet die Schale mit nahezu waagrechter Tangente. Die Schalendicke ist entlang des Randes dreieckförmig bis auf 20 cm verstärkt. Am unteren Rand stützt sich die Schale unter einem Winkel von 64° gegen den L-förmigen Rinnenträger. Am Anschnitt mit dem Boden des Rinnenträgers ist die Schale ebenfalls verdickt. Der Rinnenträger hat, schräg gemessen, eine Höhe von 1,40 m, eine kleinste Stegstärke von 20 cm und eine verstärkte Druckzone. Vorgespannt wurden nun der Rinnenträger und die Schale in den Zugzonen, wobei die Spannglieder der Richtung der Hauptzuglinien folgen (Abb. 180 und 181). Im Steg des Rinnenträgers wurden über der Mittelstützung 7 Dywidag-

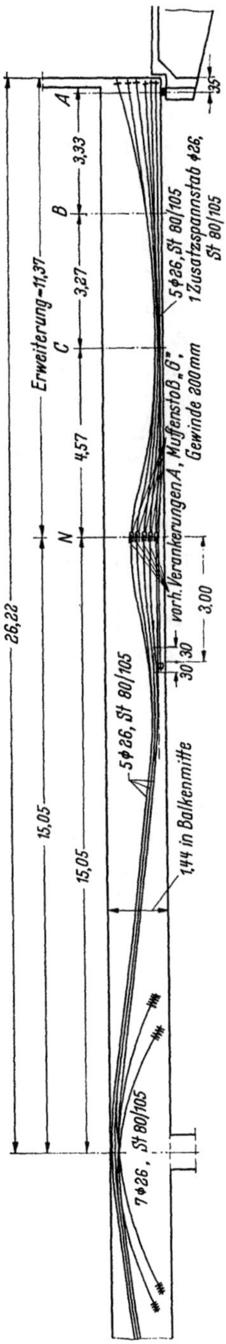

Abb. 180. Rinnenträger, Spannbewehrung
(aus Beton- und Stahlbetonbau 1960, S. 147, Bild 6)

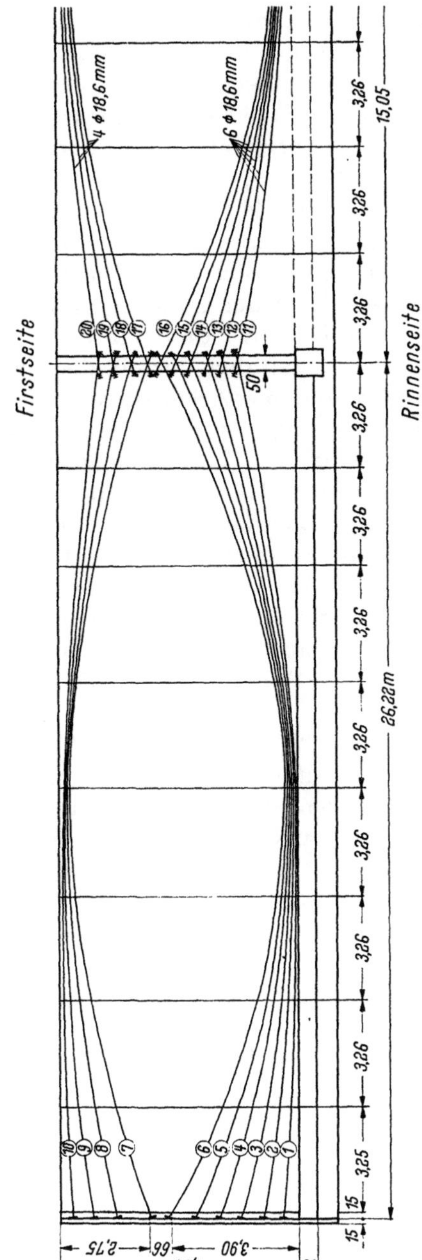

Abb. 181. Trajektorien-Spannbewehrung der Schale
(aus Beton- und Stahlbetonbau 1960, S. 148, Bild 7)

Spannstangen ∅ 26 mm aus St 80/105 und in den Feldbereichen unten 5 ∅ 26 mm verlegt. In der Schale verwendete man schwächere Spannglieder mit ∅ 18,6 mm aus St 80/105. In den Feldbereichen liegen diese Spannglieder in dichter Lage nahe den Schalenrändern, an den Binderscheiben sind sie, etwa dem Größenverlauf und der Richtung der Hauptzugkräfte folgend, über die Schale verteilt. Über der Mittelscheibe, welche ein vorgespannter Fachwerksträger ist, sind die in der Schale verlegten Spannglieder, sich übergreifend, gestoßen. Im oberen Schalenteil sind 4 Spannglieder ∅ 18,6 mm, im unteren nahe der Rinne 6 ∅ 18,6 mm verlegt. Man spannte die Schale vor, da ihr Stichmaß bei einem Öffnungswinkel von 51,5° mit nur 90 cm sehr klein ist. Ohne Vorspannung hätte man bei einer so flachen Schale sehr große Biegemomente in der Bogenrichtung erhalten. Da die Schale in der Längsrichtung in zwei Teilen errichtet wurde, wobei der zweite Teil erst drei Jahre nach Fertigstellung des ersten angefügt wurde, hatte man den Vorteil, die Spannbewehrung des neuen Abschnittes ankuppeln und die Arbeitsfuge unter Druck setzen zu können. Auch die Spannbewehrung des Rinnenträgers wurde in gleicher Art verlängert. In der Schale hat die Vorspannbewehrung die Aufgabe, die in der Schalenfläche liegenden Hauptzugkräfte aufzunehmen bzw. zu überdrücken. Die Biegemomente in der Querrichtung werden durch die Vorspannung wesentlich vermindert. Zur Aufnahme kleiner Biegemomente, die trotz der Vorspannung in der Schale verbleiben und die auf jeden Fall bei einer Tragsicherheitsbetrachtung in Erscheinung treten, dient ein Netz aus schlaffer Bewehrung. Entworfen und gebaut wurde diese Shedhalle von der Firma Dyckerhoff & Widmann KG., Niederlassung Hamburg.

Hyperboloidschalen nach dem System Silberkuhl

Vorgespannte Hyperboloidschalen finden für die Überdachung von Industriehallen, als Fertigteile hergestellt, große Anwendung (Abb. 182) [116]. Da doppelt gekrümmt werden diese Schalen infolge des Eigengewichts, der Schnee- und Windlasten vorwiegend durch in der Fläche liegende Kräfte und nur in geringem Maße durch Biegemomente beansprucht. Die Dicke dieser Schalen kann deshalb klein gehalten werden, sie ist meist nicht viel größer, als sie zur Unterbringung und Ummantelung der statisch erforderlichen Bewehrungen sein muß. Um die Bildung von Rissen unter den Gebrauchslasten in diesen Schalenkonstruktionen zu verhindern, werden sie in der Längsrichtung vorgespannt. Das Verlegen der Spannbewehrung, die meist aus hochfesten Drähten von ∅ 5 bis ∅ 8 mm aus St 140/160 oder St 160/180 besteht, ist bei dieser Schalenform sehr einfach, denn eine Teilfläche eines einschaligen Hyperboloids gehört zu den Regelflächen und besitzt als solche zwei Scharen von sich kreuzenden Erzeugenden. Die Spannbewehrung wird in zwei sich kreuzenden Streifen, etwa parallel zu den Erzeugenden, im Spannbett ausgelegt, gespannt und dann mit Beton umhüllt. Aber nicht nur das Auslegen der Spannbewehrung, sondern auch die Herstellung der Schalung ist einfach, da auch hier die Vorteile einer Regelfläche genützt werden können. In typisierten Formen dienen diese Schalen für Hallenüberdachungen bis zu 30 m Stützweite (Abb. 183).

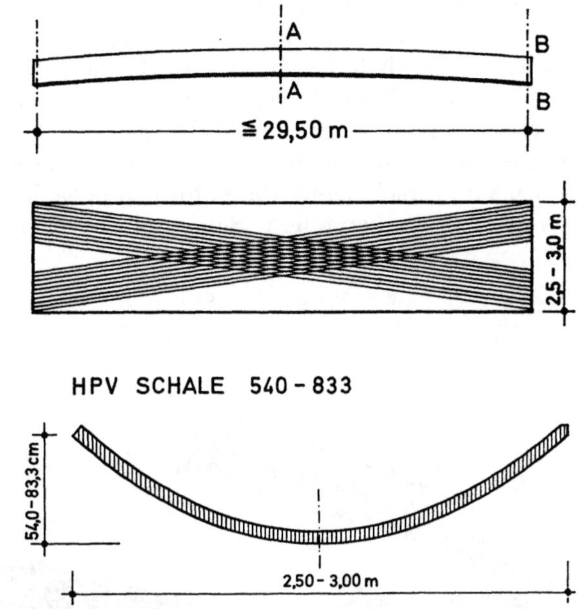

Abb. 182. HPV-Schalen, Längsschnitt, Querschnitt und Lage der Spanndrähte (aus Mayreder-Nachrichten Mai 1969, S. 10, Bild 6, 7)

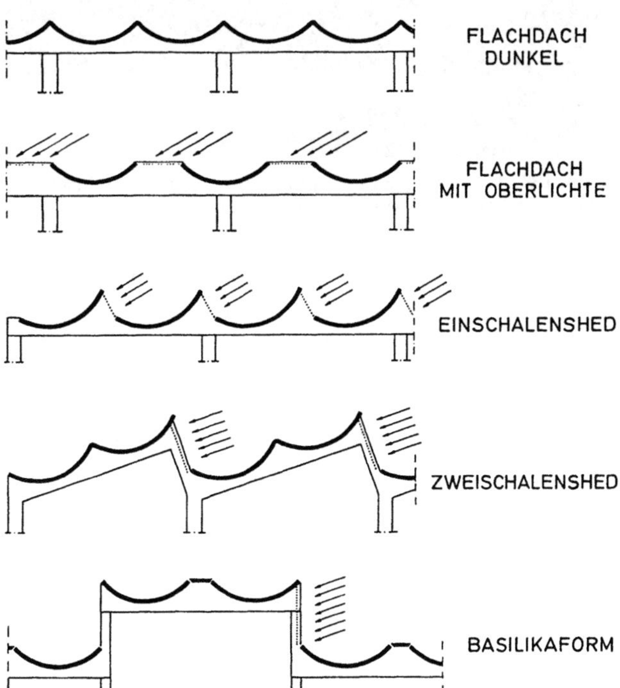

Abb. 183. Dachformen mit HP-Schalen (aus Mayreder-Nachrichten Mai 1969, S. 12, Bild 12)

Die Breite beträgt bei dieser Serienfertigung 2,50 bis 3,00 m, der Stich des Schalenquerschnittes 54,0 bis 83,3 cm. Der Krümmungsradius in der Schalenlängsrichtung beträgt einheitlich 180 m. Diese Schalen brauchen an den Rändern keine aussteifenden Randglieder. Beim Verlegen auf der Baustelle werden sie in vorbereitete Sättel gelegt, die auf Wänden oder Rahmenkonstruktionen aufliegen. Die Sättel bilden die aussteifenden Binderscheiben. Mit diesen Schalen lassen sich verschiedene Hallenformen je nach den gewünschten Belichtungsverhältnissen herstellen. Schon in der Werkhalle können

Abb. 184. Verlegung von vorgespannten Hyperboloidschalen (Photo Archivbild, Mayreder, Linz; Photo Fleischmann, Linz)

die großen Dachelemente mit wärmedämmenden Schichten und mit der Eindeckung ausgestattet werden. Die obenstehende Abb. 184 zeigt den Transport zur Baustelle und das Versetzen auf der Baustelle.

Diese Aufnahme wurde vom Fertigteilwerk in Traun der Bauunternehmung Ingenieure Mayreder, Kraus & Co., Linz, zur Verfügung gestellt, welche diese vorgespannten HP-Schalen nach dem System Silberkuhl in Lizenz herstellt.

Faltwerke aus Fertigteilen nach T. Koncz

Den Schalen verwandt sind die Faltwerke, welche ebenfalls in Form von vorgefertigten Elementen bis zu etwa 20 m Stützweite zur Eindeckung von Hallen verwendet werden [117]. Die Querschnitte der Faltwerke sind U- oder Z-förmig (Abb. 185). Mit den gleichen Schalungsformen können jedoch auch V- und Y-Faltwerke hergestellt werden (Abb. 186). Das Schalen und Verlegen der Spannglieder ist bei den Faltwerken im allgemeinen einfacher als bei den Schalen. Diesen Vorteilen steht jedoch ein etwas höherer Aufwand an Beton und auch an schlaffer Bewehrung gegenüber.

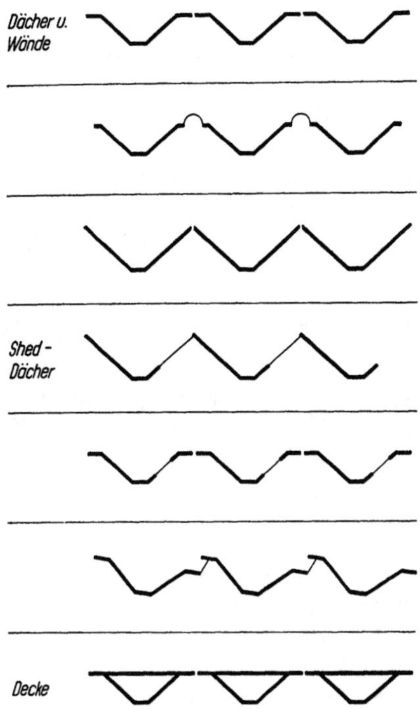

Abb. 185. Dachformen mit „U"-Faltwerken
(aus Die Bautechnik 1968, S. 171, Bild 2)

Mit den von T. Koncz entwickelten Faltwerkstypen kann den verschiedensten Wünschen an die Art der Überdachung und Beleuchtung einer Halle entsprochen werden.

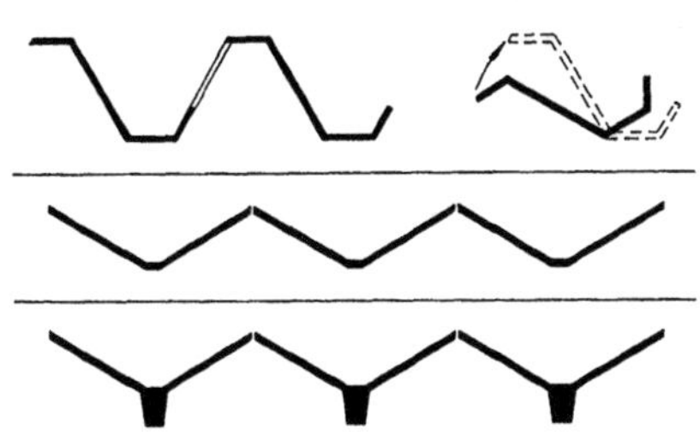

Abb. 186. Faltwerke in „Z"-, „V"- und „Y"-Form
(aus Die Bautechnik 1968, S. 171, Bild 3)

Dach der Universitätssporthalle in Mainz

Werden die Spannweiten größer, dann werden die Faltwerke in Ortbeton erstellt, wie etwa die Überdachung der Sporthalle der Universität Mainz [118]. Dieses Faltwerk überspannt stützenfrei und fugenlos eine Grundrißfläche von 42,0 m × 84,6 m. Der Dachquerschnitt hat Zickzackform mit unter 35° geneigten Seitenflächen. Man wählte die Neigung so flach, um eine doppelte Schalung zu vermeiden (Abb. 187). Am First und in der Kehle sind 65 cm breite, waagrechte Streifen zwischen den Schrägflächen vorhanden. Die Wandstärke des Faltwerkes beträgt 12 cm, nur die waagrechten Teile am First und an der Kehle sind 20 cm dick. Diese Verstärkung der zuoberst und zuunterst gelegenen Teile erhöht die Längssteifigkeit der Konstruktion. Die Gesamthöhe des Faltwerkes beträgt 2,40 m bei einer Stützweite von 42,50 m. Zur Erzielung dieser Höhe bei der gewählten flachen Neigung der schräg liegenen Scheiben mußte der Achsabstand der Falten mit 7,695 m gewählt werden. Die beiden Randbalken sind sehr schlank. Sie haben nur eine Höhe von 35 cm und folgen der Zickzackform des Trag-

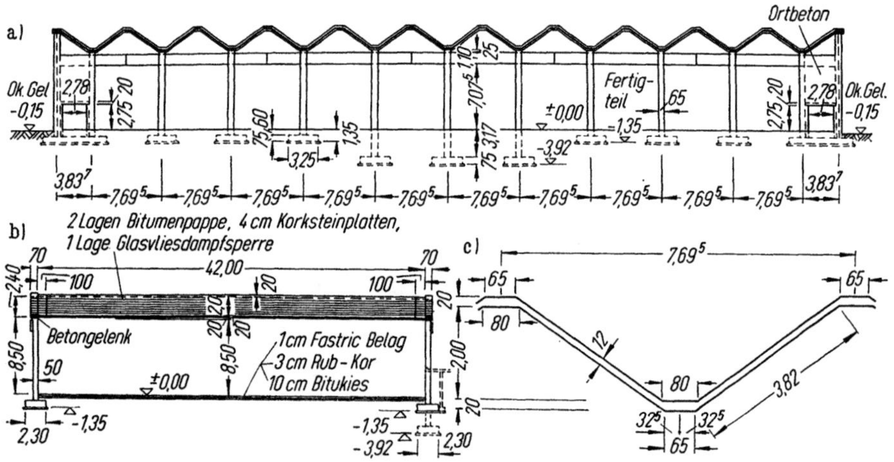

Abb. 187. Universitätssporthalle Mainz, Längsschnitt, Querschnitt und Schnitt einer Mittelfalte (aus Beton- und Stahlbetonbau 1969, S. 254, Bild 1)

werkes. Die Stützen entlang der Außenwände stehen in den Kehllinien des Daches. An den Stützenköpfen sind Betongelenke angeordnet, um eine mittige Krafteinleitung in die Stützen zu erhalten und die Drehbarkeit des Faltwerkträgers nicht zu behindern. Die Stützen haben Rechteckquerschnitte 50 cm × 60 cm, wobei die längere Seite in den Außenwänden liegt. Die Eckstützen sind jeweils mit den Nachbarstützen der Längswände durch eine 13,5 cm dicke Stahlbetonwandscheibe verbunden, welche die von der Endfalte anfallenden waagrechten Kräfte in die Gründung zu tragen hat. Quer zur Haupttragrichtung der Konstruktion ist durch die Zickzackform des Faltwerkes und des Randbalkens Unempfindlichkeit gegen Längenänderungen vorhanden. Man konnte deshalb auf die Anordnung von Dehnfugen verzichten. Neben den Belastungsfällen, ständige Last, Schnee, Wind und Vorspannung, mußten jedoch auch die Wirkungen von Schwindverkürzungen und Temperaturänderungen untersucht werden. Wenn auch die Form der Konstruktion eine fugenlose Ausführung ermöglichte, so mußten immerhin die Zwängungsbeanspruchungen nachgewiesen werden. Das Faltwerk ist in der Längsrichtung vorgespannt. In Hallenmitte liegen je Falte 8 Spannglieder KA 70/20 im Bereich der Kehle. Zu je vieren werden sie gegen die Ränder hin parabolisch und aufgefächert in den Schrägflächen hochgeführt und im Bereich des Randbalkens verankert. Die sonst noch notwendige Querbewehrung besteht aus Baustahlgeweben. Der Beton der Konstruktion entspricht der Güte B 300. Nach zwei Tagen Erhärtungszeit wurde eine Teilvorspannung zur Verhütung von Schwindrissen vorgenommen. Nach weiteren zwei Tagen brachte man die volle Vorspannkraft auf. Hergestellt wurde das Faltwerk Feld für Feld auf einem quer verschiebbaren Stahlrohrgerüst. Die Arbeitsfuge lag im First. Diese Stelle ist sehr günstig, denn bei Vollast ist die Querkraft entlang der Fuge Null, und quer zur Fuge herrscht Druck. Während des Baues mußte dafür gesorgt werden, daß das Faltwerk seine Form behielt. Man erreichte dies durch die Anordnung von provisorischen Zugbändern von First zu First über den Auflagerpunkten und in den Drittelpunkten der Stützweite und durch biegesteife Gerüstträger, welche die anfallenden Lasten von Zugband zu Zugband bzw. von Unterstützung zu Unterstützung zu tragen hatten. Diese Bauverankerungen wurden angespannt, nachdem die Hauptbewehrung vorgespannt war. So gesichert, war der zuletzt hergestellte Trog tragfähig, das Gerüst wurde etwas abgesenkt, die Schalung der hinteren Schrägfläche heruntergeklappt, und das Gerüst konnte quer um eine Faltenbreite weitergeschoben werden. Auch die Stützen der Hallenlängswände mußten eine vorübergehende, waagrechte Verhängung an die Endscheiben während des Baues erhalten. Man benützte hiezu die längslaufende Stahlbetonblende unterhalb der Stützenköpfe, die im Endzustand keine statischen Aufgaben zu erfüllen hat. Innerhalb von 10 bis 11 Tagen stellte man eine Falte mit 335 m² Grundrißfläche her. Entworfen und baureif konstruiert wurde dieses vorgespannte Faltwerk, welches als Beispiel für ähnliche Fälle gelten möge, von der Bauunternehmung Philipp Holzmann AG., die auch der Arbeitsgemeinschaft angehörte, welche den Bau ausführte.

Auditorium maximum der Universität Hamburg

Eine 13 cm dicke Kugelschale mit dem Radius von 65 m überspannt das Auditorium maximum der Universität Hamburg (Abb. 188). Die überspannte Fläche von rund 2500 m² hat etwa die Form eines Kreissektors, dessen Spitze senkrecht zur Symmetrieachse abgeschnitten ist. Die seitlichen Begrenzungen sind jedoch nicht gerade, sondern geschwungen. Der Krümmungsradius des Kreises beträgt 62 m, jener der seitlichen Begrenzungslinien 138 m. Entlang der Ränder der Grundrißfläche stehen im Abstand von etwa 5,5 m schlanke Stahlbetonstützen, welche das Gewicht der Kugelschale und auch der Nutzlasten auf die Gründung übertragen. Infolge ihrer großen Schlankheit können die lotrechten Stützen im wesentlichen nur lotrechte Kräfte übernehmen, und es mußten daher zur Aufnahme der Windkräfte drei Windscheiben angeordnet werden. Eine ist die Abschlußwand entlang der kürzesten Seite der Grundrißfläche, die zwei anderen liegen symmetrisch zur Längsachse zwischen 2 Stützen in der Nähe der äußeren Ecken des Gebäudes. Die Ränder der Kugelschale sind die Durchdringungslinien der Zylinderflächen der Wände mit der Kugelschale des Daches und sind räumlich gekrümmte Linien. Die Pfeilhöhe der Kuppel beträgt bei einer

Gebäudelänge von 60 m nur 7,4 m. Die Schalendicke von 13 cm war notwendig, um genügend Sicherheit gegen das Beulen der Schale zu erhalten. Die kritische Belastung wurde im Modellversuch nachgewiesen. Im Bereich der Schalenränder und vor allem im Bereich der Schalenecken ist die Schalendicke zur Aufnahme von Biegemomenten größer.

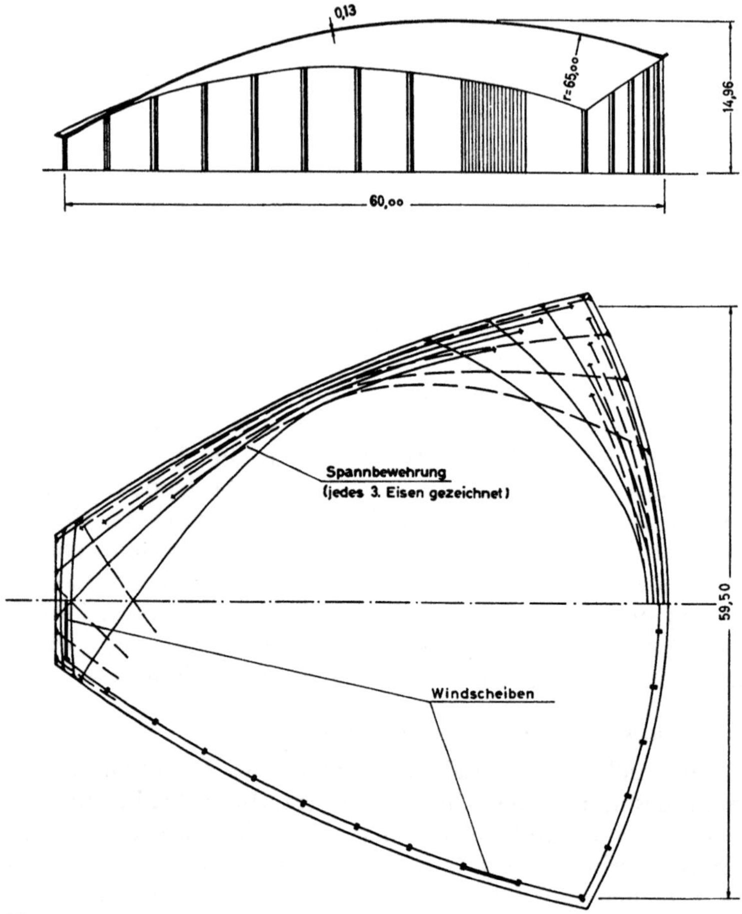

Abb. 188. Vorgespannte Schalenkuppel für das Auditorium Maximum der Universität Hamburg. Grundriß und Schnitt entlang der Symmetrieebene (aus D.u.W. Archiv-Phot.: Werkphoto)

Die Berechnung dieser Schale wurde im wesentlichen so durchgeführt, daß dem Membranspannungszustand der Kugelschale die von Randkräften erzeugten Spannungszustände hinzugefügt wurden, um die Verträglichkeitsbedingungen entlang des Schalenrandes zwischen der Schale und den Randgliedern zu erfüllen. Diese Bedingungen können bei der vorliegenden Art der Schalenränder jedoch nur punktweise mit Reihenansätzen erfüllt werden [119].

Das Ergebnis dieser mühsamen Berechnung wurde an einem Modell überprüft. Es stellte sich heraus, daß bei Kugelschalen über beliebigem Grundriß bei lotrecht gestützten Rändern eine annähernd im Kreis verlaufende Zugkraft entsteht. Diese Zugkraft liegt in der Mitte der gekrümmten Berandung vollständig im Randglied, an den Knicken des Randes jedoch verläuft sie in der Schale. Die in ihr verlegten Spannglieder folgen diesem Zugkraftverlauf. Die Randstörungen beeinflussen nicht nur die Membrankräfte der Schale, sondern verursachen auch Biegemomente, die jedoch bei doppelt gekrümmten Schalen verhältnismäßig klein sind und rasch abklingen. Durch das Vorspannen werden diese Momente vermindert. Die größten Biegemomente treten in den Bereichen der Schalenecken auf, da dort die Lasten vorwiegend durch Plattenwirkung übereck getragen werden.

Der architektonische Entwurf dieser weit gespannten und sehr flachen Schale stammt von Prof. Hermkes, Hamburg. Der konstruktive Entwurf und die technische Bearbeitung des Schalentragwerkes lagen in den Händen der Firma Dyckerhoff & Widmann KG., welche auch im Rahmen einer Arbeitsgemeinschaft maßgeblich an der Bauausführung beteiligt war.

Fernmeldeturm Hamburg

Eine konstruktiv interessante Anwendung haben vorgespannte Kegelschalen beim Hamburger Fernmeldeturm gefunden, dessen Höhe von den Fundamentsohle bis zur Antennenspitze 298 m beträgt (Abb. 189) [120, 121].

Die Stahlbetonkonstruktionen enden 217,6 m über der Fundamentsohle. Der kreisrunde Turmschaft hat am Fuß einen Außendurchmesser von 16,5 m, der zuerst hyperbolisch und in den höheren Bereichen linear bis auf 6,0 m abnimmt. Dieser Schaft trägt im oberen Teil 6 kreisringförmige Antennenplattformen mit Außendurchmessern von 16,0 bis 22,0 m. Auf Kote 204,0 m ist der Turmschaft mit einer 1,20 m dicken Kreisplatte abgeschlossen, in welcher der stählerne Antennenmast verankert ist. Aus dieser dicken Kreisplatte kragt eine dünne Kreisringplatte mit dem Außendurchmesser von 16,0 m aus, deren Rand gegen die innere, dicke Kreisplatte von einer unter 10° geneigten Kegelstumpfschale gestützt wird. Auf dieser Plattform ist ein auf Schienen rundum fahrender Auslegerkran montiert, dessen waagrechter Arm 25,0 m weit ausgefahren werden kann und der zum Absetzen der etwa 1,5 t schweren Spiegelantennen auf die Antennenplattformen dient. Die auskragenden Plattformteile erhielten eine Vorspannung in der Ringrichtung, wobei BBRV-Spannglieder verwendet wurden.

Die weiteren Plattformen, die als 2,70 m breite Ringe mit bis zu 11 m Außenhalbmesser um den Schaft laufen, werden wieder von unter 10° geneigten Kegelstumpfschalen von 25 cm Dicke gegen den Schaft gestützt. Die Schalen sitzen in dreieckförmigen Nuten des Schaftes, die nur 3 cm tief reichen, so daß sie weder für die Längsbewehrung des Schaftes noch für dessen Schalung ein Hindernis bedeuteten. An der Innenseite ist der Schaft an diesen Auflagerpunkten durch waagrechte Scheiben ausgesteift (Abb. 190*a* und *b*). Die Einzelheiten dieses Auflagerpunktes sind ähnlich jenen für die stützenden Kegelschalen der beiden großen Körbe, die später beschrieben werden. Am äußersten Rand der Kegelstumpfschale ist ein Ringbalken mit den Abmessungen 25 cm × 50 cm vorhanden. Etwas weiter gegen den Schaft zu, am

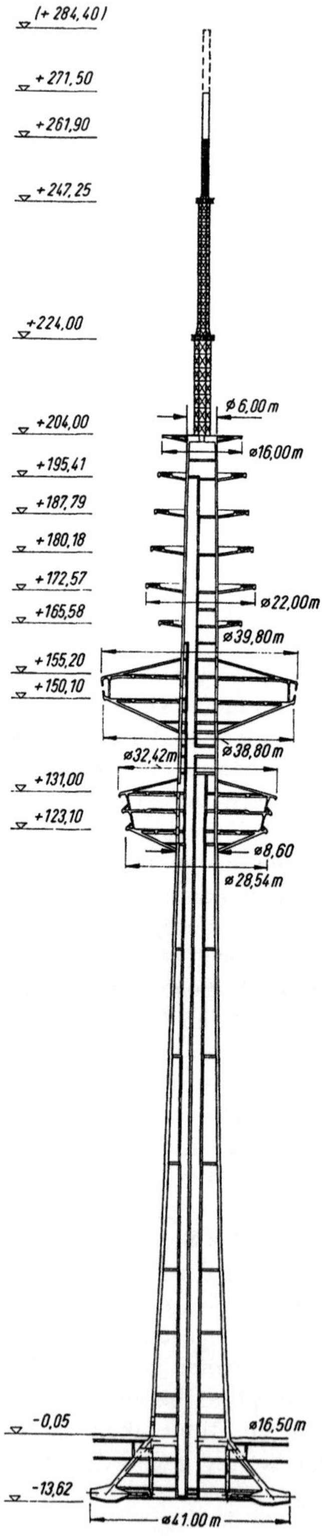

Abb. 189. Hamburger Fernmeldeturm; Vertikalschnitt (aus Beton- und Stahlbetonbau 1968, S. 194, Bild 2)

Innenrand des 2,70 m breiten Ringes, ist nochmals ein Ringbalken oberhalb der Kegelschale angeordnet, der bis zur Unterkante der waagrechten Platte der Antennenplattform reicht. Diese Platte wurde in einzelnen, vorgefertigten Elementen auf die beiden Ringbalken gelegt und mit ihnen zu einem hohlkastenförmigen Randglied verbunden. An Lasten entfallen auf jede Rippe im mittleren Abstand von 3,8 m 0,8 Mp aus dem Antennengewicht und $\pm 9{,}2$ Mp aus den Windwirkungen. Hinsichtlich des Baustoffbedarfes ist diese Art der Plattformkonstruktion mit stützenden Kegelschalen ebenen Kreisringplatten weit überlegen. Da eine hinreichend genaue Berechnung für einseitig aufgebrachte Nutzlasten sehr umfangreich geworden wäre, entschied man sich für Untersuchungen an Aralditmodellen. Diese Untersuchungen wurden an der Technischen Hochschule Stuttgart vorgenommen. Es zeigte sich, daß der steife und ausmittig gelegene Hohlkastenring bei rotationssymmetrisch verteilter Belastung einen ungünstigen, bei einseitiger Belastung und bei Einzellasten einen sehr günstigen Einfluß auf die Beanspruchung der Kegelschale ausübt. Man stellte deshalb die kraftschlüssige Verbindung zwischen den Ringträgern und der Deckplatte erst her, als die Ringvorspannung auf die Kegelschale und die Ringbalken aufgebracht war und von der Konstruktion das Eigengewicht ohne Mitwirken der Deckplatte getragen wurde. Zur Aufnahme der Antennenlasten stand jedoch der endgültige Querschnitt zur Verfügung. Die Kegelschale und die beiden Ringträger erhielten eine Ringvorspannung. Bei der größten Schale mit 22 m Außendurchmesser wurden als Spannbewehrung 33 ⌀ 18,6 mm aus St 80/105 mit einer zulässigen Spannkraft von 15,7 Mp verlegt. Die Spannglieder liegen am unteren, schlaffen Bewehrungsnetz auf und reichen über ein Drittel des Umfanges. Gespannt wurden die Spannstangen, sich an den Verankerungsstellen übergreifend, von 6 Lisenen aus, die oberhalb der Schale radial verlaufen und gleichmäßig verteilt sind. Knapp unter der Oberfläche der Kegelschale liegt nochmals ein schlaffes, schwaches Bewehrungsnetz aus Betonstahl III. In unmittelbarer Nähe des Turmschaftes sind zahlreiche Aussparungen 40/60 cm für die Leitungen vorhanden, wodurch etwa $^1/_3$ des Umfanges zur Lastübertragung ausfällt. Zwischen den Aussparungen mußte deshalb die schlaffe Bewehrung der Schale wesentlich verstärkt werden.

Die Betriebsräume sind in einem weit ausladenden Korb mit 39,80 m Durchmesser untergebracht. Das Vollgeschoß liegt auf Kote + 150,10 m. Etwas tiefer am Schaft befindet sich nochmals ein Korb mit 32,4 m größtem Außendurchmesser. In diesem Korb liegen 2 Geschosse für den Restaurantbetrieb. Die Konstruktion dieser beiden am Schaft sitzenden Körbe besteht jeweils aus 2 dreieckförmigen Hohlkastenquerschnitten, die um den Schaft herumlaufen. Die Decke der Körbe wird von einer hängenden Kegelstumpfschale und einer waagrecht liegenden Kreisringplatte gebildet. Der Boden besteht aus einer waagrechten Kreisringplatte und einer stehenden Kegelstumpfschale. Die Kreisringe, die an den Knoten der unteren Kegelschalen mit den Kreisringplatten entstehen und auf welche mit Stahlrohrstützen auch Lasten aus der Decke der Körbe einwirken, erhalten in Ringrichtung Zug und wurden zur Vermeidung von Rissen nach dem

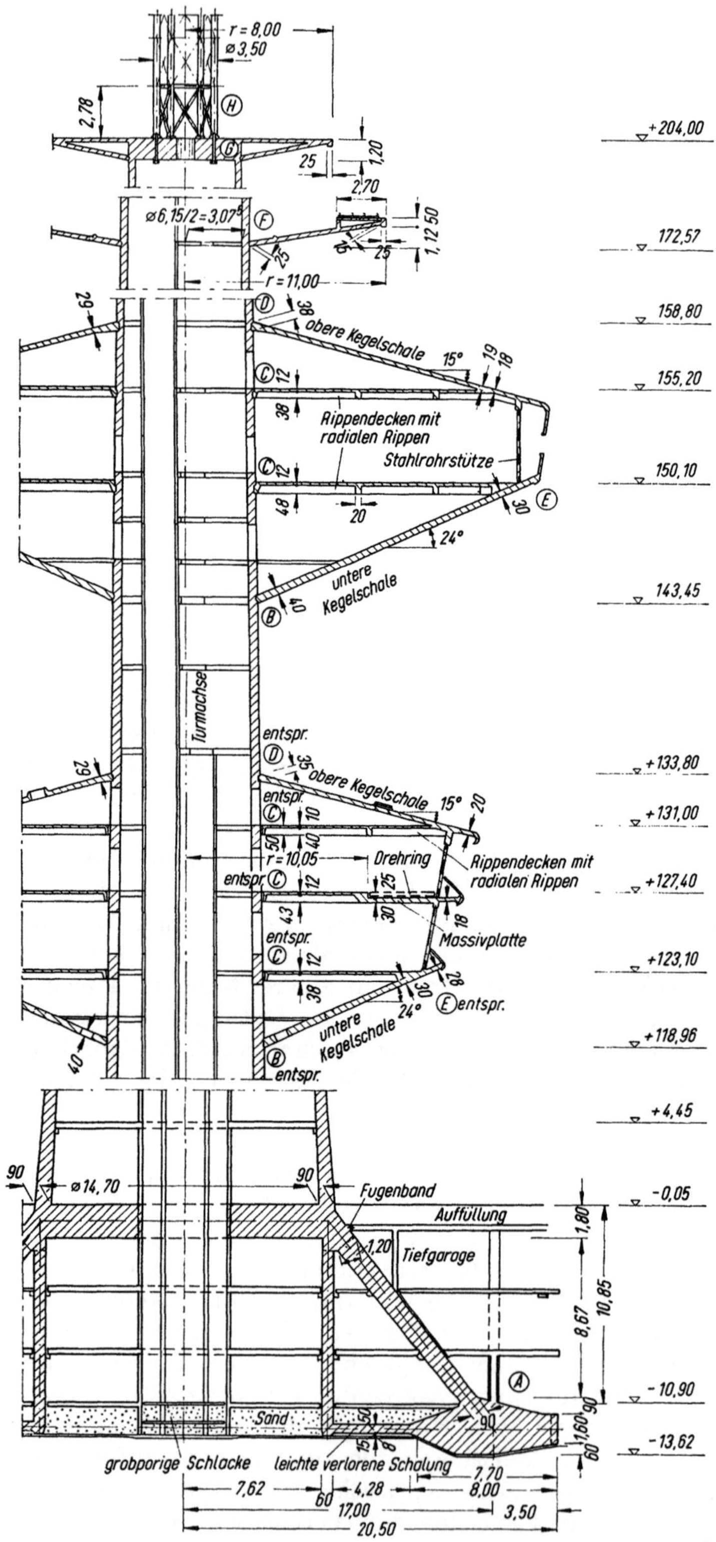

a

Abb. 190. Hamburger Fernmeldeturm; Einzelheiten
(aus Beton- und Stahlbetonbau 1968, S. 196, Bild 3, 12, 7, 8, 9)
Abb. 190 *a*. Vertikalschnitte durch die einzelnen Turmteile

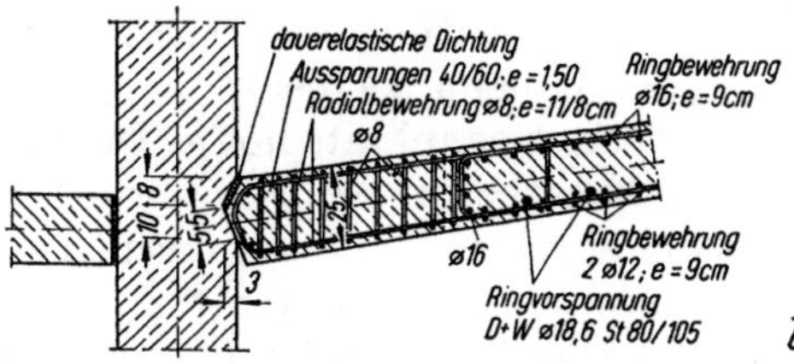

Abb. 190 *b*. Detail *F*

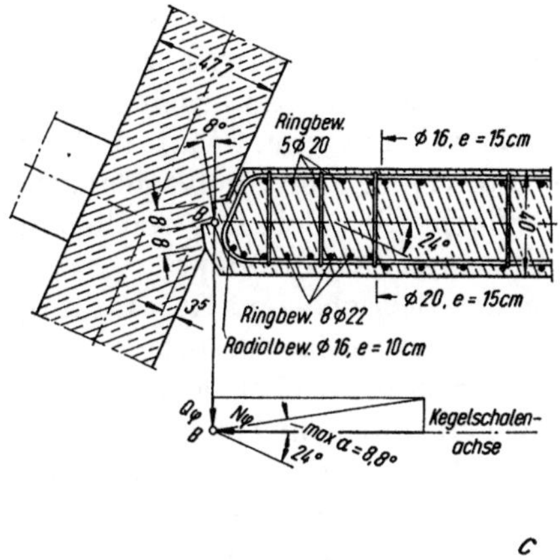

Abb. 190 *c*. Detail *B*

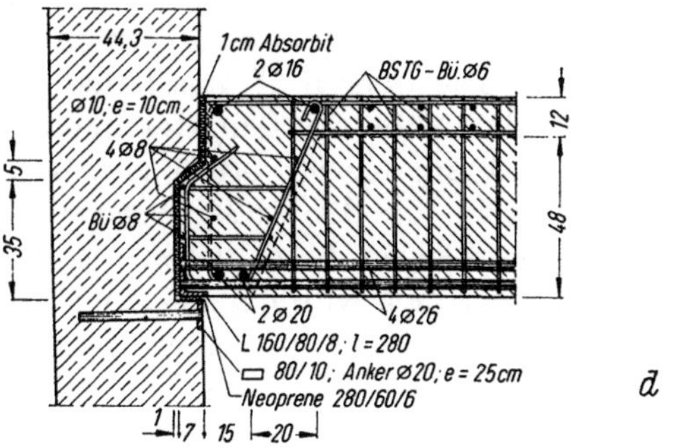

Abb. 190 *d*. Detail *C*

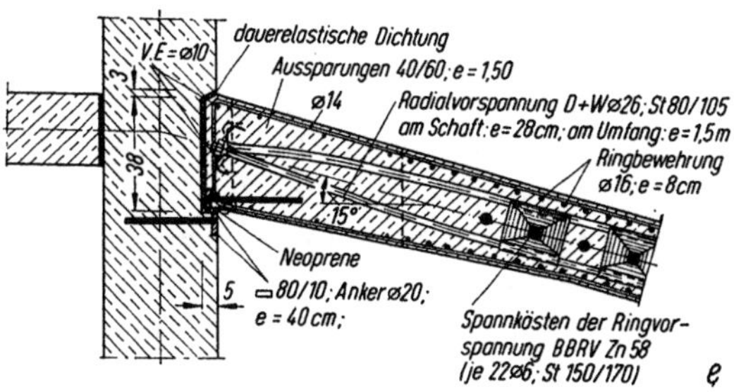

Abb. 190 *e*. Detail *D*

BBRV-Verfahren in der Ringrichtung vorgespannt. Beim größeren Ring des Betriebskopfes waren 6, beim kleineren Ring des Restaurantkopfes 4 Spannglieder mit je 100 Mp Spannkraft nötig. Die Spannglieder liegen in der Schwerachse der Deckenscheibe. Gespannt wurden sie mit sich übergreifenden Ankern, zwischen deren Verankerungsplatten die Pressen angesetzt wurden. Drei solche Spannstellen waren für jeden geschlossenen Ring eines Spanngliedes gleichmäßig über den Umfang verteilt.

Die Neigung der unteren Kegelschalen ist mit 24° bei beiden Köpfen gleich. Die Dicke der Schale beträgt am Schaft 40 cm und am Anschnitt mit dem Knotenring 30 cm. Sehr interessant ist der Anschluß der unteren Kegelschale an den Schaft, denn sie stützt sich über ein unvollkommenes Gelenk mit nur 8,8 cm Aufstandsbreite gegen diesen. Über die Gelenkfuge geht keinerlei Anschlußbewehrung vom Schaft in die Kegelschale. Bei seiner Herstellung wurden nur die Nuten für den Kegelanschluß ausgespart, welche 3,5 cm unter die Oberfläche des Schaftes reichen und die durchgehende Schaftbewehrung nicht stören (Abb. 190*c*).

Die Zwischendecken der Betriebs- und Restaurantgeschosse sind Plattenbalkendecken. Jede zweite der radial verlaufenden Rippen ist am Schaft in 8 cm tiefen und 25 cm breiten Nischen gelenkig und beweglich gelagert. Auch zwischen den Decken und dem Schaft ist keine Anschlußbewehrung vorhanden. Die kleinen Auflagerflächen sind gegen Abscheren gesichert (Abb. 190*d*). Die Lagerung der hängenden Kegelschalen am Schaft, die das Dach der Körbe bilden, erfolgte in 5 cm tiefen Nuten. Die sehr kleinen Aufstandsflächen wurde nebenfalls mit verankerten Flachstahlringen gegen Abscheren gesichert (Abb. 190*e*). Da diese Schalen an ihrer Oberfläche nur einen Kunstharzanstrich erhielten, mußte man bestrebt sein, die Bildung von Haarrissen zu verhindern. Die oberen Kegelschalen wurden daher in der Meridianrichtung und in der Nähe des Schaftes auch in der Ringrichtung mit Dywidag-Stangen ⌀ 26 mm aus St 80/105 vorgespannt. Von der unteren Kegelschale spannte man nur den äußeren Kreisring in der Höhe der Decke mit 6 BBRV-Spanngliedern 44 ⌀ 6 mm aus St 150/170 vor.

Soweit Brüstungen angeordnet wurden, bestehen sie aus 1,5 m langen und 8 cm dicken Fertigteilen, welche mit einem Fugenabstand von 3 mm verlegt wurden. Die Fugen wurden mit Kunstharz gefüllt, und die Brüstung wurde in Ringrichtung schwach vorgespannt, da zur Dichtung nur Kunstharzanstriche verwendet wurden. Vorgespannt wurde bei diesem hohen Fernmeldeturm auch der Fundamentring (Abb. 191). Die Fundamentfläche ist ein Kreisring mit 41,0 m Außendurchmesser und 7,7 m Ringbreite. Die gesamten Turmlasten werden über die Aufstandsfläche dieses Ringes auf den Baugrund übertragen. Der Ringbalken ist der Fußring einer 90 bis 120 cm dicken Kegelstumpfschale, die von Kote —10,90 bis zur Kote —0,05 reicht und die Turmlasten vom Schaft auf die Fundamentfläche zu übertragen hat. In der Schnittebene des Turmschaftes mit dem Kegelstumpf ist eine 1,80 m dicke Kreisringplatte zur Druckaussteifung vorhanden. Zur Aufnahme der großen Ringzugkräfte ist der Fundamentring am äußeren Umfang mit 40 Spanngliedern VT 108 mit je 12 Drähten ⌀ 12,2 mm aus St 125/140 vorgespannt.

Der Turm wurde im Auftrag der Deutschen Bundespost, Oberpostdirektion Hamburg, errichtet.

Die Gestaltung oblag einer Entwurfsgruppe, bestehend aus den Herren Prof. Dipl.-Ing. F. Trautwein, Hamburg, Prof. Dr.-Ing. F. Leonhardt, Stuttgart, und Dipl.-Ing. R. Behn, Hamburg. Die statische Berechnung und

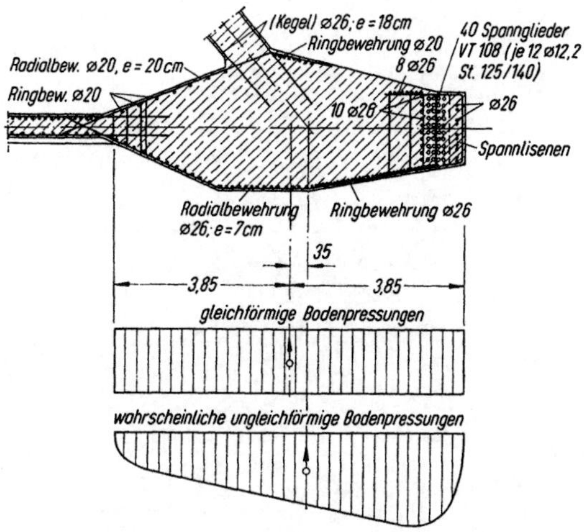

Abb. 191. Hamburger Fernmeldeturm; Detail *A* zu Bild 190 *a*, Fundamentring mit Bewehrung und Lage der Spannglieder (aus Beton- und Stahlbetonbau 1968, S. 197, Bild 4)

die Konstruktionspläne für den Rohbau verfaßten das Ingenieurbüro Prof. Dr.-Ing. F. Leonhardt und Dipl.-Ing. W. Andrä, Stuttgart. Die den Bau ausführende Firma war die Bauunternehmung Wayss & Freytag KG.

Großmarkthalle Hamburg

Doppelt gekrümmte, vorgespannte Schalen fanden beim Bau der Großmarkthalle in Hamburg Anwendung. Diese Halle von rund 40.000 m² Grundrißfläche besteht, den Marktbedürfnissen entsprechend, aus drei Hauptschiffen mit je 48 m Spannweite und 21 m Scheitelhöhe und zwei Zwischenschiffen mit den Spannweiten von 16 m und der kleinsten Höhe von 8,50 m (Abb. 192) [122, 123]. An der Südseite der Halle ist ein zweigeschossiger Anbau vorhanden, der über den Eingangstoren an dieser Seite auskragt und in welchem die verschiedensten Büros, die der Marktbetrieb erfordert, und ein Restaurant untergebracht sind. Die Hauptschiffe der Halle werden von parabelförmigen Stahlbetonbogen getragen, welche die Binderscheiben für die doppelt gekrümmte Schale bilden. Die Binderscheiben für die Hängeschalen der Zwischenschiffe bestehen aus einer Rahmenkonstruktion, die sich von Hauptbogen zu Hauptbogen spannt. Diese Bogenreihen stehen in Abständen von 20 m. Das statische System der Binderscheiben, bestehend aus den drei Bogen und den Verbindungen, ist 15fach statisch unbestimmt. Die Schnittkräfte hat man mit einer elektronischen Rechenmaschine ermittelt. Die 186 m breite und 220 m lange Halle wurde durch zwei Dehnfugen in drei Abschnitte von 80, 60 und 80 m Länge unterteilt.

Abb. 192. Großmarkthalle Hamburg. Innenansicht
(aus D. u. W. Archiv-Phot.: Conti-Press, Hamburg)

Die 8 cm dicken Schalen der Hauptschiffe haben in der Bogenrichtung einen Krümmungsradius von 20 m und weisen in der Längsrichtung eine Überhöhung von 50 cm auf. Die Hängeschalen der Zwischenschiffe schließen an die Wölbschalen an und besitzen in der Längsrichtung gerade so viel Überhöhung, daß das Dach entwässert werden kann. Die Überhöhung beträgt nur 20 cm. Man wollte eine größere negative Gaußsche Krümmung dieser Schalen, die zu größeren Momenten in der Schale geführt hätte, vermeiden. In der Bogenrichtung ist die dünne Schale in Abständen von 3,30 m mit 50 cm hohen Rippen zur Erhöhung der Beulsicherheit ausgesteift. Gegen die Fensterflächen hin schließen an die Wölbschale ebenfalls Hängeschalen an, deren Rand von den Fenstersprossen in der leicht nach vor gewölbten Fensterfläche gestützt ist. Die 15 cm breiten Stahlbetonfenstersprossen liegen in Abständen von 1,10 m. Auf jede dritte Sprosse stützt sich somit eine Knickrippe. Das hohe Lichtband der Nordfront ist zur Verringerung der Knicklängen in halber Höhe durch einen Längsriegel elastisch gehalten.

Die Schnittgrößen der wellenartig angeordneten Schalen wurden mittels elektronischer Rechenmaschinen ermittelt. Wo sich Zugkräfte in den Schalen ergeben haben, wurden diese durch eine Vorspannung überdrückt. Als Spannstahl kamen Stangen ∅ 18 mm aus St 55/80, ausgebildet nach dem Dywidag-Spannbetonverfahren, zur Anwendung. Durch das Vorspannen erzielte man auch eine wesentliche Verminderung der Schnittgrößen in der Schale aus den Randstörungen an den Binderscheiben und an den

Schalenrändern. Weiters wurden die Kragkonstruktionen des auskragenden Vorbaues an der Südseite vorgespannt. Die eigentliche Halle wurde jeweils Binderfeld für Binderfeld, also in Abschnittlängen von 20 m, hergestellt. Für die Herstellung des Rohbaues eines Schalenfeldes von 186 m Breite und 20 m Länge benötigte man etwa 10 Wochen. Alle sichtbaren Betonbauteile sind als glatter Sichtbeton gestaltet. Das Skelett der Stirnwände wurde jedoch nicht vollständig gezeigt, da der Architekt die untergeordnete Tragfunktion dieses Skelettes sichtbar machen wollte. Die Schale erhielt eine Wärme- und Feuchtigkeitsisolierung. Das Gebäude ist unterkellert, wobei die Kellersohlplatte bis zu 1,50 m in das Grundwasser eintaucht. Die Wände und die Sohle des Kellers sind aus wasserdichtem Beton ohne besondere Feuchtigkeitsisolierung ausgeführt. Den nicht besonders guten Baugrundverhältnissen Hamburgs entsprechend ist das Bauwerk auf rund 5000 Pfählen aus Stahlbeton von 10 bis 15 m Länge mit dem Querschnitt 34/34 cm gegründet.

Dem Bau der Halle ging ein Ideenwettbewerb voraus, aus dessen besten Entwürfen der endgültige geboren wurde. Im Auftrag der Freien und Hansestadt Hamburg verfaßte den Entwurf eine Planungsgemeinschaft der Architekten Prof. Bernhard Hermkes, Gottfried Schramm und Jürgen Elingius und der ausführenden Firmen Dyckerhoff & Widmann KG., Hermann Möller, Siemens Bauunion GmbH. Die statische und konstruktive Bearbeitung der doppelt gekrümmten Schalen wurde von Dyckerhoff & Widmann, München, vorgenommen.

Paketumschlaghalle München

Die Paketumschlaghalle in München, die im Auftrag der Deutschen Bundespost nach einem Sonderentwurf der Dyckerhoff & Widmann KG., München, errichtet wurde, ist mit 124 m Länge und 146,00 m freier Stützweite die derzeit weitestgespannte Halle der Welt, welche aus Fertigteilen errichtet wurde (Abb. 193) [124]. Das statische System der Halle kann als Zweigelenk-Faltwerkbogen bezeichnet werden. Dieses System bietet den Vorteil eines geringen Eigengewichtes, hoher Biegesteifigkeit und damit großer Knicksicherheit und ist durch die Faltung in der Hallenlängsrichtung auf Längenänderungen unempfindlich. So konnte das ganze, 124 m lange Dach ohne Dehnfuge ausgeführt werden. 24 Bogen mit 4,37 m Breite reihen sich aneinander. An den Stirnseiten der Halle sind zwei Falten zu einem dreizelligen Hohlkastenquerschnitt zusammengefaßt worden, um genügend Seitensteifigkeit zur Aufnahme der Windkräfte zu erhalten, welche auf die Stirnwände wirken, und um das Gewicht dieser Wände vom Kastenquerschnitt tragen zu lassen.

Jeder Bogen mit 146,80 m Stützweite zwischen den Gelenken und einem Stich von 27,30 m ist als Stützlinie für die ständigen Lasten geformt. Die Länge der einzelnen Fertigteile ist etwa 4,50 m. Man erzeugte die Fertigteile jedoch nicht gekrümmt, sondern gerade und ersetzte die Stützlinie durch ein Polygon, dessen Knickpunkte an den Stößen der Fertigteile liegen. Die Abweichungen von der stetig gekrümmten Stützlinie sind sehr gering. Jeder solche Bogenschuß von etwa 4,50 m Länge besteht nun aus zwei gleichen,

8,5 cm dicken Plattenelementen, welche die geneigten Seitenflächen der Bogenfalten bilden. Diese Fertigteilplatten wurden mit Ortbeton am Grat und in der Rinne verschlossen. Innerhalb der so entstehenden Grat- und

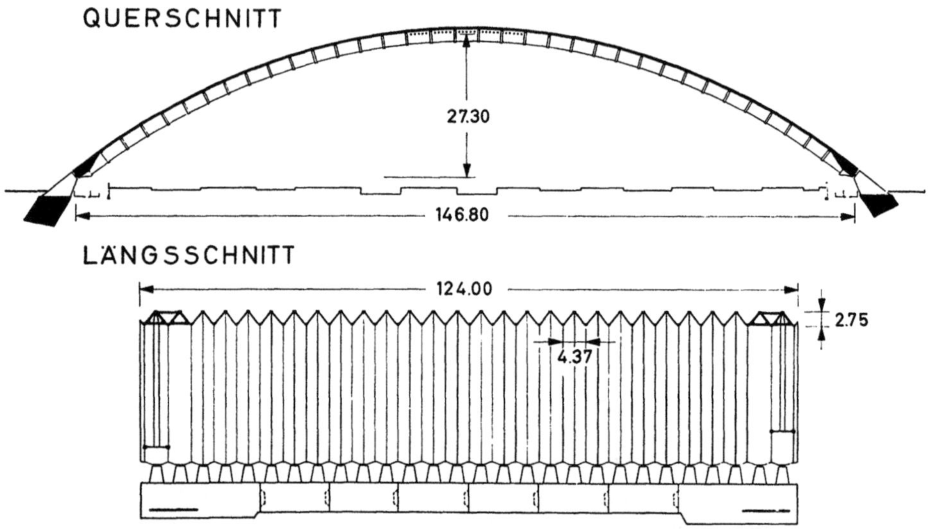

Abb. 193. Paketumschlaghalle München, Längs- und Querschnitt

Rinnenknoten übergreifen sich die Querbewehrungen mit Schlaufen (Abb. 194). In Bogenrichtung gesehen, besitzen die Fertigteile Rand-

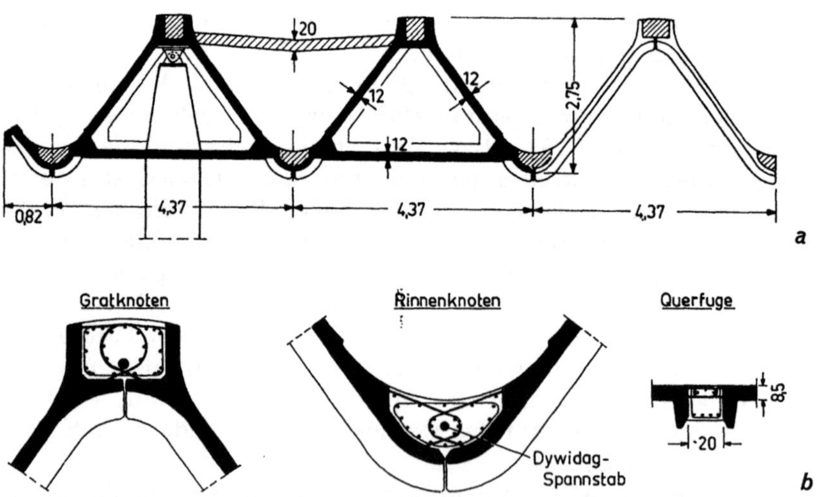

Abb. 194. *a* Querschnitte der Stirnbögen und eines Regelbogens. *b* Verbindung der einzelnen Fertigteile mit Ortbeton (aus H. Bomhard: Konstruktion und Bau der Paketumschlaghalle in München. Vortrag auf dem Betontag 1967 in Berlin, Bild 4, 6, 7)

rippen, welche die Seitenschalung für die rund 20 cm breite Querfuge bilden. Der dreizellige Querschnitt der Stirnbogen besteht aus zwei einzelligen Fertigteilen, einem Gesimselement, einer oberen Deckplatte des

Querschnittes aus Ortbeton und den beiden Grat- und Rinnenknoten. Die obere Deckplatte der Stirnbogen ist im Kämpferbereich des Bogens gegen die innere Bogenlaibung verzogen. Am Kämpfer ist nur noch ein zweizelliger Querschnitt vorhanden. Die Stirnwände der Halle sind mit Bolzengelenken aus Stahl im äußeren Gratknoten aufgehängt. Die Halle erhielt weder eine Wärmeisolierung noch eine dichtende Dachhaut. Die rund 1600 Fertigteile wurden auf Wasserdichtheit geprüft und die der Witterung ausgesetzten Flächen mit Epoxidharz konserviert. Die Ortbetonnähte wurden vierfach mit flüssigem, synthetischem Kautschuk beschichtet. Diese Konservierungen waren jedoch nur eine zusätzliche Maßnahme, denn man bemühte sich, die Konstruktion so zu bemessen, daß bei ungünstigen Belastungskombinationen die Zugspannungen klein bleiben und unter häufiger Belastung keine Zugspannungen auftreten. Als häufige Lastkombination wurde angesehen: ein Drittel der größten Windlast + volle Schneelast + die Hälfte der Temperaturschwankungen. Um für diese Belastung das Auftreten von Zugspannungen zu vermeiden, wurden die Bogen in der Bogenrichtung vorgespannt. Die Spannstäbe, System Dywidag, sind in den Grat- und Rinnenknoten untergebracht. Zur Abdeckung der Zugspannungen, die sich bei ungünstigster Lastkombination ergeben, wurden ebenfalls in den Knoten Bewehrungen aus Rippenstahl verlegt, die man mit 2,4 Mp/cm² beanspruchte.

Für die leichten Normalbogen sind Wind- und Temperatureinwirkungen die maßgebendsten Belastungen. Zur Bestimmung der Windbeiwerte wurden Windkanalversuche an der aerodynamischen Versuchsanstalt in Göttingen vorgenommen. Es zeigte sich, daß man die größten Bogenmomente dann erhält, wenn die Windrichtung 15° bis 30° schräg zur Hallenlängsachse liegt. Auch die Temperaturänderungen und Temperaturunterschiede, welchen eine Bogenfalte ausgesetzt werden kann, wurden an einem zusammengebauten Bogenelement einen Sommer lang studiert. Als höchste Temperatur der Plattenmittelfläche wurden 40° C gemessen. Als größten Temperaturunterschied zwischen der sonnenbeschienenen und der im Schatten liegenden Platte stellte man 10° C fest, und als Temperaturunterschied über die 8,5 cm dicke Platte zwischen außen und innen wurden 8,3° C beobachtet, wobei 6° C auf den ersten Zentimeter unter der äußeren Oberfläche entfielen. Auch die Knicksicherheit des Bogens und das Ansteigen der Bogenmomente bei Berücksichtigung der Bogenverformungen wurde sorgfältig nach der Theorie zweiter Ordnung untersucht. Die Ergebnisse dieser Berechnungen zeigten gegenüber jenen nach den Bemessungsnormen beträchtliche Unterschiede. Die Bogen stützen sich gegen 28 gleichgestaltete Einzelwiderlager. Diese sitzen auf Streifenfundamenten. Die doppelt gefalteten Stirnbogen werden von je zwei Widerlagern, die Normalbogen von je einem gestützt. Die Streifenfundamente sind in 8 Abschnitte unterteilt. Die Teilung entspricht jener bei der Herstellung bzw. beim Auslegen der Fertigteile auf das Lehrgerüst, denn je 3 Bogen stützen sich gegen einen Fundamentkörper. Der Stirnbogen und die anschließenden 3 Normalbogen sitzen auf einem gemeinsamen Fundamentstreifen. Die einzelnen Fundamentabschnitte sind gegeneinander verzahnt. Die Streifen an den Hallenenden, welche Kämpferkräfte von 2600 Mp in den Baugrund abzuleiten haben, wurden zur Erhöhung der Gleitsicherheit mit einer Schleppplatte mit großer Auflast versehen.

Die 124 m lange Halle wurde in 10 Bauabschnitten auf einem in Hallenlängsrichtung verschiebbaren Lehrgerüst hergestellt. Die Anzahl der Bauabschnitte ergab sich aus der Breite des Gerüstes, die zur Standsicherheit erforderlich war. Die dreizelligen Bogen an den Stirnseiten bildeten den

Abb. 195. Paketumschlaghalle München, Untersicht
(D.u.W. Archiv-Phot.: Eiselt, München)

ersten und letzten Abschnitt. Von den Normalbogen wurden jeweils je drei in einem Takt hergestellt. Die jeweiligen Abschnitte konnten erst miteinander verbunden werden, wenn sie ausgerüstet waren und sich durch ihr Eigengewicht verformt hatten. Es war notwendig, die Ränder eines drei Falten umfassenden Abschnittes vorübergehend an jeder Querfuge, das ist rund alle 4,50 m, mit einer druck- und zugfesten Verbindung zusammenzuhalten. Diese Verbindung konnte entfernt werden, sobald der Rinnenknoten gegen den vorhergehenden Abschnitt betoniert und genügend erhärtet war.

Die Fertigteile der Normalbogen wurden in einer Feldfabrik auf der Baustelle hergestellt. Die Elemente für die Stirnbogen wurden vom Dywidag-Betonwerk München-Riem geliefert. In der Feldfabrik wurden die Fertigteilplatten mit der Außenseite nach oben betoniert. Die geflochtenen Bewehrungskörbe wurden mit dem Kran in die Schalung gelegt, betoniert, mit Schalungsrüttlern verdichtet und dann dampfgehärtet. Je Tag und Schalung wurde ein Plattenelement mit der Betongüte B 450 erzeugt. Das Gewicht eines solchen Elementes hat 3,8 t betragen. Die Fertigteilzellen der Stirnbogen haben 18,5 t gewogen. Auf der Baustelle gingen die Arbeiten rasch voran. 3 Normalbogen, welche zu einem Abschnitt vereint waren und eine Grundrißfläche von 2000 m² überdecken, konnten in zwei Wochen fertiggestellt werden (Abb. 195).

Der Entwurf und die technische Bearbeitung dieser nicht nur großen, sondern auch formschönen Halle lagen in den Händen der Dyckerhoff & Widmann KG., die in architektonischer Hinsicht von den Herren Oberbaurat ROSENFELD und Dipl.-Ing. ZETTEL von der Oberpostdirektion München beraten wurde.

Die Ausführung des Bauvorhabens oblag einer Arbeitsgemeinschaft der Firmen Dyckerhoff & Widmann KG. und Philipp Holzmann AG.

Friedrich-Ebert-Halle in Ludwigshafen

Eine sehr schöne, vorgespannte Hyperboloidschale, auch Hyperschale genannt, ist das Dach der Friedrich-Ebert-Halle in Ludwigshafen, die als Mehrzweckhalle ausgestattet ist. Das Dach ist über einem quadratischen Grundriß mit einer Länge der Diagonale von 80,30 m errichtet (Abb. 196 und 197) [125]. Über zwei der gegenüberliegenden Eckpunkte des Quadrates liegen die Hochpunkte, an den beiden anderen die Tiefpunkte der Schale.

Abb. 196. Mehrzweckhalle Ludwigshafen, Ansicht
(D.u.W. Archiv-Phot.)

Der Durchhang eines Längsschnittes, der von Hochpunkt zu Hochpunkt geführt wird, beträgt 6,40 m. Der Scheitel eines Schnittes, der von Tiefpunkt zu Tiefpunkt führt, liegt um das gleiche Maß über den Tiefpunkten. In der Wölbrichtung, also in Schnitten parallel zur lotrechten Ebene, welche durch die Tiefpunkte geht, herrschen in der Schale Druckspannungen, in den Ebenen senkrecht hiezu Zugspannungen. An die Randträger der Schale, deren Oberkanten in gerader Linie von den Hochpunkten zu den Tief-

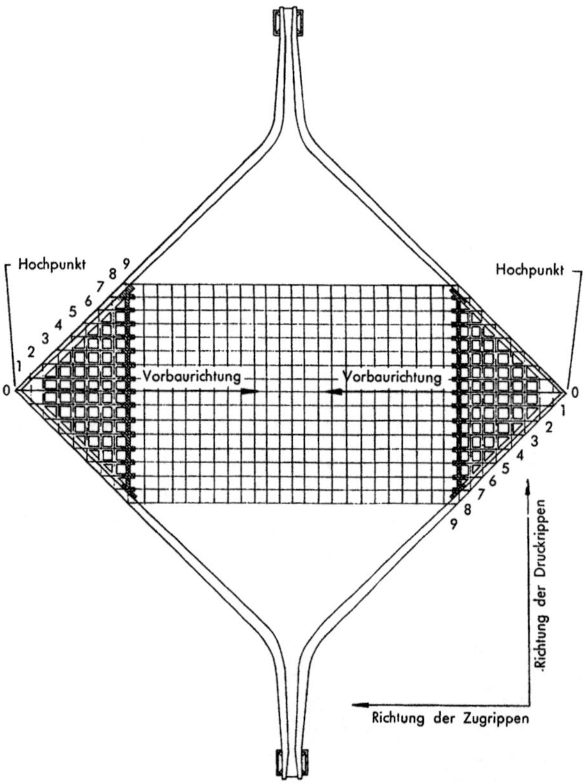

Abb. 197. Herstellung der Dachschale (D. u. W. Archiv-Phot.: Werkphoto)

punkten führen, werden von der Schale im wesentlichen nur Schubkräfte abgegeben. Die Breite der scheibenähnlichen Randträger nimmt zu den Tiefpunkten hin zu, dort werden sie in Richtung der Quadratdiagonale umgelenkt und in der Diagonalenrichtung in der Schnittebene der beiden Trägeroberkanten bis zum Boden herabgeführt. Die diagonal gegenüberliegenden Fußpunkte sind mit einem kräftigen Zugband 2,00/0,80 m aus Spannbeton verbunden, welches für den Ausgleich der Horizontalkräfte sorgt. Die lotrechten Kräfte werden über einen Fundamentkörper in den Baugrund geleitet, wobei einer dieser Fußpunkte auf Lagerrollen liegt. Die Höhe der Randträger nimmt ebenfalls vom Hochpunkt der Schale bis zur ersten Stütze zu, die unter dem Randträger und unter dem Fußpunkt der Tribünen angeordnet ist. Bis zur Umlenkung verläuft dann die Unterkante waagrecht.

Etwa in der Mitte zwischen der ersten Stütze und der Umlenkung ist eine zweite Stütze vorhanden. Die Tribünenkonstruktion spannt sich übereck von Randträger zu Randträger, deren Unterkante in diesem Teil dem Anstieg der Tribüne folgt.

Ebenso interessant wie die Konstruktion der Halle war auch die Bauausführung der Schale. Man unterteilte die Dachfläche durch einen quadratischen Raster, dessen Linien parallel zu den Diagonalen des überspannten Grundrißquadrates verlaufen, in einzelne Fertigteilplatten. Die Fugen zwischen den Platten wurden so breit gehalten, daß zwischen den Platten ein quadratisches Netz von Zug- und Druckrippen am Ort betoniert werden konnte. Nachdem die Randträger der Schale errichtet waren, begann man zunächst die Spannstäbe der Zugrippen, jeweils aus zwei Dywidag-Spannstangen ⌀ 26 mm, St 80/105, bestehend, auszulegen. Die Fertigteildachplatten wurden auf die ausgehängten Zugstangen ohne Zuhilfenahme eines Gerüstes verlegt. Man mußte darauf bedacht sein, daß in jedem Bauzustand die Zug- und Druckrippen die gleichen Kräfte erhalten, denn nur dann treten an den Schalenrandgliedern keine Kräfte senkrecht zum Schalenrand auf. Um dies zu erreichen, wurden jeweils eine ganze Druckrippe und der zu ihr gehörende Abschnitt der Zugrippen betoniert (Abb. 197). Nach und während des Verlegens der Fertigteilplatten konnte deren Gewicht nur von den Zugseilen aufgenommen werden. Jeweils die Druckrippe und eine Maschenlänge der zugehörigen Zugrippen wurden auf einem Lehrgerüst betoniert, um diese Lasten von den Zugstangen, die ohnedies schon durch das Gewicht der Dachplatten beansprucht waren, fernzuhalten. Beim Ausrüsten der Druckrippe wurde ihr Eigengewicht wegen ihrer wesentlich größeren Steifigkeit gegenüber jener der noch schlaffen Spannstangen vorwiegend von den Druckrippen getragen. Nach Fertigstellung einer Druckrippe wurde das Betoniergerüst unter die nächste Rippe geschoben. Zur Erzielung der Gleichheit von Zug- und Druckkraft in den beiden Rippensystemen mußte während des Baues auf die Druckrippen noch ein Ballast von 19 kg/m² aufgebracht werden, der nach dem Schließen der Dachhaut und Vorspannen der Zugstangen entfernt wurde. Beim Entfernen des Ballastes entsteht eine geringe zusätzliche Vorspannung in den Zugrippen und eine Entlastung der Druckrippen. Das Auslegen der Spannstangen und Verlegen der Dachplatten erfolgte ebenfalls mit Rücksicht auf die Gleichheit der Kräfte in Zug- und Druckrichtung so, daß die Gesamtbreite des ausgelegten Plattenbereiches der Länge der zu betonierenden Druckrippe entsprach.

Die Dicke der Fertigteilplatten aus Schwerbeton beträgt 6,5 cm, die trapezförmigen Rippen, innerhalb welcher die schlaffe Bewehrung der Platten gestoßen wird, sind 25 cm hoch bei einer Breite von 13 bis 28 cm. Das Eigengewicht der vorgespannten Schale beträgt 260 kg/m², das Gewicht der Eindeckung 35 kg/m². Überdacht wurde eine Fläche von rund 3200 m².

Der architektonische Entwurf stammt von Architekt Prof. R. Rainer, Wien. Die Berechnung und die Ausarbeitung der Konstruktion erfolgten durch die Unternehmung Dyckerhoff & Widmann KG., in deren Händen auch die Bauausführung lag.

Hängedächer

Allgemeines

Bei Hängedächern werden das Dachgewicht und die auf das Dach wirkenden Nutzlasten durch die Umlenkkräfte von unter Zugspannung stehenden Seilen oder Seilnetzen getragen [126]. Die Seile sind entweder an festen Punkten verankert, an Bockkonstruktionen od. dgl., oder der Dachrand ist so gestaltet und gestützt, daß über das ganze Dach gesehen ein Ausgleich der waagrechten Komponenten der Seilkräfte möglich ist und die lotrechten Komponenten in den Baugrund geleitet werden. Man kann diese Verhältnisse vergleichen mit jenen bei Hängebrücken, bei welchen das Hängeseil entweder unabhängig vom Versteifungsträger im Boden oder am Versteifungsträger verankert sein kann. Wird nun z. B. bei der einfachsten Form eines Hängedaches, dessen gleichartige Seile an festen Punkten verankert sind, die auf zwei parallelen Geraden liegen, die Dachhaut in Form irgendwelcher Platten auf diese Seile gelegt, so kann ein solches Dach mit schlaffer Dachhaut sehr leicht durch Windsogkräfte instabil werden, wenn die Dachhaut zu leicht ist. Die Windstabilität eines Hängedaches wird wesentlich erhöht, wenn die Seile nicht parallel, sondern in Form eines Netzes von hängenden und quer darüber sich legenden, gewölbten Seilen ausgelegt werden. Spannt man die nach gewölbten Linien verlegten Seile, die Spannseile, so werden auch die Hängeseile auf Zug beansprucht, so als wenn bereits Last auf ihnen läge.

Die Gestaltungsmöglichkeiten mit solchen doppelt gekrümmten Seilnetzen mit hängenden Tragseilen und positiv gekrümmten Spannseilen sind mannigfaltig. So können solche Netze sehr formschön über zwei Hochpunkte, zwei Tiefpunkte und vier Fangseile, welche Hochpunkt mit Tiefpunkt verbinden, ausgelegt und gespannt werden. Das Netz nimmt in solchen Fällen die Form eines Hyperboloids an. Auch dem Spannbeton bieten sich mit dem hängenden Dach viele Gestaltungsmöglichkeiten. Die Spannstähle lassen sich ohne Schwierigkeiten für die Hängeseile verwenden, doch können statt der Spannstähle auch vorgespannte, biegeweiche Querschnitte an Stelle der reinen Stahlseile verwendet werden. Solche vorgespannten Querschnitte haben eine wesentlich größere Dehnsteifigkeit als reine Stahlseile. Die Verformungen aus Schnee- und Windbelastung eines mit solchen Hängegliedern gebauten Daches sind deshalb wesentlich geringer. Wird die Dachhaut betoniert und wird sie durch das Anspannen der Hängeglieder vorgespannt, so hat man es bereits mit einem vorgespannten Hängedach zu tun. Durch die geschlossene, vorgespannte Dachhaut tritt dann allerdings zum Tragsystem als Hängedach noch eine Tragwirkung als Schale hinzu, da an den Dachrändern meist noch andere Kräfte als nur Zugkräfte abgegeben werden können. Bei nur einfach gekrümmten Dächern wird bei Verwendung einer vorgespannten Betondachhaut gegenüber einer leichten, schlaffen Eindeckung die Windstabilität infolge des höheren Eigengewichtes erhöht. Das höhere Gewicht erfordert allerdings einen größeren Stahlbedarf.

Kirchendach in Kagran, Wien

Als Beispiel eines Hängedaches mit vorgespannten Betonseilen wird das Dach einer Kirche in Wien-Kagran angeführt (Abb. 198) [127]. Das Dach überdeckt einen trapezförmigen Grundriß von 33,5 m Länge und 18 bis 27 m Breite. Das Dach ist einfach gekrümmt, und die vorgespannten Betonseile mit dem Querschnitt 25 cm × 12 cm sind zwischen zwei 40 cm dicken,

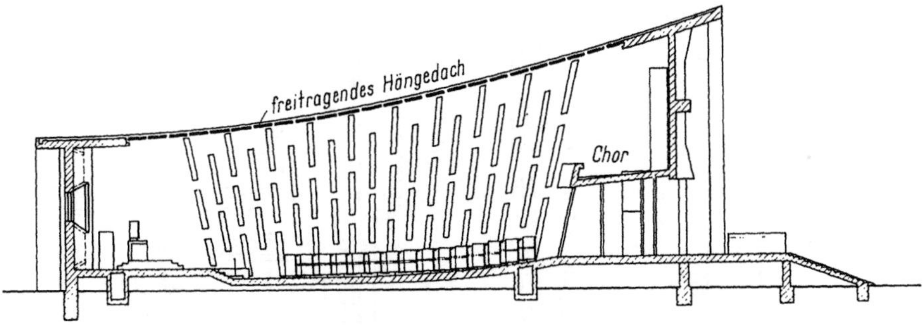

Abb. 198. Kirche in Wien-Kagran, Schnitt durch das Kirchenschiff (aus Beton- und Stahlbetonbau 1963, S. 173, Bild 1)

vorgespannten Scheiben gespannt, welche tangential zu den Seilen an den Dachrändern liegen. Diese Scheiben tragen die Zugkräfte zu den Seitenwänden, innerhalb welcher der Ausgleich der waagrechten Komponenten der Seilkräfte erfolgt. Die Dacheindeckung erfolgte auf einfache Weise mit Betonhohldielen von 5 cm Dicke, welche mit einer 3 cm starken Kunststoff-

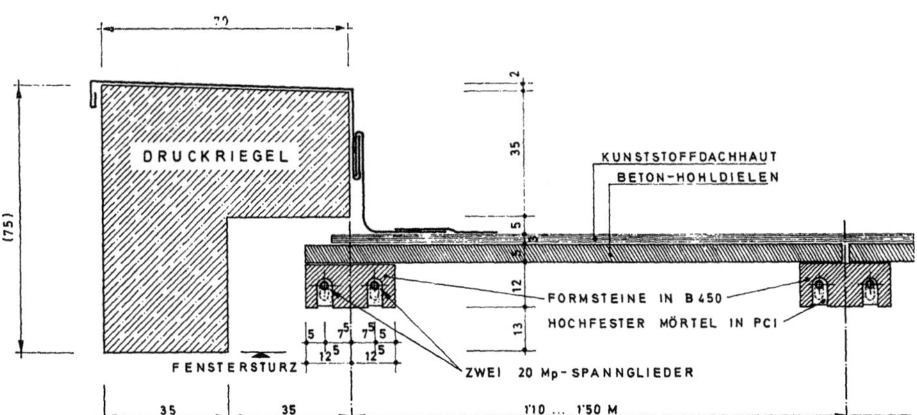

Abb. 199. Dachkonstruktion, Einzelheiten (aus Beton- und Stahlbetonbau 1963, S. 174, Bild 4)

haut überzogen wurden (Abb. 199). Beim Bau des Daches wurden zuerst in Abständen von 1,10 bis 1,50 m je zwei bereits verrohrte 20-Mp-Freyssinet-Spannglieder in 15 cm Abstand zwischen den Endscheiben eingehängt und provisorisch verankert. Hierauf wurden 25 cm breite, 12 cm hohe und 42 cm lange, gerillte Formsteine aus Beton B 450 von einer

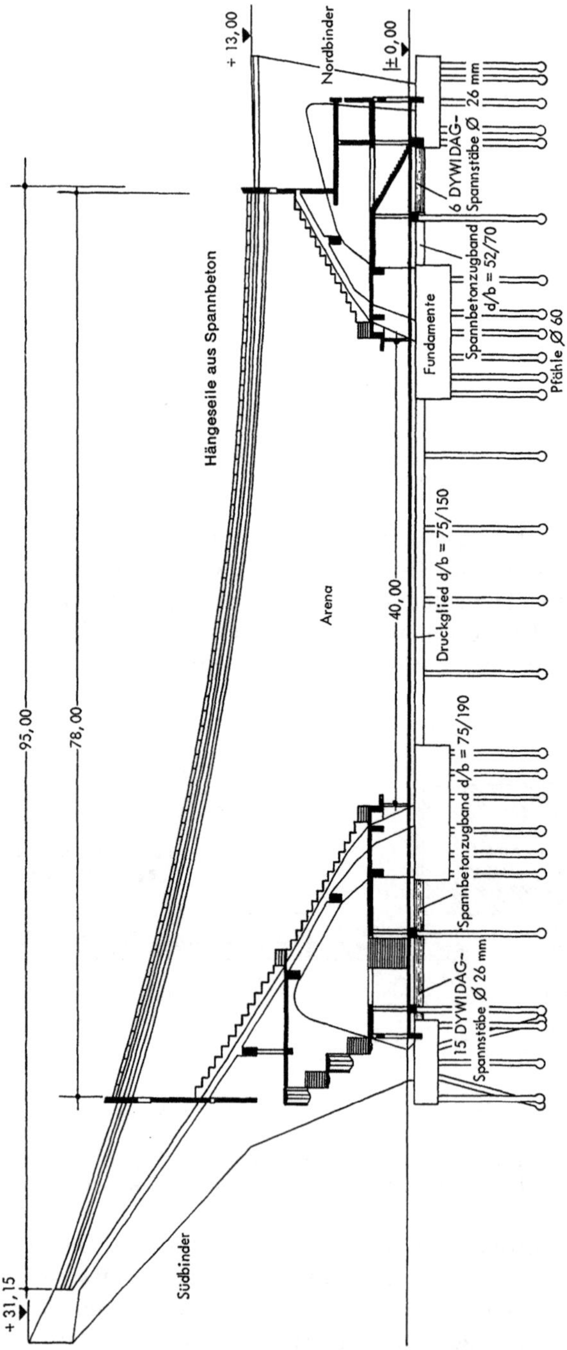

Abb. 200. Stadthalle in Bremen, Hängedach in Dywidag-Spannbeton, Schnitt in Richtung der Hängeseile (aus Dywidag-Berichte 5—1966, S. 5, Bild 9)

fahrbaren Plattform aus auf die zwei nebeneinanderliegenden Spannglieder mit Fugenabständen von 3 cm verlegt. Die Fugen zwischen den Formsteinen wurden nun mit Feinbeton B 450 gefüllt, nach dessen ausreichender Erhärtung das Spannen der Vorspannstähle vorgenommen wurde. Die Rillen unterhalb der Spannglieder wurden von einer fahrbaren Plattform aus mit PCI-Mörtel verschlossen, und hierauf konnten die Spannkanäle injiziert werden. Die Betonhohldielen wurden auf die gespannten Betonseile als schlaffe Dachhaut verlegt. Das Eigengewicht der Dachkonstruktion beträgt etwa 280 kg/m^2.

Entworfen und berechnet wurde das Dach von Zivilingenieur Dipl.-Ing. E. Jacubec, Wien, unter Beratung der Architekten L. Lang und P. Czernin, Wien. Gebaut wurde die Kirche von der Baugesellschaft G. & H. Menzel, Wien.

Stadthalle in Bremen

Eine große Halle, die ebenfalls mit einem einfach gekrümmten Hängedach überspannt ist, bei welchem Hängeseile aus Spannbeton Verwendung fanden, ist die Stadthalle in Bremen. Der Grundriß der Halle ist fast quadra-

Abb. 201. Ansicht der Stadthalle Bremen
(aus D. u. W. Archiv-Phot.: H. Ohlsen, Bremen)

tisch mit einer Seitenlänge von rund 80 m (Abb. 200 und 201) [125]. An der Nord- und Südseite der Halle sind Tribünen vorhanden, die von Tribünenrahmen im Abstand von 12,5 m getragen werden. Der südliche

Tribünenrahmen weist einen steil nach Süden, bis 31,15 m über Hallenflur ansteigenden Kragarm auf, an dessen Spitze die Betonseile verankert sind. Die gegenüberliegende Verankerung der Seile liegt am Nordrahmen, 13,0 m über dem Hallenfußboden. Die Seile enden dort etwa mit waagrechter Endtangente. Die freie waagrechte Spannweite der Seile beträgt 95,0 m. Die vorgespannten Betonseile haben Rechteckquerschnitt von 70 cm Breite und 21 cm Höhe und liegen in 4,35 m Abstand. Je drei dieser Seile sind an einem Tribünenrahmen verankert, wobei das mittlere Seil etwas tiefer liegt, um in der Dachhaut Entwässerungsrinnen zu erhalten. Der weit nach Süden ausladende Rahmenteil mit dem spitz zulaufenden Verankerungsteil für die drei Seile an der höchsten Stelle erinnert an einen Schiffsbug. Die Betonhängeglieder wurden auf Gerüst betoniert und dann gespannt. Bewehrt sind sie mit Dywidag-Spannstangen. Auf den vorgespannten Betonhängegliedern liegen Holzsparren, die die Eindeckung aus Wellaluminium und eine Unterdecke tragen. Die vorgespannten Betonhängeglieder haben, auf 1 m² Dachfläche bezogen, ein Gewicht von rund 100 kg/m², die Eindeckung und die Unterdecke wiegen zusammen 50 kg/m². Der Krümmungsradius des Daches mußte ziemlich groß gewählt werden, da das Dach an der tiefliegenden Nordseite entwässert wird, er beträgt etwa 260 m.

Den architektonischen Entwurf verfaßten Architekt Prof. Dr. R. Rainer, Wien, und Dr. Säume, Bremen. Die statische und konstruktive Bearbeitung sowie die Bauausführung erfolgten durch die Unternehmung Dyckerhoff & Widmann KG.

Wartungshalle V des Flughafens Frankfurt/Main

Die Wartungshalle V des Flughafens Frankfurt/Main überspannt eine nutzbare Grundrißfläche von 270 m Länge und 100 m Breite. Die eine Längsseite ist auf 270 m als Torfront mit einer Durchfahrtshöhe von 21,5 m ausgebildet. Die acht voneinander unabhängigen, mächtigen Tore stehen unten auf Laufrollen und sind oben mit in der waagrechten Ebene laufenden Rollen am Torträger geführt. Die Hälfte der gesamten Torlänge kann geöffnet werden. An der der Torfront gegenüberliegenden Rückseite waren noch zwei Erweiterungen des Nutzraumes von je 28,8 m Länge, 10 m Breite und 22 m Höhe nötig (Abb. 202) [158].

Die Konstruktionshöhe des Hallendaches mußte in einem Raum untergebracht werden, welcher nach oben aus Gründen der Flugsicherung mit 34,0 m über dem Hallenflur und nach unten mit der Durchfahrtshöhe von 21,50 m unter dem Torführungsträger begrenzt war. Weitere Forderungen, welche erfüllt werden mußten, waren eine ausreichende natürliche Belichtung, möglichst hohe Feuerwiderstandsdauer und ein ausreichender Wärmedurchlaßwiderstand. Weiters mußte mit Ausnahme schmaler Streifen entlang der Torfront und der Rückwand die Nutzfläche mit vier Hängekranen von je 21 t Eigengewicht und 7,5 t Nutzlast bedient werden können, und die lotrechten Verformungen der Torfront sollten mit Rücksicht auf die Torkonstruktion 80 cm nicht überschreiten. Die ausgeführte Konstruktion in Form von zehn, durch 3 m breite Lichtbänder getrennte, vorgespannte Zugbogen (Spannbänder) erfüllte alle diese Bedingungen. Diese 10 Bogen

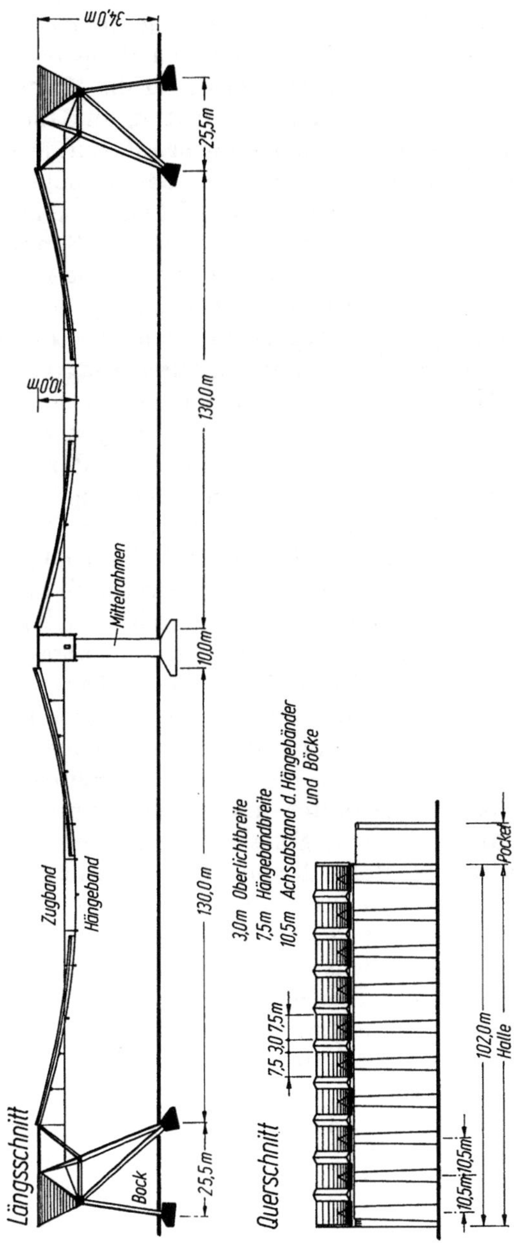

Abb. 202. Wartungshalle V des Flughafens Frankfurt/Main, Längs- und Querschnitt (aus Beton- und Stahlbetonbau 1970, S. 122, Bild 1)

spannen sich von ebenfalls 10 Verankerungsböcken, welche an den Schmalseiten der Halle stehen, über 130 m zum Riegel eines Mittelrahmens, an welchem sie wieder verankert sind. Der Durchhang der Zugbogen beträgt 10 m. Als Baustoff für die Bänder wählte man Leichtbeton LB 300, als Bewehrung für die beschränkte Längsvorspannung Doppelrippen-Gewindestäbe ⌀ 26,5 mm aus St 80/105. Die acht inneren Hängebänder sind 7,50 m breit und haben eine Dicke von 8,6 cm, welche für die Mindestüberdeckung der Bewehrungen notwendig ist. In der Querrichtung sind die Bänder schlaff bewehrt. Die Randbänder weisen Verstärkungen auf, sind jedoch im wesentlichen so wie die Mittelbänder gestaltet. Alle Bänder sind an den Längsrändern mit kleinen Rippen verstärkt, auf welchen die 3 m breiten Lichtbänder aufgelegt wurden. Diese Aufkantungen an den Bandrändern hatten nicht nur statische Aufgaben zu erfüllen, sondern brachten auch die für die Radarüberwachung der Flüge notwendige Aufrauhung der Dachfläche.

In ihrem Tiefstpunkt sind alle Bänder auf 22 m Breite in der Querrichtung zu einer waagrechten Rinne verbunden. Diese waagrechte Aussteifung und Verbindung der Hängebänder hätte jedoch allein noch nicht genügt, und es sind mit etwa 10 m Abstand entlang der Zugbogen versteifende Querträger angeordnet (Abb. 203). Diese 36 cm breiten und 80 cm hohen Querträger sind in der Torfront nach unten abgewinkelt und tragen den Torführungsträger. Über diese Querträger werden die auf den Torträger anfallenden Windlasten in die Dachkonstruktion geleitet. An den Querträgern hängen auch die Kranbahnen, und über diese Querverbindung der Zugbogen werden nicht nur die Kranlasten auf diese verteilt, sondern auch Unterschiede in den Durchbiegungen verhindert. Jene Querträger, welche den Verankerungsböcken und dem Mittelrahmen benachbart sind, steifen nur jeweils ein Band aus und gehen nicht auf die ganze Hallenbreite durch, um nicht unnötig hohe Zwängungsbeanspruchungen aus Temperaturänderungen des Daches im Bereich der Böcke und des Mittelrahmens zu erhalten. Obwohl ein mit Rippen ausgesteifter und vorgespannter Zugbogen aus Beton bereits durch die zusätzliche Schalenwirkung ein günstiges Verformungsverhalten zeigt, war es infolge der hohen Kranbelastungen doch angezeigt, noch zusätzliche, versteifende Maßnahmen zu ergreifen. Es wurde jedes der 10 Spannbänder mit einem waagrechten Zugband versehen. Diese Zugbänder, welche vergleichsweise geringe Kräfte erhalten, wurden ebenfalls vorgespannt, und so sind sie imstande, nicht nur Zug-, sondern auch Druckkräfte aufzunehmen. Bei antimetrischer Belastung würde auch eine antimetrische Biegelinie des Zugbogens auftreten. An den Verbindungsstellen des Bogens mit dem Zugband werden von diesem jedoch Rückstellkräfte geweckt, welche allzu große, antimetrische Verformungen unmöglich machen. Die Kräfte im Zugband bleiben hiebei klein. Es besteht je Hängeband aus 5 Spannstangen ⌀ 26,5 mm aus St 80/105, welche in einem Polyäthylenrohr ⌀ 18 cm untergebracht sind. Nach dem Spannen der Stangen wurde der Hohlraum mit Mörtel ausgepreßt. Die Abstützung der Zugbänder gegen die Hängebänder erfolgte an den Stellen der Querträger.

An den Enden sind die Hängebänder auf Fachwerkbockkonstruktionen gelagert. Die Konstruktion solcher Böcke ist um so schwieriger und auf-

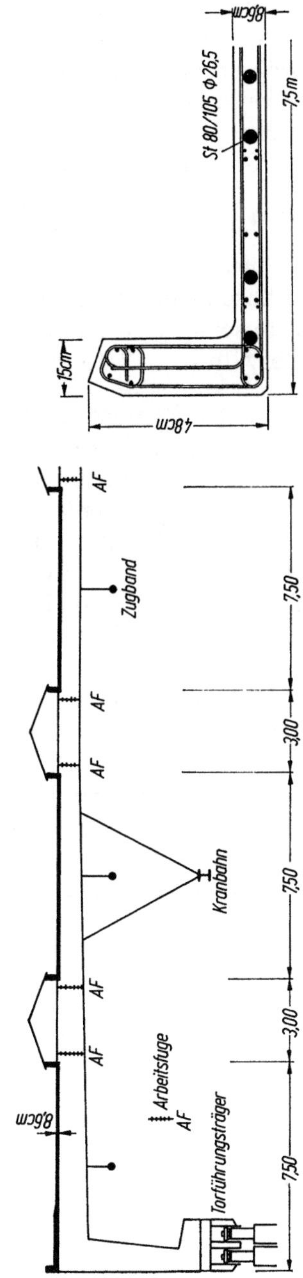

Abb. 203. Querschnitt des Torbandes und zweier Normalbänder (aus Beton- und Stahlbetonbau 1970, S. 123, Bild 4)

wendiger, je größer die zu verankernden Kräfte und je größer die waagrechten Komponenten im Vergleich zu den lotrechten sind. Diese Beziehung ist vom Pfeilverhältnis der Hängebänder abhängig, die Größe der Kraft wächst mit dem Gewicht des Daches und nimmt mit dem Pfeilverhältnis ab. Man war deshalb bestrebt, für den Durchhang des Daches (die Pfeilhöhe f) den größtmöglichen Wert zu wählen und das Dachgewicht klein zu halten. Das Verhältnis Pfeil zu Spannweite ist $f : l = 10 : 130 = 0{,}077$. Der Forderung nach geringem Gewicht der Dachhaut wurde durch die Wahl von Leichtbeton LB 300 mit einem Raumgewicht von 1,6 t/m³ entsprochen.

Der Kornaufbau dieses Leichtbetons bestand aus

24	Festraumprozent Mainsand	0/3 mm
24	Festraumprozent Blähschiefer	0/3 mm
24	Festraumprozent Blähschiefer	3/7 mm
24	Festraumprozent Berwilit	7/15 mm

Der Leichtbeton wurde mit einer Zementzugabe von 380 kg Zement PZ 375 je 1 m³ Festbeton und mit einem Wasserzementwert $w = 0{,}45$ verarbeitet. Man erreichte eine mittlere Druckfestigkeit von 375 kp/cm² mit einem Variationskoeffizienten von 6,7%. Die entsprechenden Werte für die Biegezugfestigkeit betrugen 61 kp/cm² mit 8,2% und für die Spaltzugfestigkeit 25,5 kp/cm² mit 9,8%. Das Dachgewicht ist andererseits wieder so hoch, daß ein Instabilwerden durch Windsogkräfte nicht zu befürchten ist. Die vorgespannten Zugbänder verbessern auch in dieser Hinsicht die Verhältnisse.

Das Fachwerk der Böcke besteht aus schlaff bewehrten Druckstäben und vorgespannten Zugstäben. Jedes Hängeband ist an einem solchen Bock verankert. Die Böcke sind bis auf jene unter dem Torhängeband, welche um 1,50 m breiter sind, alle gleich. Die Böcke sind 34 m hoch und tragen am Kopf ein großes Gegengewicht in Form eines auf der Spitze stehenden mächtigen Keiles. Je Bock sind im Gegengewicht 435 m³ Beton, im Bock der Torfront 570 m³ untergebracht. Der unbewehrte Beton B 80 des Gegengewichtes ist mit bewehrtem Beton der Güte B 300 umgeben, welcher in das Fachwerksystem einbezogen ist. Die Stützen und Streben der Böcke bestehen aus Beton B 450. Die Druckstäbe besitzen U-Querschnitt, die Zugstäbe sind Rechteckquerschnitte. Die Wandstärken der Profile betragen 25 bis 35 cm. Am Kopf sind die Böcke 6,0 m breit. Unterhalb des Gegengewichtes beträgt die Breite nur 2,6 m und nimmt dann wieder bis auf 3,50 m an der Oberkante des Fundamentes zu. Die Fundamente der Böcke sind geteilt. Am inneren Fundament stützen sich zwei lange Druckstäbe ab, am äußeren ein Wechselstab, welcher nur bei ungünstiger Lastkombination geringe Zugkräfte erhält, denn durch das Gegengewicht wird die Verankerungskraft des Daches so umgelenkt, daß die resultierende Kraft in der Höhe der Gründung nur bei außergewöhnlichen Lastfällen nicht mehr innerhalb der beiden Fundamente liegt. Die Hängebänder sind mit dem Bock monolithisch verbunden, denn die Winkeländerungen des Hängedachanschlusses betragen nicht mehr als $\pm 0{,}02$.

Auch am Mittelrahmen sind die Hängebänder biegesteif angeschlossen. Dieser Mittelrahmen besteht aus einem großen, 10,5 m hohen Riegel, welcher auf zwei Stützen mit dem Rechteckquerschnitt 2,5 m × 5,0 m gelagert ist. Die längere Seite steht quer zur Rahmenebene. Die Stützen haben einen Abstand von 78 m, und der Riegel kragt bei 106 m Gesamtlänge somit beiderseits noch um 12 m aus. Sein Querschnitt ist ein 7,6 m breiter und 10,5 m hoher Hohlkasten. Die Stegdicke beträgt 30 cm, die Dicke der unteren Platte 20 cm und jene der oberen Platte im Mittel 35 cm. Im Bereich der Stützen sind die Stege und die untere Platte, den größeren Schnittkräften entsprechend, etwas dicker. Der Riegel ist mit seiner Unterkante so hoch gelegt, 23 m über Flur, daß die ungehinderte Durchfahrt der Krane von einem Hallenschiff ins Nachbarschiff möglich ist. Dieser Mittelträger hat die Dachlast eines 140 m breiten Streifens aufzunehmen, weshalb seine größte lotrechte Belastung 90 Mp/m beträgt. Der Kastenträger hat bei unsymmetrischen Belastungszuständen auch waagrechte Kräfte aufzunehmen und wird außerdem auf Torsion beansprucht.

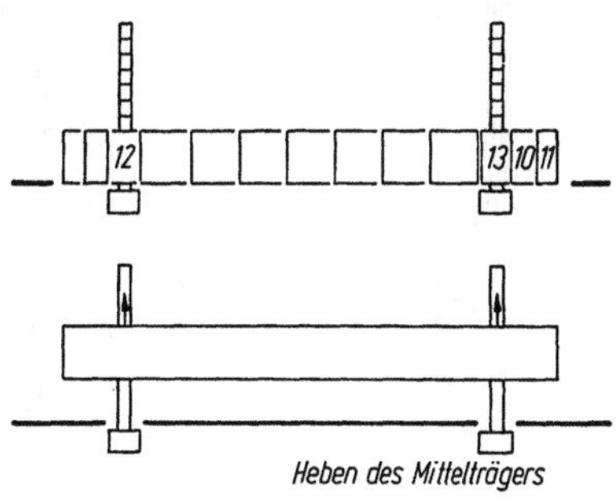

Abb. 204. Bauabschnitte und Bauablauf des Mittelträgers (aus Beton- und Stahlbetonbau 1970, S. 127, Bild 8)

Je Hängeband ist im Kasten zur Krafteinleitung und Aussteifung des Querschnittes ein Schott mit Durchstiegsöffnungen angeordnet. Gebaut wurde dieser Mittelrahmen so, daß man den Riegel am Boden liegend in Abschnitten herstellte und ihn nach Aufbringen einer Teilvorspannung mit Hubvorrichtungen an den vorweg im Kletterverfahren gefertigten Stützen in seine endgültige Lage brachte (Abb. 204). Über den Stützen waren 1,2 m dicke Spannbetonplatten hergestellt worden, welche als Hubplatten dienten. An diese Hubplatten wurden mit Gewindestäben ∅ 26,5 mm aus St 80/105 der 4500 t schwere Riegel gehängt. Die Hubpressen waren zwischen der Hubplatte und dem Stützenkopf angeordnet. Beim Rückholen der Pressen wurde der Riegel mit Muttern, welche während des Hubvorganges an den Hängestangen nachgedreht wurden, auf die Stützenköpfe abgesetzt. Der Stützenkopf und der Riegel im Stützenbereich waren so gestaltet, daß mittels schlaffer und vorgespannter Bewehrung eine kraftschlüssige Verbindung erzielt werden konnte (Abb. 205).

Dadurch, daß mit Ausnahme des Mittelrahmens zehn gleiche Hängebänder und ihre ebenfalls gleichartigen Randböcke herzustellen waren, kam man durch oftmaliges Wiederverwenden der Gerüste und durch Wiederholung gleicher Arbeitsvorgänge zu einer wirtschaftlichen und auch raschen Ausführung. Wegen der Größe der Halle und der damit zusammenhängenden Probleme wählte man eine Ausführung in Ortbeton, d. h. die Schalung der Dachhaut wurde nicht von frei hängenden Zugstangen getragen, sondern wurde mit Gerüsten auf den Boden unterstellt. Man wendete bei der Planung und Ausführung viel Mühe auf, um trotz der Herstellung des Daches in Abschnitten am Ende des Baues einen Zustand zu erhalten, der sich in den geometrischen Formen und in seinen Beanspruchungen möglichst wenig von jenem unterschied, den man bei Einrüsten der ganzen Halle und einer Herstellung in einem Guß erhalten hätte, denn dann ist zu erwarten, daß

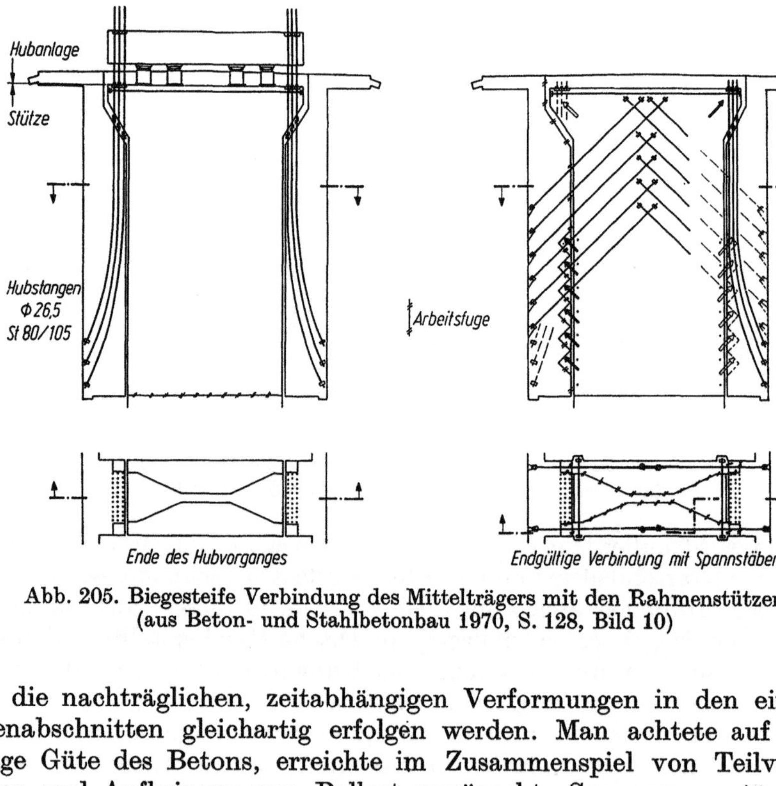

Abb. 205. Biegesteife Verbindung des Mittelträgers mit den Rahmenstützen (aus Beton- und Stahlbetonbau 1970, S. 128, Bild 10)

auch die nachträglichen, zeitabhängigen Verformungen in den einzelnen Hallenabschnitten gleichartig erfolgen werden. Man achtete auf gleichmäßige Güte des Betons, erreichte im Zusammenspiel von Teilvorspannungen und Aufbringen von Ballast gewünschte Spannungszustände und verband jedes neu hergestellte Hängeband mit den schon älteren erst, wenn in beiden Bändern die Temperatur gleich war u. dgl. m.

Das Hallendach stützt sich nicht auf die Rückwand. Diese Wand ist für sich standfest durchgebildet. Nur jene Wandteile, welche oberhalb des Dachtiefpunktes liegen, geben die auf sie wirkenden Windlasten zum Teil auf die tieferen, steifen Wandteile und an die Dachfläche ab.

Da ein Hängeband lotrechten, gegenseitigen Verschiebungen seiner Verankerungspunkte keinen Widerstand entgegensetzt, ist es gegen unterschiedliche Baugrundsetzungen unempfindlich. Die Gründung der Halle brachte deshalb auch keine besonderen Schwierigkeiten mit sich.

Die Halle wurde im Auftrag der Flughafen Frankfurt/Main AG. erbaut. Den konstruktiven Entwurf verfaßte im Rahmen eines Ideenwettbewerbes die Bauunternehmung Dyckerhoff & Widmann KG., welche auch die technische Geschäftsführung in der den Bau ausführenden Arbeitsgemeinschaft der Firmen Dyckerhoff & Widmann KG., Philipp Holzmann AG. und Siemens-Bauunion GmbH. hatte. Die architektonische Gestaltung wurde vom Büro Beckert & Becker, Frankfurt/Main, besorgt.

2.6. Reaktordruckkessel

Allgemeines

Beim Bau der Reaktordruckkessel größerer Kraftwerksanlagen treten Probleme auf, die mit der Spannbetonbauweise zufriedenstellend gelöst werden können. Die Reaktorbehälter kleinerer Anlagen werden meist als Stahlkessel gebaut, die jedoch außen mit einem Strahlenschutz, dem biologischen Schild, ummantelt werden müssen. Die notwendige Dicke dieser Abschirmung ist im wesentlichen vom Raumgewicht des verwendeten Materials abhängig.

Der Stahlkessel wird so bemessen, daß er für sich allein die Beanspruchungen aus den Wanddrücken und den Temperaturdifferenzen aufnehmen kann. Der über seine eigene Abschirmwirkung hinausgehende biologische Schutz wird dem billigeren Material Beton zugewiesen, welches nur als Strahlenschutz dient. Mit steigender Größe der Kessel nehmen die Schwierigkeiten im Bau von Stahlbehältern beträchtlich zu, denn die Kessel können dann nur in Teilen in der Werkstatt hergestellt werden. Das Schweißen von dicken Blechen, wie sie im Reaktorbau erforderlich sind, ist ohnedies bereits eine schwierige Sache, und die Probleme nehmen zu, wenn einzelne Teile erst auf der Baustelle verschweißt werden können. Außerdem ist bei einem außenliegenden Strahlenschirm zu befürchten, daß der Konstruktionsstahl durch den dauernden Neutronenbeschuß nachteilige Veränderungen erfährt, die zu seiner Versprödung führen können. Der Gedanke war nun naheliegend, den Beton des biologischen Schildes auch zur Druckaufnahme heranzuziehen, diesen Betonmantel vorzuspannen und dadurch den Stahlkessel durch ein Spannbetondruckgefäß zu ersetzen [91, 128—143 u. 169]. Man erreichte so einen biologischen Schild, der zuverlässiger dicht bleibt als ein nur schlaff bewehrter Mantel, konnte die tragende Stahlbewehrung weitgehend in Zonen verlegen, die bereits vor Strahleneinwirkung abgeschirmt sind, war hinsichtlich der Kesselgröße weitgehend unabhängig und hatte auch noch den Vorteil, hochwertigen Stahl, den Spannstahl, in der günstigen Form der fast einachsigen Beanspruchung verwenden zu können.

Außerdem bietet bei Überlastung der Spannbetonkessel ein großes Maß an Sicherheit, denn ehe der Bruch eintritt, werden sich Risse im Betonmantel bilden. Der Bruch tritt somit nicht ohne Vorwarnung ein, wenn die Bruchlast genügend hoch über der Rißlast liegt. Mit der Rißbildung wird der Kessel undicht, und der Druck wird sinken, zumindest wird ein weiterer

Druckanstieg wesentlich langsamer erfolgen. Der Spannbetonbehälter wirkt bei Überlastung selbsttätig wie ein Sicherheitsventil. Ist die Spannung im Spannstahl im Zustand der Rißlast noch im elastischen Bereich, so werden sich die im Beton aufgetretenen Risse beim Absinken des Innendruckes wieder schließen.

Die Spannbetondruckbehälter werden heute meist so bemessen, daß bei einer Drucksteigerung auf den 1,2fachen Betriebsdruck und bei gleichzeitiger Steigerung der Temperaturunterschiede in den Kesselwänden um 50% die Rißlast (Auftreten von Zugrissen im Beton) noch nicht oder gerade erreicht wird und der Spannstahl noch unterhalb seiner Proportionalitätsgrenze beansprucht wird. Der Bruch des Gefäßes soll durch Versagen des Spannstahles und nicht des Betons, also mit Vorwarnung, eintreten und soll erst nach einer Drucksteigerung auf das 2,0- bis 2,5fache erfolgen. Die Innendrücke und Temperaturen, die in einem solchen Reaktordruckgefäß herrschen, sind beträchtlich, wobei bei kleinerem Druck große Kesselabmessungen, bei hohem Druck kleinere notwendig sind. Die Entwicklung zu Reaktoren mit großer Leistung bringt eine Steigerung der Innendrücke und damit auch der Betriebstemperaturen mit sich. Gasgekühlte Reaktoren werden mit einem Gasdruck von 25 bis 30 kp/cm² und mit Temperaturen von 300° bis 700° C betrieben. Bei Kühlung mit Flüssigkeiten treten Innendrücke bis zu 120 kp/cm² auf. Die Betriebstemperaturen liegen in der gleichen Größenordnung wie bei den gasgekühlten Anlagen. Bei dem noch in Entwicklung begriffenen Reaktortyp der schnellen Brüter treten sogar Betriebsdrücke bis 250 atü auf. Dem niederen Druck entspricht ein großer Kesselinhalt, dem hohen Druck ein kleiner. Je nach Leistung des Reaktors betragen die Innendurchmesser der Kessel bei Gaskühlung 14 bis 30 m, bei Flüssigkeitskühlung für Leistungen von 600 bis 1000 MW_e etwa 10 m und für einen schnellen Brüter dieser Leistung etwa 5,0 m.

Die hohen Beanspruchungen erfordern Wandstärken der Kessel, die auf jeden Fall die Mindeststärke von 3,0 m überschreiten, die für den biologischen Schutz notwendig ist. Die Theorie dünner, elastischer Schalen kann für die statische Berechnung der Druckgefäße nur bedingt herangezogen werden, denn die Voraussetzungen dieser Theorie, daß die Wandstärken gegenüber den anderen Abmessungen der Behälter klein sind, treffen nicht mehr zu. Besondere Schwierigkeiten bereitet das Erfassen der Spannungszustände im Bereich von Unstetigkeitsstellen der Umschließungswände, wie sie an größeren Wanddurchbrüchen und im Bereich der Behälterböden auftreten. Die Theorie der dickwandigen Schalen muß noch weiterentwickelt werden, um die Beanspruchungen der Kesselwände genauer erfassen zu können. Als Näherungsverfahren mit beliebig zu steigender Genauigkeit bietet sich bei rotationssymmetrischen Systemen die Methode der Finite-Elemente an [128, 133], doch müssen die Schnittflächen mit engmaschigen Netzen überzogen werden, und die Durchführung der Berechnungen ist nur mit leistungsfähigen, elektronischen Rechenanlagen zu bewältigen. In jüngster Zeit ist noch ein anderes Verfahren, jenes der dynamischen Relaxation [91, 169] bekannt geworden, mit welchem ausgezeichnete Erfolge in der Erfassung der besonderen Spannungszustände der Reaktordruckkessel erzielt werden.

Die Bruchsicherheit der vorgespannten Druckkessel kann einstweilen zuverlässig nur an einem Modell bestimmt werden, wobei die Druck- und Temperaturverhältnisse möglichst wirklichkeitsnah nachzuahmen sind. Derzeit sind Modelle im Maßstab 1 : 3 bis 1 : 5 üblich. Um die Kosten solcher Untersuchungen zu senken, geht das Bestreben dahin, den Modellmaßstab auf 1 : 20 zu senken.

Kessel G 2 und G 3 in Marcoule, Frankreich

Die ersten Spannbeton-Reaktordruckgefäße wurden für das Kraftwerk Marcoule in Frankreich 1958 in Betrieb genommen (Abb. 206) [132]. Die Druckbehälter G 2 und G 3 sind liegende Zylinder mit einer Gesamtlänge von 33,5 m, die Nutzlänge beträgt nur 15,65 m. Der Innendurchmesser der Zylinder ist 14,00 m, die Wandstärke 3,0 m. An den Stirnseiten sind die Zylinder mit Halbkugeln, die sich gegen die Zylinderwände stützen, abgeschlossen. Diese Kuppeln stehen unter Druck und sind nicht vorgespannt. Der Zylindermantel ist in der Längs- und Ringrichtung vorgespannt. 57 Ringspannglieder liegen auf einem großen Bereich an der Außenfläche des Zylindermantels, durchstoßen die Platte, auf welcher der Kessel aufliegt, und wurden von einem Kanal aus gespannt, welcher unterhalb der Kesselkonstruktion vorhanden ist. Die Grundplatte ist in der Querrichtung als Ersatz für die dort fehlende Ringvorspannung mit Spanngliedern unter Druck gesetzt. Längsspannglieder liegen im Inneren des Mantels und sind an den Stirnflächen verankert. Verlegt wurden die Spannglieder in Hüllrohren, doch wurde auf die Herstellung eines dauernden Verbundes zwischen Spannstahl und Beton verzichtet, um einzelne Glieder jederzeit auswechseln zu können. Verwendet wurde das Spannverfahren Coyne mit einem Stahl der Güte St 140. Die je Spannglied aufgebrachte Vorspannkraft hat 1200 Mp betragen. Die Verankerungen und das Spannen so hoch beanspruchter Spannglieder erfordern einen großen Platzbedarf und dies bereitet meist erhebliche Schwierigkeiten. Diese Kessel dienten zur Unterbringung eines Reaktors von 28 MW elektrischer Leistung. Als Kühlmittel wird CO_2-Gas benützt, mit einer Temperatur von 100° bis 350° C und einem Betriebsdruck von 15 kp/cm². Da der Beton nicht dauernd diesen hohen Temperaturen ausgesetzt werden kann, ist der primäre CO_2-Hauptkreislauf mit einem sekundären umgeben, der so bemessen ist, daß die Betontemperatur an der Innenseite des Kessels 50° C nicht überschreitet. An dieser Kesseltype G 2, die nur zur Unterbringung eines Reaktors mit kleiner Leistung gebaut wurde, konnten wertvolle Erfahrungen gewonnen werden, die für die weitere Entwicklung von Nutzen waren.

Kessel EDF 3 in Chinon, Frankreich

Im Jahre 1964 wurde in Chinon (Frankreich) bereits ein Spannbetonkessel für einen Reaktor mit 480 MW elektrischer Leistung in Betrieb genommen [134]. Als Kühlmittel und Energieüberträger dient wieder CO_2-Gas mit einem Betriebsdruck von 30 kp/cm². Die Betriebstemperatur beträgt 240° bis 410° C. Durch ein Kühlsystem wird der Beton des Kessels an der

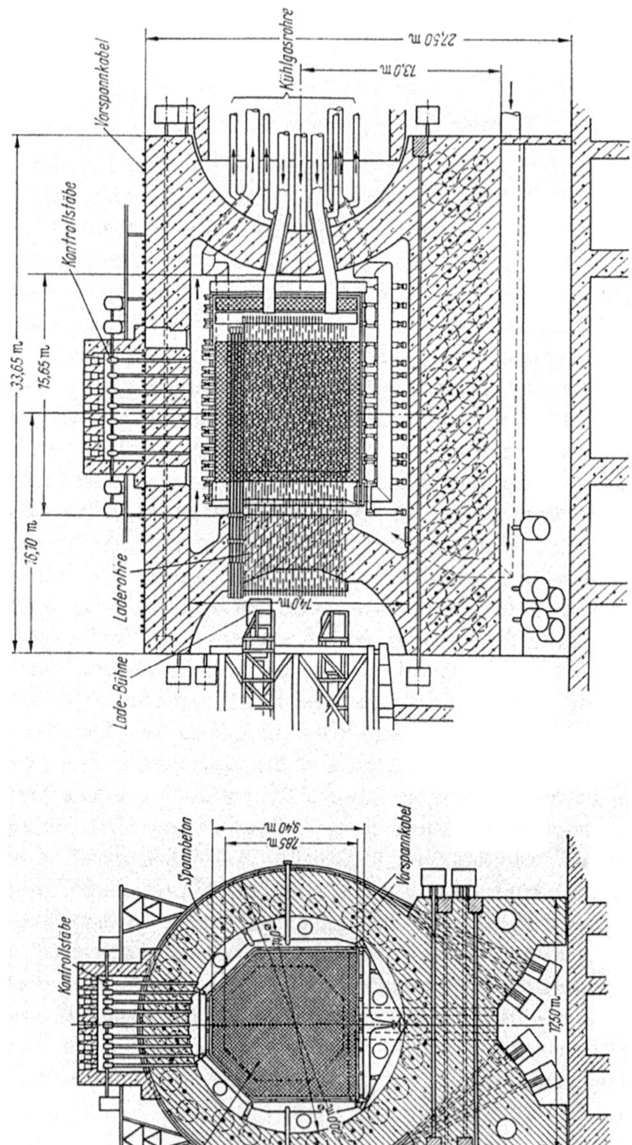

Abb. 206. Schnitte durch den Druckbehälter des französischen G2-Reaktors (aus Der Bauingenieur 1962, S. 359, Abb. 5)

Innenseite jedoch nur einer Temperatur von 75° C ausgesetzt. Der Innenraum dieses Druckbehälters, genannt EDF 3-(Electricité-de-France-)Kessel (Abb. 207), hat die Form eines stehenden Zylinders mit 19,0 m Durchmesser und einer Höhe von 21,0 m. Der Boden des Behälters ist zur Mitte hin geneigt. Die Ecken zwischen der Zylinderleibung und der Decke bzw. dem Boden sind abgeschrägt. Außen ist das Druckgefäß 33,0 m hoch und besitzt einen quadratischen Grundriß mit 27,45 m Seitenlänge. Die Ecken des Quadrates sind abgeschnitten und seine Seiten leicht nach außen gewölbt. Die Innenflächen des Gefäßes sind mit einer 25 mm dicken Metallmembran ausgekleidet, welche den gasdichten Abschluß zu bewirken hat. Die Behälterwände werden von 16 Röhren mit dem Durchmesser von 2,2 m in radialer Richtung durchstoßen, durch welche der Zu- und Abstrom des CO_2-Gases

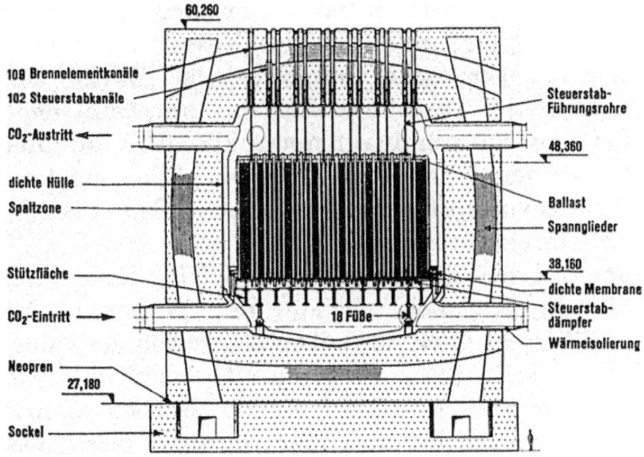

Abb. 207. EDF3-Druckkessel, Querschnitt (aus Kerntechnik 1966, S. 393, Bild 4)

erfolgt. Zur Durchführung der Kabel für die Meßinstrumente, für das Wechseln der Brennelemente und den Betrieb der Kontrollstäbe waren in den Wänden und der Decke noch weitere Durchbrüche mit ⌀ 1 m und 211 mit ⌀ 0,47 m unterzubringen. Der Beton der Güte B 450 wurde nach dem System SEEE mit 8720 Kabeln aus St 170/190 vorgespannt. Die Spannkraft des einzelnen Spanngliedes war verhältnismäßig klein und betrug 115 Mp im Zustand des Spannens. Man rechnete, daß diese an der Verankerungsstelle vorhandene Kraft durch Reibung, Schwinden und Kriechen des Betons sowie des Stahles auf 95 t je Spannglied vermindert wird. Die Spannglieder liegen im Bereich des Zylindermantels in waagrechten Ebenen in den äußeren Wandbereichen und sind gegen den Kern hin gekrümmt. Sich überkreuzend, sind sie an den abgeschnittenen Ecken des Grundrißquadrates verankert. Die in den lotrechten Ebenen geführten Spannkabel sind ebenfalls leicht nach innen gekrümmt und sind in der Behälterdecke und in der Grundplatte verankert. Die Verankerungsstellen sind zugänglich. Die Spanngliedlagen in der Decke und Sohle des Behälters sind nach oben bzw. unten so gekrümmt, daß die Umlenkkräfte der Kabel dem Innendruck entgegenwirken. Innerhalb des Betons sind die Spannstähle in Hüllrohren verlegt. Die

Kanäle wurden nach dem Spannen mit Zementmörtel ausgepreßt, wie dies sonst auch im Spannbetonbau üblich ist. Man brauchte so keinen besonderen Korrosionsschutz für den Spannstahl, verlor jedoch die Möglichkeit des Auswechselns einzelner Spannglieder.

Der EDF 3-Kessel ist nur für die Aufnahme des Reaktors konstruiert. Die Wärmeaustauscher liegen außerhalb des Kessels und damit auch der radioaktive, primäre Kreislauf des Kühlmittels. Unabhängig von der biologischen Abschirmung des Druckkessels, die bereits durch seine Bauweise vorhanden ist, erfordert eine solche Anlage aus Sicherheitsgründen noch eine weitere Schutzhülle für den gesamten, radioaktiven, primären Kreislauf, ein sogenanntes Containement.

Kessel EDF 4 in Saint-Laurent-des-Eaux, Frankreich

Ein wesentlicher Fortschritt im Bau vorgespannter Druckkessel wurde erreicht, als man daranging, innerhalb des Kessels nicht nur den Reaktor, sondern auch den Wärmetauscher unterzubringen. Es liegt dann der primäre Kühlmittelkreislauf, der strahlungsaktiv ist, innerhalb des Druckkessels, und es kann die sonst notwendige Schutzhülle, das Containement, gespart werden. Die Abmessungen des Kessels werden größer, doch hat sich herausgestellt, daß die Gesamtkosten einer solchen Anlage niedriger sind. Diese Bauweise wird die integrierte genannt.

Einer der ersten Kessel dieser Art ist der EDF 4-Kessel in Saint-Laurent-des-Eaux in Frankreich, bei welchem der Wärmetauscher unter dem Reaktor liegt (Abb. 208) [134, 135]. Die elektrische Leistung dieser Anlage beträgt 487 MW. Der Reaktor wird mit CO_2 als Kühlgas betrieben. Der Betriebsdruck beträgt bis zu 30 kp/cm^2, die Betriebstemperatur 225° bis 410° C, die höchstzulässige Betontemperatur 80° C. Der Kesselraum ist ein stehender Zylinder mit einem lichten Durchmesser von 19,05 m und einer Höhe von 36,28 m. Die Ecke zwischen der Zylinderwand und der Decke ist abgeschrägt, die äußere Form ist ein regelmäßiges sechseckiges Prisma mit waagrechten Stirnflächen. Die Seitenlänge des Sechseckes beträgt 16,4 m, die kleinste Wanddicke ist 4,72 m. Der Kessel hat außen eine Höhe von 49,15 m, die Decke ist 6,90 m, die Bodenplatte 5,65 m stark. Die Innenflächen des Kessels sind mit einer dichtenden Metallmembran ausgekleidet, hinter welcher Kühlrohre in engem Abstand liegen. Die Kesselwände werden durchbrochen von einer Montageöffnung von rund 2,5 m im Durchmesser und von 6 Öffnungen mit dem Durchmesser von 2,7 m bis 3,2 m, welche als Zugänge und als Nischen für die Unterbringung der Gebläse dienen. In der Deckplatte des Kessels waren 211 Durchlässe für den Wechsel der Brennstoffelemente und für das Einführen der Kontrollstäbe unterzubringen. Drei weitere Öffnungen dienen für das Einbringen der Meßinstrumente und zwei als Einsteigöffnungen. Die untere Platte wird von den Wasserzuleitungs- und den Dampfableitungsrohren und verschiedenen Kabelzuführungen in ähnlicher Art wie die Decke durchlöchert.

Die Betonwände des Kessels wurden nach dem System SEEE mit insgesamt 5200 Spanngliedern vorgespannt. Jedes Kabel wurde mit 225 Mp gespannt, um eine endgültige Vorspannkraft von 185 Mp zu erhalten. Die

Kabel sind an den Enden mit Ziehhülsen gefaßt, welche außen ein Gewinde tragen. Die Übertragung der Kabelkräfte auf die Ankerplatten erfolgte auf der Spannseite über Schraubenmuttern, an der Verankerungsseite sitzt die Hülse unmittelbar auf der Ankerplatte. Der Schaft des Kessels ist in waagrechter Richtung mit Kabeln vorgespannt, die im äußeren Bereich liegen, jeweils über 2 Sechseckseiten reichen, etwa der inneren, zylindrischen Leibung folgen und in den Eckpunkten des Sechseckes, sich übergreifend, ver-

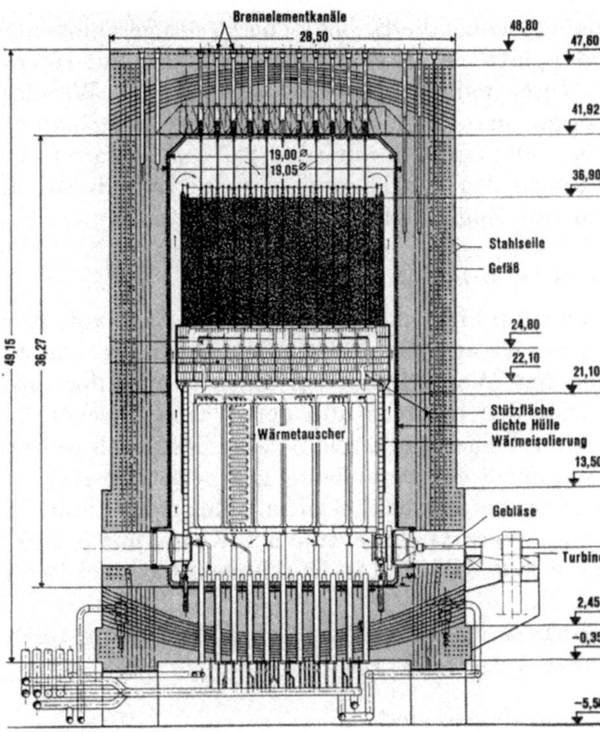

Abb. 208. EDF4-Druckkessel in Saint-Laurent-des-Eaux (aus Kerntechnik 1966, S. 393, Bild 5)

ankert sind. Die lotrechten Vorspannglieder sind entlang von 7 konzentrischen Ringen angeordnet und reichen über die ganze Kesselhöhe. Die Spannbewehrung der Deck- und Bodenplatte ist, im Grundriß betrachtet, in drei Richtungen verlegt, die sich unter einem Winkel von 120° schneiden. Im lotrechten Schnitt sind die Kabel so gekrümmt, daß die durch die Vorspannung geweckten Umlenkkräfte dem Kesselinnendruck entgegenwirken. Alle Spannglieder wurden verrohrt. Die Kanäle wurden nach dem Spannen mit Injektionsmörtel ausgepreßt. Verbaut wurden in diesem großen Kessel mit 10.300 m³ Druckraum 24.200 m³ Beton, 2260 t Spannstahl der Güte St 170/190 und 800 t schlaffe Bewehrung.

Kessel in Bugey, Frankreich

In ähnlicher Art wurde in Bugey (Frankreich) ein Reaktordruckkessel für eine etwas größere Leistung von 547 MW_e gebaut [136, 137]. Die Betriebstemperatur und auch die zulässige Betontemperatur sind gleich wie beim Kessel EDF 4, doch wird er mit höherem Druck — 43,3 kp/cm² — betrieben. Der Innendurchmesser ist dem höheren Druck entsprechend etwas kleiner (17,1 m). Die Höhe des Kesselraumes ist 38,25 m, die Wände sind 5,5 m dick, und die Deck- und Bodenplatte haben eine Stärke von 7,5 m. Vorgespannt wurden die Platten und Wände nach dem BBR-B-Verfahren, wobei jedes Kabel aus 54 gezogenen Drähten ⌀ 7 mm aus St 146/166 besteht. In Ringrichtung wurden der Zylinder und die obere Platte mit 2200 dieser Kabel vorgespannt, wobei die Kabel $^1/_2$ bis $^2/_3$ des geschlossenen Kreises umfassen. Die Bodenplatte ist mit 550 Ringkabeln und mit 180 radial verlegten Spanngliedern vorgespannt. Zur Vorspannung der Wände in lotrechter Richtung benötigte man 1300 Spannglieder. Die Ringspannglieder wurden mit rund 200 Mp, alle anderen mit rund 225 Mp gespannt. Der verwendete Beton besaß nach 28 Tagen Erhärtungszeit eine Zylinderdruckfestigkeit von 400 kp/cm² und eine Zugfestigkeit von 33 kp/cm².

Kessel in Dungeness, Britannien

Auch in Großbritannien, das eine stattliche Zahl von Kernkraftwerken besitzt, ging man daran, die Reaktordruckbehälter aus Spannbeton zu bauen. England hat Wesentliches zur Entwicklung der integrierten Bauweise, bei welcher der Reaktor und der Wärmetauscher in einem Gefäß untergebracht sind, beigetragen, und es wird dort auch weiterhin eifrigst an der Verbesserung der Spannbetonkessel gearbeitet. So stehen im Kraftwerk Oldbury zwei Spannbetondruckkessel mit Reaktoren von 300 MW elektrischer Leistung, im Werk Wylfa ebenfalls 2 Kessel mit je 590 MW_e, in Dungeness B zwei mit 590 MW_e und in Hinkleypoint B zwei Behälter für Reaktoren mit 625 MW_e.

Die Druckbehälter in Dungeness B sind ihrer Form nach Zylinder mit lotrecht stehender Achse [138, 139].

Die Hauptabmessungen sind:

innerer Durchmesser	19,96 m
äußerer Durchmesser	27,58 m
Dicke der oberen Stirnplatte	6,32 m
Dicke der unteren Stirnplatte	5,94 m
innere Höhe	17,68 m
äußere Höhe	29,94 m

Der Reaktor gehört zum AGR-Typ (Advanced gaz cooled reactor) und wird mit CO_2-Gas von 292° C Eintritts- und 675° C Austrittstemperatur gekühlt. Die Temperatur, welcher der Beton ausgesetzt ist, ist nur 55° C. Der Betriebsdruck auf die Behälterwände beträgt 30,5 kp/cm². Die innere Dichthaut besteht aus einer 12,7 mm dicken Metallfolie, hinter welcher, schon im Beton und sehr eng angeordnet, mit Wasser gespeiste Kühlröhrchen liegen. Die 465 Kanäle zum Einführen der Uran- und Kontrollstäbe sind in der Decke des Zylinders innerhalb einer Kreisfläche mit rund 9,40 m Durchmesser angeordnet. Diese Kanälchen liegen so eng, daß zwischen

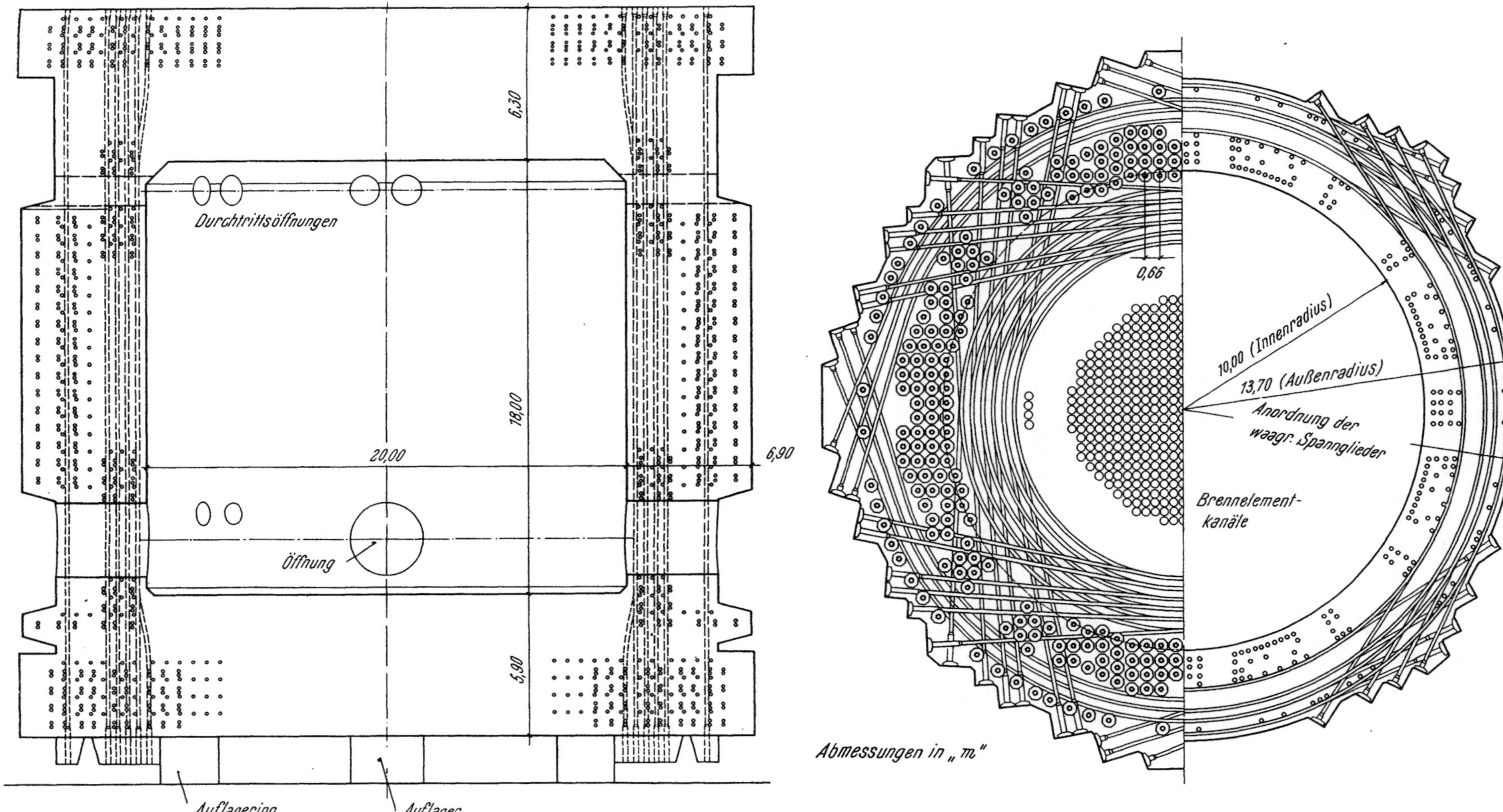

Abb. 209. Der Dungeness-B-Druckkessel, Schnitte und Draufsicht (aus Bureau BBR Zürich Switzerland Prestressed concrete: Report, BBRV Tendons of Large Capacity with Wires of Strands, for Nuclear-Reactor-Vessels No. 6901, S. 17)

ihnen nur 5 bis 8 cm breite Betonstreifen verbleiben. Innerhalb dieser Kreisfläche ist es daher nicht möglich, Spannglieder unterzubringen. Der Kessel ist nun in waagrechten Ebenen und in lotrechter Richtung vorgespannt (Abb. 209). Die lotrechten und geraden Spannglieder sind so verlegt, daß sie von Wandöffnungen genügenden Abstand besitzen und auch die waagrechten Kabellagen nicht behindern. Die waagrechten Spannglieder, in Paaren angeordnet, umschließen den Zylindermantel jeweils um 180°. Die Verankerungen liegen in den Viertelpunkten des Kreisumfanges und sind der Höhe nach versetzt. Die Reibungsverluste wurden auf diese Weise sehr gleichmäßig verteilt. Innerhalb der Endplatten vermeiden die Spannglieder den inneren Bereich mit den Kanälchen, umschlingen diesen und sind, sich überkreuzend, im äußeren Wandbereich verankert. Verwendet wurde das BBRV-Spannverfahren. Jedes Spannglied besteht aus 163 Drähten ⌀ 7 mm und wurde mit einer Kraft von rund 700 Mp gespannt. Eigens für den Bau von Reaktordruckkesseln wurden BBRV-Verankerungen und Spanngeräte für Spannglieder mit 263 Mp bis 806 Mp Vorspannkraft bzw. 400 bis 1200 Mp Bruchlast entwickelt. Der Platzbedarf für die Ankerkörper und vor allem für das Spanngerät ist sehr groß. Im allgemeinen scheinen bei großräumigen Kesseln Spannglieder mit hoher Vorspannkraft bevorzugt zu werden.

Weitere Entwicklungen der Kesselbauarten

Eine andere Kesselart für AGR- und mit Helium gekühlte Reaktoren ist so gestaltet, daß die Dampferzeuger und die Gebläse für den Kühlmittelkreislauf nicht im Kesseldruckraum, sondern in kleineren, lotrechten, zylin-

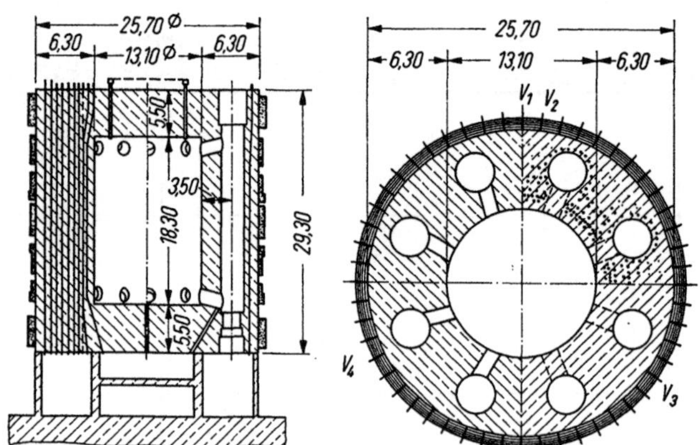

Abb. 210. Spannbeton-Druckbehälter für einen englischen 600-MW-Reaktor vom Arg-Typ. Waagrechter und lotrechter Schnitt (aus Beton- und Stahlbetonbau 1970, S. 156, Bild 3)

drischen Hohlräumen der Kesselwand untergebracht sind. Die Abb. 210 [135, 140] zeigt den waagrechten und lotrechten Schnitt durch einen solchen Kessel für eine 600-MW_e-Reaktor-Anlage. Der Druckraum ist ebenfalls ein stehender Zylinder mit 13,0 m Innendurchmesser und 18,3 m Höhe. Die Wandstärke des Zylindermantels, in welchem die Röhren für die Dampferzeuger liegen, ist 6,3 m. Die obere und untere Deckplatte des Zylinders ist 5,50 m stark. Der Vorteil dieser Anordnung ist die nicht allzu große Höhe des Kesseldruckraumes, die gute Zugänglichkeit zu den Dampferzeugern und die Möglichkeit, sie einzeln und unabhängig vom Reaktorkern ein- und ausbauen zu können. Dem steht der Nachteil gegenüber, daß der sonst rotationssymmetrische Spannungszustand der Kesselwände gestört wird, wodurch die statische Berechnung wesentlich erschwert wird. Sind die Dampferzeugerhohlräume entlang eines Kreisringes angeordnet, so kann man angenähert mit einem konzentrischen Schichtenaufbau der Kesselwand rechnen, wobei die Steifigkeit des Ringes, in welchem die Hohlräume angeordnet sind, gegenüber dem inneren und äußeren Wandring herabgesetzt wird. Abgesehen von den örtlichen Störungen um den Hohlraum herum, ist die Spannungsberechnung dann wieder auf den rotationssymmetrischen Zustand zurückgeführt. Ähnliches gilt für die Spannungsermittlung in den Deckplatten, denn im Bereich der Rohrdurchführungen zur Brennstoffbeschickung treten ebenfalls Verminderungen der Steifigkeit auf.

Vorgespannt wird ein solcher Behälter wieder in waagrechter und lotrechter Richtung, wofür die verschiedensten Spannverfahren geeignet sind.

Kesselentwurf Siemens — Dyckerhoff & Widmann

In Deutschland ist bisher noch kein großer Spannbetonkessel gebaut worden, doch bemüht man sich, günstige Lösungen zu finden. So wurde ein Modell im Maßstab 1 : 3 für einen von den Firmen Siemens AG., Dyckerhoff & Widmann KG. und Siemens-Bauunion Ges. m. b. H. geplanten Kessel für 100 kp/cm^2 Innendruck und 300° C Betriebstemperatur hergestellt und mit Erfolg erprobt (Abb. 211) [129, 131, 141]. Die Form des Behälters ist für den Betrieb eines Druckwasserreaktors abgestimmt, doch eignet sich diese Kesselform auch für andere Reaktortypen. Die Leistungsdichte im Kesselraum ist bei diesen Reaktoren gegenüber jenen mit Gaskühlung wesentlich höher. Bei gleicher Leistung kann der Kerninhalt kleiner sein, der Innendruck ist jedoch bedeutend höher.

Der Modellbehälter hat die Form eines stehenden Zylinders mit 2,42 m Innen- und 4,76 m Außendurchmesser. Die innere Höhe beträgt rund 4,0 m, die äußere 6,50 m. Das Wesentlichste dieses Entwurfes ist, daß die Zylinderdeckel so ausgebildet sind, daß sie ausgebaut werden können und für die Montage und auch bei Überholungen den ganzen inneren Zylinderraum freigeben. Die zentralen Teile der Deckel haben die Gestalt von Kegelstümpfen und sind mit dem Zylindermantel nicht fest verbunden. Die schrägen Flächen stützen sich gleitend auf einen mit der Zylinderwand verzahnten Keilring, der aus Einzelstücken besteht und entfernt werden kann, wenn der Druck im Behälter entspannt wurde. Je nach den Druck- und Temperaturverhältnissen verschieben sich diese Deckenpfropfen in der Längsrichtung des Zylinders. Alle für den Betrieb des Reaktors notwendigen Durchbrüche zum Innenraum sind in diesen Pfropfen untergebracht, so daß der Spannungszustand des Zylindermantels durch Öffnungen nicht gestört wird. Durch richtige Wahl der Deckelstärke und des Neigungswinkels der Mantelflächen der gleitenden Pyramidenstümpfe kann ein gleichmäßiges Aufweiten bzw.

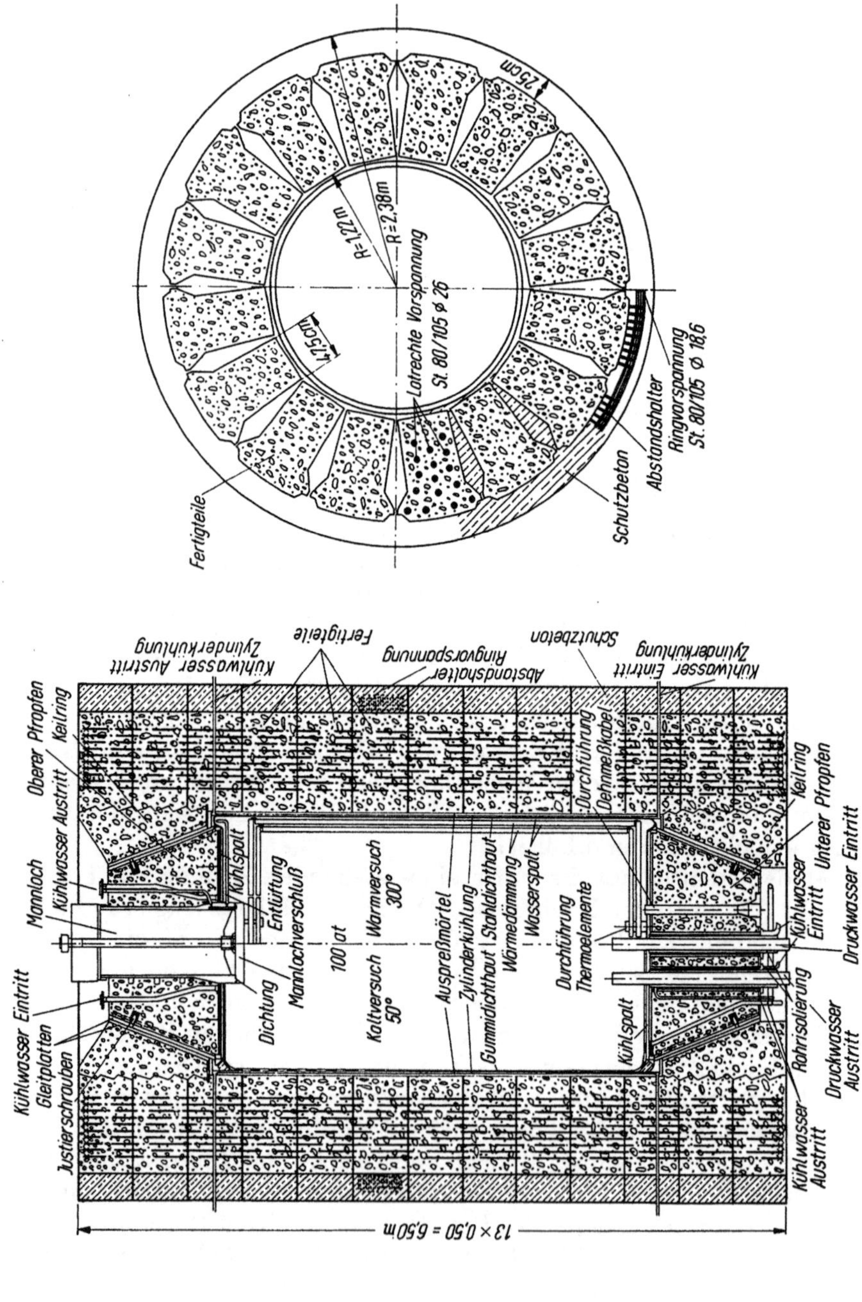

Abb. 211. Konstruktiver Aufbau des Spannbeton-Druckbehälters (aus Beton- und Stahlbetonbau 1969, S. 7, Bild 3)

Zusammenziehen des gesamten Zylindermantels erzielt werden, wodurch seine Biegespannungen in der Erzeugendenrichtung klein bleiben. An die Maßgenauigkeit der Ausführung, besonders an jene der Gleitflächen, werden sehr hohe Ansprüche gestellt.

Für den Zylindermantel wurde ein Herstellungsverfahren erdacht, welches die Probleme der Beherrschung und Abführung der Abbindewärme dicker Behälterwände dadurch löst, daß der Mantel im wesentlichen aus Fertigteilen zusammengesetzt wird. Im Modell 1 : 3 wird der 0,92 m dicke Mantel der Länge nach aus 13 0,50 m hohen Ringen erstellt, wobei jeder Ring aus 16 gleichen Fertigteilen besteht, die in den einzelnen Ringen genau übereinanderliegen. Vor allem die waagrechten Flächen dieser Einzelelemente mit 47,5 cm Breite entlang des Innenmantels müssen mit hoher Genauigkeit ebenflächig erstellt werden, da sie ohne Einlegen einer Zwischenschicht übereinandergelegt werden und beim Vorspannvorgang jeder neu ausgelegte Ring auf dem vorher hergestellten, unteren gleiten muß. Die Fertigteile werden nebeneinander so betoniert, daß die Fläche des schon fertigen Elementes die Schalung für das später auf ihm liegende bildet. Zwischen den Berührungsflächen werden bei der Herstellung Trennbleche aus kaltgewalztem Material eingelegt, wodurch eine sehr gute Ebenflächigkeit der späteren Kontaktflächen gewährleistet wird.

Vorgespannt wird der Zylinderbehälter in der Ring- und Längsrichtung. Die Längsvorspannung besteht am Modell aus 256 Dywidag-Spannstangen ∅ 26 mm aus St 80/105, welche an den Enden nach der Art des Dywidag-Verfahrens verankert sind. Die Spannstäbe werden, wenn die Ringvorspannung auf alle übereinanderliegenden Ringe aufgebracht wurde, in die dann genau übereinanderliegenden Löcher der Ringelemente eingefädelt. Für die Ringvorspannung wählte man eine Art des Vorspannens, die entlang des Ringes keine Reibungsverluste ergibt und keine Verankerungskörper benötigt. Jeder 0,50 m hohe Ring wird, nachdem die 16 Fertigteile verlegt sind, am Modell mit 48 Dywidag-Spannstangen ∅ 18,6 mm aus St 80/105 am äußeren Umfang umschlossen. Jede Stange ist für sich mit einem Muffenstoß zu einem Ring geschlossen. Jeder Fertigteilring wird für sich dadurch vorgespannt, daß von einer zentralen, starren Scheibe aus mittels hydraulischer Pressen, die zwischen dieser Scheibe und den Fertigteilen des Ringes angesetzt werden, der Ring ausgeweitet wird. Die sich bildenden Spalten zwischen den Fertigteilen werden mit Ortbeton gefüllt, und die Spannglieder erhalten einen 25 cm dicken Betonschutzmantel. Die Pressen werden so lange auf Druck gehalten, bis der Ortbeton genügend erhärtet ist und die Druckkräfte aus der Ringvorspannung übernehmen kann. Die Pressen werden ausgebaut, der nächste Ring wird aufgelegt, die zentrale Spannscheibe höher gestellt und der Vorspannvorgang am neuen Ring wiederholt. Ist der Zylindermantel ringweise hergestellt, erfolgt die Montage der Pfropfenverschlüsse. Die vorgefertigten Kegelstümpfe werden mit einer Aufhängevorrichtung aus Spannstäben genau ausgerichtet. Der Zwischenraum zwischen dem Pfropfen und dem Zylindermantel wird schlaff bewehrt und durch radiale Schalungen in 16 Abschnitte unterteilt, die keilförmig sind und, wie schon erwähnt, für sich herausgenommen werden können, wenn im Behälter kein

Druck herrscht. Im Betrieb müssen die inneren Betonflächen wie bei allen bisher beschriebenen Kesseln durch ein eigenes Kühlsystem vor hohen Temperaturen geschützt werden und außerdem mit einer gasdichten Haut ausgekleidet sein. Für diese Auskleidung ist das Dichten der Gleitfugen der Deckenpfropfen ein schwieriges Problem.

Kesselentwurf Krupp Universalbau

Eine andere deutsche Entwicklung zur Gestaltung von Reaktordruckkesseln ist ebenfalls an einem Großmodell 1 : 5 in Erprobung. Das Modell dient für einen stehenden, zylindrischen Kessel mit 19 m Innen- und

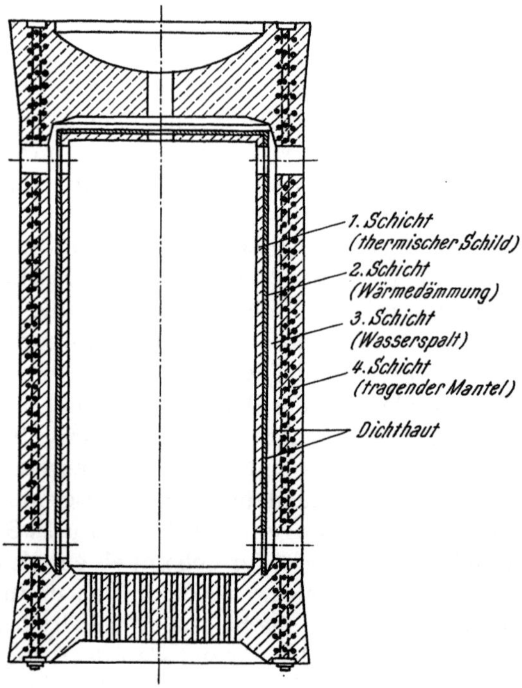

Abb. 212. Mehrschichtenbehälter (aus Beton- und Stahlbetonbau 1969, S. 6, Bild 1)

26 m Außendurchmesser, einer inneren Höhe von 40 m und einer äußeren von rund 55 m und soll den Reaktor und Wärmetauscher einer 600-MW_e-Anlage aufnehmen (Abb. 212) [131, 135, 142]. Der Entwurf stammt von der Firma Friedrich Krupp Universalbau und weist einen mehrschichtigen Aufbau der Kesselwände auf. Der Bau des Modells und die Erprobung erfolgten mit Beteiligung von Euratom. Dieser Mehrschichtenaufbau der Wände soll nun von innen nach außen bestehen aus:

1. einer hochtemperaturfesten Schwerstbetonschicht von 50 cm Dicke als Strahlenschirm und thermischen Schild. Dieser Schwerstbeton wird mit

Zuschlägen aus Magnetit für ein hohes Raumgewicht und mit Serpentin zur Neutronenabsorption hergestellt;

2. der 25 cm starken Wärmeisolierschicht, bestehend aus keramischen Stoffen, die mit Zement gebunden sind. Die erste und zweite Schicht liegen zwischen dünnen Stahldichtungsblechen (liner), welche den Kesselraum gas- und wasserdicht abzuschließen haben;

3. einem mit mineralfreiem Wasser gefüllten, 30 cm breiten Spalt. Durch eine automatische Regelung wird der Wasserdruck in diesem Spalt auf der gleichen Höhe gehalten wie der Druck des Kühlmittels im Kessel. Die Schichten 1 und 2 erhalten auf diese Weise von beiden Seiten den gleichen Druck. Innerhalb dieses mit Wasser gefüllten Spaltes ist ein Kühlsystem eingebaut, welches dafür sorgt, daß die nun folgende tragende, ebenfalls mit einer Metallfolie geschützte Betonschicht immer auf niederer Temperatur bleibt;

4. dem 2,50 m dicken tragenden Betonkörper aus gewöhnlichem Schwerbeton, der in Ringrichtung und in lotrechter Richtung vorgespannt ist.

Im Modell, welches mit 100 at und 250° C Kühlmitteltemperatur geprüft wurde, verwendete man Spannglieder aus St 145/160 mit 250 Mp Vorspannkraft. Man hofft, solche Druckkessel bis zu einem Innendruck von 200 at und bis zu einer elektrischen Ausbauleistung von 2000 MW_e bauen zu können.

Der Vorteil dieser Art von Kesseln liegt darin, daß den tragenden und vorzuspannenden Betonschichten nur ein Teil der biologischen Abschirmung zugewiesen wird und die Dicke des Konstruktionsbetons kleiner sein kann. Dies bedeutet jedoch, daß bei gleicher Bruchlast, bezogen auf das Versagen des Spannstahles, die Rißlast des Betons gegenüber einer einschichtigen Ausführung angehoben werden kann, da kleinere Betonquerschnitte vorgespannt werden. Weiters liegt das Kühlsystem bereits hinter einer wärmeisolierenden Schicht, ist keinen sehr hohen Temperaturen ausgesetzt und muß nur noch jene Wärmemengen abführen, die durch die in Stahlfolien eingepackten Schichten 1 und 2 hindurchtreten.

Versuchskessel Heliumkreislauf

Auch in Österreich beschäftigt sich eine Firmengruppe, zusammengefaßt in der „Reaktor Forschungs- und Baugesellschaft mbH. & Co.“ mit dem Entwurf von vorgespannten Druckkesseln, welche nicht nur zur Gewinnung elektrischer Energie aus der atomaren Kernspaltung, sondern auch zur Erzeugung von Wärme hoher Temperatur, wie sie etwa bei chemischen Prozessen gebraucht wird, eingesetzt werden könnten. In absehbarer Zeit wird es wahrscheinlich zum Bau eines kleinen Versuchsbehälters „Heliumkreislauf“ kommen, dessen Druckraum die Form eines stehenden Zylinders mit 1,50 m Innendurchmesser und einer inneren Nutzhöhe von 8,00 m haben soll (Abb. 213) [143]. Der Außendurchmesser wird 3,88 m und die Gesamthöhe 12,0 m betragen. Die untere, 1,40 m dicke Abschlußplatte besteht aus Beton. Am oberen Ende ist der Kesselraum mit einer halbkugeligen Stahldecke abgeschlossen, welche sich mit Stützkörpern gegen einen vorgespannten

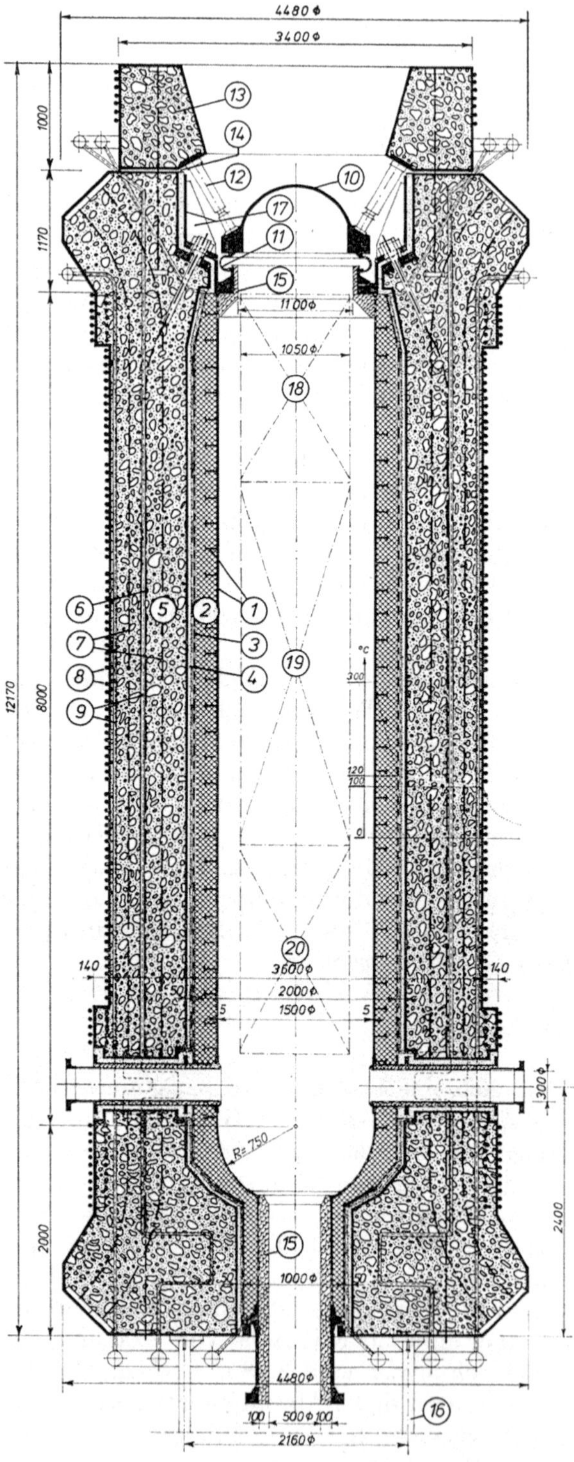

Abb. 213. Versuchsbehälter „Heliumkreislauf"

1 Heiße Dichthaut mit Hammerkopfanker
2 Isolierbeton Druck übertragend
3 Kühlhaut
4 Mörtelfuge (injiziert)
5 Spannbeton
6 Spannglied-BBRV, lotrecht
7 Spannglied-BBRV, wendelförmig
8 Ringspannbewehrung D. u. W.
9 Heiz-Kühl-System (Rohre-Nr. 20.2)
10 Stahldeckel
11 Kompensatordichtung
12 Stützkörper
13 Spannbetonring
14 Gleitfuge
15 Innenisolierung
16 Stahlstützen
17 Stützring mit Aussteifung
18 Dampferzeuger
19 Prüfstrecke für Komponenten
20 elektrisches Heizsystem

Kopfring der Behälterwand stemmt. An Durchtrittsöffnungen sind vorgesehen: ein in der Zylinderachse liegendes Loch mit ∅ 65 cm in der Bodenplatte und zwei radiale Durchbrüche mit ∅ 30 cm in der Behälterwand. Dieser Behälter könnte hinsichtlich der Probleme der Auskleidung als Modell im Maßstab 1 : 2 bis 1 : 3 eines zylindrischen Hohlraumes in einer dicken Kesselwand zur Unterbringung der Dampferzeuger angesehen werden. Er soll nicht nur dem Studium des Verhaltens des Spannbetonmantels unter Betriebsbedingungen heliumgekühlter Hochtemperaturreaktoren, sondern auch der Beurteilung und Entwicklung der zweckmäßigen Innenauskleidung des Kesselraumes dienen. Das Studium der heißen Dichthaut in Verbindung mit hitzebeständigen Isolierbetonen steht im Vordergrund. Die Lebensdauer der heißen Dichthaut hängt davon ab, welchen Temperaturveränderungen der Zahl und Höhe nach die Haut während der voraussichtlichen Lebensdauer eines Reaktors unterworfen wird, denn die Dichthaut muß die Verformungen der Behälterwand mitmachen, welche jedoch vom Temperaturwechsel nur in abgeschwächter Form und zeitlich verschoben getroffen wird. Die Dichthaut erleidet Spannungswechsel im Rhythmus der Temperaturänderungen, und es könnte zum Ausbeulen der Haut oder zu Ermüdungsbrüchen kommen. Verformungen der Betonunterlage durch Schwind- und Kriecherscheinungen führen zusätzlich zu Spannungen in der Dichthaut. Die Spannungsschwankungen der Dichthaut können gemildert werden, wenn man dem vorgespannten Beton höhere Temperaturen zuweist. Im Modell soll ein solcher Beton besonderer Herstellungsart mit einer Temperatur von 100° C an der Außenseite der Wand und mit 120° an der Innenseite erprobt werden. Die Schichtenfolge von innen nach außen soll im Versuchskörper folgende sein:

1. die heiße Dichthaut, bestehend aus einer Metallfolie, welche mittels Bolzen mit der dahinterliegenden Isolierbetonschicht verdübelt wird;
2. eine 24 cm dicke Isolierbetonschicht, die auch bei Temperaturen über 400° C ihre Druckfestigkeit behalten und auch dem Temperaturwechsel widerstehen muß, denn sie gehört mit zu den lasttragenden Teilen der Kesselwand;
3. der 80 cm dicke Mantel aus Spannbeton, der verhältnismäßig hohen Temperaturen dauernd ausgesetzt werden soll;
4. die Schutzbetonschicht für die außenliegende, in Ringen oder Schraubenlinien angeordnete Vorspannbewehrung.

Zur Regelung der Temperatur im Beton werden zwei Kühlsysteme eingebaut werden. Eines befindet sich an der Grenze zwischen dem Isolierbeton und dem Spannbeton und ist auf einem 5 bis 6 mm dicken Blechmantel befestigt. Das andere ist im Spannbetonmantel gleichmäßig verteilt untergebracht. Diese Systeme können, je nach den Erfordernissen der Versuche, zur Kühlung oder auch zur Heizung benützt werden. Der 80 cm dicke Zylindermantel wird in der Ring- und Erzeugendenrichtung vorgespannt. Als Berechnungsgrundlage gilt für diesen Modellkessel ein Betriebsdruck von 100 kp/cm^2 bei einer Betriebstemperatur von 300° C.

2.7. Flugpisten und Verkehrswege

Flugpisten

Beim Bau von Flugpisten bietet die Anwendung der Vorspannung nicht zu übersehende Vorteile, denn die Deckenstärken können viel geringer gewählt werden als bei Ausführung mit unbewehrtem oder schlaff bewehrtem Beton. Die vorgespannten Decken haben sich gegenüber Überlastungen sehr widerstandsfähig erwiesen, und es können an die Festigkeit der unter der Piste liegenden Tragschicht geringere Ansprüche gestellt werden. Die vorgespannte Piste verträgt gelegentlich Überlastungen, ohne zerstört zu werden, sofern im Spannstahl hiebei noch keine größeren bleibenden Dehnungen auftreten. Der Hauptvorteil der Anwendung der Vorspannung besteht jedoch darin, daß gegenüber nicht vorgespannten Pisten viel größere Flächen fugenlos hergestellt werden können. Fugen sind Schwächestellen der Konstruktion, sie verschlechtern das statische Verhalten der Decke, denn eine Einzellast, welche in der Nähe des Fugenrandes steht, verursacht viel größere Momentenbeanspruchungen als die gleich große Einzellast, welche im Mittelteil der Platte angreift. Mit der Anzahl der Fugen nimmt dadurch die Zahl der statisch ungünstigen Laststellungen zu. Außerdem ist das Abdecken der Fugen teuer, das Eindringen des Oberflächenwassers muß entweder verhindert werden, oder man muß für seine einwandfreie Ableitung sorgen. All dies ist nicht einfach zu lösen, erfordert ständige Wartung und stört den Flugbetrieb.

Beansprucht werden die Spannbetondecken von Flugpisten nicht nur durch die hohen Radlasten der Flugzeuge und durch die Stoßbeanspruchungen beim Landen, sondern auch durch die täglichen und jährlichen Temperaturschwankungen, die zu erheblichen Spannungen in den Betondecken führen.

Für das Vorspannen von Betondecken für Flugpisten und Straßen haben sich im Laufe der Jahre folgende Systeme herausgebildet [5, 144—150]:

1. Das Vorspannen gegen starre oder federnde Widerlager, auch äußere Vorspannung genannt, wobei mittels Pressen oder Keilen, die in Fugen mit Abständen von mehr als 100 m eingebaut sind, die Plattenfelder gegen die Widerlager gedrückt werden (Abb. 214*a* und 216).
2. Das Vorspannen mit Spanngliedern aus hochwertigem Stahl, auch innere Vorspannung genannt. Bei dieser Art der Vorspannung kann man wieder unterscheiden zwischen
   a) dem Vorspannen gegen den erhärteten Beton, wobei die Spannglieder in Hüllrohren verlegt sind. Die Spannkanäle werden nach dem Vorspannen mit Injektionsgut gefüllt;
   b) dem Vorspannen im Spannbett. Die Spannglieder werden ausgelegt und von festen Punkten aus gespannt und im gespannten Zustand einbetoniert. Nach dem Erhärten des Betons wird die Verbindung der Spannglieder mit den festen Punkten, dem Spannbett, gelöst und die in den Spanngliedern vorhandenen Kräfte werden nun als Druckkräfte auf den Beton übertragen.

3. Die Decke wird mit vorgespannten Betonstäben bewehrt, die bei längeren Plattenfeldern verlängert oder durch Übergriff gestoßen werden können. Man kann eine solche Decke auf große Länge fugenlos ausführen.

Der Ortbeton der Decke wird in diesem Fall nicht vorgespannt. Durch Kriecherscheinungen der vorgespannten Stäbchen, die als Bewehrung dienen, bekommt er wohl im Laufe der Zeit kleine Druckspannungen, doch werden diese durch Schwinderscheinungen des Ortbetons wieder aufgezehrt. Der Vorteil dieser Ausführungsart liegt in der Einfachheit der Herstellung

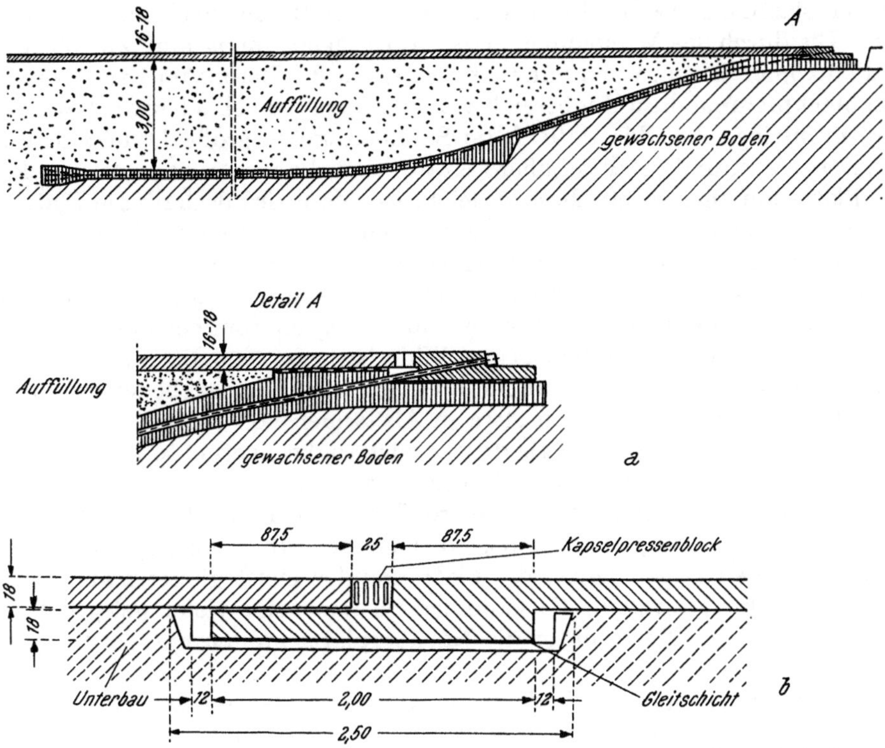

Abb. 214. Endverankerungen und Fugen von vorgespannten Pisten. *a* Schematische Darstellung eines elastischen Widerlagers einer vorgespannten Betondecke, *b* Schnitt durch eine Spannfuge (aus Beton – Herstellung – Verwendung 11/1961, S. 334, Bild 2, 3)

und hinsichtlich des statischen Verhaltens gegenüber schlaff bewehrten Ausführungen darin, daß größere Risse in der Decke erst dann auftreten können, wenn bei irgendeiner Beanspruchung die Rißlast der vorgespannten Bewehrungsstäbchen überschritten wurde, d. h. wenn in diesen Stäbchen die Druckvorspannung vollständig aufgezehrt wurde und die Zugspannung in ihnen die Zugfestigkeit des Betons überschritten hat. Da die Druckvorspannung der Bewehrungsstäbchen bei entsprechender Betongüte sehr hoch gewählt werden kann, bringt diese Art der Deckenherstellung eine wesentliche Steigerung der Sicherheit gegen das Auftreten von gefährlichen Rissen im Vergleich zu den Verhältnissen bei schlaff bewehrten oder unbewehrten Konstruktionen.

Bei der äußeren Vorspannung, die erstmals 1945 von Freyssinet angewendet wurde, werden Fugen in Abständen von 100 bis 300 m angeordnet. Bei diesem Verfahren, bei welchem von den Fugen aus mit Pressen oder Keilen die Platten gegen die Widerlager gedrückt werden, erfolgen nach dem Vorspannen keine Bewegungen der Platten infolge der Temperaturunterschiede. Die Temperaturänderungen führen jedoch zu Spannungsschwankungen in der Platte. Die Vorspannung wird etwa so ausgelegt, daß bei den niedrigsten zu erwartenden Temperaturen, in unseren Breiten bis zu $-25°$ C, noch so viel Druckspannung in der Platte verbleibt, daß durch die Verkehrslastmomente die Biegezugfestigkeit des Betons noch nicht erreicht wird. Die durch das Vorspannen erzeugte Druckspannung muß zwischen 20 und 30 kp/cm^2 liegen, wenn mit einer Festigkeit des Betons im Druckbereich von 500 kp/cm^2 und im Zugbereich von 60 kp/cm^2 gerechnet wird. Bei Temperaturanstieg, etwa bis $+40°$ C im Sommer, treten große Druckkräfte in der Decke auf, und da dies äußere Kräfte sind, könnte es zum Ausknicken der Platte kommen, wenn diese zu leicht ist. Man wird deshalb die Plattendicke nicht unter 15 cm wählen. Es können auch andere Maßnahmen zur Herabsetzung der Knickgefährdung getroffen werden, wie etwa die Ausbildung von elastischen Widerlagern oder von federnden Fugen, welche die hohen Druckspannungen bei Temperaturanstieg im Sommer abbauen. Das Vorspannen von Startbahnen gegen Widerlager ist eine Bauweise, welche man aus diesen Gründen vor allem in Gegenden mit ausgeglichenem Klima antrifft. Die Widerlager liegen etwa in Abständen von 1000 m und an den Rändern der Pisten. Sie sind als druck- oder zugbeanspruchte Konstruktionen ausgebildet, die durch ihre Formgebung und durch Erdauflasten die waagrechten Vorspannkräfte in tiefere Bodenschichten ableiten. Sind die Widerlager auf Zug beansprucht, so sind sie selbst vorgespannte Bauglieder. An den Fugen liegen die Plattenränder meist gleitend auf unterstützenden Querschwellen. Es kann jedoch auch eine tiefer gelegte Fortsetzung der einen Platte unter die Nachbarplatte greifen und so die Querschwelle ersetzen.

Beim Spannen muß die Bodenreibung überwunden werden. Die Fugenspalten erweitern sich um das Stauchmaß der Platten und um die Nachgiebigkeit der Widerlager. Nach dem Vorspannen werden die Fugenspalten zwischen den Kapselpressen mit Beton gefüllt und nach dessen Erhärtung die Pressen ausgebaut. Vielfach läßt man jedoch die Fugen lange Zeit oder auch dauernd offen und preßt vorerst in kurzen Zeitspannen, dann in längeren nach, um die Vorspannverluste infolge des Schwindens der Decke und der Kriecherscheinungen sowohl der Decke als auch des Baugrundes im Widerlagerbereich rückgängig zu machen. Das Temperaturgefälle in lotrechter Richtung innerhalb der Decke führt zu weiteren Biegebeanspruchungen. Es kann von oben nach unten mit $1°$ C/cm und von unten nach oben mit $0{,}5°$ C/cm angenommen werden. Die durch ein solches Temperaturgefälle hervorgerufenen Biegemomente sind ebenso wie die Momente aus den Nutzlasten von der Art, wie die Piste vorgespannt wurde, unabhängig.

Die Verkehrslasten, welche in den Decken der Start- und Landebahnen Biegemomente hervorrufen, sind meist als Gruppenlasten oder als Einzellasten mit den dazugehörigen Aufstandsflächen gegeben. Die Deckenplatte wird zur Ermittlung dieser Momente als elastisch gebettet betrachtet. Liegen Einzellasten vor, stehen zur Berechnung die Formeln von WESTERGAARD und bei gegebenen Gruppenlasten die Momenteneinflußflächen für elastisch gelagerte Platten von PICKERT und RAY zur Verfügung. Die vorgespannte Platte verhält sich hinsichtlich der Verkehrsbelastung sehr günstig, denn durch die großen Fugenabstände spielt der sonst maßgebende Fall des Lastangriffes am Plattenrand eine untergeordnete Rolle. Die zweite Art des Vorspannens mit Spanngliedern eignet sich bei schroffem Klima besser. Es kann nie zum Ausknicken der Decke kommen, da die in ihr liegenden Spannglieder dies durch Rückstellkräfte verhindern. Bei Erhöhungen der mittleren Plattentemperatur treten wohl anfänglich auch zusätzliche Druckspannungen auf, doch wird sehr bald die Reibung der Ruhe zwischen Platte und Tragschicht überwunden werden, und die Platte beginnt zu gleiten und dehnt sich aus. Die Druckspannungen sind durch die möglichen Reibungskräfte begrenzt. Ein Rückgang der Temperatur erzeugt Zugspannungen und eine Verkürzung der Platte. Auch diesen Spannungen sind durch Reibungskräfte zwischen Platte und Tragschicht Grenzen gesetzt. Die Spannungen infolge der Temperaturänderungen sind wesentlich kleiner als beim Vorspannen gegen starre Widerlager, wenn die Platte auf ihrer Unterlage gut gleiten kann. Zwischen der Decke und der Tragschicht wird daher eine Gleitschicht aus Papierlagen oder Kunststoffbahnen angeordnet.

Mit Spanngliedern vorgespannte Decken für Flugpisten, gleichgültig ob die Spannglieder im Spannbett oder gegen den erhärteten Beton gespannt werden, sollen mindestens 14 cm dick sein. Die Betonüberdeckung der Spannstäbe bzw. der Hüllrohre soll mindestens 3 cm betragen. Für die Spannglieder in der Längsrichtung sollte der Abstand nicht größer als 50 cm, für jene in der Querrichtung nicht über 100 cm sein. Die Vorspannbewehrung muß nicht in der Plattenmitte liegen, denn ein Verbiegen der Platte wird durch ihr Gewicht bzw. durch die passiven Gegenkräfte der Tragschicht verhindert. Der Abstand der Querfugen soll nicht unter 100 m liegen. Da sich die Fugenränder infolge der Temperaturänderungen als auch infolge der Schwind- und Kriecherscheinungen des Betons gegeneinanderbewegen, müssen an ihnen Übergangskonstruktionen ähnlich den Fahrbahnübergängen bei Brückenbauten eingebaut werden. Die Platte wird an den Fugen zweckmäßig auf Querschwellen gelegt (Abb. 214 *b*).

Gleichgültig, nach welcher Art die Decken vorgespannt werden, soll die erste Teilvorspannung schon sehr bald aufgebracht werden, um das Entstehen von Schwind- und Temperaturrissen im jungen Beton zu verhindern. Meist wird bereits nach einem Tag Erhärtungszeit des Betons das erstemal gespannt, doch muß neben dieser Maßnahme durch entsprechende Nachbehandlung des Betons das Bemühen, die Rißbildung zu vermeiden, unterstützt werden. Der frische Beton ist vor raschem Austrocknen durch Wind und Sonnenbestrahlung, gegebenenfalls auch vor Frost zu schützen.

Da es bei den Flugpisten und Straßendecken wohl zu einem Versagen, aber nicht zu einem Einsturz kommen kann, werden nur Spannungsnachweise und keine Bruchsicherheitsnachweise geführt. Auch dürfen bei der Bemessung höhere zulässige Spannungen benützt werden, als sie z. B. im Brückenbau üblich sind. So darf in der Bundesrepublik Deutschland der Spannstahl bis zum 0,85fachen seiner Steckgrenze oder bis zum 0,75fachen seiner Bruchfestigkeit beansprucht werden. Als zulässige Druckspannung des Betons wird jene für die vorgedrückte Zugzone nach DIN 4227 benützt. Hinsichtlich der Betonzugspannung gilt, daß der aus der ungünstigsten Kombination der Beanspruchungen sich ergebende Wert noch um 25% unter den zulässigen Zugspannungswerten nach DIN 4227 liegen soll.

Für den Bau von Start- und Landebahnen hat sich die Spannbetonbauweise weitgehend durchgesetzt, denn große fugenlose Spannbetonplatten haben sich im Betrieb viel besser bewährt als schlaff bewehrte Decken mit verhältnismäßig engen Fugenabständen. Den hohen Temperaturen, welchen

Abb. 215. Herstellung einer vorgespannten Piste (aus D. u. W. Archiv-Phot.: H. Schmölz, Köln)

die Oberflächen der Decken beim Start einer Düsenmaschine ausgesetzt sind, vermögen die üblichen Fugenvergußmassen nicht zu widerstehen. Vor allem in Frankreich, in den USA und in der Bundesrepublik Deutschland sind die Startbahnen großer Flugplätze vorgespannt worden. In Frankreich bevorzugt man das Vorspannen gegen Widerlager, in Deutschland das Spannen mit Spanngliedern. So wurde die 18 bis 20 cm dicke Startbahn des Flugplatzes Köln-Wahn mit Spanngliedern ⌀ 10,2 und ⌀ 12,2 mm aus St 125/140 und mit ⌀ 18,6 mm aus St 80/105 längs und quer vorgespannt. Von der Baumaschinenindustrie wurden für das Verlegen der Papierlagen und für das Abrollen der Spanndrähte von den Kabelrollen sehr brauchbare Geräte entwickelt. Für die Zwecke des Deckenbaues wurden jedoch auch zweckmäßige Spannpressen und Kraftmeßgeräte zur Verfügung gestellt. Die meist sehr langen Startbahnen mit Breiten von 60 bis 80 m werden der Länge nach in 800 bis 1500 m langen Abschnitten hergestellt. Man benützt Straßenfertiger und betoniert 7,50 m breite Längsstreifen auf die ganze Abschnittslänge, wobei man vorerst nur jeden zweiten Streifen herstellt (Abb. 215). Die Zwischenstreifen werden satt an die vorher fertiggestellten Bahnen betoniert. Die Querbewehrung wird vor dem Betonieren der einzelnen Streifen ausgelegt und muß durch die Führungsschienen des Fertigers durchgefädelt werden, oder es werden nur die Hüllrohre verlegt und die Querbewehrung wird später eingezogen. In diesem Falle muß man jedoch steifere Hüllrohre verwenden, oder man muß sie aussteifen, damit sie beim Betonieren nicht gequetscht werden.

Da in der Längsrichtung möglichst bald nach dem Betonieren eine Teilvorspannung aufzubringen ist und zwischen den 7,5 m breiten Längsstreifen keine Längsfuge vorhanden ist, nimmt man kleine Unterschiede in den Längsdruckspannungen aus der Vorspannung in Kauf. Die volle Längsvorspannung wird wie die Quervorspannung nach dem Betonieren der gesamten Fläche aufgebracht.

Straßendecken

Auf dem Gebiet des Betonstraßenbaues wäre das Vorspannen der Betondecken erwünscht, doch wurden bisher vorgespannte Straßendecken in großem Stil nur ganz vereinzelt ausgeführt. Es liegt dies daran, daß die Verkehrsbelastung einer Straße viel geringer ist als jene einer Startbahn, daß Fugen den Straßenverkehr weit weniger stören als den Flugbetrieb und daß das Vorspannen einer Straßendecke mit ihren stets wechselnden Krümmungs- und Neigungsverhältnissen sowohl an den konstruktiven Entwurf als auch an die Organisation der Baustelle höhere Ansprüche stellt. Schließlich kommt noch hinzu, daß Betonstraßendecken bisher meist unbewehrt oder mit Baustahlgittern nur schwach bewehrt ausgeführt wurden und im Falle des Vorspannens mit Spanngliedern die Kosten für den Spannstahl hinzukommen, denen allerdings eine wesentliche Verbesserung der Güte des Straßenbelages gegenübersteht. Wahrscheinlich wird für die Betondecke einer Straße, wie schon früher erwähnt wurde, das Verlegen von sich übergreifenden oder gekuppelten, vorgespannten Stäben als Längsbewehrung in der nächsten Zeit an Bedeutung gewinnen, denn das Verfahren ist einfach und ermöglicht die Herstellung von langen, fugenlosen Bereichen [150].

So wurde z. B. vor einigen Jahren eine 500 m lange Versuchsstrecke an einer Straße in der Hocheifel in dieser Art hergestellt. Die Fahrbahnbreite betrug 7,50 m, und die 17 cm dicke Decke aus Beton B 450 wurde in der Längsrichtung mit vorgespannten Stäbchen 9×9 cm aus Beton B 600 bewehrt. Diese Stäbchen waren 14 m lang und wurden mit Dywidag-Stangen ⌀ 18,6 mm aus St 80/105 mit rund 250 kp/cm^2 vorgespannt und mit einem Muffenstoß zu endlosen Längsbewehrungsstangen verschraubt. Die Stöße der in 1,0 m Abstand liegenden Stangen wurden um 1,75 m versetzt, so daß im Querschnitt an der Stelle des Muffenstoßes von 8 Stangen sieben ungestoßen durchlaufen. In der Querrichtung wurde die Fahrbahndecke in Abständen von 1,50 m mit in Hüllrohren verlegten Stangen ⌀ 18,6 mm aus St 80/105 vorgespannt. Da im Ortbeton in der Querrichtung Haarrisse auftreten werden, da bei Abnahme der Temperatur, infolge Schwindens des Betons und auch durch die Verkehrslasten in der Längsrichtung Zugspannungen entstehen, hat man, um die Bildung von wilden Rissen zu vermeiden, in 3,00 m Abstand über einem Querspannglied auf 20 mm Tiefe eine 2 mm dicke, lotrecht stehende Einlage angeordnet. An der Stelle dieser Kerbe wird sich der Haarriß einstellen. Neben dieser Versuchsstrecke wurde diese Art der Herstellung von fugenlosen Betonstraßendecken, welche von der Unternehmung Dyckerhoff & Widmann KG. entwickelt wurde, auch an Flugplatzbefestigungen mit bestem Erfolg erprobt.

Wird eine Straße mit Spanngliedern vorgespannt, so ist eine Quervorspannung eigentlich erst dann sinnvoll, wenn es sich um eine sehr breite Straße mit vielen Spuren handelt. Bei Fahrbahnbreiten von 7,50 oder 10,0 m kann auf eine Quervorspannung wohl verzichtet werden. Zweckmäßig ist jedoch, eine schwache, schlaffe Querbewehrung in Form eines Baustahlgitters einzulegen.

Verhältnismäßig einfach ist das Vorspannen der Straßendecken gegen Widerlager, wenn das vorzuspannende Straßenstück gerade ist. Bei einer Versuchsstrecke an der Autobahn bei Salzburg wurde gegen Widerlager gespannt, die als Druckgewölbe ausgebildet sind und mit flacher Krümmung

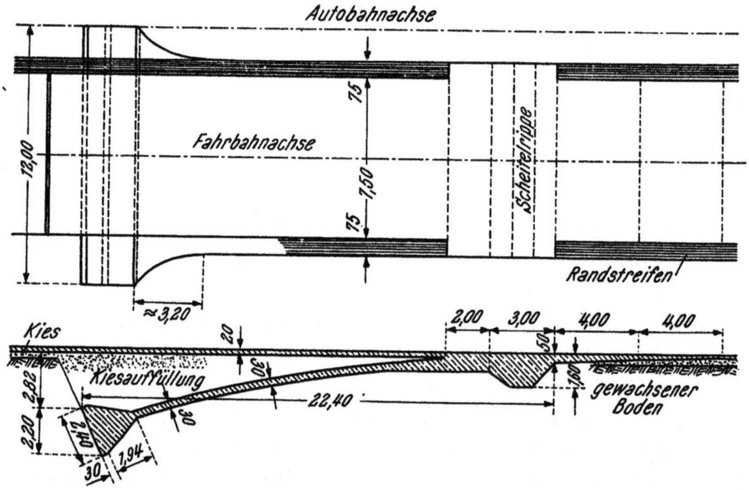

Abb. 216. Festes Widerlager als Druckgewölbe bei einer Straßenversuchsstrecke bei Salzburg (aus F. Leonhardt: Spannbeton für die Praxis, Ernst und Sohn, Berlin 1962, S. 562, Bild 16.69)

bis 5 m unter die Straße reichen. Gespannt wurde von einer Keilfuge aus mit einer Neigung der Keilflächen von 1 : 20 (Abb. 216 und 217) [5]. Die schrägen Flächen des Keiles sind mit dickem Stahlblech gepanzert, dessen Außenfläche eben geschliffen ist. Gegen diese gepanzerten Keilflächen wurde die Straßendecke betoniert, wobei zwischen dem Blech des Keiles und dem Beton der Decke noch ein dünnes Blech aus kaltgewalztem Bandstahl eingelegt wurde. Außerhalb des Plattenrandes sind die dicken Begrenzungsbleche mit einem steifen Querträger verbunden, an welchem zwei hydraulische Pressen angesetzt werden, die sich gegen den Plattenrand stützen und mit denen der Keil mit verhältnismäßig kleiner Kraft in den Spalt hineingezogen werden kann. Mit diesem Keil kann jederzeit nachgespannt werden. Ein Vorteil ist, daß die Keilfuge immer geschlossen bleibt. Zur Verringerung der Reibung zwischen den Flächen des Keiles und der

Bandstahlbegrenzung der Platte ist es zweckmäßig, eine dünne Teflonplatte einzulegen.

Eine weitere Anwendung des Spannbetons im Straßenbau erfolgt bei Ausbesserungsarbeiten schlechter Straßenstücke, denn vorgefertigte und vorgespannte Platten wurden und werden vielfach verwendet, wenn es gilt,

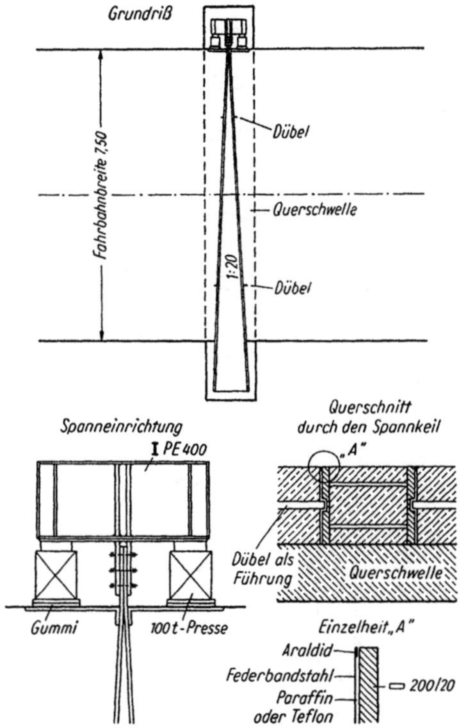

Abb. 217. Über die ganze Fahrbahnbreite reichende Keilplatte zum Aufbringen der Vorspannung (aus F. LEONHARDT: Spannbeton für die Praxis, Ernst und Sohn, Berlin 1962, S. 563, Bild 16.71)

möglichst rasch beschädigte Felder älterer Betonbeläge von Autobahnen auszuwechseln [147].

Eisenbahnschwellen

Eine weitere Anwendung des Spannbetons für Verkehrswege ist die Erzeugung von vorgespannten Eisenbahnschwellen. Die Spannbetonschwelle wird heute in verschiedenen Typen serienmäßig erzeugt und ist aus dem modernen Eisenbahnoberbau nicht mehr wegzudenken. Anfänglich hatte man auf geringes Gewicht der Schwellen besonderen Wert gelegt und hat den Mittelteil der Schwelle sehr schlank ausgebildet. Man hat jedoch bald herausgefunden, daß schwere Schwellen für die stabile Lage des Gleises große Vorteile bringen und die Voraussetzung für das fugenlose Gleis sind, welches Schiene und Fahrzeug schont. Es stehen heute Verlegemaschinen auch für schwere Schwellen zur Verfügung, so daß Schwellen gebräuchlich sind, deren Mittelteil gegenüber den Querschnitten unter den Schienen noch verhältnismäßig biegesteif ist. Voll eingeschottert und unterstopft

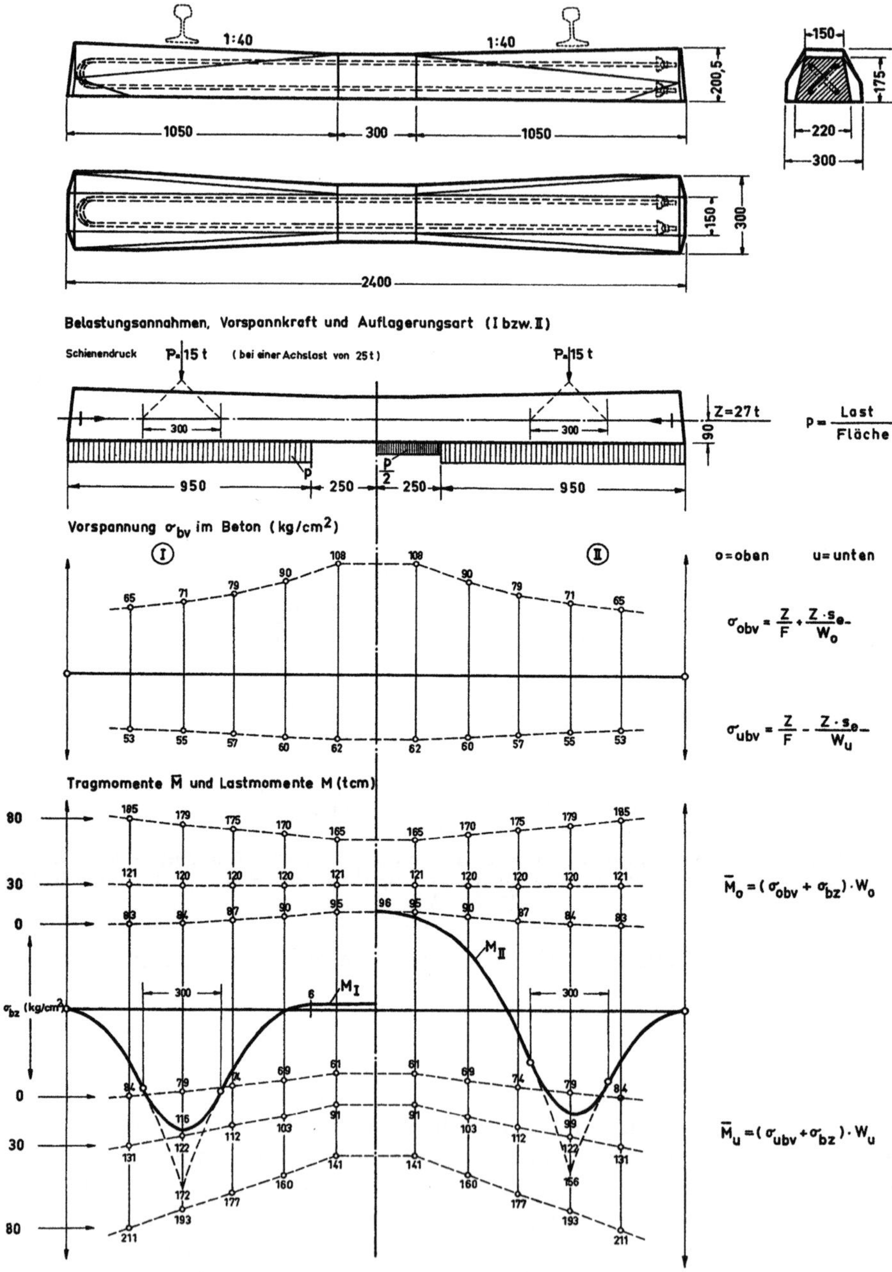

Abb. 218. Form der Spannbeton-Schwelle B 58 der DBB

werden die Schwellen nur entlang der Schienen etwa auf eine Breite von 80 cm, um das Aufreiten in der Schwellenmitte zu vermeiden (Abb. 218)

[5]. Die Schwellen werden serienmäßig in Betonwerken erzeugt. Nach den Forderungen der Deutschen Bundesbahn hat die Druckfestigkeit des Betons 600 kp/cm², die Biegezugfestigkeit 65 kp/cm² und seine Ermüdungsbiegezugfestigkeit 30 kp/cm² zu betragen. Als Spannstahl werden mindestens 4, jedoch höchstens 8 gerade Stäbe verwendet, welche mit Endverankerungen versehen sein müssen. Diese sind notwendig, da der Abstand des Schwellenendes vom Schienenauflager klein ist und diese Länge für eine Verankerung durch Verbund allein zu kurz wäre. Endgültig soll zwischen dem Spannstahl und dem Beton der Schwelle Verbund bestehen. Die Spannstähle dürfen unter den vorgeschriebenen Belastungsbedingungen mit 70% ihrer Bruchspannung ausgenützt werden. Die Deutsche Bundesbahn unterzieht die Schwellen strengen Prüfungen hinsichtlich der Aufnahmefähigkeit von negativen Momenten in der Mitte der Schwelle und von positiven Momenten unter den Schienenauflagern. Weiters werden die Schwellen dynamischen Prüfungen unterzogen, und sie haben auch einen Schlagversuch, der die Beanspruchung bei einer Entgleisung nachahmt, zu bestehen.

Im Bereich der Deutschen Bundesbahn sind für die Schwellen folgende Bauarten am gebräuchlichsten:

die Karig-Dywidag-Schwelle, bewehrt mit 4 Stäben ⌀ 9,7 mm aus St 135/150 und vorgespannt mit nachträglichem Verbund;

die Schwelle der Beton- und Monierbau AG., bewehrt mit 4 gerippten Stäben ⌀ 14,5 mm aus St 60/90 mit sofortigem Verbund (die Schalung dient als Spannbett);

die Schwelle der Bauart Thosti-BBRV, bewehrt mit 8 Drähten, ⌀ 6,9 mm aus St 140/160, vorgespannt mit sofortigem Verbund, wobei die Schalung als Spannbett dient.

Literatur

1. Sattler, K.: Theorie der Verbundkonstruktionen, Spannbeton, Stahlträger in Verbund mit Beton. Berlin: W. Ernst und Sohn, 1959.
2. Knittel, G.: Der Einfluß des Kriechens und Schwindens auf den Spannungszustand in Tragwerken aus vorgespanntem Beton. Der Bauing. 1954, Heft 1.
3. Busemann, A.: Das Kriechfaserverfahren. Der Bauing. 1950, 148, und Stahlbau 1951, 105.
4. Rüsch, H., und H. Kupfer: Bemessung von Spannbetonbauteilen. Betonkalender **1**, 558 ff. (1969).
5. Leonhardt, F.: Spannbeton für die Praxis, 2. Aufl. Berlin: W. Ernst und Sohn, 1962.
6. Wicke, M.: Bemessungsbehelfe für den Tragsicherheitsnachweis im Spannbeton. Österr. Ing.-Zeitschrift 1965, 84.
7. Walther, R.: Über die Berechnung der Schubtragfähigkeit von Stahl- und Spannbetonbalken, Schubbruchtheorie. Beton- und Stahlbetonbau 1962, 261.
8. Leonhardt, F.: Schubbemessung bei Spannbetontragwerken. Vortrag am Deutschen Betontag 1967.
9. Egger, H.: Torsion und Vorspannung bei gekrümmten Balken. Bauing.-Praxis Heft 39. Berlin: W. Ernst und Sohn, 1968.
10. Bechert, H.: Massivbrücken. Betonkalender **2**, 197 ff. (1969).
11. Pucher, A.: Einflußfelder elastischer Platten, 3. Aufl. Wien-New York: Springer, 1964.
12. Olsen, H., und F. Reinitzhuber: Die zweiseitig gelagerte Platte, 2. Aufl. Berlin: W. Ernst und Sohn, 1962.
13. Bittner, E.: Platten und Behälter. Wien-New York: Springer, 1965.
14. Hoeland, G.: Stützmomenten-Einflußfelder durchlaufender Platten. Berlin-Göttingen-Heidelberg: Springer, 1957.
15. Rüsch, H.: Berechnungstafeln für rechtwinkelige Fahrbahnplatten von Straßenbrükken, 6. Aufl. Berlin: W. Ernst und Sohn, 1965.
16. Balas, J., und A. Hanuska: Einflußtafeln schiefer Platten. Wiesbaden-Berlin: Bauverlag, 1966.
17. Homberg, H.: Fahrbahnplatten mit veränderlicher Dicke, 2. Bd. Berlin-Heidelberg-New York: Springer, 1968.
18. Krug, S., und P. Stein: Einflußfelder orthogonal anisotroper Platten. Berlin-Göttingen-Heidelberg: Springer, 1961.
19. Rüsch, H.: Berechnungstafeln für schiefwinkelige Fahrbahnplatten von Straßenbrükken. Berlin: W. Ernst und Sohn, 1967.
20. Rüsch, H., und A. Hergenröder: Einflußfelder der Momente schiefwinkliger Platten, 3. Aufl. Düsseldorf: Werner, 1969.
21. Schleicher, C., und B. Wegener: Durchlaufende schiefe Platten. Berlin: Verlag für Bauwesen, 1968.
22. Zurmühl, R.: Praktische Mathematik für Ingenieure und Physiker, 3. Aufl. Berlin-Göttingen-Heidelberg: Springer, 1961.
23. Pfeffer, F.: Stahlbeton-Zellwerke. Österr. Ing.-Zeitschrift 1964, 323.
24. Bührer, F.: Brücken aus Fertigteilen in Spannbetonbauweise. Eisenbahningenieur 1963, 248.
25. Seidl, O.: Neuartiges Verfahren zum Herstellen von Brücken aus Fertigteilträgern in Dywidag-Spannbeton. Dywidag-Berichte 1963, Nr. 5.
26. Gruber, J.: Die Brücken der Österreichischen Brenner-Autobahn. Der Bauing. 1968, 73.
27. Gruber, J.: Die Brücken der Brenner-Autobahn. Österr. Ing.-Zeitschrift 1970, 46.

28. GRUBER, J.: Freitragende Betoniergerüste für feldweisen Vorbau. Österr. Ing.-Zeitschrift 1970, 55.
29. TETTINEK, W.: Die Brückengründungen im Zuge der Brenner-Autobahn. Österr. Ing.-Zeitschrift 1970, 87.
30. WENZEL, K., und M. FENZ: Die Hangbrücken. Der Bauing. 1968, 77.
31. JACOBS, K.: Brenner-Autobahn. Mayreder-Berichte April 1967, 18.
32. BAUER, F.: Die Pilzbrücken der Brenner-Autobahn in den Baulosen Gleins und Gschleirs. Österr. Ing.-Zeitschrift 1970, 76.
33. FINSTERWALDER, U., und H. SCHAMBECK: Die Elztalbrücke. Der Bauing. 1966, 251, und 1967, 14.
34. BECHERT, H.: Einflußflächen zweistegiger Plattenbalken. Beton- und Stahlbetonbau 1957, 17.
35. TROST, H.: Lastverteilung bei Plattenbalkenbrücken. Düsseldorf: Werner, 1961.
36. LEONHARDT, F., und R. WALTHER: Ergebnisse von Torsionsversuchen an vorgespannten Hohlkastenträgern. Beton- und Stahlbetonbau 1964, 238.
37. LEONHARDT, F.: Zur Frage der Übereinstimmung von Berechnung und Wirklichkeit bei Tragwerken aus Stahlbeton und Spannbeton. Konstruktiver Ingenieurbau, 158. Düsseldorf: Werner, 1967.
38. HUNOLD, R.: Hangbrücke Würgau. Beton- und Stahlbetonbau 1969, 39.
39. MAYER, L.: Talbrücke Sechshelden, Konstruktion und Herstellung. Beton- und Stahlbetonbau 1969, 83.
40. SZABO, I.: Höhere Technische Mechanik, 4. Aufl. Berlin-Göttingen-Heidelberg-New York: Springer, 1964.
41. WITTFOTH, H.: Kreisförmig gekrümmte Träger. Berlin-Göttingen-Heidelberg-New York: Springer, 1964.
42. BEYER, K.: Die Statik im Eisenbetonbau, 2. Aufl. Berlin: Springer, 1934.
43. FRANZ, G.: Versuche über die Querkraftaufnahme in Fugen von Spannbetonträgern aus Fertigteilen. Beton- und Stahlbetonbau 1959, 137.
44. AST-Bericht 1970.
45. Das Dywidag-Spannverfahren in vielen Ländern der Erde. Dywidag-Berichte 1968, Nr. 2.
46. GÖBEL, G.: Die Gürtelbrücke in Wien. Porr-Nachricht Nr. 21.
47. BITTNER, E., A. PAUSER und H. WYCITAL: Konstruktion und Statik der Gürtelbrücke. Porr-Nachricht Nr. 21.
48. NÖTZOLD, F.: Zur Berechnung des zweistegigen Plattenbalkens ohne Querträger. Beton- und Stahlbetonbau 1969, 43.
49. WICKE, M., und E. ZILLER: Die 4. Donaubrücke in Wien. Mayreder-Nachrichten, Okt. 1968.
50. FINSTERWALDER, U., und H. SCHAMBECK: Die Spannbetonbrücke über den Rhein bei Bendorf, Los I. Beton- und Stahlbetonbau 1965, 55.
51. FINSTERWALDER, U.: Technische Entwicklung des freien Vorbaus bis zum Bau der Rheinbrücke Bendorf. Vortrag auf dem Betontag 1965.
52. WICKE, M., und M. OBERNDORFER: Donaubrücke Grein. Mayreder-Bericht, Okt. 1968.
53. BAZANT, Z. P.: Die Berechnung des Kriechens und Schwindens nicht homogener Betonkonstruktionen. IVBH-Kongreß 1964, Vorbericht V 1.
54. BAUER, F.: Zeitliche Änderung der Schnittkräfte infolge Kriecherscheinungen bei Herstellung eines Bauwerkes in Abschnitten. Der Bauing. 1966, 133.
55. WICKE, M.: Donaubrücke Melk. Mayreder-Nachrichten Dez. 1969.
56. FINSTERWALDER, U., und H. SCHAMBECK: Von der Lahnbrücke Balduinstein bis zur Rheinbrücke Bendorf. Der Bauing. 1965, 85.
57. OBERNDORFER, W.: Talübergang Steyr-Durchbruch. Mayreder-Nachrichten Okt. 1968.
58. Neubau zweier kombinierter Eisenbahn- und Straßenbrücken in Spanien. Dywidag-Berichte 1967, Nr. 2, 10.
59. FINSTERWALDER, U.: Die neue Mangfallbrücke. Sonderdruck aus dem Bericht über den Betontag 1959 des Deutschen Beton-Vereins.
60. LEONHARDT, F., und W. BAUR: Neue Verfahren zur Herstellung weitgespannter, mehrfeldriger Balkenbrücken aus Spannbeton. Beton- und Stahlbetonbau 1962, 111.

61. Aichhorn, J.: Die Traunbrücke bei Traun im Zuge des Autobahnzubringers Linz. Österr. Ing.-Zeitschrift 1961, 386.
62. Mayreder-Berichte, März 1962, 16.
63. Leonhardt, F., und W. Baur: Die Agerbrücke, eine aus Groß-Fertigteilen zusammengesetzte Spannbetonbrücke. Die Bautechnik 1963, 241.
64. Leonhardt, F., W. Baur und W. Trah: Brücke über den Rio Caroni, Venezuela. Beton- und Stahlbetonbau 1966, 25.
65. Baur, W.: Spannbetonbrücken ohne Lehrgerüst — das Taktschiebeverfahren D.B.P. Baumaschine und Bautechnik 1969, 108.
66. Koncz, T.: Vorschub-Freivorbau bei einer hohen Talbrücke, dem Semorile Viadukt. Beton- und Stahlbetonbau 1968, 49.
67. Spaethe, G.: Theorie elastischer Balkenreihen. IVBH-Abhandlungen **28**/1, 127 (1968).
68. Wenzel, K.: Fertigteilbrücken im Zuge der Brenner-Autobahn. Österr. Ing.-Zeitschrift 1970, 83.
69. Schwartz, J.: Die Brenner-Autobahn-Baulose Matreiwald. Rella-Berichte 1967, 14.
70. Hager, G.: Lechbrücke Epfach. Beton- und Stahlbetonbau 1969, IX.
71. Gruber, J., und S. Schäfer: Talübergänge mit Spannbetontragwerken. Österr. Ing.-Zeitschrift 1970, 51.
72. Lennetalbrücke bei Hagen in Westfalen. Dywidag-Berichte 1967, Nr. 2, 1.
73. Wenzel, K., und M. Fenz: Die Luegbrücke im Zuge der Brennerautobahn. Österr. Ing.-Zeitschrift 1970, 67.
74. Faber, L.: Vorgespannte Straßenbrücken im Zuge der österr. Bundesstraßen und Autobahnen. Österr. Ing.-Zeitschrift 1968, 145.
75. Dimel, E.: Schrägseilbrücken aus Beton als Sonderfall vorgespannter Betonkonstruktionen, IV. FIP-Kongreß, Kongreßbericht, Bd. 1, Thema II, Paper 20, 400.
76. Leonhardt, F.: Kabel mit hoher Ermüdungsfestigkeit für Hängebrücken. IVBH-Vorbericht, 7. Kongreß, Rio de Janeiro 1964, II d 3.
77. Morandi, R.: Il viadotto sul Polcevera per l'autostrada Genova—Savona. L'Industria Italiana del Cemento, Dez. 1967, S. 849.
78. Nitsiotas, G.: Kriechen und Schwinden bei statisch unbestimmten Betonkonstruktionen mit Tragteilen aus Stahl. Ing.-Archiv 1954, 323.
79. Schmitz, H., und R. Jetter: Planung und Bauausführung der Schiffahrtsöffnungen der Maracaibo-Brücke in Venezuela. Der Bauing. 1963, 283.
80. Bauer, F.: Einfluß von Schwinden und Kriechen auf seilabgespannte Betonbalken. Vorbericht zum IVBH-Symposium 1970.
81. Morandi, R.: Autobahnviadukt „Viadotto sul Polcevera" in Genua. Straße, Brücke, Tunnel 1969, 10.
82. Neue Entwicklungen im Spannbetonbrückenbau. Dywidag-Berichte 1967, Nr. 4, 19.
83. Klingenberg, W.: Ideenwettbewerb für eine feste Verbindung über den Großen Belt. Der Bauing. 1967, 389.
84. Die Dyckerhoff-Brücke in Wiesbaden-Schierstein. Dywidag-Berichte 1967, Nr. 5, 1.
85. Heufers, H.: Über die ersten Ingenieurbauwerke aus Leichtbeton in Deutschland. Beton 1967, H. 5, 161.
86. Neue Erfahrungen für den freien Vorbau. Dywidag-Berichte 1968, Nr. 4, 10.
87. San Diego-Coronado Bridge, USA. F.I.P. Notes, October 1969, Nr. 25, 3.
88. Standard Prestressed Bridge Beams in United Kingdom. F.I.P. Notes, November 1969, Nr. 26, 3.
89. Fränzl, P.: Bürogebäude Philips. Mayreder-Bericht Dez. 1963, 28.
90. Dywidag-Berichte 1965, Nr. 1 (Philips-Hochhaus).
91. Zerna, W., und G. Schnellenbach: Zur Berechnung von Spannbeton-Reaktordruckbehältern. Beton- und Stahlbetonbau 1970, 255.
92. Chemiehochhaus der T.H. Wien. AST-Bericht 1970.
93. Erweiterungsbauten der Firma Martin Brinkmann AG. in Bremen. Dywidag-Berichte 1967, Nr. 5, 11.
94. Koberg, A.: Neue Papiermaschinenhalle der Leykam-Josefsthal-AG. in Gratkorn bei Graz. Mayreder-Berichte Juli 1965, 19.

95. Reiffenstuhl, H.: Entwicklung zum Leichtbau von Spannbetonträgern. Beton- und Stahlbetonbau 1968, 241.
96. Girkmann, K.: Flächentragwerke, 5. Aufl. Wien: Springer, 1959.
97. Neumayer, F.: Näherungsberechnung der drehsymmetrischen Randstörungen an Rotationsschalen. Der Bauing. 1969, 389.
98. Witteneben, H.: Ein Beitrag zur Berechnung rotationssymmetrischer Behälter. Bautechnik 1960, 366.
99. Witteneben, H., und D. Stenersen: Ein erweitertes Ersatzzylinderverfahren zur Berechnung von Rotationsschalen. Beton- und Stahlbetonbau 1965, 266.
100. Markus, G.: Theorie und Berechnung rotationssymmetrischer Bauwerke. Düsseldorf: Werner, 1967.
101. Worsch, G.: Elastische Schalen. Beton-Kalender 2, 263 (1968).
102. Beyer, K.: Die Statik im Stahlbetonbau, 2. Aufl., 2. Nachdr. Berlin-Göttingen-Heidelberg: Springer, 1956.
103. Bauer, F.: Berechnung des Spannungsabfalles beim Umwickeln kreiszylindrischer Behälter. Beton- und Stahlbetonbau 1955, 287.
104. Schönbrunner, F.: Der Tropfwasserbehälter des Kühlturmes der Hütte Donawitz. Rella-Berichte 1962, 43.
105. Drechsel, W.: Turmbauwerke. Wiesbaden: Bauverlag, 1967.
106. Schönbrunner, F.: Ein Hyperboloid-Kühlturm aus Stahlbetonfertigteilen. Bautechnik 1961, H. 9, 318.
107. Schönbrunner, F.: Die Bauarbeiten für die neue Schwereflüssigkeitswäsche der Oesterr.-Alpine Montangesellschaft Eisenerz. Rella-Berichte 1963, 58.
108. Lohr, A., L. Obermeyer und W. Neumeister: Zwei Trinkwasser-Hochbehälter für München mit einem Fassungsraum von je 65.000 m^3. Beton- und Stahlbetonbau 1967, H. 5, 105.
109. Dywidag-Berichte 1969, Nr. 2, 16.
110. Dywidag-Berichte 1964, Nr. 3.
111. Neumayer, F.: Näherungsberechnung wandartiger Träger mit Randverstärkungen. Die Bautechnik 1968, 272.
112. Jacobs, K., und A. Koberg: Sondergebiete der Vorspannung. Mayreder-Berichte Mai 1961, 18.
113. Pawlitzki, U.: Verankerung von Segmentwehrlagern durch Spannglieder bei der Wasserkraftanlage Baygorria. Bautechnik 1960, 268.
114. Ein halbes Jahrhundert Druckluftgründung bei Mayreder. Mayreder-Berichte Sept. 1960, 3.
115. Kehl, F.: Bau eines Spannbeton-Dockverschlusses. Beton- und Stahlbetonbau 1959, H. 4, 80.
116. Fuchs, K.: Schalenkonstruktionen für weitgespannte Hallen. Mayreder-Berichte Mai 1969, 9.
117. Koncz, T.: Über das Konstruieren mit Flächentragwerken in Form von vorgespannten Faltwerken. Die Bautechnik 1968, H. 5, 170.
118. Albrecht, U.: Neue Sporthalle der Universität Mainz. Beton- und Stahlbetonbau 1969, H. 11, 253.
119. Kupfer, H.: Spannungszustand von Kugelschalen mit lotrecht gestützten Rändern über beliebigem Grundriß, erläutert am Beispiel der Schalenkuppel des Auditorium Maximum der Universität Hamburg. Bericht vom Colloquium on Simplified Calculation Methods, Brüssel, Sept. 4.—6. 1961.
120. Leonhardt, F., und J. Schlaich: Der Hamburger Fernmeldeturm. Beton- und Stahlbetonbau 1968, H. 9, 193.
121. Schlaich, J., und F. Leonhardt: Flache Kegelschalen für Antennenplattformen auf Sendetürmen. Beton und Stahlbetonbau 1967, H. 6, 129.
122. Hallenkonstruktion für den Großmarkt in Hamburg. Zentralblatt für Industriebau 1964, H. 11, 518.
123. IVBH-Mitteilungen Nr. 25, 40.
124. Bomhard, H.: Konstruktion und Bau der Paketumschlaghalle in München. Vortrag auf dem Betontag 1967 in Berlin.

125. Dywidag-Berichte 1966, Nr. 5,
126. Otto, F.: Das hängende Dach. Bauwelt Verlag 1954.
127. Jacubec, E.: Das Hängedach der Kirche St. Maria Goretti in Wien. Beton- und Stahlbetonbau 1963, 173.
128. Koepcke, W.: Über die Berechnung von Spannbeton-Druckbehältern für Kernenergieanlagen. Aus Theorie und Praxis des Stahlbetonbaues, Franz-Festschrift, S. 182. Berlin: W. Ernst und Sohn, 1969.
129. Koepcke, W.: Zum Stand der Technik von Reaktor-Druckbehältern, insbesondere aus Spannbeton. Kerntechnik **8**, H. 8/9, 391 (1966).
130. Nemet, J.: Reaktordruckbehälter aus Spannbeton. Das Atomkraftwerk **9**, Nr. 3/4, 9.
131. Gruhl, H., und H. Dorner: Spannbetonbehälter für Kernkraftwerke. Beton- und Stahlbetonbau 1969, H. 1, 1.
132. Jäger, Th.: Spannbeton-Reaktordruckbehälter. Der Bauing. 1962, 357.
133. Rashid, Y. R., und W. Rockenhauser: Pressure vessels analysis by finite element techniques. Conference on prestressed concrete pressure vessels. Group F. paper 37, S. 77.
134. Lamiral, G., und J. Courbon: Les caissons en béton précontraint des réacteurs. Energie Nucléaire Juni 1964, 3.
135. Mackenthun, W.: Deutsche Entwicklungen von Spannbeton-Reaktordruckbehältern. Atom und Strom 1968, Folge 8, 80.
136. Robert, M. E.: Centrale nucléaire de Bugey I. Bulletin d' Information A.T.E.N., Nr. 61.
137. Launay, M. P.: Centrale nucléaire de Bugey I. Elaboration du projet du caisson en béton précontraint. Bulletin d'Information A.T.E.N., Nr. 61.
138. Warner, P. C.: The Dungeness B vessels. Conference on prestressed concrete pressure vessels. Group A, paper 3, S. 21.
139. Ros, M., und F. E. Speck: Das BBRV-Spannsystem im Reaktorbau. Rella-Berichte 1967, 60.
140. Lockett, G. E., und A. N. Kinkead: Pressure vessels for helium high-temperature reactors. Conference on prestressed concrete pressure vessels, Group A, Paper 5, S. 35.
141. Neunert, B.: Reaktordruckbehälter aus Spannbeton für hohe Innendrücke und Modellausführung im Maßstab 1:3. Aus Theorie und Praxis des Stahlbetonbaues, Franz-Festschrift, S. 189. Berlin: W. Ernst und Sohn, 1969.
142. Schrage, H. P.: Über die Entwicklung von Spannbetonbehältern für Leistungsreaktoren. Techn. Mitt. Krupp. Werksberichte **26**, H. 2, 77 (1968).
143. Institut für Reaktortechnik und Industriepartner. Techn. Bericht Nr. 135, Wien, Januar 1970.
144. Klunker, F.: Spannbeton für Decken auf Flugplätzen und Straßen. Beton 1961, H. 5, 333.
145. Klunker, F.: Vorgespannte Betonbahnen im Flugplatzbau. Beton- und Stahlbetonbau 1959, 86.
146. Mittelmann, G., und A. Hollin: Geräteeinsatz beim Startbahndeckenbau nach dem Spannfeldverfahren. Der Bauing. 1968, H. 1, 20.
147. Minetti, H.: Vorgespannte Betonfahrbahnen. Straßen- und Tiefbau 1963, 896.
148. Koepcke, W.: Berechnung von Betonfahrbahnen. Der Bauing. 1961, 87.
149. Karwat, H.: Die Spannungen und Formänderungen von stark vorgespannten Betonstraßen. Straßen- und Tiefbau 1964, 416.
150. Heufers, H.: Betonstraße mit vorgespannten Betonstangen als Bewehrungseinlage. Beton 1964, 197.
151. Boll, K.: Das Finnlandhaus in Hamburg. Beton- und Stahlbetonbau 1967, H. 3, 58.
152. Bachmann, H.: Zur plastizitätstheoretischen Berechnung stat. unbest. Stahlbetonbalken. Juli 1967, Bericht Nr. 13, Inst. für Baustatik, ETH Zürich.
153. Dilger, W.: Veränderlichkeit der Biege- und Schubsteifigkeit bei Stahlbetontragwerken und ihr Einfluß auf Schnittkraftverteilung und Traglast bei stat. unbest. Lagerung. 1966, Heft 179, Deutscher Ausschuß für Stahlbeton.
154. Homberg, H., und R. Marx: Schiefe Stäbe und Platten. Düsseldorf: Werner, 1958.
155. Resinger, F.: Zur Einspannwirkung der Lagerung bei schiefen Brücken. IVBH-Vorbericht, 7. Kongreß, Rio de Janeiro 1964.

156. Die Brücke über den Maracaibo-See in Venezuela. Wiesbaden: Bauverlag, 1963.
157. Kupfer, H.: Anwendung des Spannbetons im Tiefbau sowie Türmen und Behältern. Beton- und Stahlbetonbau 1970, 112.
158. Thon, R., und H. Bomhard: Konstruktion und Bau der Wartungshalle V auf dem Flughafen Frankfurt/Main. Beton- und Stahlbetonbau 1970, 121.
159. Aichhorn, J., und W. Oberndorfer: Die Brücke beim Steyrdurchbruch. Österr. Ing.-Zeitschrift 1970, 229.
160. Mokk, L.: Montagebau in Stahlbeton, Bd. 2, S. 57. Berlin: VEB Verlag für Bauwesen, 1968.
161. Reiffenstuhl, H.: Vorgespannte Träger aus Leichtbeton. Spannbetonbauten in Österreich, 1966—1970, S. 25, Österr. Komitee für Spannbeton, Wien.
162. Reiffenstuhl, H.: Die neue Halle der Cappy Tafelwasserfabrik in Bad Fischau. Spannbetonbauten in Österreich, 1966—1970, S. 28, Österr. Komitee für Spannbeton, Wien.
163. Steindl, A.: Leca im Spannleichtbetonbau. Spannbetonbauten in Österreich, 1966 bis 1970, S. 69, Österr. Komitee für Spannbeton, Wien.
164. Deuringer, A., und M. Weiser: Die Spannbetonbrücke über den unteren Volta in Ghana/Westafrika. Beton- und Stahlbetonbau 1968, 1.
165. Dimel, E.: Die Brücke über den Maracaibo-See. Beton- und Stahlbetonbau 1963, 201.
166. Finsterwalder, U. und K.: Fahrbahndecken aus Spannbeton ohne Raumfugen. Stahlbetonbau, Rüsch-Festschrift, S. 99. Berlin-München: W. Ernst und Sohn, 1969.
167. Arnold, G.: Abschnittweise Herstellung einer Schalen-Shed-Halle unter Anwendung des Dywidag-Spannverfahrens. Beton- und Stahlbetonbau 1960, 145.
168. Trost, H., und H. J. Wolff: Zur wirklichkeitsnahen Ermittlung der Beanspruchungen in abschnittsweise hergestellten Spannbetontragwerken. Der Bauingenieur 1970, 155.
169. Schnellenbach, G.: Berechnung des räumlichen Spannungszustandes in Druckbehältern mit Ausschnitten mit Hilfe der dynamischen Relaxation. Nuclear Engineering and Design 1969, 476.

Sachverzeichnis

GPSR Compliance

The European Union's (EU) General Product Safety Regulation (GPSR) is a set of rules that requires consumer products to be safe and our obligations to ensure this.

If you have any concerns about our products, you can contact us on ProductSafety@springernature.com

In case Publisher is established outside the EU, the EU authorized representative is:

Springer Nature Customer Service Center GmbH
Europaplatz 3
69115 Heidelberg, Germany

Batch number: 10577878

Printed by Printforce, the Netherlands